SHIPIN ANQUAN
YU ZHILIANG KONGZHI

高职高专"十一五"规划教材
★ 食品类系列

食品安全与质量控制

蔡花真 张德广 主编

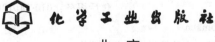

化学工业出版社

·北京·

本书是"高职高专食品类'十一五'规划教材"的一个分册。全书共分七章四大模块。第一模块为食品安全方面的基础知识，详细介绍了食品安全的评价方法、影响食品安全的因素。第二模块是食品质量管理与控制技术及其应用，重点介绍了食品质量管理体系 ISO 9000 族、ISO 22000 质量安全管理体系以及 GMP、SSOP 在食品企业中的应用和 QS 认证制度及奥运食品的管理。第三模块为食品质量的设计，包括质量教育与质量意识、质量控制的工具与常用方法、食品质量的设计等。第四模块为国际、国内有关食品法规与标准的解读。

　　本书理论结合实际，全书围绕食品安全这根主线展开，根据高职高专学生的特点，内容上突出实用性，力求简单明了，将不易理解的理论以案例的形式体现出来。本书搜集和吸纳了国内外食品安全与质量控制的最新研究成果和管理理念，体现了新颖性。

　　本书可作为高职高专院校食品类专业、农产品类专业学生的教学用书，也可作为食品工业的研究人员及食品加工企业的管理人员、操作人员及质检人员的参考用书。

图书在版编目（CIP）数据

食品安全与质量控制/蔡花真，张德广主编. —北京：
化学工业出版社，2008.5（2023.2重印）
高职高专"十一五"规划教材★食品类系列
ISBN 978-7-122-02566-1

Ⅰ. 食…　Ⅱ.①蔡…②张…　Ⅲ.①食品卫生-高等
学校：技术学院-教材②食品加工-质量控制-高等学校：
技术学院-教材　Ⅳ. R155　TS207.7

中国版本图书馆 CIP 数据核字（2008）第 056933 号

责任编辑：李植峰　梁静丽　　　　　　装帧设计：尹琳琳
责任校对：宋　玮

出版发行：化学工业出版社（北京市东城区青年湖南街 13 号　邮政编码 100011）
印　　装：北京科印技术咨询服务有限公司数码印刷分部
787mm×1092mm　1/16　印张 16¼　字数 406 千字　　2023 年 2 月北京第 1 版第 14 次印刷

购书咨询：010-64518888　　　　　　售后服务：010-64518899
网　　址：http://www.cip.com.cn
凡购买本书，如有缺损质量问题，本社销售中心负责调换。

定　价：38.00 元

高职高专食品类"十一五"规划教材建设委员会成员名单

主任委员　贡汉坤　逯家富

副主任委员　杨宝进　朱维军　于雷　刘冬　徐忠传　朱国辉　丁立孝
　　　　　　李靖靖　程云燕　杨昌鹏

委　　　员（按照姓名汉语拼音排序）

边静玮	蔡晓雯	常锋	程云燕	丁立孝	贡汉坤	顾鹏程
郝亚菊	郝育忠	贾怀峰	李崇高	李春迎	李慧东	李靖靖
李伟华	李五聚	李霞	李正英	刘冬	刘靖	娄金华
陆旋	逯家富	秦玉丽	沈泽智	石晓	王百木	王德静
王方林	王文焕	王宇鸿	魏庆葆	翁连海	吴晓彤	徐忠传
杨宝进	杨昌鹏	杨登想	于雷	臧凤军	张百胜	张海
张奇志	张胜	赵金海	郑显义	朱国辉	朱维军	祝战斌

高职高专食品类"十一五"规划教材编审委员会成员名单

主任委员　莫慧平

副主任委员　魏振枢　魏明奎　夏红　瞿玮玮　赵晨霞　蔡健
　　　　　　蔡花真　徐亚杰

委　　　员（按照姓名汉语拼音排序）

艾苏龙	蔡花真	蔡健	陈红霞	陈月英	陈忠军	初峰
崔俊林	符明淳	顾宗珠	郭晓昭	郭永	胡斌杰	胡永源
黄卫萍	黄贤刚	金明琴	李春光	李翠华	李东凤	李福泉
李秀娟	李云捷	廖威	刘红梅	刘静	刘志丽	陆霞
孟宏昌	莫慧平	农志荣	庞彩霞	邵伯进	宋卫江	隋继学
陶令霞	汪玉光	王立新	王丽琼	王卫红	王学民	王雪莲
魏明奎	魏振枢	吴秋波	夏红	熊万斌	徐亚杰	严佩峰
杨国伟	杨芝萍	余奇飞	袁仲	岳春	瞿玮玮	詹忠根
张德广	张海芳	张红润	赵晨霞	赵晓华	周晓莉	朱成庆

高职高专食品类 "十一五" 规划教材
建设单位
（按照汉语拼音排序）

北京电子科技职业学院　　　　　　江苏畜牧兽医职业技术学院
北京农业职业学院　　　　　　　　江西工业贸易职业技术学院
滨州市技术学院　　　　　　　　　焦作大学
滨州职业学院　　　　　　　　　　荆楚理工学院
长春职业技术学院　　　　　　　　景德镇高等专科学校
常熟理工学院　　　　　　　　　　开封大学
重庆工贸职业技术学院　　　　　　漯河医学高等专科学校
重庆三峡职业技术学院　　　　　　漯河职业技术学院
东营职业学院　　　　　　　　　　南阳理工学院
福建华南女子职业学院　　　　　　内江职业技术学院
福建宁德职业技术学院　　　　　　内蒙古大学
广东农工商职业技术学院　　　　　内蒙古化工职业学院
广东轻工职业技术学院　　　　　　内蒙古农业大学职业技术学院
广西农业职业技术学院　　　　　　内蒙古商贸职业学院
广西职业技术学院　　　　　　　　平顶山工业职业技术学院
广州城市职业学院　　　　　　　　日照职业技术学院
海南职业技术学院　　　　　　　　陕西宝鸡职业技术学院
河北交通职业技术学院　　　　　　商丘职业技术学院
河南工贸职业技术学院　　　　　　深圳职业技术学院
河南农业职业技术学院　　　　　　沈阳师范大学
河南濮阳职业技术学院　　　　　　双汇实业集团有限责任公司
河南商业高等专科学校　　　　　　苏州农业职业技术学院
河南质量工程职业学院　　　　　　天津职业大学
黑龙江农业职业技术学院　　　　　武汉生物工程学院
黑龙江畜牧兽医职业学院　　　　　襄樊职业技术学院
呼和浩特职业学院　　　　　　　　信阳农业高等专科学校
湖北大学知行学院　　　　　　　　杨凌职业技术学院
湖北轻工职业技术学院　　　　　　永城职业学院
黄河水利职业技术学院　　　　　　漳州职业技术学院
济宁职业技术学院　　　　　　　　浙江经贸职业技术学院
嘉兴职业技术学院　　　　　　　　郑州牧业工程高等专科学校
江苏财经职业技术学院　　　　　　郑州轻工职业学院
江苏农林职业技术学院　　　　　　中国神马集团
江苏食品职业技术学院　　　　　　中州大学

《食品安全与质量控制》编写人员

主　　编　　蔡花真　河南质量工程职业学院
　　　　　　张德广　河南质量工程职业学院
副 主 编　　刘开华　信阳农业高等专科学校
　　　　　　刘爱红　湖北大学知行学院
编写人员　（按姓名汉语拼音排序）
　　　　　　蔡花真　河南质量工程职业学院
　　　　　　陈文行　河南质量工程职业学院
　　　　　　刘爱红　湖北大学知行学院
　　　　　　刘开华　信阳农业高等专科学校
　　　　　　马长路　北京农业职业学院
　　　　　　徐　挺　河南质量工程职业学院
　　　　　　张朝飞　河南质量工程职业学院
　　　　　　张德广　河南质量工程职业学院

序

　　作为高等教育发展中的一个类型，近年来我国的高职高专教育蓬勃发展，"十五"期间是其跨越式发展阶段，高职高专教育的规模空前壮大，专业建设、改革和发展思路进一步明晰，教育研究和教学实践都取得了丰硕成果。各级教育主管部门、高职高专院校以及各类出版社对高职高专教材建设给予了较大的支持和投入，出版了一些特色教材，但由于整个高职高专教育改革尚处于探索阶段，故而"十五"期间出版的一些教材难免存在一定程度的不足。课程改革和教材建设的相对滞后也导致目前的人才培养效果与市场需求之间还存在着一定的偏差。为适应高职高专教学的发展，在总结"十五"期间高职高专教学改革成果的基础上，组织编写一批突出高职高专教育特色，以培养适应行业需要的高级技能型人才为目标的高质量的教材不仅十分必要，而且十分迫切。

　　教育部《关于全面提高高等职业教育教学质量的若干意见》（教高［2006］16号）中提出将重点建设好3000种左右国家规划教材，号召教师与行业企业共同开发紧密结合生产实际的实训教材。"十一五"期间，教育部将深化教学内容和课程体系改革、全面提高高等职业教育教学质量作为工作重点，从培养目标、专业改革与建设、人才培养模式、实训基地建设、教学团队建设、教学质量保障体系、领导管理规范化等多方面对高等职业教育提出新的要求。这对于教材建设既是机遇，又是挑战，每一个与高职高专教育相关的部门和个人都有责任、有义务为高职高专教材建设作出贡献。

　　化学工业出版社为中央级综合科技出版社，是国家规划教材的重要出版基地，为我国高等教育的发展做出了积极贡献，被新闻出版总署领导评价为"导向正确、管理规范、特色鲜明、效益良好的模范出版社"，最近荣获中国出版政府奖——先进出版单位奖。依照教育部的部署和要求，2006年化学工业出版社在"教育部高等学校高职高专食品类专业教学指导委员会"的指导下，邀请开设食品类专业的60余家高职高专骨干院校和食品相关行业企业作为教材建设单位，共同研讨开发食品类高职高专"十一五"规划教材，成立了"高职高专食品类'十一五'规划教材建设委员会"和"高职高专食品类'十一五'规划教材编审委员会"，拟在"十一五"期间组织相关院校的一线教师和相关企业的技术人员，在深入调研、整体规划的基础上，编写出版一套食品类相关专业基础课、专业课及专业相关外延课程教材——"高职高专'十一五'规划教材★食品类系列"。该批教材将涵盖各类高职高专院校的食品加工、食品营养与检测和食品生物技术等专业开设的课程，从而形成优化配套的高职高专教材体系。目前，该套教材的首批编写计划已顺利实施，首批60余本教材将于2008年陆续出版。

　　该套教材的建设贯彻了以应用性职业岗位需求为中心，以素质教育、创新教育为基础，以学生能力培养为本位的教育理念；教材编写中突出了理论知识"必需"、"够用"、"管用"的原则；体现了以职业需求为导向的原则；坚持了以职业能力培养为主线的原则；体现了以常规技术为基础、关键技术为重点、先进技术为导向的与时俱进的原则。整套教材具有较好的系统性和规划性。此套教材汇集众多食品类高职高专院校教师的教学经验和教改成果，又得到了相关行业企业专家的指导和积极参与，相信它的出版不仅能较好地满足高职高专食品类专业的教学需求，而且对促进高职高专课程建设与改革、提高教学质量也将起到积极的推动作用。希望每一位与高职高专食品类专业教育相关的教师和行业技术人员，都能关注、参与此套教材的建设，并提出宝贵的意见和建议。毕竟，为高职高专食品类专业教育服务，共同开发、建设出一套优质教材是我们应尽的责任和义务。

贡汉坤

前　言

"民以食为天，食以安为先"，食品安全是保护人类生命健康，提高人类生活质量的基础和前提。近几年来，不论是在发达国家，还是在发展中国家，频频发生的食品安全事件，不仅使人类的健康受到了严重威胁，而且对世界各国的经济和社会发展产生了重要的影响，引起政府和消费者的高度重视。

食品安全与消费者的生活息息相关。进一步提高消费者的食品安全意识，在全社会普及食品安全方面的知识，引导消费者树立正确的食品安全观念，同时强化食品加工企业的食品安全责任意识，规范卫生操作规程，正确运用 HACCP 体系和 ISO 9000 族及 ISO 22000 质量标准体系，从源头上保证食品的安全，为消费者提供放心安全的食品，是我国食品领域当前的重要任务。这就要求培养一批具有现代食品安全及质量控制知识与技能的专业人员，目前许多食品类相关学校都开设了相关的专业和课程。但由于食品安全及质量控制在我国起步较晚，目前相关教材较少，尤其是与企业实际结合紧密的教材更是稀缺，这本《食品安全与质量控制》教材正是为解决这一教学困难而编写的。

本书理论结合实际，全书围绕食品安全这根主线展开，根据高职高专学生的特点，本着"以应用为目的，以必需、够用为度"的原则，内容上突出实用性，力求简单明了，将不易理解的理论以案例的形式体现出来。编写过程中搜集和吸纳了国内外食品安全与质量控制的最新研究成果和管理理念，体现了新颖性。

本书共分七章四大部分，第一部分为食品安全方面的基础知识，详细介绍了食品安全的评价方法、影响食品安全的因素。第二部分为食品质量管理与控制技术及其应用，重点介绍了食品质量管理体系 ISO 9000 族、ISO 22000 质量安全管理体系以及 GMP、SSOP 在食品企业中的应用和 QS 认证制度及奥运食品的管理。第三部分为食品质量的设计，包括质量教育与质量意识、质量控制的工具与常用方法、食品质量的设计等。第四部分为国际、国内有关食品法规与标准的解读。

本书的编写分工如下：第一章由蔡花真编写，第二章由张德广编写，第三章由刘开华编写，第四章由马长路编写，第五章由张朝飞编写，第六章第一节由陈文行编写、第二节由徐挺编写、第三节由蔡花真编写，第七章由刘爱红编写。全书由蔡花真、张德广统稿。

本书可作为高职高专院校食品营养与检测、农产品检验、食品加工、食品安全等专业学生的教学用书，也可作为食品工业的研究人员及食品加工企业的管理人员、操作人员及质检人员的参考用书。

本书在编写过程中，参考了相关的资料和文献，在此对相关作者表示诚挚的谢意。由于编者的学识水平有限，书中可能会存在不当之处，恳请广大读者和同行专家提出批评意见和建议，深表感谢！

编者

2008 年 2 月

目 录

第一章 绪论 ……………………… 1
　一、基本概念 …………………… 1
　二、食品安全的形成与发展 …… 4
　三、国际、国内食品安全的现状和食品
　　　安全的现实意义 ………… 4
　　四、食品质量与安全研究的主要内容和
　　　研究热点 ………………… 7
　五、本教材的内容与学习方法 … 10
　本章小结 ……………………… 10
　思考与练习 …………………… 11

第二章 食品安全性的评价 …… 12
　第一节 食品毒理学原理 …… 12
　一、食品毒理学和毒物 ……… 12
　二、剂量-反应关系 ………… 15
　三、食品中毒物的体内过程 … 17
　第二节 食品毒理学评价 …… 22
　一、毒理学评价的重要意义 … 22
　二、毒理学评价的原则 ……… 23
　三、试验前的准备 …………… 23
　四、毒理学评价试验项目和试验内容 24
　五、毒理学评价中需注意的问题 33
　第三节 食品的危险性分析 … 34
　一、危险性评估 ……………… 35
　二、危险性管理 ……………… 38
　三、危险性信息交流 ………… 39
　四、危险性分析应用实例 …… 40
　本章小结 ……………………… 41
　思考与练习 …………………… 41

第三章 食品安全性影响因素 … 42
　第一节 生物因素对食品安全性的影响 42
　一、食品的细菌性污染与影响 … 42
　二、食品的霉菌污染与影响 … 43
　三、食品的病毒污染与影响 … 48
　第二节 化学因素对食品安全性的影响 49
　一、农药对食品安全性的影响 … 49
　二、兽药对食品安全性的影响 … 54
　三、食品加工过程中产生的有害物质对
　　　食品安全性的影响 ……… 56

　四、有害化学元素对食品安全性的影响 … 59
　五、食品添加剂对食品安全性的影响 …… 65
　六、动植物中天然有害物质对食品安全
　　　性的影响 …………………… 70
　七、食品容器和包装材料对食品安全
　　　性的影响 …………………… 79
　第三节 新技术对食品安全性的影响 … 82
　一、转基因食品的安全性 ……… 82
　二、辐照食品的安全性 ………… 84
　三、欧姆加热食品的安全性 …… 86
　本章小结 …………………………… 87
　思考与练习 ………………………… 87

第四章 食品质量管理与安全控制
　　　　技术 …………………………… 88
　第一节 ISO 9000 质量管理体系 …… 88
　一、ISO 9000 族标准简介及其实施的
　　　现实意义 …………………… 88
　二、ISO 9000：2000 标准的基本内容 … 89
　三、ISO 9001：2000 核心标准及其
　　　理解 ………………………… 94
　第二节 食品安全控制技术的基础 …… 100
　一、良好操作规范（GMP） ………… 100
　二、卫生标准操作程序（SSOP） …… 102
　三、危害分析与关键控制点
　　　（HACCP） ……………………… 103
　第三节 ISO 22000 食品安全管理体系 … 106
　一、ISO 22000 食品安全管理体系
　　　概述 ………………………… 106
　二、ISO 22000：2005 核心标准介绍 … 106
　第四节 食品质量安全（QS）市场准入
　　　　制度 ……………………… 122
　一、QS 市场准入制度简介 ……… 122
　二、QS 对食品企业管理提出的要求 … 124
　三、QS 取证工作 ………………… 129
　第五节 其他食品质量安全控制技术 …… 131
　一、国家食品监督制度（国家抽查
　　　制度） ………………………… 131
　二、奥运食品安全追溯系统 ……… 132

本章小结 ································· 133
思考与练习 ······························ 134

第五章　食品质量控制技术的应用 ····· 136
　第一节　各类食品质量控制 ············· 136
　　一、熟肉制品安全控制关键技术 ······· 137
　　二、乳制品安全控制关键技术 ········· 146
　　三、水产食品安全控制关键技术 ······· 153
　　四、果汁和果汁饮料安全控制关键
　　　　技术 ··························· 161
　　五、饮用水安全控制关键技术 ········· 168
　　六、保健食品安全控制关键技术 ······· 175
　第二节　食品生产操作规范与质量控制 ··· 179
　　一、与食品生产操作有关的企业规范、
　　　　标准 ··························· 179
　　二、食品生产操作相关的规范、标准之
　　　　间的联系 ······················· 180
　　三、质量控制 ····················· 181
　　四、国内食品行业推行 HACCP 体系的
　　　　必要性 ························· 183
　　五、基于 HACCP 的食品安全控制的管
　　　　理模式 ························· 184
　本章小结 ··························· 184
　思考与练习 ························· 184

第六章　食品质量控制与设计 ········· 185
　第一节　质量教育与质量意识 ········· 185

　　一、质量文化与质量意识 ············· 185
　　二、质量文化中的经典理念 ··········· 189
　第二节　食品质量控制 ··············· 192
　　一、质量控制的工具与常用方法 ······· 192
　　二、质量诊断与改进 ··············· 206
　第三节　食品质量设计 ··············· 210
　　一、设计过程与产品开发 ············· 210
　　二、过程设计 ····················· 215
　　三、质量设计管理 ················· 220
　本章小结 ··························· 222
　思考与练习 ························· 223

第七章　食品法规及食品标准 ········· 224
　第一节　食品法规体系 ··············· 224
　　一、我国食品法律、法规体系 ········· 224
　　二、国际食品法规 ················· 232
　第二节　食品标准 ··················· 236
　　一、标准与标准化的概念 ············· 236
　　二、标准的分类 ··················· 237
　　三、国际食品标准体系 ············· 238
　　四、我国的食品标准体系 ············· 241
　　五、食品标准的制定 ··············· 244
　　六、食品标准的实施 ··············· 246
　本章小结 ··························· 247
　思考与练习 ························· 247

参考文献 ······························· 248

第一章 绪 论

学习目标

1. 了解国内、国际食品安全的现状，掌握食品安全与质量控制所研究的主要内容和研究方法。

2. 掌握食品、食品安全、食品卫生、食品质量、食源性疾病的概念；理解食品安全与食品卫生的相互关系。

3. 掌握并能够分析影响食品安全的主要因素。

食品是人类赖以生存的物质基础，应当具有营养价值、安全性和应有的色、香、味。有史以来，人们一直寻找和追求安全且富有营养的美味佳肴，然而，自然界一直存在着有毒有害物质，时刻都有可能混入食品，危及人们的健康与生命安全，特别是近代工农业发展对环境的破坏和污染，使这种情形变得更加严峻。环境污染是人类面临的最大生存危机之一，废水、废气、废渣对环境的污染与损害日趋严重，给食品原料的生产和食品加工带来不良影响。农业上大量施用化肥、农药使得食品中残留量超过人体能够承受的限度；畜牧业中滥用兽药和饲料添加剂；食品工业中大量使用食品添加剂；放射性污染发生的危险性；水污染导致水产品的污染现象日趋严重，严重威胁和损害人体健康。同时，随着食品生产和人们生活的现代化，食品的生产规模日益扩大，人们对食品的消费方式逐渐向社会化转变，从而使食品安全事件的影响范围逐渐扩大，近几年由于食品安全问题造成的全球性食品恐慌事件足以说明了这一点。"国以民为本，民以食为天，食以安为先"。这十五字古训道出了食品安全的极端重要性。食品质量安全状况是一个国家经济发展水平和人民生活质量的重要标志。随着经济的全球化，世界各国之间食品贸易日益增加，食品安全也就成为影响国家农业和食品工业竞争力的关键因素。

一、基本概念

1. 食品

《国际食品贸易中的道德法规》（CAC/RCP 20—1979）中对食品（food）定义为："任何旨在人类消费的物质，无论是加工的、半加工的，还是原料，其中包括饮料、泡泡糖，以及在制造、加工和处理食品过程中所使用的任何物质"。这里的"任何物质"是指与食品有关的所有物品都应纳入食品的范畴。

《中华人民共和国食品卫生法》第54条对食品定义为："各种供人食用或饮用的成品和原料，以及按照传统既是食品又是药品的物品，但不包括以治疗为目的的物品"。从《食品卫生法》调整的客体范围来看，大大超过了这个定义的范畴，这些客体包括"一切食品，食品容器、食品包装材料，食品添加剂和食品用工具、设备"。

2. 食品安全

根据1996年世界卫生组织（WHO）的定义，食品安全（food safety）是"对食品按其原定用途进行制作和食用时不会使消费者受害的一种担保"，它主要是指在食品的生产和消费过程中，确保食品中存在或引入的有毒、有害物质没有达到危害程度，从而保证人体按正常剂量和以正确方式摄入这样的食品时不会受到急性或慢性的危害，这种危害包括对摄入者本身及其后代的不良影响。

有学者将上述的定义称为狭义的"食品安全"，"在规定的使用方式和用量的条件下长期食用，对食用者不产生可观察到的不良反应"。其不良反应包括一般毒性和特异性毒性，也包括由于偶然摄入所导致的急性毒性和长期微量摄入所导致的慢性毒性，例如致癌和致畸性等。该定义在使用时对不同食品有特别的操作要求，如对低酸性的肉类罐头，要重点检查肉毒梭菌是否存在；对花生类制品则要强调有无霉变。而广义的食品安全除包括狭义食品安全所有的内涵外，还包括由于食品中某种人体必需营养成分的缺乏或营养成分的相互比例失调，人们长期摄入这类食品后所出现的健康损伤。

食品安全的概念曾被认为是消费不含有毒、有害物质的食品。有人将食品安全称为"食品安全性"，也有人称为"安全食品"。"食品安全性"侧重于评价，而"安全食品"侧重于承诺。"不含有毒、有害物质"实际上是指"不得检出某些有毒、有害物质或检出值不得超过某一阈值"。随着化学物质检测水平的提高和相应的检测精确度及灵敏度的提高，发现原来难以检出的某些微量化合物在食品中以极微量的形式存在也可引起人体损伤；同时对引起危害的阈值确定是相对特定生物系统而言的。

对食品的安全性而言，还有一个制作和摄入方式问题。例如，目前对转基因食品安全性争论实际上是起源于食品的制作方式。对食品的摄入方式也需要加以限定才能讨论安全性，例如，食品中若含一定剂量的亚硝酸盐对正常人体是有害的，但它对氰化物中毒者则是有效的解毒剂。因此，欧洲科学家Paracelsus曾说过："所有的物质都是毒物，没有一种不是毒物的，正确的剂量才使得毒物与药物得以区分"。也就是说，假如摄入了足够大剂量的话，任何物质都是有毒的。正因如此，在现代科学术语中，相对食品安全性而言，食品风险性被研究和讨论的频率越来越多了。

食品安全是研究食物的毒性因素和可能存在的风险，并为控制和降低这些毒性和风险而制定相应的措施和方法。在自然界中，物质的有毒、有害特性和有益特性一样，都是同剂量紧密相联系，离开剂量便无法讨论其有毒、有害或有益性。例如，成年女性每日摄入维生素A的量为 $700\sim3000\mu g$ RE（视黄醇当量）时则有利于健康；如果长期日摄入量低于 $700\mu g$ RE 时，就会出现暗适应能力降低及夜盲症，然后出现一系列影响上皮组织正常发育的症状，如皮肤干燥、形成鳞片并出现棘状丘疹，异常粗糙且脱屑，医学上称毛囊角化过度症。上皮细胞的角化如果发生在眼的角膜及结膜上，会引起眼角膜和结膜上皮退变，泪液分泌减少，导致干眼病。患者常感到眼睛干燥，怕光流泪、发炎疼痛，严重的引起角膜软化及溃疡，还可出现角膜皱褶及毕脱氏斑，发展下去可导致失明。如果每日摄入量在 $3000\sim7000\mu g$ RE 时，可引起慢性毒性，常见中毒表现为头痛、肝脏肿大、肌肉僵硬等。若孕妇在妊娠早期每日大剂量摄入维生素A，娩出畸形儿的相对危险度为25.6。如果每日摄入量大于 $70000\mu g$ RE，会引起急性中毒，早期症状有恶心、呕吐、头痛、眩晕，视觉模糊，肌肉失调；后期出现嗜睡、厌食、少动、搔痒，反复呕吐等。

3. 食品卫生

根据1996年世界卫生组织的定义，食品卫生（food sanitation, food hygiene, food health）是"为确保食品安全性和适合性，在食物链的所有阶段必须采取的一切条件和措施"。对食品而言，食品卫生旨在创造一个清洁生产并且有利健康的环境，是食品在生产和消费过程中进行有效的卫生操作，确保整个食品链的安全卫生（食品链是指初级生产直至消费的各个环节和操作的顺序，涉及食品及其辅料的生产、加工、分销和处理）。

4. 食品安全与食品卫生的关系

一般在实际工作中往往把"食品安全"与"食品卫生"视为同一概念，"食品安全"与"食品卫生"这两个概念在内容和意义上大部分是相互涵盖的，有一定因果关系。如食品被致病菌污染，是由于食品在生产过程中的卫生状况不良造成的，涉及食品卫生问题；而这些致病菌使食用者感染或中毒，造成健康安全危害，又涉及食品安全问题。食品中含有寄生虫卵是一个卫生问题，如果这个卵又是一个感染性卵，可能使食用者患寄生虫病，卫生问题又转化为安全问题。

"食品安全"与"食品卫生"这两个概念是有区别的。1996 年，WHO 在其发表的《加强国家级食品安全计划指南》中，把食品安全性与食品卫生明确作为两个不同的概念。食品安全是对最终产品而言，食品安全有赖于食品在生产过程中良好的卫生管理和有效的安全控制措施，需要对食品从农场到餐桌全过程可能产生或引入的各种损害或威胁人体健康的有毒、有害物质和因素加以控制，食品安全主要采用良好生产规范（GMP）、良好农业规范（GAP），辅以 SSOP 和食品安全控制体系——危害分析与关键控制点（HACCP）等管理措施进行控制。而食品卫生是对食品的生产过程而言，食品卫生一般由卫生标准操作程序（SSOP）进行控制。食品卫生反映一个国家和民族的生活习俗、文化水平和素质修养；食品安全是国家安全的一部分，是一个民族生存的重要基础要素之一。事实证明：不卫生的食品加工和生产方式，不卫生的饮食习惯，必然会成为食品安全的隐患，甚至会造成严重的食品安全后果。

5. 食品质量

食品质量（food quality）的构成有两类品质特性。其一，消费者容易知晓的食品质量特性称为直观性品质特性，也称作感官质量特性。这些特性用技术术语讲有：色泽、风味、质构，用俗语来讲是：色、香、味、形。其二，消费者难于知晓的质量特性称为非直观性品质特性，如食品的安全、营养及功能特性。某种食品如在上述各方面能满足消费者的需求，就是一种高质量的食品。在食品的质量要素中，食品安全是第一位的。

6. 食源性疾病

1984 年世界卫生组织（WHO）对食源性疾病（food borne）定义为："摄食进入人体内的各种致病因子引起的通常具有感染性质或中毒性质的一类疾病"。顾名思义，凡是与摄食有关的一切疾病（包括传染性和非传染性疾病）均属于食源性疾病。因此有专家建议，食源性疾病除了 WHO 定义外，还应包括与食物中营养成分有关的某些营养性疾病，如高血压、糖尿病、心脑血管疾病和可能与食品污染物有关的某些慢性病如肿瘤等。还有可能存在于基因工程产品的变异和基因漂移等因素给人体产生的危害。

按 1984 年 WHO 的定义，将食源性疾病分为 8 类。

(1) 细菌性食物中毒或感染　如感染大肠埃希菌、沙门菌、金黄色葡萄球菌等。

(2) 食源性病毒感染　如感染乙肝病毒、轮状病毒、口蹄疫病毒、禽流感病毒。

(3) 食源性寄生虫感染　如感染绦虫、蛔虫、旋毛虫、弓形虫等。

(4) 化学性食物中毒　如农药、食品添加剂、兽药、植物生长调节剂等引起的中毒。

(5) 真菌性食物中毒　如黄曲霉毒素、麦角毒素、杂色曲毒素、毒蘑菇等引起的中毒。

(6) 动物源性食物中毒　如贝类毒素、河豚毒素、鱼类组胺等引起的中毒。

(7) 植物源性食物中毒　发芽的马铃薯、苦杏仁、鲜黄花菜、未煮熟的四季豆等引起的中毒。

（8）放射性危害 因摄入由于核试验或核事故沾染了放射性核素的某些食品引起的内源性放射性疾病。

二、食品安全的形成与发展

食品是人类赖以生存的最基本要素，而食品安全是保护人类生命健康、提高人类生活质量的基础。伴随着人类历史的发展和科技的进步，人类对食品的安全卫生重视程度越来越高，而食品安全与质量控制学科也随之逐步地发展和完善起来。

中华民族是一个古老文明的民族，对食品的安全与卫生早有深刻的认识。在 3000 多年前的周朝，中国已设置了"凌人"，专门负责掌管食品的防腐和保藏；设置的"庖人"负责提供六畜（猪、犬、鸡、牛、马、羊）、六兽（麋、鹿、麇、狼、野猪、野兔）和六禽（雁、鹑、鹌、雉、鸠、鸽），辨别其名称和肉质。2500 年前的孔子对食品安全也有很深的见解。在《论语·乡党第十》中讲到"五不食"原则："鱼馁而肉败，不食；色恶，不食；臭恶，不食；失饪，不食；不时，不食"。按现代食品科学的术语来解释则为：食品的质地、结构不正常，色泽不正常，气味不正常，不能食用；不了解的食品也不能食用；季节性的食物，非食用时节不能食用。东汉张仲景著《金匮要略》中记载："六畜自死，皆疫之，则有毒，不可食之"。《唐律》中规定了有关食品安全的法律准则："脯肉有毒，曾经病人，有余者速焚之，违者杖九十；若故予人食，并出卖令人病者徒一年；以故致死者绞"。

到 19 世纪初，由于生产的快速发展，西方社会开始出现了真正意义上的食品工业：英国 1820 年出现以蒸汽机为动力的面粉厂；法国 1829 年建成世界上第一个罐头厂；美国 1872 年发明喷雾式乳粉生产工艺，1885 年乳品全面工业化生产。我国真正的食品工业诞生于 19 世纪末 20 世纪初，比西方晚 100 年。1906 上海泰丰食品公司开创了我国罐头食品工业的先河，1942 年建立的浙江瑞安宁康乳品厂是我国第一家乳品厂。随着食品的工业化生产和商品的经济化，促使了食品生产中的掺杂使假和欺诈行为的产生。如在酒中掺浓硫酸、明矾、酒石酸盐，在牛奶中掺水，咖啡中掺碳等。这些掺假行为最早在比较发达的资本主义国家如英国、美国、法国和日本等国发生，导致这些国家最早建立了有关食品安全的法律法规。如 1860 年英国的《防止饮食品掺假法》，1906 年美国的《食品、药品、化妆品法》，1851 年法国的《取缔食品伪造法》等。新中国成立后，党和政府对食品安全工作非常重视，特别是改革开放以来，政府在提高食物供给总量、增加食品多样性、改进国民营养状况方面取得了令世人瞩目的成就，食品安全水平有了明显的提高。1995 年 10 月 30 日《中华人民共和国食品卫生法》公布并实施，2006 年 11 月 1 日《农产品质量安全法》正式实施，2009 年 2 月 28 日第十一届全国人民代表大会常务委员会第七次会议通过了《中华人民共和国食品安全法》，并于 2009 年 6 月 1 日起施行。《中华人民共和国食品卫生法》同时废止。

三、国际、国内食品安全的现状和食品安全的现实意义

1. 国际食品安全形势严峻

近年来世界上一些国家和地区频发食品恶性事件。

（1）大肠埃希菌 O_{157} 事件 1996 年 6 月日本大阪 62 所小学 6259 名学生发生集体食物中毒事件，"元凶"是肠出血性大肠埃希菌 O_{157}：H_7，其中有 92 例并发出血性结肠炎及出血性尿毒症，有数名学生死亡。随后波及日本 36 个府县，患者 9451 人，死亡 12 人。据美国疾病控制和预防中心估计，大肠埃希菌 O_{157}：H_7 每年在美国可造成 2 万人生病，250～500 人死亡。

（2）疯牛病 1985 年在英国首次发现，1989 年每月发生约 900 起，1995 年 2 月已累积至 143109 件确认病例。如今，疯牛病已蔓延至法国、西班牙、瑞士、荷兰、意大利、比利

时等国家，发病率仍以每年 23％ 的速度增加，并由欧洲向亚洲扩散，受累国家超过 100 个，造成了巨大经济损失。1996 年 3 月英国政府承认疯牛病可能传染人类，造成严重的社会恐慌。

（3）二噁英 1999 年，比利时、法国、德国等相继发生二噁英污染导致畜禽类产品及乳制品含高浓度二噁英的事件。二噁英是一种有毒的含氯化合物，是目前已知的有毒化合物中毒性最强的。它具有强致癌性，可引起严重的皮肤病并伤及胎儿。

（4）禽流感 禽流感是 A 型禽流感病毒引起的一种从呼吸系统疾病到严重全身败血症等症状的传染病，高致病性禽流感指 A 型流感病毒的强致病毒株感染，禽类感染后死亡率很高。目前从世界各地分离到的禽流感病毒有 80 多种，其性质基本相似，对人类危险性最大的是 H_5N_1 型禽流感病毒，人类可因食用这些禽类食品而被感染禽流感。该病毒可通过血液进入全身组织器官，严重者引起内脏出血、坏死，造成机体功能降低，进而被细菌侵袭，形成继发混合感染，最后导致死亡。近年来，世界许多国家都有关于人感染高致病性禽流感导致死亡的报道，造成了严重的经济损失和不良的社会影响。

（5）丙烯酰胺 2002 年 4 月瑞典国家食品管理局（NFA）和斯德哥尔摩大学研究人员报道，在一些油炸和烧烤的淀粉类食品如油炸薯条、法式油炸土豆片中存在丙烯酰胺，其生成可能与淀粉类食品的高温加工有关。由于丙烯酰胺具有潜在的神经毒性、遗传毒性和致癌性，因此，食品中丙烯酰胺的存在引起国际社会的高度重视。2002 年 6 月 25 日世界卫生组织和联合国粮农组织紧急召开食品中丙烯酰胺问题专家咨询会议，对食品中丙烯酰胺的食用安全性进行探讨。

2. 我国食品安全现状

2007 年 8 月中华人民共和国国务院新闻办公室发表了《中国的食品质量安全状况》白皮书。在白皮书中详细地阐述了中国政府"高度重视食品安全，一直把加强食品质量安全摆在重要的位置"；强调"多年来，中国立足从源头抓质量的工作方针，建立健全食品安全监管体系和制度，全面加强食品安全立法和标准体系建设，对食品实行严格的质量安全监管，积极推行食品安全的国际交流与合作，全社会的食品安全意识明显提高"。白皮书讲到："经过努力，中国食品质量总体水平稳步提高，食品安全状况不断改善，食品生产经营秩序显著好转"。2006 年全国食品国家监督抽查合格率达到 77.9％。2007 年上半年，食品专项国家监督抽查合格率达到了 85.1％。农产品质量合格率持续上升。根据 2007 年上半年的监测结果，蔬菜中农药残留平均合格率为 93.6％；畜产品中"瘦肉精"污染和磺胺类药物残留监测平均合格率分别为 98.8％ 和 99.0％；水产品中氯霉素污染的平均合格率为 99.6％，硝基呋喃类代谢物污染监测合格率为 91.4％，产地药残抽检合格率稳定在 95％ 以上。进出口食品质量保持高水平。多年来，中国出口食品合格率一直保持在 99％ 以上。据统计，2006 年和 2007 年上半年，出口到美国的食品合格率分别为 99.2％ 和 99.1％；出口到欧盟的食品合格率分别为 99.9％ 和 99.8％。日本是中国最大的食品进口国，2007 年 7 月 20 日，日本厚生劳动省公布的日本 2006 年进口食品监控统计报告显示，日本对中国食品的抽检率最高，达 15.7％，但中国输日食品的抽检合格率也最高，达 99.42％。中国香港特别行政区的食品主要来自内地。香港特区食物环境卫生署 2007 年上半年两次大规模食品抽样检测表明，香港地区食品整体合格率分别为 99.2％ 和 99.6％。多年来，中国进口食品的质量总体平稳，没有发生过因进口食品质量安全引起的严重质量安全事故。2006 年和 2007 年上半年，进口食品口岸检验检疫合格率分别为 99.11％ 和 99.29％。

与过去相比，我国的食品安全状况有了明显的改善，但从长远来说，我国的食品安全还任重而道远。

（1）食源性疾病仍是危害公众健康的最重要因素　据统计，我国近几年报告的食物中毒人数每年都为 2 万～4 万人，而专家估计这个数字尚不到实际发生数的 1/10，因此，实际上我国每年食物中毒人数高达 20 万～40 万人。不合格食品对人的影响有急性中毒和慢性中毒之分，上述的数字只是急性中毒的一部分，如果考虑微量不良食物成分对人的慢性毒性，可能每个人天天都要遇到这类问题，长此下去，将会严重影响我国人民的身体素质，抓好食品质量与安全已经成为当务之急。

（2）食品中新技术、新资源的应用给食品安全带来了新的挑战　如转基因食品的安全性问题、新的食品包装材料对食品安全的影响等。

（3）各大类食品都存在安全隐患　如粮食类的质量安全问题主要是增白剂、水分和含沙量超标；植物油主要是酸价、过氧化值、浸出油溶剂残留量超标，色泽、烟点不合格；果品和蔬菜的农药残留量超标；畜禽产品在加工质量和残留控制方面与发达国家相比还有差距；水产食品的安全主要表现在养殖环境污染、养殖药物的滥用和超量使用，添加剂的滥用和掺杂使假方面。

（4）我国食品生产经营企业规模化、集约化程度不高，自身管理水平偏低　虽然食品行业涌现了一批达到良好操作规范（GMP）、实力雄厚的大食品企业集团，他们生产的产品符合食品安全的要求；但是规模小、加工设备落后、管理水平低的小企业、小作坊、食品摊点在我国还有一定的市场，因其经营灵活、可以吸纳大批下岗失业人员和农村剩余劳动力就业，这就需要政府有关部门加强管理和正确的引导，将这部分食品的安全问题真正纳入到监督管理的范畴内，确保食品安全。

（5）防范犯罪分子利用食品进行犯罪和恐怖活动　2002 年 9 月发生在南京的毒鼠强投毒案就是一个典型案例。2003 年全国共报告重大剧毒鼠药中毒 75 起，1316 人中毒，121 人死亡。这些破坏活动不仅造成人民群众的身体和财产损失，而且给社会稳定也带来了隐患。

3. 食品安全的现实意义

（1）食品质量至关重要　食品质量的优劣直接关系着人类的健康、发展和生活质量，甚至在一定程度上决定其生存。所以，食品安全是食品必须具备的基本要求，如果安全得不到保证，那么即使营养价值再高、感官性状再优，这样的食品也是不能食用的。

（2）食品安全是国家安全的重要内容之一　如果食品的安全性得不到保证，不仅给消费者的身体健康造成损害，而且给消费者心理造成压力，从而引起许多不必要的纠纷，造成生产者、供应者和消费者之间的对立和分歧，妨碍社会生活的正常进行。严重者还可能影响消费者对政府的信任，威胁社会稳定和国家安全，甚至造成社会动荡，如比利时的二噁英污染事件不仅使卫生部长和农业部长引咎辞职，也使执政长达 40 年之久的社会党政府垮台。德国出现疯牛病，也导致卫生部长和农业部长引咎辞职。

（3）提高食品安全水平，可以促进食品贸易的全球化、消除贸易壁垒　英国自 1986 年公布发生疯牛病以后，1987 年至 1999 年间证实的疯牛病病牛达 17 万头之多，英国的养牛业、饲料业、屠宰业、牛肉加工业、奶制品工业、肉类零售业无不受到严重打击。仅禁止进出口一项，英国每年就损失 52 亿美元。为彻底杜绝"疯牛病"采取的宰杀行动，更是一个致命的打击。据估计，英国为此要损失 300 亿美元。

2001 年 12 月，中国正式加入世界贸易组织，由于我国具有资源和劳动力的优势，在畜产品、水果、蔬菜及一些特色食品方面具有获取贸易利益的机会，但与发达国家相比，由于经济实力、技术手段、食品安全标准和认证、管理体系等方面存在差距，使我国食品行业的比较优势在转化为竞争优势时遇到了很大障碍。一些进口国或集团以产品的卫生检疫不合格为由，或禁止或提高检验检测标准，封杀我国部分食品出口。近几年来，由于技术性贸易壁垒，我国的食品出口受到严重影响。特别是2007年3月份以来，我国在对美国、欧盟和日本的食品出口中，因食品安全问题引起的纠纷时有发生，不仅严重影响了我国食品企业出口创汇，而且经过个别媒体的恶意炒作，在一些国家出现了对"中国制造"的信任度的怀疑，严重地损害了国家和政府的形象。从当今的国际贸易特点看，食品质量安全已成为最主要的贸易壁垒，成为发达国家限制发展中国家食品出口的充分依据。因此，要做到产品顺利出口，必须严把食品安全质量关，政府、企业等各个方面需要做的工作还很多，但对企业来说，必须建立完善的食品安全质量保证体系。

四、食品质量与安全研究的主要内容和研究热点

1. 影响食品安全的主要因素

食品的不安全因素贯穿于食物供应的全过程。人们在摄入营养素与能量的同时，不可避免地摄入很多对人体不利的物质，影响食品安全的因素主要有：生物性危害（包括微生物和寄生虫的污染）、化学性危害（包括农药和兽药残留）、产地环境污染等，以及新技术和新的销售方式带来的潜在威胁、假冒伪劣产品等。

(1) 生物性危害　生物性危害主要是由微生物引起的污染。包括细菌性污染、病毒和真菌及其毒素的污染。据世界卫生组织估计，全世界每年有数以亿计的食源性疾病患者，其中70%是由于各种致病性微生物污染的食品和饮用水引起的。我国在1990～1999年10年间食物中毒发生情况表明，微生物性食物中毒居各类食物中毒病原之首，占食物中毒规模的40%。饮食导致的微生物中毒，除了中毒者个人不注意食品卫生外，一个很重要的原因是食品生产厂家是否严格按照有关卫生标准组织生产。食品加工的环境卫生条件达不到要求，使用不合格的加工原料，工艺不合理，贮运条件不符合要求等都会导致食品微生物超标。截至2007年8月，全国共有食品生产加工企业44.8万家。其中规模以上企业2.6万家，产品市场占有率为72%，产量和销售收入占主导地位；规模以下、10人以上企业6.9万家，产品市场占有率为18.7%；10人以下小企业、小作坊35.3万家，产品市场占有率为9.3%。在对28大类525种食品的生产中，中小型企业占有较大的数量，虽然其产品的市场占有率不是主流，但由于中小企业投资不够，技术力量薄弱，因此会导致达不到质量安全要求的产品在市场流通。

(2) 化学性危害

① 植物源性食品的化肥、农药残留　农业投入品的滥用和使用不当是当前最突出的食品安全问题。农田大量使用化肥是近代农业的重要标志之一，合理使用合格化肥可以提高农作物产量，但不合理施用化肥，过量甚至滥用化肥会造成环境的污染。过量的氮肥投入不仅不能被蔬菜等作物吸收和利用，反而会转化成硝态氮在土壤中大量积累，引起蔬菜中硝酸盐含量过高和地下水的污染。农药是用于农作物治虫、治病，保证农业丰收的重要商品。我国农村使用各种农药已经有几十年的历史，由于长期以来农业经营管理水平低，目前普遍产生了用药量与病虫害相互递增的恶性循环。不少农民往往不按规定使用农药，如选用毒性大、药效期长的农药，用药量超过标准，不遵守施药期与收获期的规定等。由于大多数农药都是脂溶性的，在植物外表附着性能好，因此造成农产品携带过量的未分解的农药，一般称为农药残留或农残。植物可食部分的农残不易洗净，一般的加工方法也不能破坏，防止农残带给人的不良影响只有不用、少用和按科学的方法使用农药。但目前大多数农民做不到这一点，因此农残超标现象十分严重。

② 动物源性食品的兽药残留 随着畜牧业的发展，兽药的使用范围及其用量不断地增加，从而提高了畜牧业的产量，但同时也造成了对人类健康的威胁。从广义上讲，兽药包括化学药物、饲料药物添加剂和生物制品。动物在用药以后，药物的原形或其代谢产物可能蓄积或贮存在动物的肌体、器官或其他可食性产品（如蛋、乳）中，称为兽药残留。目前非法使用违禁药物、滥用抗菌药和药物添加剂，不遵守休药期规定等无知或不道德的行为，是造成我国动物源性食品的兽药残留超标的主要原因。目前在饲料安全中存在的问题有：饲料中添加违禁药物如"瘦肉精"（盐酸克伦特罗）、土霉素等，在反刍动物饲料中添加和使用动物性饲料造成一定的"疯牛病"隐患。

③ 食品添加剂过量 食品添加剂是一类为了改善食品品质和色、香、味，以及为防腐和加工工艺的需要而添加到食品中的物质。食品添加剂中既有天然化合物，也有人工合成的化合物。由于大多数食品添加剂都不是人类食物的正常成分，或多或少都会产生对人体健康的危害，其中一些有致癌危险，如肉制品中添加的亚硝酸盐，在肉中可转化为一种强致癌物质。因此，国家对每一种食品添加剂都有明确的标准，规定了最大使用量与使用范围，也制定了每人每日允许的摄入量（acceptable daily intake，ADI）。但由于个别食品厂家只追求食品的外观品质与货架期，往往过量使用与滥用食品添加剂。

（3）环境毒素的生物积累 多数发达国家都存在生态环境的高度污染问题。近几十年来我国的工业污染也已经到了很严重的程度，特别是水体与土壤的污染，直接造成大量食物的污染。如水体中的有毒元素汞，可通过有机汞的形式在鱼体内积累，而把该毒物带进食物链。又如：塑料的分解物二噁英，在土壤中可通过植物吸收，再被草食动物采食而富集，达到危害人体健康的浓度。因此，来源于污染区域的食品原料也是导致食源性疾病的重要原因。

（4）新产品、新技术、饮食习惯及新的产销方式给食品安全带来了潜在威胁 近年来，我国新的食品种类如方便食品和保健食品大量增加，许多新型食品在没有经过危险性评估的情况下就大量在市场上销售。方便食品中，食品添加剂、包装材料与防霉保鲜剂等化学品的使用是比较多的；保健食品的不少原料成分作为药物可以应用，但不少传统药用成分如芦荟苷、银杏酸等并未经过毒理学评价，作为保健品长期和广泛食用，其安全性值得关注。转基因技术的应用给食品行业的发展带来了前所未有的机遇，但转基因食品的安全性不确定。要判断转基因食品是否安全必须以风险评估分析为基础。由于目前受商业、社会、政治、学术等多种因素的限制，科学与统计的数据很难获得，对转基因食品进行风险分析非常困难。另外，随着生活节奏的加快，人们的饮食结构发生新的变化，外出就餐的机会增多，生冷食物、动物性食物、煎炸烧烤食物增多，由于技术跟不上，产生了许多新的潜在的不安全因素。

此外，由于动物防疫、检疫体系不健全引起的人畜共患病、假冒伪劣食品、过量饮酒、不良饮食习惯等给人们的健康带来的危害也必须引起高度重视。

2. 食品安全的评价与管理

食品安全性评价的主要目的是评价某种食品是否可以安全食用，即评价食品中有关危害成分或危害物质的毒性及相应的风险程度。这需要利用足够的毒理学资料确认这些成分或物质的安全剂量。食品中各种危害因子系统检测分析技术和食品安全性的科学评价方法的建立与应用是保障食品安全的基础，食品安全法规条例的建立与完善、执法部门的严格监管是保证食品安全的关键。

食品安全性评价是在人体试验和判断识别的基础上发展起来的，是风险分析的基础。所采用的毒理学评价适用于评价食品生产、加工、保藏、运输和销售过程中使用的化学和生物物质及在此过程中产生和污染的有害物质，也适用于评价食品中其他有害物质。

以毒理学为基础的准确、快速地对食品（特别是新资源食品）的各种成分的毒性和风险性评估，为食品安全的控制与管理提供依据。转基因食品的安全性评价是目前亟待解决的重大课题，世界各国都在抓紧研究。目前，与食品安全相关的国际组织如食品法典委员会、世界卫生组织、世界粮食计划署、联合国粮食及农业组织等都在致力于国际社会通用法规的建设，以消除食品国际贸易中的技术壁垒。我国也在抓紧制定和完善食品法规，推行各种食品安全现代控制体系，以科学和法规的办法强化食品安全的控制与管理。

3. 食品安全的检测方法

食品安全检测方法主要是指对食品生产、加工、储运、销售、食品组分中存在的或环境中引入或产生的有毒、有害物质的分析检测方法。一般分为物理性危害检测、化学性危害检测和致病微生物的检测。对于物理性危害中的沙石、泥土块、毛发、金属异物等可通过过筛、磁铁作用等物理方法检出；放射性物质可通过相应的放射性检测仪检测。化学性危害主要有化学分析、仪器分析和免疫分析三类方法，特别是仪器分析和免疫分析是近年来发展最快的分析方法。食品中致病微生物的检测主要有传统的培养检测及生物化学检测、免疫学检测和分子生物学检测方法。

检验检测能力是决定一个国家食品安全工作水平的关键，因此各个国家的食品安全控制系统都把发展检测技术和方法置于优先的位置。目前食品安全检测技术呈现速测化、系列化、精确化和标准化的特征。速测化即按一定的规范对受检样品现场取样，通过酶联免疫法、放射免疫法、受体传感器法、金标记法、cDNA标记探针法等进行非实验室条件的快速检验，如果受检样品呈阳性就不允许上市。在农兽药残留和生物毒素的快速筛检的试剂盒方面，已有不少产品上市。发达国家对农药残留的检测已从单个化合物的检测发展到可以同时检测几百种化合物多残留系统分析，兽药残留的检测也向多组分方向发展。如美国FDA多残留分析方法可同时检测360多种农药，它是将农药残留分析的主要步骤（包括样品的采集、制备、提取、纯化、浓缩、分析、确证等）采用的不同方法建成不同的模块，根据样品及分析要求的不同，组合成不同的处理分析流程，从而建立起多残留检测选择检索程序的前处理技术平台，使复杂的技术流程简化，又保证了分析质量。

4. 食品质量管理

食品质量管理是将质量管理学的原理、技术和方法应用于食品原料生产、加工、贮藏和流通环节中。食品是一种与人类健康有密切关系的特殊产品，它既具有一般有形产品的质量特性和质量管理特征，又具有其独有的特殊性和重要性。因此，食品质量管理具有特殊的复杂性，对它的管理涉及从农田到餐桌的全过程，其中任何一个环节出现稍微疏忽，就会影响食品的质量。在食品质量管理中既要用到心理学知识来研究人的行为，又要运用技术知识来研究原料的变化。技术和管理学相结合所产生的三种管理途径（管理学途径、技术途径、技术-管理学途径），在现代食品质量管理中运用最多的是技术-管理途径，其核心是同时使用技术和管理学的理论和模型来预测食品生产体系的行为，并适当地改良这一体系，如在食品企业中常用的HACCP体系，关键的危害点通过人为的监控体系来控制，并通过公司内各部门的合作使消费者的期望得到实现。

食品质量管理的主要内容包括：质量方针、质量设计、质量控制、质量改进、质量保证和质量教育等。

（1）质量方针 是一个组织较长期的质量指导原则和行动指南，是各职能部门全体人员质量活动的根本准则,具有严肃性和相对稳定性。质量方针应当明确、突出重点,具有激励性。

(2)质量设计 优良的产品质量来源于整个产品的设计和生产过程。食品质量设计过程贯穿于产品开发的始终,如在食品原料的生产过程中就应考虑到其安全性、营养性和感官品质,在销售过程中也应考虑到这些质量因素。

(3)质量控制 是通过操作技术和工艺过程的控制,达到所规定的产品标准。

(4)质量改进 是指通过计划、组织、分析诊断等提高质量的各种措施。包括两个方面:一是在生产过程中有质量问题时的质量改进;二是为了满足消费者的要求,对质量必须不断改进,即质量设计时的质量改进。

(5)质量保证 通过质量保证体系实现预期产品,达到食品质量的要求。它是对消费者提供一种承诺和质量的可靠性。食品企业应建立有效的质量保证体系,实现全部有计划、有系统的活动,能够提供必要的证据,从而得到本组织的管理层、用户、第三方的足够信任。食品质量保证系统一般采用 GMP、GAP、SSOP、HACCP、ISO 9000 系列和 ISO 22000 等质量保证系统。

(6)质量教育 是对全体员工进行的旨在增强质量意识、掌握质量管理基本知识、提高员工质量管理专门技术和技能的教育和培训。质量教育包括各类高等院校的食品质量管理方面的学历教育和由各专门培训机构或企业组织的有针对性的质量管理方面的教育和培训。

五、本教材的内容与学习方法

本教材共分七章四大部分内容。第一部分是有关食品安全的内容,包括食品安全的评价方法、影响食品安全的因素。第二部分是食品质量管理与控制技术及其应用,包括食品质量管理体系 ISO 9000 族、ISO 22000 质量安全管理体系以及 GMP、SSOP 在食品企业中的应用和食品质量安全(QS)认证制度。第三部分为食品质量的设计,包括质量教育与质量意识、质量控制的工具与常用方法,食品质量的设计等。第四部分为国际国内有关食品法规与标准的解读。在编写过程中,针对高职高专院校食品营养与检测专业、农产品检验专业、食品加工、食品安全专业学生的特点,突出实用性,力求简洁明了,全书围绕食品安全这根主线展开,既突出专业特色,又体现实用性和新颖性,力求将最新的内容和食品安全的前沿知识体现在本教材中。为了便于学习,本书每一章的前面都列出了知识目标和技能目标,在每一章的后面都有小结和思考题。在学习的过程中要理论联系实际,在学完前面理论知识的基础上,建议有条件的学校安排学生到通过 GMP 或 HACCP 认证的大型食品企业进行实践实训,这样效果会更好。

《食品安全与质量控制》是高职高专院校食品类相关专业的一门重要的专业课,以《食品微生物学》、《质量管理学》、《食品营养与卫生学》等课程为基础,与《食品加工》、《食品生物化学》和《食品工艺学》相关联。通过学习,学生应全面理解和掌握食品安全的基本理论知识,了解食品质量控制的方法,以便在今后从事食品生产或相关工作时,能够运用食品质量安全的知识解决实际问题,更好地为我国食品安全整体水平的提高做出贡献。

本 章 小 结

食品是各种供人食用或饮用的成品和原料,以及按照传统既是食品又是药品的物品,但不包括以治疗为目的的物品。

食品安全是对食品按其原定用途进行制作和食用时不会使消费者受害的一种担保,它主要是指在食品的生产和消费过程中,确保食品中存在或引入的有毒、有害物质没有达到危害程度,从而保证人体按正常剂量和以正确方式摄入这样的食品时不会受到急性或慢性的危害，这种危害包括对摄入者本身及其后代的不良影响。

食品卫生是为确保食品安全性和适合性在食物链的所有阶段必须采取的一切条件和措施。食品安全与食品卫生这两个概念不仅在内容和意义方面大部分相互涵盖，有一定的因果逻辑关系，而且又有小部分各自独立的概念。食品卫生是对食品的生产过程而言，一般由卫生标准操作程序进行控制；而食品安全是对最终食品产品而言，有赖于食品在生产过程良好的卫生管理和有效的安全控制措施。

食源性疾病由摄食进入人体内的各种致病因子引起的通常具有感染性质或中毒性质的一类疾病，顾名思义，凡是与摄食有关的一切疾病（包括传染性和非传染性疾病）均属于食源性疾病。

从食品安全的形成与发展入手，本章介绍了国际国内食品安全的现状，分析了目前国际国内食品安全的严峻形势，如近年来世界上一些国家和地区频发食品恶性事件：大肠杆菌 O_{157}、二噁英、丙烯酰胺等恶性中毒事件和疯牛病、禽流感。在我国食源性疾病仍是危害公众健康的最重要因素，各大类食品都存在安全隐患，食品中新技术、新资源的应用给食品安全带来了新的挑战。

在食品质量与安全研究的主要内容和研究热点中，从影响食品安全的主要因素、食品安全的评价与管理、食品安全的检测方法、食品质量管理的主要方法等四个方面进行了探讨。重点分析了影响食品安全的主要因素：生物性危害（包括微生物和寄生虫的污染）、化学性危害（包括植物源性食品的化肥、农药残留，动物源性食品的兽药残留，食品添加剂过量、环境毒素的生物积累等）、产地环境污染等，以及新技术和新的销售方式带来的潜在威胁、假冒伪劣产品等。食品质量管理是将质量管理学的原理、技术和方法应用于食品原料生产、加工、储藏和流通环节中。它的主要内容包括：质量方针、质量设计、质量控制、质量改进、质量保证和质量教育等。

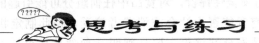 思考与练习

1. 名词解释

食品、食品安全、食品卫生、食品质量、食源性疾病

2. 简答题

(1) 简述食品安全与食品卫生的关系。

(2) 目前影响食品安全的主要因素有哪些？

(3) 研究和控制食品安全有何现实意义？

(4) 简述食品质量管理的主要内容。

第二章　食品安全性的评价

为了研究食品污染因素的性质和作用，检测其在食品中的含量水平，控制食品质量，确保食品安全和人体健康，需要对食品进行安全性评价。对食品中任何组分可能引起的危害进行科学测试，得出结论，以确定该组分究竟能否为社会或消费者接受，据此制定相应的标准，这一过程称为食品安全性评价。食品安全性评价主要是阐明某种食品是否可以安全食用，食品中有关危害成分或物质的毒性及其风险大小，利用毒理学资料确认该物质的安全剂量，以便通过风险评估进行风险控制。

对食品生产中的各种原料及添加物进行安全性分析和评价是食品安全性评价的主要内容，安全性评价的对象如下。

① 用于食品生产、加工和保藏的化学和生物物质，如原料中农药和兽药、食品添加剂、食品加工用微生物等。

② 食品在生产、加工、运输、销售和保藏过程中产生和污染的有害物质，如微生物及其毒素、寄生虫、多环芳烃、重金属元素、包装材料中的有害物等。

③ 新技术、新工艺和新资源及加工食品等，如转基因技术及其食品、辐照技术及其食品等。

现代食品安全性评价除了必须进行传统的毒理学评价外，还需要进行人体研究、残留量研究、暴露量研究、膳食结构和摄入风险性评价等。

第一节　食品毒理学原理

一、食品毒理学和毒物

（一）毒理学

毒理学是研究外源性化学物质对生活有机体的有害作用的一门应用科学，其主要任务是对接触外源性化学物进行安全评价。

食品毒理学是一门研究存在或可能存在于食品中称为毒物的小分子物质的种类、含量、分布范围、毒性及其毒性反应机理的科学。其作用就是从毒理学的角度研究食品中所含的内源化学物质或可能含有的外源化学物质对食用者的毒作用机理，检验和评价食品（包括食品添加剂）的安全性或安全范围，从而确保人类健康。现代食品毒理学着重通过化学或生物学领域的理论知识找寻毒性反应的详细机理，并研究特定物质产生的特定的化学或生物反应机制，为食品安全性评价和监控提供详细和确凿的理论依据。1994 年和 2009 年我国分别颁布和实施的《食品安全性毒理学评价程序和方法》标准和《食品安全法》，为我国食品质量和安全性控制提供了法律和行政上的保障。

（二）**毒物**

一般认为，毒物是指在一定条件下，较小剂量即能够对机体产生损害作用或使机体出现异常反应的外源化学物质。

关于"毒物"一词，历史上许多毒物学家试图对其给出恰当的定义，结果只是在语言上的推敲而不是在毒物学上的实际描述，这是因为各种"毒物"都是相对的，而不是绝对的。瑞士医师 Paracelsus 指出："所有物质都是毒物，没有不是毒物的物质，正确的剂量才使毒物与药物得以区分"，从而提出了"剂量决定毒物"的至理名言；Humphreys D. J. 在世界名著 *Veterinary Toxicology*（第 3 版）中指出："毒物可能是自然存在的或人造的外源化学物，经任何途径或较小剂量进入机体后，导致生物化学的异常和/或生理性损害，严重时影响机体的健康或行为"；朱蓓蕾认为："在一定条件下，能够对生物体造成损害的物质都是毒物"。因此，一般把少量进入机体即可损伤机体的外源化学物称为真正的毒物，而把那些需要较大剂量或较高浓度才能损害机体的物质称为广义上的毒物。

有毒物质主要通过化学损伤使生物体遭受损害。如有机磷酸酯类农药可抑制胆碱酯酶的活性，使生物体内的乙酰胆碱大量积累，从而导致生物体的极度兴奋甚至死亡。毒物的毒性按照强弱可分为剧毒、高毒、中毒、低毒、微毒等。一般来说，毒物与非毒物之间没有严格的界限。同一种化学物质，由于使用剂量、对象及方法的不同，可能是毒物，也可能是非毒物。如成年人对硒的安全摄入量为每日 $50\sim200\mu g$，当摄入量低于 $50\mu g$ 时可能会导致心肌炎、克山病、免疫力下降等疾病；但是，当摄入量超过 $200\mu g$ 时，可能会导致中毒；若每日摄入量超过 1mg，则可能导致死亡。

（三）**毒性**

1. 毒性基本概念

毒性是指外源化学物与机体接触或进入体内的易感部位后，能引起损害作用的相对能力，包括损害正在发育的胎儿（致畸胎）、改变遗传密码（致突变）或引发癌症（致癌）的能力等。一种外源化学物对机体的损害作用越大，则其毒性就越高。毒性反映毒物的剂量与机体反应之间的关系，因此，引起机体某种有害反应的剂量是衡量毒物毒性的指标。毒性较高的物质，只需要相对较小的剂量或浓度即可对机体造成一定的损害；而毒性较低的物质，则需要较高的剂量或浓度才能呈现毒性作用。

外源化学物对机体的毒性具有选择性。一种外源化学物只对一种生物有损害，而对其他种类的生物不具有损害作用，或者只对生物体内某一组织器官产生毒性，而对其他组织器官无毒性作用，这种外源化学物对生物体的毒性作用称为选择毒性。受到损害的生物或组织器官称为靶生物或靶器官，未受损害的即为非靶生物或非靶器官。例如，甲基汞由于具有亲脂性而易于透过血脑屏障进入脑组织，从而对神经系统产生毒性作用，它的靶器官是中枢神经系统；但甲基汞在脑组织中的浓度却远远低于肝脏和肾脏。

2. 表示毒性的常用指标

表示毒物毒性的常用指标主要有：致死剂量、阈剂量和最大无作用剂量等。

(1) 致死剂量 致死剂量 (lethal dose, LD) 是指某种外源化学物能引起机体死亡的剂量。常以引起机体不同死亡率所需的剂量来表示。在实际应用中,致死剂量又具有下列不同的概念。

① 绝对致死量 (absolute lethal dose, LD_{100}) 指能引起一群机体全部死亡的最低剂量。由于在一个群体中,不同个体之间对外源化学物的耐受性存在差异,可能有少数个体耐受性过高或过低,因此一般不用 LD_{100} 而采用半数致死量 (LD_{50}),因为 LD_{50} 较少受到个体耐受性差异的影响,比 LD_{100} 更为准确。

② 半数致死量 (median lethal dose, LD_{50}) 指能引起一群个体 50% 死亡所需的剂量,也称致死中量。表示 LD_{50} 的单位为 mg/kg 体重,例如,滴滴涕 (DDT) 的 LD_{50} 为 300mg/kg 体重 (大鼠,经口)。LD_{50} 数值越小,表示外源化学物的毒性越强;反之,LD_{50} 数值越大,则毒性越低。

一般而言,对动物毒性很低的物质,对人的毒性也很低。对同一种毒物来说,剂量越大,则毒性越大。而不同物质的 LD_{50} 差异也很大,LD_{50} 越大,则表明其毒性越小,反映在食品方面,则表明其安全性越高。反之,食品的安全性越低。例如,已知最具毒性的物质之一的肉毒梭菌毒素的 LD_{50} 约为 100ng/kg 体重;而氯化钠的 LD_{50} 约为 40g/kg 体重,需要消费大量的氯化钠才可以产生毒性。LD_{50} 为 2g/kg 体重的一种物质对一个体重 60kg 的人而言,需摄入较大的量才可产生毒性,而 LD_{50} 为 1mg/kg 体重的极毒物质对一个体重 60kg 的人而言仅需数滴即可产生毒性。需要清楚的是,LD_{50} 等急性毒性指标并不能反映出化学物质对人体健康可能具有的潜在危害。这就常常需要通过进一步的长期或慢性毒性试验来探寻。对一些急性毒性很小或根本检测不出急性毒性的致癌物质来说,需要长期少量摄入才可能诱发癌的发生。我国卫生部 1994 年在《食品安全性毒理学评价标准》中将各种物质按其对大鼠经口 LD_{50} 的大小分为极毒、剧毒、中毒、低毒、实际无霉和无毒 6 大类,见表 2-1。

表 2-1 化学物质的急性毒性分级

级　　别	大鼠经口 LD_{50} /(mg/kg 体重)	相当于人的致死量	
		/(mg/kg 体重)	/(g/人)
极毒	<1	0.05	0.05
剧毒	1~50	500~4000	0.5
中毒	51~500	4000~30000	5
低毒	501~5000	30000~250000	50
实际无霉	5001~15000	250000~500000	500
无毒	>15000	>500000	2500

③ 最小致死量 (minimum lethal dose, MLD 或 LD_{01}、Ld_{min}) 指在一群机体中仅引起个别发生死亡的最低剂量。低于此剂量即不能使机体出现死亡。

④ 最大耐受量 (maximal tolerance dose, MTD 或 LD_0) 指在一群个体中不引起死亡的最高剂量。接触此剂量的生物个体可以出现严重的毒性作用,但不发生死亡。

(2) 阈剂量 指最小有作用剂量。在一定时间内,一种外源化学物按一定方式或途径与机体接触,并使某项灵敏的观察指标开始出现异常变化或使机体开始出现损害作用所需的最低剂量。确定阈剂量是毒理学研究工作的重要内容,也是制定卫生标准的主要依据。

(3) 最大无作用剂量 (maximal no-Effect level, MNEL) 是指某种外源化学物在一定时间内按一定方式或途径与机体接触后,根据现有认识水平,用最为灵敏的试验方法和观察指标,未能观察到对机体造成任何损害作用或使机体出现异常反应的最高剂量,也称为未观察到损害作用剂量（no observed adverse effect level，NOAEL）。最大无作用剂量是根据亚慢性毒性试验或慢性毒性试验的结果来确定的，是评定外源化学物对机体造成损害作用的主要依据。

二、剂量-反应关系

（一）剂量与反应

1. 剂量

它是指给予机体或与机体接触的毒物的数量，是决定外源化学物对机体造成损害作用的最主要因素。剂量的概念较为广泛，可指给予机体的数量、与机体接触的数量、吸收进入机体的数量或在体液或靶器官中的含量或浓度。

一般情况下，给予机体或机体接触外源化学物的数量越大，则吸收进入体内或靶器官中的数量越大。因此，一般多以给予机体的外源化学物数量或与机体接触的数量作为剂量的概念。剂量的单位通常是以单位体重接触的外源化学物数量（mg/kg 体重）或环境中的浓度（mg/m^3 空气，mg/L 水）来表示。

2. 反应

反应指外源化学物与机体接触后引起的生物学改变，可分为两类：一类是量反应，此类反应属于计量资料，有强度和性质的差别，可以某种测量数值表示，如有机磷农药抑制血中胆碱酯酶活性，其程度可用酶活性单位的测定值表示；另一类为质反应，属于计数资料，没有强度的差别，不能以具体的数值表示，而只能以"阴性或阳性"、"有或无"来表示，如死亡或存活、患病或未患病等。

量反应主要用于表示外源化学物在个体中引起的毒效应强度的变化，而质反应则表示外源化学物在群体中引起的某种毒效应的发生比例。

3. 剂量-反应关系的种类

① 剂量-量反应关系：表示外源化学物的剂量与个体中发生的量反应强度之间的关系。如空气中的 CO 浓度增加导致红细胞中碳氧血红蛋白含量随之升高。

② 剂量-质反应关系：表示外源化学物的剂量与某一群体中质反应发生率之间的关系。如在急性毒性吸入试验中，随着苯的浓度增高，各试验组的小鼠死亡率也相应增高，表明存在剂量-质反应关系。

不管是剂量-量反应关系，还是剂量-质反应关系统称为剂量-反应关系。毒理学的一个基本原则是对物质的毒性进行定量。也就是说无论物质的毒性作用是通过何种机制产生的，一般在一定的剂量范围内，反应总是与该有毒物质的剂量成比例的，同一种物质的反应随着剂量的增加，显示出相应的规律性变化。这就是有毒物质的剂量-反应关系。

（二）剂量-反应曲线

剂量-反应关系可用曲线表示，即以表示量反应强度的计量单位或表示质反应的百分率或比值为纵坐标，以剂量为横坐标，绘制散点图所得到的曲线。外源化学物质不同，在不同的条件下所引起的反应类型也不同，这主要是剂量与量反应或质反应的相关关系不一致引起的，因此，在用曲线描述时就呈现出不同类型的曲线。一般情况下，剂量-反应曲线的基本类型有以下几种。

1. 直线型

反应强度与剂量呈直线关系，即随着剂量的增加，反应的强度也随着增强，并成正比关系。但在生物体内，这一种线型关系较少出现，仅在某些体外实验中，在一定的剂量范围内存在。如采用修复缺陷的细菌或细胞试验系统进行致突变试验时，常常在较低剂量下即曲线的起始部分观察到线性的剂量反应关系，在这种情况下，剂量与反应率完全成正比。

2. 抛物线型

剂量与反应是非线性关系，即随着剂量的增加，反应的强度也增高，且最初增高急速，随后变得缓慢，以致曲线先陡峭后平缓，而呈抛物线形。如将此剂量转换成对数值则成一直线。将剂量与反应关系曲线转换成直线，可便于在低剂量与高剂量或低反应强度与高反应强度之间进行互相推算。这种线型常见于剂量-量反应关系中。

3. S形曲线

这种曲线型是典型剂量-反应曲线，多见于剂量-质反应关系中，分为对称S形曲线和非对称S形曲线两种形式。

（1）对称S形曲线　当群体中的全部个体对某一外源化学物的敏感性差异呈正态分布时，剂量与反应率之间的关系表现为对称S形曲线，如图2-1上图所示。这种线型多见于试验组数和每组动物数均足够多时，在毒理学中仍属少数。

（2）非对称S形曲线　该种曲线和对称S形曲线相比，该曲线在靠近横坐标左侧的一端曲线由平缓转为陡峭的距离较短，而靠近右侧的一端曲线则伸展较长。它表示随着剂量增加，反应率的变化呈偏态分布，如图2-2所示。因毒理学试验使用的组数和动物数有限，受试群体中又存在一些高耐受性的个体，故此种曲线最为常见。

不管是对称还是非对称S形曲线，在50%反应率处的斜率最大，剂量与反应率的关系相对恒定。故常用引起50%反应率的剂量来表示外源化学物的毒性大小。如半数致死剂量（LD_{50}）、半数中毒剂量（TD_{50}）等。

为了通过数学的方法更加准确地计算LD_{50}等重要的毒理学参数并得出曲线的斜率，需要将S形曲线转换成直线。

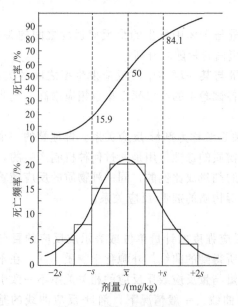

图2-1　对称S形曲线图

（引自刘宁等. 食品毒理学. 中国轻工业出版社）

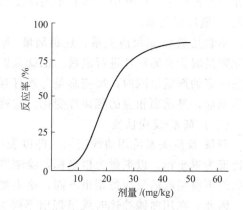

图2-2　非对称S形曲线图

（引自刘宁等. 食品毒理学. 中国轻工业出版社）

当把纵坐标的标识单位反应率改为反应频率时，对称S形曲线转换为高斯曲线，如图2-1下图所示。在该分布曲线下，如把使一半受试个体出现反应的剂量作为中位数剂量，并以此为准划分若干个标准差，则在其两侧1个、2个或3个标准差范围内分别包括了受试总体的 68.3%、95.5% 和 99.7%。将各标准差的数值均加上 5（—3～3 变为 2～8）即为概率单位，概率单位与反应率之间的对应关系如表 2-2 所示。

表 2-2 反应率与概率单位之间的对应关系

反应率/%	概率单位	反应率/%	概率单位
0.1	2	84.1	6
2.3	3	97.7	7
15.9	4	99.9	8
50.0	5		

当把纵坐标单位用概率单位表示时，对称 S 形曲线即转换为直线。转换而来的直线可以建立数学方程，计算出各剂量对应的反应率及曲线斜率。曲线斜率可以全面反映外源化学物的毒性特征。如图 2-3 所示，图中 A、B 两种外源化学物的 LD_{50} 相同，但其曲线斜率不同。A 物质的曲线斜率小，需要有较大的剂量变化才能引起明显的死亡率改变；而 B 物质的曲线斜率大，相对小的剂量变化即可引起明显的死亡率改变。在较低剂量时，A 物质的危险性较大，而在较高剂量时，B 物质的危险性较大。

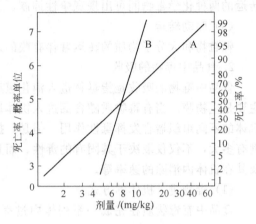

图 2-3 两种外源化学物的毒性比较
（引自刘宁等. 食品毒理学. 中国轻工业出版社）

三、食品中毒物的体内过程

食品中有毒物质的体内过程包括在体内的吸收、分布、代谢及排泄四个过程，它与毒物的毒性密切相关。其中，毒物在体内的吸收、分布及排泄称为转运，而代谢过程则称为生物转化。由于代谢和排泄过程通常是不可逆的，故合称为消除过程。

毒物对机体的毒性作用，一般取决于两个因素：一是化学毒物的固有毒性和接触量；二是化学毒物或其活性代谢物到达作用部位的效率，而后者与化学毒物在体内的吸收、分布、代谢和排泄过程有关。因此，研究化学毒物在体内的生物转运和生物转化过程，可为了解化学毒物在体内的转归、生物学效应和毒作用机制提供可靠资料。

（一）有毒物质的吸收

1. 生物转运

外源化学物的吸收、分布和排泄过程是通过生物膜构成屏障的过程。生物膜是细胞膜和细胞器膜的总称，生物膜是一种半透性膜，一般由类脂、蛋白质、脂蛋白及低聚糖等组成。膜的结构是以连续排列的脂质双分子层为基本骨架，其极性部分向外，非极性部分向内，球蛋白镶嵌在脂质双分子层内。生物膜上布满细孔，称为膜孔，水和一些小分子水溶性物质可以通过。生物膜主要具有三个功能：①隔离功能，主要表现为包绕和分隔内环境；②进行多种重要生物化学反应和生命活动的场所；③内外环境物质交换的屏障。

（1）被动扩散

被动扩散又称脂溶扩散。大多数化学毒物经被动扩散方式通过生物膜。化学毒物从浓度较高的一侧向浓度较低的一侧经脂质双分子层进行扩散性转运。这一转运方式进行的条件是：①膜两侧存在浓度梯度，它是影响扩散速率的最主要因素；②化学毒物必须具有脂溶性。被动扩散依赖于外源化学物溶解于膜的脂质，因此具有脂溶性化学毒物才能以此方式通过生物膜；③化学毒物必须是非电离状态。有很多化学毒物为弱有机酸或弱有机碱，在体液中可部分解离，解离型极性大，脂溶性小，难以扩散；而非解离型极性小，脂溶性大，容易跨膜扩散。

这种方式不消耗能量，不需要载体，不受饱和限速与竞争性抑制的制约和影响。

（2）主动转运

生物膜的主动转运具有下列特点：①需要有载体参加；②化学毒物可逆浓度梯度转运；③该系统需要消耗能量，因此代谢抑制剂可阻止此转运过程；④载体转运的化学毒物有特异性选择；⑤转运量有一定极限，当化学毒物达一定浓度时，载体可达饱和状态；由同一载体转运的两种化学毒物间可出现竞争性抑制。

（3）膜动转运

颗粒物和大分子物质的转运常伴有膜的运动，故称为膜动转运。如吞噬作用和胞吐等。

2. 食品中毒物的吸收

食品中毒物的吸收是指毒物进入消化道后通过多种屏障进入血液循环的过程。这些屏障主要是生物膜。当有毒物质随食品进入机体后，首先要通过生物膜被机体吸收，随之分布到机体的不同组织器官发挥毒性作用。但是，摄入的有毒物质是否会产生危害，或者危害的程度有多大，不仅仅取决于其固有的毒性，而且还取决于它们在机体内存留的数量、分布位置及其在机体内消除的速率等。

（1）毒物进入机体的方式

食品中有毒物质在完成一系列体内过程时，都需要通过生物膜进行被动和主动跨膜运转。主动转运需要消耗能量，可由低浓度或低电位差的一侧转运到较高一侧，故又称逆流转运，需要膜上的特异性载体蛋白参与；被动转运主要是通过生物膜起作用，口服毒物后，胃肠液中的毒物由高浓度向低浓度的细胞内扩散透过，又以相似的机理扩散转运到血液中，这种转运不消耗能量，毒物透过的推动力取决于生物膜两侧的浓度梯度即浓度差。由于毒物的被动转运是由浓度高的一侧向浓度低的一侧扩散，其转运速度不仅与膜两侧毒物浓度差成正比，此外还与毒物的性质有关：相对分子质量小的（200 以下）、脂溶性大的（油水分布系数大的）、极性小的毒物较易通过。

有毒物质进入有机体的方式主要是被动扩散而不是主动运输。大多数脂溶性物质（如 DDT 等农药残留等）主要通过在脂质双层中的被动扩散而通过生物膜。水溶性较强的毒物主要通过细胞膜的水相膜孔进行扩散。水溶性较弱的毒物和重金属离子化合物也可通过主动运输的方式通过生物膜。细胞膜对脂溶性物质的吸收几乎没有选择性。活的有机体可以有效阻止水溶性有毒物质透过其生物膜，但不能阻止对绝大多数脂溶性有毒物质的吸收。生物膜的这一作用，可导致机体对脂溶性毒素的吸收和富集，从而易产生毒害作用。

有毒物质污染食品后，可通过口腔进入人体消化道。由于消化道各个部分组织结构的相似性，对毒物均有一定程度的吸收能力。但是由于消化道各部分的组织结构的不同，各种毒物在消化道各段的吸收能力是不同的。另外，吸收能力的大小还与毒物在消化道各部分停留的时间有关。

（2）毒物吸收的部位

小肠表面积很大，它是毒物被机体吸收进入血液的主要部位。由于小肠表面有环轮状皱壁和绒毛突起，绒毛上还有很多微绒毛，绒毛最多的是十二指肠，因此有效吸收面积很大（肠绒毛可增加 $200 \sim 300 m^2$ 的小肠吸收面积）。由于被动吸收的速度与表面积成正比，所以小肠是吸收毒物的主要部位。特别是脂溶性毒物，在小肠中主要通过被动扩散而被吸收，参与主动转运的机会很少。但是也不排除一些相对有毒的物质通过肠细胞的主动转运系统而被吸收。

胃的表面积比小肠小，但一些弱酸性毒物、乙醇和脂溶性有机磷农药在胃内易被吸收。

大肠没有绒毛，表面积小，不是吸收毒物的主要区域。

口腔黏膜上皮细胞由脂质构成，故允许脂溶性毒物通过。口腔黏膜吸收属于被动扩散。毒物经口腔吸收后，通过颈内静脉到达心脏，随血液循环向全身分布。口腔的弱酸性环境能促使有机弱碱性毒物吸收。

（二）有毒物质在体内的分布与贮留

1. 食品中有毒物质在体内的分布

食品中毒物的转移和分布是指在消化道被吸收的毒物，随血液和淋巴液分散到全身各组织器官的过程。毒物被吸收后在各组织器官中的分布是不均匀的。毒物的体内分布直接关系着毒物的贮存、消除和毒性效应。一般组织血流量大者转移得较为迅速，因此血流量大的器官就有可能含有较多的转移毒物。

而实际上，影响毒物在体内分布的因素很多，除与各组织器官的血流量密切相关外，还和毒物与血浆蛋白的结合率、毒物与组织的亲和力、血脑屏障以及体液 pH 和毒物的理化性质等有关。

（1）毒物与血浆蛋白的结合率　毒物吸收进入血液后可不同程度地与血浆蛋白结合，结合型毒物可在血液中暂时贮存，因而也暂时不显示毒性。蛋白结合率较高的毒物在体内消除慢，作用维持时间长。因此，这种毒物的贮库被称为"蛋白贮库"。

（2）局部器官血流量　总血液量在肝、肾、肌肉、脑及皮肤等组织和器官中最大，故这些器官中毒物分布较多。人体脂肪组织血流量虽小，但脂肪总量很大，是脂溶性毒物的贮库。

（3）体液 pH　血液和细胞间液的 pH 为 7.4，细胞内液 pH 为 7.0。弱酸类毒物在细胞外以解离型多，不易进入细胞内；弱碱类毒物则较易分布到细胞内。

（4）组织亲和力　某些毒物与体内有些组织有特殊的亲和力。如脂溶性毒物能大量贮存在脂肪中而不显示毒性效应，有机体内的脂肪组织也称为"脂肪贮库"，脂肪贮库是脂溶性物质对有机体产生毒害作用的一个缓冲区，这也就是较肥胖的人脂溶性物质中毒后症状比较轻微的原因。

（5）体内屏障　体内某些部位，由于组织结构的特殊性，对不少毒物的转运可产生屏障作用，直接影响毒物的分布，主要是血脑屏障和胎盘屏障等。但是这些屏障都不能有效阻止亲脂性毒物的转运。

① 血脑屏障是血液与脑细胞、血液与脑脊液、脑脊液与脑细胞之间三种隔膜组成，主要由前两种起屏障作用。由于这些膜的细胞间连接比较紧密，膜外还多一层星状细胞包围，故使很多毒物不容易透过而形成保护大脑的屏障。但油/水分配系数大的毒物能以被动扩散的方式通过血脑屏障，将这些毒物浓集在脑中，产生中枢神经毒性。脑膜炎时屏障作用减退，不易通过血脑屏障的青霉素等药物残留也可大量通过。再如脂溶性的甲基汞很易进入脑组织，引起中枢神经系统（CNS）中毒，而非脂溶性的无机汞盐则不易进入脑组织，故其毒作用主要不在脑而在肾脏。脑内的甲基汞逐渐被代谢转化成汞离子而不能反向穿透血脑屏障被排除，可在脑内滞留而引起中毒。

新生儿的血-脑屏障发育不完全，这也是吗啡、铅等化学物质对新生儿的毒性较成人大的原因之一。

② 胎盘屏障能防止一些外源性化学物质向胎儿移行，在一定程度上保护着胎儿的安全，对防止外源性化学物的胚胎毒性和致畸作用具有重要意义。但是，这种保护作用是十分有限的。有很多有毒物质（如甲基汞、苋菜红）、许多病毒和细菌等可以通过胎盘屏障，对胎儿造成毒害。

2. 食品中有毒物质的贮留

与某些器官或组织细胞结合紧密的有毒物质，可在这些器官或组织中保留一段时间，这些器官或组织被称为贮留库。毒物的化学性质直接影响着其贮留趋势。极性较大的有机毒物主要和血液及组织中的蛋白质结合。化学性质与钙相近的无机毒物主要沉积在骨骼，所以骨骼也是无机离子的一个特别重要的贮留库。大多数脂溶性毒素主要被脂肪组织吸收和贮留。胶原蛋白是体内主要的蛋白质，可结合钙、钡、镁、铅、砷和汞等多种离子。

肝脏和肾脏具有与许多化学毒物结合的能力，也是富集和贮留毒物的重要场所。肝组织对有机酸、偶氮染料和某些类固醇等均具有较高的亲和能力。同时，又是体内有毒物质转化和排泄的重要器官。

毒物在不同组织贮留后，对毒物的毒性可产生不同的影响。如果毒物贮留在对其不敏感的部位或远离其敏感部位，其毒性作用就不能充分发挥。例如铅对红细胞有毒性，但对骨骼无毒，因此贮留于骨骼的铅对机体的危害性并不大。如果一种毒物正好贮留在对其敏感的毒性作用部位，则会增加毒物的毒性。

（三）有毒物质的生物转化

生物转化是指毒物在机体内经过多种酶催化的代谢转化。生物转化是机体对毒物处置的重要环节，是机体维持稳定的主要机制。对于食品中的毒物，"生物转化"和"代谢"两个名词常常作为同义词使用。对于大多数毒物来说，在体内经生物转化后失去毒理活性，并被酶转化为极性高的水溶性代谢物而利于排出体外。

1. 细胞色素 P450 氧化酶

细胞色素 P450 氧化酶主要存在于肝细胞的内质网膜上，约占肝细胞蛋白总量的 $20\%\sim70\%$。细胞色素 P450 氧化酶系统是促进毒物生物转化的主要酶系统，故又称为肝毒物酶，现在已经分离出 70 余种。此酶系统的基本作用是从辅酶Ⅱ及细胞色素 b_5 获得两个 H^+，另外接受一个氧分子，其中一个氧原子使毒物羟化，另一个氧原子与两个 H^+ 结合成水（$RH+NADPH+O_2+2H^+\longrightarrow ROH+NADP^++H_2O$），故又叫单加氧酶，能对数百种毒物起反应。细胞色素P450是一种含铁卟啉类蛋白酶，因还原型 P450 与一氧化碳结合后在波长 450nm 处有最大吸收峰而得名。此酶的活性和数量还具有较大的种属差异和个体差异。

2. 生物转化的过程

生物转化过程可分两相：Ⅰ相反应和Ⅱ相反应。Ⅰ相反应（phase Ⅰ）总的来说是指对脂溶性物质的氧化、还原和水解反应，使脂溶性物质成为易于反应的活性代谢物。Ⅱ相反应（phaseⅡ）一般指一种或多种具有较高极性的内源物质（如谷胱甘肽或葡萄糖醛酸）与Ⅰ相反应代谢产物的结合，以及Ⅰ相反应代谢产物（如环氧化物）的水解等。

经过Ⅰ相反应后，多数毒物被灭活，但也有少数毒物反而被活化。Ⅱ相反应与体内物质结合后多数是使毒物活性降低或灭活并使极性增加，从肾排出体外。Ⅱ相反应可以是在Ⅰ相反应的基础上发生的，也可以首先发生。此外，也有一些毒物完全不经过转化而直接排出体外。大多数毒物在经过Ⅰ相和Ⅱ相反应后，通常转化为易溶于水的代谢物，便于经尿或胆汁排出。

3. 生物转化部位

　　肝脏是机体内最重要的代谢器官，毒物的生物转化过程主要在肝脏进行。其他组织器官，例如肺、肾、肠道、脑、皮肤等也具有一定的生物转化能力，虽然其代谢能力及代谢容量可能相对低于肝脏，但有些毒物可在这些组织中发生不同程度的代谢转化过程，有些还具有特殊的意义。毒物未经肝脏的生物转化作用而直接分布至全身，对机体的损害作用相对较强。

（四）有毒物质的排泄

　　毒物及其代谢物被排出体外的过程称为排泄。排泄是生物转运的最后一个环节。毒物经过生物转化和排泄，可使有机体内部的毒物数量减少。

　　1. 排泄途径和器官

　　（1）经肾脏排泄　肾脏排泄毒物的效率极高，也是毒物的主要排泄器官，其主要排泄机理有三：①肾小球过滤；②肾小球简单扩散；③肾小管主动运输。其中简单扩散和主动运输更为重要。

　　有毒物质经肾小球过滤进入尿液后可随尿排泄到体外。肾小球的过滤属于膜孔扩散，肾小球的膜孔较大（40nm），除与蛋白质结合牢固的毒物不可滤过外，几乎所有的毒物都可滤过。毒物通过肾小管的分泌和排泄是通过肾小管生物膜上的膜泵转运的，这种主动运输的排泄速度很快。毒物与蛋白质的结合并不阻碍这种主动运输的分泌。非挥发性毒物主要由肾排出。该途径不仅排泄有毒物质的种类多，而且数量也非常大。

　　（2）经肝、胆、胃排泄　有些毒物可先由肝脏排入胆囊，再从胆道随同胆汁进入肠道而被排泄出去。只有一少部分毒物经胆汁分泌排泄。这是由于胆汁的形成速度远低于尿液的形成速度。但对于某些化合物而言，胆汁分泌是主要的排泄途径。如己烯雌酚（DES）可通过胆汁排泄。此外，毒物也可通过其他机制进入胃肠道，如经胃肠壁直接扩散或分泌，随胃液排出，有机碱经 pH 分配排至低 pH 的胃内，以及随胰液排出等。

　　（3）经肺和其他途径排泄　气体及挥发性毒物主要由肺经呼吸道排出。如一氧化碳、醇类等可通过简单扩散经肺排出。经肺排泄速率与其吸收速率成反比。

　　乳汁分泌在毒物的排泄中占有重要的地位。某些毒物、农药残留（如DDT）和霉菌毒素可通过乳汁少量排出，从而污染牛乳和乳制品。

　　此外，经口食入后未被吸收的毒物从肠道随粪便排出。有些毒物可经皮肤、毛发、汗腺、唾液腺及泪腺等排出体外，因而毛发中重金属等含量可作为生物监测的指标。

　　2. 影响排泄的因素

　　影响毒物排泄的因素主要表现以下几个方面。

　　（1）肾功能　毒物在肾脏通过肾小球滤过，肾小管的重吸收和分泌过程，最终被排出体外。当肾功能不全时，毒物的排泄将显著减慢，如果摄入的毒物数量较大或摄入时间较长，则容易发生中毒。

　　（2）尿液 pH　因毒物种类繁多，有弱酸性或弱碱性毒物，尿中的毒物经肾小球滤过后可在肾小管被重吸收。如果在摄入毒物后能适当调整尿液的 pH，则可减少毒物的重吸收，促进排泄。

　　（3）竞争分泌机制　肾小管分泌毒物是由主动转运弱酸或弱碱的两个转运系统组成，有机酸毒物主要通过弱酸转运系统的分泌而排出；有机碱则经弱碱转运系统分泌胆碱和组胺等排出体外。如通过同一个转运系统转运的两种毒物同时进入体内时，则可产生竞争抑制。例如经有机酸转运系统转运的物质可与尿酸竞争，结果使尿酸在血浆中浓度上升而引起痛风。认真分析、研究这种情况，对制定含有多种毒物的食品的卫生标准有重要意义。

（4）肝肠循环 有些毒物可经肝脏排入胆汁，由胆汁流入肠腔，然后在肠道被重吸收，此过程叫肝肠循环。进行肝肠循环的毒物排泄速度减慢，其生物半衰期较长。抑制肝肠循环可促进毒物排泄，如强心苷中毒时可用考来烯胺抑制肝肠循环，以促进毒物的排泄。

第二节 食品毒理学评价

20 世纪以来，随着工业科技特别是化学工业的迅猛发展，人类在日常生活和生产中接触和使用的新化学品与日俱增。但在目前已知的人类可能接触或销售的 500 万种化学物质中，进行了化学品毒性登记的只有 10 万余种，而其中人类经常使用或接触的化学品种类已愈 7 万种。此外，新化学品正以每年 1000 种的速度不断涌现。据不完全统计，我国生产的化学品约为 4000 多种。这些化学物质在影响生态环境的同时，对人类的健康也造成了严重的威胁。在这些化学品名单中，经过全面系统的毒理学评价的化学物只是沧海一粟。

毒理学评价是食品安全性评价的基础，它是通过动物实验和对人群的观察，阐明待评物质的毒性及潜在的危害，决定其能否进入市场或阐明安全使用的条件，以达到最大限度的减小其危害作用、保护人民身体健康的目的。它实际上是在了解某种物质的毒性及危害性的基础上，全面权衡其利弊和实际应用的可能性，从确保该物质的最大效益、对生态环境与人类健康最小危害性的角度，对该物质能否生产和使用作出判断或寻求人类的安全接触条件的过程。

一、毒理学评价的重要意义

为了保证人类的健康、生态系统的平衡和良好的环境质量，早在几千年前人们就懂得运用法律手段来维护公共卫生以及人类的健康和安全。如公元前 18 世纪，古巴比伦王国第六代国王汉谟拉比颁布了著名的《汉谟拉比法典》，其中有涉及到水源、空气污染、食品清洁等方面的条文。20 世纪以来，美国、法国、德国等国家开始了医疗卫生方面的立法。如美国食品与药物管理局（FDA）1979 年颁布了联邦食品、药物和化妆品法案，对各种化学物质安全性进行管理；国际经济与发展合作组织（OECD）于 1982 年颁布了化学物品管理法，提出了一整套毒理试验指南、良好实验室规范和化学物投放市场前申报毒性资料的最低限度，对新化学物实施统一的管理办法。

我国对化学物质的毒性鉴定及毒理学试验开始于 20 世纪 50 年代，80 年代以来，我国有关部门陆续发布了一些化学物质的毒性鉴定程序和方法，这些文件具有法规性质和效力。国家也陆续颁布了有关的法律加强对外来化学物的管理。目前我国在食品安全方面实施的主要法律法规有以下几种。①卫生部在 1983 年公布《食品安全性毒理学评价程序（试行）》，1985 年经过修订，正式公布为 "(85) 卫防字第 78 号文件"，在全国范围内实施。1995 年 10 月 30 日公布了《中华人民共和国食品卫生法》。与此法配套，卫生部于 1994 年 8 月 10 日批准通过中华人民共和国国家标准《食品安全性毒理学评价程序》（GB 15193.1—1994），并予以实施；2003 年 9 月 24 日又发布了新的《食品安全性毒理学评价程序》（GB 15193.1—2003）。②卫生部和农业部于 1991 年 6 月颁发了《农药性安全毒理学评价程序》，1995 年 8 月正式颁布了《农药登记毒理学试验方法》（GB 15670—1995），并于 1996 年 1 月 1 日实施。③1993 年 5 月卫生部食品卫生监督检验所发布了《食品功能毒理学评价程序和检验方法（试行）》，该标准规定了食品保健作用的统一程序和检验方法，为保健食品的管理提供了科学依据。④2009 年 6 月 1 日《中华人民共和国食品安全法》正式施行。

卫生行政执法和处罚以法律法规为准绳，而毒理学评价则是裁决的基础。1999 年欧洲发生了二噁英食物中毒事件，包括我国在内的许多国家作出拒绝进口可疑污染食品的决定，即是以毒理学评价资料为依据作出的裁决。我国对不同毒物进行毒理学评价中，对安全性的要求是指中华人民共和国法律法规允许下的安全，指我国社会发展到现阶段所能接受的危害度水平。

进行毒理学试验和研究，必须要有规范的规定与评价准绳。关于毒理学使用的动物，国家颁布了规范化管理的标准，规定必须使用经权威部门认证合格的实验动物。我国已规定对新开发的药物、食品的生产实施 GMP 管理，对安全性试验也开始逐步要求对试验操作及资料记录实施良好实验室规范（GLP）准则。

二、毒理学评价的原则

在毒理学评价时，需根据受试物质的种类来选择相应的程序，不同的化学物质所选择的程序不同，一般根据化学物质的种类和用途来选择国家标准、部委和各级政府发布的法规、规定和行业规范中相应的程序。

① 毒理学评价采用分阶段进行的原则，即各种毒性试验按一定顺序进行，明确先进行哪项试验，再进行哪项试验。目的是以最短的时间、最经济的办法，取得最可靠的结果。实际工作中常常是先安排试验周期短、费用低、预测价值高的试验。

② 凡属国内创新的物质，必须进行全部 4 个阶段的毒理学试验，特别是其化学结构提示有慢性毒性、遗传毒性或致癌作用的；或产量大、使用面广、摄入机会多的物质。同时，在进行急性毒性、90d 喂养试验及慢性毒性（包括致癌）试验时，要求用两种动物。

③ 凡属与已知物质（指经过安全性评价并允许使用者）的化学结构基本相同的衍生物或类似物，则可进行前三阶段试验，并根据试验结果决定是否需要进行第四阶段试验。

④ 凡属国内仿制而又有一定毒性的已知化学物质，世界卫生组织对其已公布每人每日允许摄入量（ADI）的，同时国内的生产单位又有资料证明其产品质量规格与国外产品一致时，则可以先进行第一、第二阶段试验。如果产品质量或试验结果与国外资料一致，一般不要求继续进行毒性试验。如果产品质量或试验结果与国外资料不一致，还应进行第三阶段试验。对农药、添加剂、高分子聚合物、新食品资源、辐照食品等还有更详细的要求。

三、试验前的准备

试验前应了解食品毒物的名称、化学结构式、分子质量；理化性质如熔点或沸点、蒸气压、溶解度、pH、纯度、杂质等理化数据和有关的参数；也应了解受检样品的成分、规格、用途、使用范围、使用方式，以了解人类可能接触的途径和剂量、过度接触以及滥用或误用的可能性等，以便预测毒性和进行合理的试验设计。

1. 收集毒物的基本资料

主要收集和了解食品中毒物的化学结构；受试物的组成成分及所含有的杂质；毒物的理化性质（如毒物的外观、相对密度、沸点和熔点、水溶性或脂溶性、蒸气压、在常见溶剂中的溶解度、乳化性或混悬性、贮存稳定性等）。

2. 了解毒物的使用情况

包括使用方式及人体接触途径、用途及使用范围、使用量。如对食品添加剂应掌握其加入食品中的数量；农药应掌握施用剂量和在食品中的可能残留量。因此，在进行毒理学评价时，应对该种物质通过各种途径进入人体的实际接触量作出估计。

3. 选用人类实际接触和应用的产品形式进行试验

一般来说，用于毒理学评价的主试物应采用商品，而不是纯化学品，以反映人体实际接触的情况。应当注意的是，在整个实验过程中所使用的受试物必须是规格、纯度完全一致的商品。

4. 选择实验动物的要求

（1）动物种类的要求 动物种类对受试毒物的代谢方式应尽可能与人类相近。进行毒理学评价时，优先考虑哺乳类杂食动物。如大鼠是杂食动物，食性和代谢过程与人类较为接近，对许多毒物的毒作用比较敏感，加上具有体形小、自然寿命不太长、价格便宜、便于饲养等特点，故在毒理学试验中，除特殊情况外，一般采用大鼠。此外，小鼠、仓鼠（地鼠）、豚鼠、家兔、狗或猴也可供使用。

（2）动物品系的要求 对种属相同但品系不同的动物，同一种毒物有时可以引发程度不同甚至性质完全不同的反应。为了减少同种动物不同品系造成的差异，最好采用纯品系动物（指来自同一祖先，经同窝近亲交配繁殖至少 20 代以上的动物）进行实验。这些动物具有稳定的遗传特性，动物生理常数、营养需要和应激反应都比较稳定，所以对外来化合物的反应较为一致，个体差异小，重复性好。

四、毒理学评价试验项目和试验内容

毒理学评价首先是对化学物质进行毒性鉴定，通过一系列的毒理学试验测试该毒物对实验动物的毒性作用和其他特殊毒性作用，从而评价和预测对人体可能造成的危害。完整的毒理学评价通常可划分为以下四个阶段的实验研究，并结合人群资料进行：

急性毒性试验→遗传毒理学试验（蓄积毒性、致突变试验）→亚慢性毒性试验（90d 喂养试验、繁殖试验、代谢试验）→慢性毒性试验（包括致癌试验）。对不同的物质进行毒理学评价时，可根据具体情况选择全部或部分试验。

（一）第一阶段：急性毒性试验

急性毒性是指机体（人或实验动物）一次给予受试物或在短期内（最长 14d）多次给予受试物后在短期内所产生的毒性反应，包括一般行为、外观改变、大体形态改变及死亡效应。包括致死的和非致死的指标参数，致死剂量通常用半数致死量 LD_{50} 来表示。

1. 试验目的

急性毒性试验的主要目的包括：

① 确定受试物使实验动物死亡的剂量水平，即定出 LD_{50}，了解受试物的毒性强度和性质，为进一步蓄积性和亚慢性毒性试验的剂量选择提供依据；

② 阐明食品毒物的相对毒性、作用方式和特殊毒性表现，找出剂量-反应关系，以便对其毒性有初步了解；

③ 确定毒物侵入机体的途径，研究受试物在机体内的生物转化过程；

④ 研究食品毒物引起的急性中毒的预防和急救措施。

2. 试验要求

急性毒性试验要求主要包括试验项目、动物种类、剂量分组、观察指标及计算方法等。

（1）采用霍恩几率单位或寇氏法测定经口半数致死量（LD_{50}） LD_{50} 是一个统计学估计数值，存在一定的抽样误差和可信限，有较大的变异范围。如用不同动物，给予受试物的途径不同，其变动幅度更大。

① 实验动物 最常用的是大鼠、小鼠。这类动物因无呕吐反应，所以特别适用于食品毒理学的测试。如果同时用两种动物，而且其中一种为非啮齿类如狗或猴等，则更加理想。用非啮齿类动物只需用少数动物找出其最小致死量，能核对两类动物间急性毒性的种间差异即可。实验动物一般选用的是：大鼠、小鼠为生后 2～3 个月龄左右，体重分别为 200g 和 20g 左右；狗为生后一年左右。体重相差不应超过平均体重的 10%。动物性别，除另有要求

外，一般采用雌雄各半。

② 剂量分组 受试物在小动物中常设置 6～8 个剂量组，每组动物 10 只，不能少于 6 只。首先确定最高和最低两个剂量组，最高剂量可使约 90％的动物死亡，最低剂量可使约 10％的动物死亡。最高和最低两剂量组间差别较大者，则组数以及每组动物数应较多。一般最高和最低剂量差别大多在 10 倍以内，常设置 6～8 组。

在食品毒理学研究中，必须采用经口途径给予受试物，其他途径无参考价值。在急性毒性试验中，均采用灌胃法。

③ 观察指标 在急性毒性试验中，主要观察指标是动物死亡数目。同时还应该观察和记录动物的主要中毒症状、开始出现的时间、死亡时间以及死亡动物的病理解剖学病变。停止观察后，对存活的动物也可选取一部分进行病理解剖学检查。这些观察结果对估算受试物的毒理作用有一定意义，并可为亚慢性、慢性或其他毒性试验提供资料。

④ LD_{50} 计算 食品毒理学研究中，对 LD_{50} 计算方法很多，主要有寇氏法、改良寇氏法、概率单位法、目测概率法和霍恩法，要采用哪种方法应根据具体情况来确定。因寇氏法计算较准确，应用也较广泛。

寇氏法是依据剂量与死亡率呈 S 形曲线时所包含的面积推导出死亡率为 50％的剂量。本法设计要求各组实验动物数目相等，最小剂量死亡率为 0 或近于 0，最大剂量死亡率为 100％或近于 100％。

计算公式为：

$$logLD_{50} = 1/2\sum[(X_i + X_{i+1}) \times (P_i - P_{i-1})]$$

式中 $(X_i + X_{i+1})$——相邻两组对数剂量之和；

$(P_i - P_{i-1})$——相邻两组死亡率之差。

实例：某受试物的大鼠经口急性毒性试验分 7 个组进行，各组剂量与结果见表 2-3。

表 2-3 某受试物急性毒性试验结果数据

组 别	A	B	C	D	E	F	G
剂量/(mg/kg)	800	1000	1200	1400	1600	1800	2000
实验动物数/只	10	10	10	10	10	10	10
死亡数/只	0	1	3	7	8	9	10

求该受试物的 LD_{50}。

计算过程见表 2-4。

表 2-4 LD_{50} 的计算

组 别	对数剂量	死亡率	$(X_i + X_{i+1})$	$(P_i - P_{i-1})$	$(X_i + X_{i+1}) \times (P_i - P_{i-1})$
A	2.9031	0.0			
B	3.0000	0.1	5.9031	0.1	0.59031
C	3.0792	0.3	6.0792	0.2	1.21584
D	3.1461	0.7	6.2253	0.4	2.49012
E	3.2041	0.8	6.3502	0.1	0.63502
F	3.2553	0.9	6.4594	0.1	0.64594
G	3.3010	1.0	6.5563	0.1	0.65563
合 计					6.23286

注：摘自何计国等主编的，中国农业大学出版社出版的《食品卫生学》。

$$logLD_{50} = 1/2 \times 6.23286 = 3.11643$$

$$LD_{50} = \log^{-1} 3.11643 = 1307.5(mg/kg)$$

改进寇氏法是在剂量与死亡率呈 S 形曲线时 LD_{50} 的计算方法,最高剂量组死亡率可以不是 100%,最低剂量组死亡率也可以不是 0。但要求最高剂量组死亡率大于 80%,最低剂量组死亡率小于 20%。各剂量组间的剂量按几何级数排列。

计算公式为:
$$\log LD_{50} = X_k - i \times (\sum P - 0.5)$$

式中 X_k——最高剂量组对数值;

i——组距;

$\sum P$——死亡率之和。

实例:某受试物的大鼠经口急性毒性试验分 6 组进行,各组剂量与结果见表 2-5。$i = 0.2$,计算 $\log LD_{50}$。

表 2-5 某受试物的大鼠经口急性毒性试验结果

组　　别	剂量/(mg/kg)	剂量对数	动物数/只	死亡数/只	死亡率
A	100	2.000	10	0	0.1
B	160	2.204	10	1	0.3
C	250	2.398	10	3	0.5
D	400	2.602	10	7	0.7
E	640	2.806	10	8	0.8
F	1000	3.000	10	9	0.9

根据上述计算公式可得:$\log LD_{50} = 3.0 - 0.2 \times (2.8 - 0.5) = 2.54$

则得:$LD_{50} = 346.7mg/kg$。

(2) 7d 饲喂试验

① 实验动物　7d 喂养试验常用断奶大鼠或小鼠进行测试,每组雌雄各 5～10 只。

② 剂量分组　一般设 3～4 组,并将受试物掺入饲料中,每日分别向几组动物重复给予含一定剂量受试物的饲料,共 7d。设计剂量组时,可将 LD_{50} 中有中毒表现的一个组的剂量经折算后掺入饲料中,作为可能有中毒表现组,然后再于此剂量组上下各设 1～2 组进行喂养试验。在此试验中可以获得一个最小有作用剂量。

然后按下述公式即可估计 90d 以及 2 年喂养试验的最小有作用剂量,再在此剂量上下,各设几个剂量组,就可以接着进行 90d 或 2 年的毒性试验。

最小有作用剂量(90d) = 最小有作用剂量(7d)/6.2 ≈ 最小有作用剂量(7d)/6

最小有作用剂量(2 年) = 最小有作用剂量(7d)/35.5 ≈ 最小有作用剂量(7d)/36

③ 观察指标　主要观察指标为死亡率、体重变化、进食量、肝体质量之比与肾体质量之比,有时还可进行病理解剖和组织学检查。

通过 7d 喂养试验可以对亚慢性以及慢性毒性试验中的剂量做出更为精确的估计,并可对被受试物损害的组织器官进行更为充分的全面观察。

3. 结果判定

如果该受试物的 LD_{50} 或 7d 喂养试验的最小有作用剂量小于人的可能摄入量的 10 倍,则不能用于食品,应对该物质作弃用处理,不再进行下一步的试验;如果大于 10 倍,则需要进行下一步的试验。

急性毒性试验的结果只能作为下一阶段试验的参考,不能作为某种待测物安全评价的最终依据。

(二) 第二阶段:遗传毒性试验(蓄积毒性、致突变试验)

遗传毒性试验的首要目的是确定被检化学物质诱导供试生物发生突变的可能性。以致突变试验来定性表明受试物是否具有致突变作用或潜在的致癌作用。遗传毒性试验的组合必须考虑原核细胞和真核细胞、生殖细胞和体细胞、体内与体外试验相结合的原则。

1. 蓄积毒性试验

蓄积毒性是指机体反复多次接触化学物后,当化学物质进入机体的速度(或总量)超过代谢转化的速度和排泄的速度(或总量)时,其原形或代谢产物可能在体内逐步增加并贮留,这种现象称为化学毒物的蓄积作用。

化学物质在体内的蓄积包括两层含义。当化学物质进入机体后,在体内消除的数量少于输入的数量,以致其在体内贮留的量逐渐增加,此种量的蓄积也可理解为物质的蓄积。另一层含义是化学物质进入机体后将引起机体的功能或结构形态发生一定程度的改变,如果是一种不可逆的变化,或在机体修复过程尚未完成前,化学物质第二次又已进入机体,并再次造成损害,则这种功能或形态变化也可逐渐积累,也就是功能蓄积。

(1)试验目的 蓄积毒性试验的目的是为了了解受试物在体内的蓄积情况。

(2)试验方法 蓄积毒性试验常采用蓄积系数法。

将某种化学物质按一定时间间隔,分次给予动物,经过一定时期的反复多次给予后,如果该物质全部在体内蓄积,则多次给予的总剂量与一次给予同等剂量的毒性相当;反之,如该化学物质在体内仅有一部分蓄积,则分次给予总量的毒性作用与一次给予同等剂量的毒性作用将有一定程度的差别,而且蓄积性越小,相差程度越大。因此,可将能够达到同一效应(LD_{50})分次给予所需的总剂量[以 $LD_{50(n)}$ 表示]与一次给予所需的剂量之比,来表示一种化学物质蓄积性的大小,即蓄积系数,用 K 来表示,$K = LD_{50(n)}/LD_{50}$。

蓄积系数 K 值的测定主要有两种方法:固定剂量法和定期剂量递增测定法。

① 固定剂量法 首先测定食品毒物的急性 LD_{50};再以急性 LD_{50} 的 $1/20\sim1/5$ 之间选择一剂量,连续染毒至累积死亡 50%,求出 $LD_{50(n)}$,最后计算出 K 值,$K = LD_{50(n)}/LD_{50}$。

② 定期剂量递增测定法 接触组开始按 $0.1 LD_{50}$ 剂量给予受试物,以 4d 为一期,此后每期给予的受试物剂量,按等比级数 1.5 倍逐期递增,连续染毒至累积死亡 50%,得出 $LD_{50(n)}$。

K 值越大,蓄积性越弱;反之,K 值越小,蓄积性越强。

(3)结果判定 如蓄积系数 K 小于 1,为高度蓄积性;K 大于或等于 1 且小于 3,为明显蓄积性;K 大于或等于 3 且小于 5,为中等蓄积性;K 大于或等于 5,为轻度蓄积性。

从理论上说,K 不应小于 1,但在实际试验时可能偶尔出现。高度蓄积性者放弃。

2. 致突变试验

致突变作用是外来因素引起细胞核中的遗传物质发生改变的能力,而且这种改变可随同细胞分裂过程而传递。突变对机体的影响可因突变细胞的不同而不同,当体细胞发生突变时,其影响仅能在直接接触该化合物的个体身上表现出来;而当生殖细胞发生突变时,其影响可传到下一代。体细胞突变的后果中最受注意的是致癌问题,其次是致畸。若生殖细胞发生突变,其影响可分为致死性和非致死性 2 类,如早期胚胎死亡及先天性畸形等。突变可通过生殖细胞传给后代,引起遗传性疾病;也可通过体细胞在接触诱变物的个体上表现出来,通常认为这可能是癌症的原因。

致突变试验是遗传毒理学的主要内容。近年来愈来愈多的结果说明,致癌剂往往就是致突变物质,而致突变物质也往往具有致癌作用,两者的关系是十分密切的。当然也有已知致癌剂却不具有致突变作用,这可能与其他不涉及 DNA 的致癌机制有关。

致突变试验是检验外来化学物质有无引起突变作用的试验。突变是生物细胞的遗传物质出现了可被觉察并可以遗传的变化。能引起生物细胞发生突变的物质称为致突变物。突变可以分为基因突变和染色体畸变。基因突变是指染色体上一个基因或几个基因发生变化，不能用光学显微镜直接观察到，需要用其他理化或生物学方法才能检出。染色体畸变是指整个染色体结构或数目发生了变化，用光学显微镜可以直接观察到。

（1）试验目的　致突变试验的目的是对受试物是否具有致癌作用的可能性进行筛选。在毒理学试验中，如果受试物可引起人或动物基因突变或染色体畸变，则应该禁止应用于食品。

（2）试验项目　致突变试验的基本原理是将受试物与一种生物系统相接触，然后观察该生物系统是否发生突变。凡能使生物系统发生突变者，即为致突变物。致突变试验中所用的生物系统包括细菌、真菌、昆虫、细胞株和哺乳动物等。

① Ames 试验　Ames 试验即微粒体间接法，也称为鼠伤寒沙门菌/哺乳动物微粒体酶试验法。它是检测基因突变的体外试验。此法是以一种突变型微生物与受试化学物质接触，并以哺乳动物肝微粒体进行受试化学物质的代谢活化，因为外来化学物质在哺乳动物体内的生物转化主要是由肝微粒体的混合功能氧化酶来进行。若受试物经多功能氧化酶代谢活化后具有致突变性，则可使突变型微生物发生回复突变而重新成为野生型微生物。

a. 测试菌株　测试菌株为组氨酸缺陷型鼠伤寒沙门菌的几个特殊菌株，即 TA1535，TA1536，TA1537，TA1538，TA98 和 TA100。这一组突变菌株几乎可以检出所有已知的基因突变类型。

b. 活化系统的制备（S-9 混合液）　所用的肝微粒体由大鼠肝脏制备。大鼠生前先用多氯联苯进行肝微粒体酶诱导，然后取肝匀浆 9000g 上清液部分，使用时再加入微粒体酶催化作用时所需要的辅助因子，即辅酶Ⅱ与 6-磷酸葡萄糖，此种混合物简称 S-9 混合液。

c. 试验方法　试验时，将受试物、指示微生物与 S-9 混合液在琼脂平皿上，37℃培养48h，观察结果，同时作阳性对照和空白试验。由于所用基本培养基不能满足组氨酸缺陷型微生物的生长需要，故微生物不能生长。但如受试物具有致突变作用，则可使组氨酸缺陷型鼠伤寒沙门菌发生回复突变，成为野生型，恢复了合成组氨酸的能力，故可以在组氨酸含量不足的基本培养基上生长成菌落。而对照组的平皿上未加受试物，基本培养基上仅有少数自然突变菌落。据此可以确定受试物是否具有致突变作用。试验组平皿上菌落数为对照组平皿上的自然突变菌落数 2 倍以上者则为阳性结果。

② 骨髓微核试验　骨髓微核试验是根据在间期细胞质内出现的一种圆形或椭圆形的小体，判断化学物质诱发染色体异常作用的一种简便的体内试验方法。

微核出现是一种染色体异常现象。当某种化学物质导致骨髓细胞染色体发生突变时，则染色体在细胞分裂中期就会断裂，部分断片在有丝分裂后期滞留在赤道板附近。在有丝分裂终期不进入子细胞核，而存留在间期细胞内，形成一个或几个圆形至杏仁状结构，并存留一定时间，由于比核小得多，故称微核。典型的微核呈圆形，直径相当于红细胞直径的1/20～1/5，染色与核质相同。微核出现率与染色体畸变之间有明显相关性，故能反映染色体畸变情况。

a. 实验动物　小白鼠是微核试验的常规动物，也可选用大白鼠。要选用 7～12 周龄，重量在 25～30g 的小鼠或重量为 150～200g 的大鼠。

b. 剂量分组　原则上应以实验动物出现严重中毒症状或个别动物死亡作为最高剂量组。一般可取 $1/2LD_{50}$。下设 3～5 个剂量组，另设溶剂对照组和阳性对照组。

c. 试验方法　采用30h给受试物法，即在小鼠或其他啮齿动物接触受试物后约24～30h后取骨髓或血液淋巴细胞，对骨髓有核细胞或多染色性红细胞、有核红细胞、淋巴细胞，制备标本并染色，计算有微核的细胞数。外周淋巴细胞也可用于检测细胞体外接触化学物质的微核数。

③ 显性致死试验　显性致死试验是通过哺乳动物生殖细胞染色体畸变进行的致突变试验。所谓显性致死或显性致死突变，是由于双亲中某一方面的配子（精子或卵子）的染色体畸变，从而使受精卵在发育中途中断，易出现受精卵在着床前死亡和胚胎早期死亡。显性致死突变试验的特点是哺乳动物以早期胚胎死亡数为观察指标，简单明确。此试验主要反映雄性生殖细胞染色体畸变。

a. 实验动物　试验多用雄性大鼠或小鼠进行。

b. 试验方法　动物接触（经口）受试物的时间可为一次、5～7d或3个月。然后将雄性与雌性动物按一雄二雌比例交配。雌鼠受孕后12～13h剖腹取出子宫，检查并记录活胎数、早期死亡胚胎数、晚期死亡胚胎数，并计算总着床数（可按早期与晚期死亡胚胎数和活胎数计算）。早期胚胎死亡数可反映受试化学物质致突变作用的强弱。以受孕雌性动物数为基础，计算每一受孕雌性动物早期死亡胚胎数，并以此表示致突变作用强弱。

$$早期胚胎死亡率＝（早期死亡胚胎数/受孕雌性动物数）×100\%$$

（3）结果判定

① 如果上述三项试验均为阳性，则无论蓄积毒性如何，均表示受试物很可能具有致癌作用，除非受试物具有十分重要的价值，一般应予以放弃。

② 如果其中两项为阳性，而又有强蓄积性，则应予以放弃；如为弱蓄积性，则由有关专家进行评议，根据受试物的重要性和可能摄入量等，综合权衡利弊后再做出决定。

③ 如果其中一项试验为阳性，则再选择两项其他致突变试验（如体外培养淋巴细胞染色体畸变分析、DNA合成抑制试验和姐妹染色单体互换试验等），如此两项均为阳性，则无论蓄积毒性如何均应予以放弃；如有一项阳性，且为强蓄积性，则予以放弃；如有一项为阳性，且为弱蓄积性，则可进入第三阶段试验。

④ 如果其中三项试验均为阴性，则无论蓄积性如何，均可进入第三阶段试验。

（三）第三阶段：亚慢性毒性和代谢试验

1. 亚慢性毒性试验

在遗传毒理学及一些前期的试验难以做出明确评价时需要进行亚慢性毒性试验。亚慢性毒性试验也叫亚急性毒性试验，是在相当于动物生命的1/10左右时间内使动物每日或反复多次接触被检化学物质的毒性试验。

（1）试验目的　用受试物以不同剂量水平较长期喂养动物，确定对动物的毒性作用性质和靶器官，并确定慢性毒性的参数，如最大无作用剂量；了解受试物对动物繁殖及子代的致畸作用；为慢性毒性和致癌试验的剂量选择提供根据；为评价受试物能否应用于食品提供依据。

（2）实验项目　包括90d喂养试验、繁殖试验、致畸试验。

亚慢性毒性试验的周期从几个月到一年不等。整个亚慢性试验期间，动物均应摄食试验饲料。受试动物摄食途径应尽量掺入饲料喂养，如掺入饲料中有困难，则掺入饮水中。不得已的情况下可采用灌胃法进行。

① 90d饲喂试验

a. 实验动物　选择动物种别，原则上要求其对受试物代谢过程基本与人类相似，首选品种为大鼠。根据要求应有一种啮齿动物（大鼠或小鼠）和一种非啮齿动物（狗或猴）。目前至少要求用一种啮齿动物全面系统进行试验。动物要求是刚断乳者，大鼠出生后四周，体重约 50g 左右；小鼠出生后 3 周，体重 10g 左右。每个剂量组至少雄雌各 20 只，同时另设对照组。

b. 受试物剂量　用 7d 喂养试验中获得的最小有作用剂量，按照前述公式估计出 90d 喂养试验的最小有作用剂量，再在此剂量上下各设几个剂量组，至少应设三个剂量组和一个对照组。当各剂量组所得结果均为阴性时，如最高剂量组的剂量水平远高于实际摄入量，则此最高剂量组即可作为无作用剂量组而对受试物进行评价。如最高剂量组接近实际摄入水平，则很难做出结论。应考虑重新设计试验。

c. 受试物给予方式　一般是将受试物混入饲料中供动物自由进食。如果受试物有异味，动物拒食，亦可采用灌胃方式或利用胶囊，或与少量食饵混合单独喂给。

要求：整个试验期间，受试物的规格、纯度成分不能改变。受试物在饲料中应分布均匀。阴性对照组一律喂给不含受试物的普通饲料；应注意动物饲料的营养平衡和环境条件的稳定，以保证动物健康。

d. 观察指标　观察指标因研究的目的不同而差异很大，包括临床检查、血液学检查、尿液检查、粪便检查、病理解剖学和病理组织学检查、动物体质量、食物利用率以及器官系数〔内脏质量（g）/体重（g）〕的测定等。

器官系数常能反映中毒引起的病变情况。器官系数减小，表示器官萎缩、退行性变化；器官系数增大，则可能是充血、水肿、增生肥大性变化等。

② 繁殖试验　繁殖试验是检查受试物对动物繁殖生育功能影响的试验。

a. 试验目的　通过进行繁殖试验，以确定动物摄入受试物后是否仍能正常交配受孕、能否保证胚胎正常发育、分娩过程是否顺利以及后代出生后能否正常发育成长。外来化学物质可以引起生殖细胞损伤而影响生殖过程，胚胎、胎儿和新生动物对外来化学物质也常常表现很敏感。

b. 实验动物　多用断乳大鼠，也可采用小鼠、家兔等。

c. 剂量分组　高剂量组可相当于 90d 毒性试验中的最大无作用剂量。低剂量组可为高剂量组的若干分之一。同时要设置对照组。

d. 观察指标　主要观察指标有受孕率、活产率、出生存活率、哺育成活率，分别反映动物交配受孕、妊娠过程、分娩过程和哺育幼仔成活情况。如果仔鼠在出生后 4d 内死亡，则可能由于分娩过程发生障碍，损伤幼仔所致。如在出生后 21d 内仔鼠死亡，则表示母鼠哺育能力发生障碍。

除上述各项指标外，还可观察仔鼠生长发育情况和一般健康状况，记录进食量、死亡率，并计算饲料效价。饲养 3 个月后，还可观察性成熟情况。仔鼠出生时和断奶时的体重、身长和尾长可作为生长发育的指标。

③ 致畸试验　致畸试验是检验受试物生殖发育毒性的试验。致畸作用对存活后代的影响较为严重，往往是一种不可逆的过程，因此受到高度重视。某些化学物质可通过妊娠母体干扰正常的胚胎发育而引起胚胎畸形。

目前已知与食品有关的致畸物有四氯二苯 p-二噁英、敌枯双、五氯酚（钠）、滴滴涕、氯丹、黄曲霉毒素 B_1、赭曲霉毒素 A 等。

a. 实验动物　常用大鼠、小鼠和家兔等，有条件时也可用狗和猴进行试验。最好选用大鼠，因其具有自然畸胎率低、胎仔大小适中、便于检查、实用性强等优点。

    b. 受试物剂量 试验期间若只给予受试物一次，则剂量应较高；多次给予时剂量应较低。一般情况下，高剂量与低剂量之间可适当插入 1～3 个中间剂量组。每组动物数大鼠、小鼠应不少于 10～20 只。同时还应设置对照组，阳性对照组动物要给予已知的致畸物，例如敌枯双、五氯酚等。

    c. 试验方法 将选定的大鼠或小鼠按雌雄 2∶1 进行同笼交配，并准确掌握其受精日期。对每只孕鼠应准确记录受精日期、给予被检物日期和剂量。每 2～3d 称体重一次，并调整剂量，也可对孕鼠及胚胎受被检物影响的程度做出估计。如孕鼠的胚胎发育正常，则孕鼠体重明显持续增长；如果胚胎死亡而被吸收，孕鼠体重将停止增长，甚至下降。

    因鼠类有吞噬畸形初生仔鼠的习性，所以应在预计分娩日期的 1～2d（大鼠受孕第 19～20d、小鼠受孕第 18～19d），将孕鼠总数的 3/4 左右处死，检查畸形情况。其余 1/4 可任其自然分娩，观察仔鼠出生后至断乳前可能出现的畸形及开眼、耳轮张开、出牙和生毛等一般发育情况。

    d. 检查指标 胎鼠外观畸形检查、胎鼠内脏畸形检查、胎鼠骨骼畸形检查。

    e. 致畸作用结果评定 检查结果按各剂量组进行整理，计算畸胎发生率（畸胎对活胎的百分比）、畸形总数（在所有畸胎上发现的畸形总和）及某一种显著增多的畸形数目等，并进行统计学处理与分析。自然情况下，各种动物都会有一定的畸形发生率，因此不能根据个别畸形作肯定结论，必须当试验组出现的畸形率显著高于对照组，并且剂量效应（畸形）关系较明显时，才能认为受试物对所用试验动物有致畸性。

    致畸性与其他效应一样，不能根据对一种动物具有致畸性就轻率作出对人致畸的结论，必要时可再用其他动物进行试验。在估计受试物质对人体致畸的威胁时，既要考虑人与动物的种间差异，还应充分考虑试验剂量与人体实际可能摄入量之间的差别，后者尤为重要。只要对一种动物具有致畸性就应警惕该受试物可能对人体存在着同样的威胁。目前国际上大量的用大鼠进行的致畸试验纯系出于实用的缘故。

    （3）结果判定

    以上三项试验中任何一项的最敏感指标的最大无作用剂量（MNL）（以 mg/kg 体重计）：小于或等于人体可能摄入量的 100 倍者，表示毒性较强，应予以放弃；大于 100 倍而小于 300 倍者，可进行慢性毒性试验；大于或等于 300 倍者，不必进行慢性试验，可进行评价。

    2. 代谢试验

    代谢试验是阐明外来化学物质在体内吸收、分布与排泄等生物转运过程和转变为代谢物的生物转化过程的试验。经代谢转化后，有的物质毒性减弱或消失，但也有一部分物质的毒物会被活化而使其毒性增强，甚至变为致畸、致癌或致突变原。毒物的代谢过程主要在肝脏进行，肾脏、胃肠道、肺脏及皮肤等也具有一定的代谢功能。

    （1）试验目的 代谢研究对受试物的毒性评价具有重要意义。可以定性定量地了解受试物对机体的作用及种间的差异；了解不同因素（如剂量、时间、性别、种属等）对受试物吸收、分布、排泄的影响，并以数学公式说明观察到的结果；为进一步试验提供资料。

    （2）试验内容 一般情况下，可包括下列内容。

    a. 测定受试化学物质在血液、呼出气、汗液和其他体液、尿液及粪便中的浓度或含量，并在不同时间间隔连续测定，进行动态观察。借此可确定外来化学物质在体内的吸收率、吸收速度、代谢半衰期，在体内贮留的时间、数量和部位，以及排泄速度和途径等。

    b. 测定受试物质在各种主要组织器官中的含量，以便了解其分布情况，确定主要富集器官。

　　c. 确定外来化学物质进入机体后在体内经过生物转化过程所形成的代谢物的种类和数量；并可根据需要与可能，深入探讨各种代谢物的性质和毒性作用。

　　我国颁布的《食品安全性毒理学评价程序》中要求，对于我国创制的化学物质，在进行最终评价时，至少应进行以下几项代谢方面的试验：胃肠道吸收；测定血浓度、计算生物半衰期和其他动力学指标；主要器官和组织中的分布；排泄（尿、粪、胆汁）。有条件时，可进一步进行代谢产物的分离、鉴定。对于国际上多数国家已批准使用和毒性评价资料比较齐全的化学物质，可暂不要求进行代谢试验。对于属于人体正常成分的物质可不进行代谢研究。

（四）第四阶段：慢性毒性（包括致癌试验）试验

　　慢性毒性是指人或动物长期（甚至终生）反复接触低剂量的化学毒物所产生的毒性效应。慢性毒性试验是在实验动物生命周期中的关键时期，用适当的方法和剂量给动物饲喂被检物质，观察其累计的毒性效果，有时可包括几代的试验。致癌试验是检验受试物或其代谢产物是否具有致癌或诱发肿瘤作用的慢性毒性试验。

　　1. 试验目的

　　为发现只有长期接触受试物后才出现的毒性作用，尤其是进行性或不可逆的毒性作用以及致癌作用；确定最大无作用剂量；阐明毒作用的性质、靶器官和中毒机制；为制定人安全限量标准提供毒理学依据。

　　在亚慢性毒性试验中已经表现出进行性或不可逆的毒性作用，但又不易对其做出评价时也必须进行慢性毒性试验。多数情况下，肿瘤的发生常需经过较长时间才能表现出来，如以大鼠进行致癌试验时，需经过 12～18 个月才能获得成功，因此致癌试验一般要观察动物终生。慢性毒性试验结果是制定人体每日允许摄入量所需的关键资料，为最终评价受试物能否应用于食品提供依据。

　　2. 试验要求

　　慢性毒性试验与致癌试验往往同时进行。对慢性毒性试验一般要求如下。

　　（1）实验动物　采用两种动物，且要求两种性别。啮齿类动物至少进行 2 年的经口试验。品系应明确一致，以消除肿瘤自然发生率的干扰。对试验期限，要求从怀孕或断乳开始到生命的大部分时间为止。大小鼠生命期 2～3 年，试验期常采用 24 个月。由于试验期限为动物的大部分生命期甚至终生，故只能选择生命期较短的动物；同时，要对其饲养条件、生化系统、繁殖、自发性疾病等均有比较系统的了解，因此传统上慢性试验多选用大鼠或小鼠。

　　每个剂量组动物的数目，应保证在试验结束时符合统计学处理的最低要求。应充分估计试验期间自然死亡和中途进行定期检查需要处死的动物数目。一般在 2 年慢性毒性试验中，如为大鼠则每组至少雌雄各 50 只，小鼠还可适当增加。希望在试验结束时每组动物至少尚有 10 只。

　　（2）剂量分组　一般至少 5 个剂量组，即对照组、无作用剂量组、阈剂量组、发生比较轻微但有明确毒效应的剂量组和发生较为明显的毒效应水平剂量组。剂量的选择可按 7d 喂养试验中所述的公式进行，要求各剂量组至少有一个能出现阳性反应。一般组间距以相差 5～10 倍为宜，最低不得小于 2 倍。

　　（3）观察指标　观察指标以亚慢性作用的观察指标为基础，主要是选择亚慢性毒性试验中已呈现有意义的变化指标。

除一般健康状况、体重等常用观察指标及血液学、生化检查外，应在不同间隔期间（如6个月、12个月、18个月）处死部分动物，进行各种指标的测定以观察各种毒性作用（包括肿瘤的发生、进行性或不可逆反应等）的动态变化。因某些变化可能是可逆的，如中间不观察，有可能被忽略而影响评价。

试验结束时，必须对所有的动物进行详细的大体尸检，并将主要器官和组织固定保存。自然死亡者也应如此进行。由于全部进行病理组织学检查有相当大的困难，因此可将高剂量组及对照组所有动物进行病理组织学检查，必要时再对低剂量组的动物进行镜检。

在致癌试验中，观察肿瘤的出现情况。主要包括肿瘤总发生率、各种主要肿瘤的发生率和潜伏期。还应观察一般健康状况，并计算自然死亡者的平均寿命。试验组动物肿瘤出现情况与对照组比较，必须具有显著性差异才能作为阳性结果。

3. 结果判定

如慢性毒性试验所得的 MNL（以 mg/kg 体重计）小于或等于人的可能摄入量的 50 倍者，表示毒性较强，应予以放弃；大于 50 倍小于 100 倍者，需由有关专家共同评议；大于或等于 100 倍者，则可考虑允许使用于食品，并制定每日允许摄入量 ADI。如在任何一个剂量组发现有致癌作用，且有剂量-效应关系，则需由有关专家共同评议做出评价。

在采用两种动物进行致癌试验时，如其中一种动物结果为阳性，即可认为该受试物有致癌作用。只有当两种动物结果均为阴性时，才可以认为未观察到致癌作用。良性肿瘤的出现也是对机体造成严重损害的一种表现。所以，能引起良性肿瘤的物质也不能随同食物摄入机体。有时试验组虽有肿瘤出现，但与对照组差异不够显著，此种情况须慎重处理。一般可加大受试物剂量、增加试验动物数目或增设动物种系重复试验。

（五）人群接触资料

人群资料是受试物对人体毒作用和致癌危险性最直接、可靠的证据，在化学安全性评价中具有决定性作用。这些资料的来源除了皮肤刺激试验的数据来自于志愿者外，中毒事故的调查与记载可提供人体中毒剂量和效应的材料，而人群流行病学更是再评价的宝贵资料。需注意的是应将因素分析与实验室资料综合起来进行评价。

五、毒理学评价中需注意的问题

影响毒物毒性鉴定和安全性评价的因素很多，进行安全性评价时需要考虑和消除多方面因素的干扰，尽可能做到科学、公正地作出评价结论。

1. 试验设计的科学性

食品中毒物安全评价将毒理学知识应用于卫生科学，是科学性很强的工作，必须依据受试物的具体情况，充分利用国内外现有的相关资料，讲求实效地进行科学的试验设计。这些相关资料主要包括以下几方面。

（1）人体资料 由于存在着动物与人之间的种族差异，在将动物试验结果推及到人时，应尽可能收集人群接触受试物后反应的资料，如职业性接触等。在确保安全的条件下，可以考虑按照有关规定进行必要的人体试食试验。

（2）人的可能摄入量 除一般人群的摄入量外，还应考虑特殊和敏感人群（如儿童、孕妇及高摄入量人群）。

（3）动物毒性试验和体外试验资料 毒理学评价程序所列的各项动物毒性试验和体外试验系统虽然仍有待完善，却是目前水平下所得到的最重要的资料，也是进行评价的主要依据。

（4）由动物毒性试验结果推及到人时，一般采用加安全系数的方法，以确保人的安全性这主要是鉴于动物、人的种属和个体之间的生物性差异。对于所加的安全系数通常为100

倍，但可根据受试物的理化性质、毒性大小、代谢特点、接触的人群范围、食品中的使用量及使用范围等因素，综合考虑增大或减小安全系数。

（5）代谢试验资料　不同毒物、剂量大小，在代谢方面的差别往往对毒性作用影响很大。在毒性试验中，应尽量使用与人具有相同代谢途径和模式的动物种系进行试验。研究受试毒物在实验动物和人体内吸收、分布、排泄和生物转化方面的差别，对于将动物试验结果比较正确地推及到人具有重要意义。

2．试验方法及方法标准化

对食品毒理学试验不仅了解每项试验所能说明的问题，还应了解试验方法的局限性或难以说明的问题，以便为安全性评价做出一个比较恰当的结论。

毒理学试验方法和操作技术的标准化是实现国际规范和实验室之间数据比较的基础。毒物安全性评价结果是否可靠，取决于毒理学试验的科学性，它决定了对实验数据的科学分析和判断。如何进行毒理学科学测试与研究，要求有严格规范的规定与评价标准。这些规范与基准必须既符合毒理学的原理，又是良好的毒理与卫生科学研究实践的总结。因此，毒理学评价中各项试验方法力求标准化、规范化，并应有质量控制。现行的有代表性的试验设计与操作规程是良好实验室规范（GLP）和标准操作程序（SOP）。

3．综合评价

在考虑安全性评价时，必须对毒物给人体健康造成的危害以及其可能有益作用之间进行权衡，还应同时进行社会效益和经济效益的分析，做出合理的评价，并提出禁用、限用或安全接触和使用的条件以及预防对策的建议，为政府管理部门的最后决策提供科学依据。

第三节　食品的危险性分析

20 世纪 50 年代初期，以急性和慢性毒性试验所获得的动物实验资料为基础的综合评价一般称为安全性评价，提出未观察到有害作用剂量（NOAEL）及制订人的每日允许摄入量（acceptable dally intake，ADI），以此为基准制订各种卫生标准。到目前为止，我国在此领域的国家标准名称还沿用《食品安全性毒理学评价程序和方法》。到了 20 世纪 70 年代的后期，发现的致癌物也越来越多，而其中一些（如二噁英）是难以避免或无法将其完全消除的，或在权衡利弊后尚无法替代的化学物。于是，零阈值的概念演变成可接受危险性（acceptable risk）的概念，以此对外源性化学物进行危险性评估，即接触某化学物终生所致的危险性减低到可接受危险性，后者应该相当于不可抗拒的自然灾害所致的人类社会危险性（如乘飞机失事发生的概率）。随之，危险性评估与预测的方法应运而生，并已经从化学物的致癌作用扩展到了生殖发育和内分泌危害、神经精神危害和免疫危害，甚至生物性因素（如微生物感染）领域的危险性分析。从安全性评价向危险性评估的发展，不仅是"有毒、有害物质"的危害定量化的发展，而且在定性方面也有了很大进展。这使得毒理学与食品安全科学紧密地结合起来，把危险性科学的发展推到了一个新的高度。

1995 年食品法典委员会（CAC）在提出了危险性分析的概念，并把危险性分析分为危险性评估、危险性管理和危险性信息交流三个部分，其中危险性评估在食品安全性评价中占有中心位置。对食品中危害成分进行危险性管理需要以危险性评估为依据，以危险性信息交流为保证。在进行整体的食品安全性评价过程中，要把化学物质评价、毒理学评价、微生物学评价和营养学评价统一起来得出结论，这也是目前食品安全性评价的发展趋势。

一、危险性评估

CAC 对危险性评估（risk assessment）的定义是：对人体暴露于食源性危害，产生已知或潜在的健康不良作用的可能性及其严重程度所进行的一个系统的科学评价程序。主要包括危害鉴定（hazard identification）、危害特征描述（hazard characterization）、危害暴露评估（hazard exposure assessment）和危险性特征描述（risk characterization）（图 2-4）。

图 2-4　危险性评估内容

危险性评估是对科学技术信息及其不确定性信息进行组织和系统研究的一种方法，用来回答有关健康危害的危险性中的具体问题。危险性评估要求对相关资料做出评价，并选择适当的模型对资料做出判断的同时，要明确地认识其中的不确定性，并在某些具体情况下利用现有资料推导出科学、合理的结论。

（一）食品中的化学物的危险性评估

化学物的危险性评估主要针对有意加入的化学物、无意的污染物和天然存在的毒素，包括食品添加剂、农药残留和其他农业用化学品、兽药残留、不同来源的化学污染物以及天然毒素（如霉菌毒素和鱼贝类毒素）。但微生物中细菌毒素（如蜡样芽孢杆菌毒素）不包括在内。

1. 危害鉴定

危害鉴定，又称为危害的认定或危害的识别，属于定性危险性评估的范畴。所谓危害鉴定是指对某种已知有潜在影响健康的因素进行认定。危害鉴定的目的在于确定人体摄入化学物的潜在不良效应，对这种不良效应进行分类和分级。危害认定时，毒性分类常采用证据加权法，可能时进行毒性分级，以便于管理。其依据必须汇集现有资料并评价其质量，在权衡后做出取舍或有所侧重，特别是注意对人的作用和影响。按重要程度的顺序为：流行病学研究、动物毒理学研究、体外试验以及定量的结构与活性关系的研究。危害的认定一般以动物和体外试验的资料为依据，这是因为流行病研究费用昂贵，而且目前能够得到的数据较少。

（1）流行病学研究　对于大多数化学物来说，临床和流行病学资料难以得到，如果流行病学研究数据能够获得阳性结果，需要将其应用到危险性评估中。在设计流行病学研究时，或分析具有阳性结果的流行病学资料时，应当充分考虑个体易感性。此外，由于大部分流行病学研究的统计学效率不足以发现低水平暴露的效应，阴性结果在危险性评估中难以得到肯定答案。即使流行病学资料的价值最大，危险性管理决策也不可过分依赖流行病学研究。预防医学应该防患于未然，如果等到阳性资料出现，表明不良效应已经发生，此时危害鉴定已经受到了耽误。

（2）动物试验　因危险性评估的绝大多数毒理学数据来自动物试验，这就要求这些实验必须遵循标准化试验程序。国际经济合作与发展组织（OECD）和美国环境保护局（EPA）曾经制定了化学品的危险性评价程序，我国也以国家标准形式制定了《食品安全性毒理学评价程序和方法》。无论采用什么程序，所有试验均应按良好实验室规范（GLP）和标准化的质量保证/质量控制（QA/QC）方案实施。

长期（慢性）动物试验数据至关重要，主要针对的毒理学效应终点包括致癌性、生殖/

发育毒性、神经毒性、免疫毒性等。短期（急性）毒理学试验资料也是有用的，如急性毒性的分级是以 LD_{50} 数值的大小为依据的。这些动物毒理学试验的设计可以找出观察到有害作用的最低剂量（LOAEL）、未观察到有害作用剂量（NOAEL）。

致癌物的判断与分类主要依据化学物对人群作用的流行病学研究资料，其次为实验动物的致癌试验结果。WHO 的国际癌症研究中心（IARC）和美国环境保护局（EPA）的基准常常被广泛接受。如 IARC 将致癌物分为 1 类（人致癌物，人群资料证据足够）、2A 和 2B 类（动物资料证据足够或有限）、3 类（证据不足）和 4 类（非致癌物，证据为阴性）。

2. 危害特征描述

外源性化学物在食品中存在的含量往往很低，通常为微量（mg/kg 或 μg/kg），甚至更低（如二噁英为 ng/kg 或 pg/kg 的超痕量水平），但在动物毒理学试验中，为了能够检出毒性常常使用的剂量又很高。对动物试验的高剂量外推到人低剂量暴露的危害有多大现实意义一直是争议的焦点。剂量-反应关系的评估是这一部分的核心。

（1）剂量-反应关系的外推　所谓剂量-反应关系的评估就是确定化学物的摄入量与不良健康效应的强度与频率。为了与人体摄入量水平相比较，需要把动物试验数据外推到比动物试验低得多的剂量，也就是在所研究的剂量-反应关系的评估曲线之外，但这种外推过程在质和量上皆存在不确定性。危害的性质也许会随剂量的改变而改变或完全消失。如果动物与人体的反应在本质上不一致，则所选的剂量-反应模型可能有误。即使在同一个剂量，人与动物在毒物代谢动力学上也可能存在不同。如果剂量不同，代谢方式存在不同的可能性更大，如高剂量化学物会使其正常解毒/代谢途径饱和，而产生低剂量时不会产生的毒作用。因此，在将高剂量的不良效应外推到低剂量时，这些与剂量有关的变化所造成的潜在影响就成为毒理学家关注的焦点。

（2）剂量的度量　一般使用每千克体重的毫克数作为种属间的度量。近年来，美国提出度量单位每千克体重的毫克数应该乘以 3/4 的系数。在无法获得充分证据时，常规使用种属间的通用系数可以作为主要依据。

（3）遗传毒性与非遗传毒性致癌物　遗传毒性致癌物可由少数几个分子甚至一个分子的突变就有可能诱发人体或动物的癌症，因此致癌物是没有安全剂量的。

当前，对待不同种类的致癌物已有所区别，并确定了一类非遗传毒性致癌物，即本身不诱发突变、但可作用于其他致癌物或某些物理化学因素，启动细胞致癌中的后期过程。许多国家的食品安全管理机构认定遗传毒性与非遗传毒性致癌物存在不同，即某些非遗传毒性致癌物存在剂量阈值，而遗传毒性致癌物不存在剂量阈值。由于目前对致癌机制的认识不足，致突变性试验筛选致癌物的方法尚不能应用于所有致癌物。原则上，非遗传毒性致癌物可以按阈值方法进行管理，但这需要致癌机制的科学资料。

（4）阈值法　由动物毒理学试验获得的 LOAEL 或 NOAEL 值除以合适的安全系数就得到安全阈值水平——每日允许摄入量（ADI）。安全系数用于克服不确定性，弥补人群中的个体差异，通常对动物长期毒性试验资料的安全系数为 100。当然，理论上存在某些个体的敏感性程度超出安全系数的范围。因此，当一个化学物的科学数据有限时，原则上采用更大的安全系数。即使如此，采用安全系数并不能够保证每一个个体的绝对安全。

（5）非阈值法　对于遗传毒性致癌物，一般不采用 NOAEL 除以安全系数的方法来制定允许摄入量，因为即使在最低剂量仍然存在致癌危险性，即一次受到致癌物的攻击造成遗传物质的突变就有可能致癌。

遗传毒性致癌物管理的两种办法：一是禁止生产和使用某些化学物（如二溴乙烷农药、

致癌性的食品添加剂等）；二是对化学物制定一种极低而可以忽略不计、对健康影响甚微或社会可以接受的危险性水平，从而要求对致癌物进行定量危险性评估。评估用的数据仍然来自高剂量动物试验，而高剂量时的剂量-反应关系可能与低剂量时剂量-反应关系完全不同。

3. 危害暴露评估

危害暴露评估就是对人体对化学物接触进行定性和定量评估，包括暴露的强度、频率和时间，暴露途径（如经皮、经口和呼吸道），化学物摄入（intake）和摄取（uptake）速率，跨过界面的量和吸收剂量。对化学物的暴露就是机体与外环境化学物的接触，基于剂量-反应关系的人群危险性评估需要包括剂量的评估，对食品而言，外剂量的研究就是摄入量的评估。

（1）摄入量的评估　对于食品添加剂、农药和兽药残留以及污染物的膳食摄入量的估计，原则上以最高使用量计算摄入量。一般来说，膳食摄入量评估有 3 种方法：总膳食研究、单个食品的选择性研究和双份饭研究。

总膳食研究将某一国家或地区的食物进行聚类，按当地菜谱进行烹调，成为能够直接入口的样品，通过化学分析获得整个人群的膳食摄入量。

单个食品的选择性研究，是针对某些特殊污染物在典型地区选择指示性食品（如猪肾中的镉、玉米和花生中的黄曲霉毒素等）进行研究。

双份饭研究则对个体污染物摄入量的变异研究更加有效。中国预防医学科学院营养与食品卫生研究所作为 WHO 食品污染物监测合作中心（中国），一直承担着 GEMS/FOOD（全球环境监测规划/食品污染监测与评估计划）在中国的监测任务，进行中国总膳食研究和污染物监测，开展我国食品污染物国家卫生标准的制订工作。

评估化学物的摄入量时，不仅要求我国居民食物消费的平均数，而且应该有不同人群的食物消费资料，特别是敏感人群的资料。如在铅的评估中，婴幼儿十分重要。1992 年的中国总膳食研究就包括了婴儿和 2～8 岁的食物消费量数据，并采用这些数据进行食品样品的制备与分析。通常，实际摄入量远远低于 ADI 数值，污染物的膳食摄入量偶然也会比暂定允许摄入量高，如我国的总膳食研究表明 2～8 岁儿童膳食铅的摄入量超过了铅的暂定允许摄入量的 18%，这说明我国膳食铅已经可能对儿童健康引起损害。

（2）暴露的生物标志物/内剂量和生物有效剂量的评估　可以采用生物监测来评估机体中化学物的内暴露量。生物标志物不仅整合了所有来源的环境暴露的信息，也反映了诸多因素（包括环境特征、生理处置的遗传学差别、年龄、性别、种族和/或生活方式等）。因此，生物标志物就成为生物监测的关键，而在暴露水平和生物标志物之间建立包括毒物代谢动力学在内的相关性有利于生物标志物的选择。在过去十几年中，已经发展的生物标志物主要用来检测损伤 DNA 的各种化学物和致癌物的暴露，包括体液中母体化合物及其代谢产物或 DNA/蛋白质（如白蛋白和血红蛋白）加合物的接触指标，并发展了生物学效应标志物，如暴露个体的细胞遗传学改变。在膳食方面已建立生物标志物的化学物如黄曲霉毒素、亚硝胺、多环芳烃，芳香胺和杂环胺等。

4. 危险性特征描述

危险性特征描述的结果是对人体摄入某一化学物对健康产生不良效应的可能性进行估计，它是危害鉴定、危害特征描述和摄入量评估的综合结果。在描述危险性特征时，必须认识到在危险性评估过程中每一步所涉及的不确定性。如将动物试验的结果外推到人时存在不确定性，例如喂养 BHA（丁基羟基茴香醚）的大鼠发生前胃肿瘤和阿斯巴甜（aspartam）引发小鼠神经毒性效应的结果可能不适用于人；而人体对化学物的某些高度易感性反应在动物中可能并不出现，如人对味精（谷氨酸钠）的不适反应。在实际工作中应该进行额外的人体试验研究以降低不确定性。

（二）食品中的生物性因素的危险性评估

食品企业应尽量在现有技术条件下将生物性危险降低到可以接受水平，而管理机构则需要用危险性分析的方法确定食源性危害的生物危险性水平，然后制定食品安全政策。食品中生物性危害主要包括致病性细菌、霉菌、病毒、寄生虫、藻类和它们的毒素。由于在对全球食品安全构成危害中最重要的生物因素是致病性细菌，目前的数据也主要是针对细菌的危险性评估，并且是定性的危险性特征描述。如许多国家正在制定的熟食中李斯特菌属标准。

下面以微生物的危险性评估程序为例来加以说明。

1. 危害鉴定

根据流行病学调查及实验室检验等相关资料，确定食品中具有公共卫生意义的生物性危害，如致病性细菌及其毒素、真菌毒素、病毒、藻类、原生动物和蠕虫等。危害的资料也可以从科学文献、食品厂、政府机构、相关国际组织的数据库、专家意见等渠道获得。

2. 危害特征描述

对食品中病原菌分布趋势、对人体所致不良作用强度和持续时间作定性或定量估计。

3. 危害暴露评估

微生物性危害的危害暴露评价就是对一个个体或一个群体暴露于微生物危害的可能性的估计。提供食品中病原微生物的数量或生物毒素污染水平的估计值，还应考虑每一加工步骤中温度失控对细菌数的影响。对于不能在食品中生长的病毒和寄生虫，主要关注污染频率、浓度和分布、去除污染和/或灭活措施的效率。此外，还应参考病原菌生态学特征，地区和季节特点，卫生条件和控制水平，加工、包装、贮存食品的方法及与其他食品的交叉污染等情况。食品消费模式是进行暴露评价的另一部分，包括食品的消费范围，每周或每年的消费频率，食品生产和消费时的环境条件，社会经济和文化背景，民族、季节、地区差异，消费者的饮食习惯和行为等。

4. 危险性特征描述

不同个体经食品感染病源菌后患病的危险性取决于食用者本人、病源和食品基质三方面的因素。由于受资料来源（试食自愿者，动物模拟试验，细胞、组织、器官等体外试验，流行病学调查，中毒资料，年度统计资料）和某些资料的不完整（致病菌感染量、发病率、病死率以及个体患病的敏感性差异等）的影响，获取致病菌的剂量-反应关系非常困难，但其对于科学地进行危险评价具有非常重要的作用。

二、危险性管理

危险性管理指权衡接受、减少或减低危险性，并选择和实施适当政策过程。

食品危险性管理的目标是通过选择和实施适当的措施，尽可能地控制这些危险，从而保障公众的健康。我国已经加入世界贸易组织，应该按国际规则来进行危险性管理。《实施卫生与植物卫生措施协定》（SPS协定）允许成员国利用合法手段保护该国消费者的生命和健康（包括食品安全），但禁止滥用不合理的措施限制贸易。CAC制定的食品法典是防止人类免受食源性危害和保护人类健康的统一要求，食品法典在国际食品贸易争端中是食品安全的仲裁标准。食品法典是保证食品安全的最低要求，成员国可以采取高于食品法典的保护措施，但应该利用危险性评估技术提供适当依据，并确保危险性管理决策的透明度，而不是任意的人为限制。

CAC的决策过程所需要的科学技术信息由独立的专家委员会提出，包括负责食品添加剂、化学污染物和兽药残留的 WHO/FAO 食品添加剂专家联合委员会（JECFA），针对农药残留的

WHO/FAO农药残留联席会议（JMPR）和针对微生物危害的 WHO/FAO 微生物危险性评估专家联席会议（JEMRA）。CAC 系统的危险性分析由许多部门执行，其领域如下。

1. 食品添加剂

由 JECFA 提出某一食品添加剂的 ADI 值，食品添加剂与污染物食品法典委员会（CCFAC）批准此食品添加剂在食品中的使用范围和最大使用量。目前，CCFAC 正在将食品添加剂从单个食品向覆盖各种食品的食品添加剂通用标准（GSFA）发展。在制定食品添加剂使用量的单个食品标准时极少考虑添加剂总摄入量的可能，而 GSFA 则要考虑总摄入量的评估。

2. 化学污染物

主要包括工业和环境污染物（如重金属、不易降解的多氯联苯和二噁英等）和天然存在的毒素（如霉菌毒素）。危险性分析结果以暂定每周耐受量（PTWI）或暂定每日最大耐受量（PMTDI）估计值表示，类似于 ADI 的对健康不构成危险性的每日允许摄入量。目前，CCFAC 已经按危险性评估和危险性管理的原则制定了污染物及其毒素通用标准（GSCTF）。

3. 农药残留

JMPR 实施农药残留毒理学评价的结果制定出 ADI 值，此外根据良好农业规范（GAP）下的农药残留水平制定某些产品中农药最大残留限量（MRL）的建议值。农药残留法典委员会（CCPR）使用各种方法计算摄入量，这是因为初始估计值大于 ADI 值，并不代表一定存在问题，根据农药监测和国家食品消费数据计算的摄入量更加精确。CCPR 对 JMPR 提出的 ADI 值和 MRL 值进行审议，并对 MRL 值进行修改。

4. 兽药残留

JECFA 对兽药做出毒理学评价，如同食品添加剂一样以 NOEAL 制定 ADI 值，并通过对可食用的肉、奶等动物性食品估计兽药残留的可能摄入量，与 ADI 比较；同时提出与兽药使用良好规范（GPVD）相一致的 MRL。与食品添加剂和污染物不同，兽药残留有专门的兽药残留法典委员会（CCRVDF），其任务是正式推荐 MRL。

5. 生物因素

CAC 刚开始对生物性因素（细菌、病毒、寄生虫等）作系统的危险性分析，主要由 JEMRA 采用个案研究进行，目前主要集中于沙门菌和单核细胞增多性李斯特菌。食品卫生法典委员会（CCFH）评价了李斯特菌在食品中的检出情况。此外，肉类卫生法典委员会（CCMH）对肉类食品进行危险性分析，提出卫生标准和卫生规范。有关微生物的危险性管理信息，FAO/WHO 已经建立一个相应的专家委员会 JEMRA 开展定量危险性的结论。

总之，危险性评估由联合专家委员会（JECFA、JMPR 和 JEMRA）负责，而危险性管理由食品法典委员会负责。

三、危险性信息交流

危险性信息交流是指危险性评估人员、危险性管理人员、消费者和其他有关的团体之间就与危险性有关的信息和意见进行相互间的交流。

在危险性管理的全过程（危险性管理政策制定过程的每个阶段，包括评价和审查）中，都应当包括与消费者和其他有关团体进行全面的、持续的相互交流。对于危险性信息交流不仅仅是信息的传播，而更重要的功能是将对进行有效危险性管理的重要信息和意见纳入决策的过程。

危险性信息交流的信息主要包括以下内容。

1. 危害的性质

危害的性质是指危害的特征和重要性、危害的大小和严重程度、情况的紧迫性、危险的变化趋势、危险暴露和可能性、暴露量的分析、能够构成显著风险的暴露量、风险人群的性质和规模、最高风险人群等。

2. 危害性评估的不确定性

危害性评估的不确定性是指评估危害的方法、每种不确定性的重要性、所得资料的缺点或不准确度、估计所依据的假设、估计的假设变化的敏感度、有关危险性管理决定估计变化的效果。

3. 危险性管理的选择

危险性管理的选择是指控制或管理危害的行动、可能减少个人危险性的个人行动、选择一个特定危险性管理选项的理由、特定选择的有效性、特定选择的利益、危险性管理的费用和来源、执行危险管理选择后仍然存在的风险。

为确保危险性管理政策能够将食源性危害减少到最低限度，在危险性分析的全过程中，相互交流都起着十分重要的作用。许多步骤是在危险管理人员和危险性评估人员之间进行的内部的反复交流。其中两个关键步骤，即危害识别和危险性管理方案选择，需要在所有有关方面进行交流，以改善决策的透明度，提高对各种可能产生结果的接受能力。

在进行一个危险性分析的实际项目时，并非三个部分的所有具体步骤都必须进行，但是某些步骤的省略必须建立在合理的前提之上，而且整个危险性分析的总体框架结构应当是完整的。

四、危险性分析应用实例

1. 危险性管理实例

[**例1**] 依据危险性评估制订政策和措施

在某时，法国的进口检查常常查出小虾带有副溶血弧菌属细菌。截止当时，由于副溶血弧菌的病源性（海鲜引起肠胃炎的主要病源之一），已在发现这种微生物的基础上实施了防护措施（整批销毁）。因发现这种细菌发生频率有所上升，危险性管理人员责成对这个具体的问题进行危险性评估。危险性管理人员通过这项评估确定了如下认识：

① 只有会产生溶血素这种毒素的副溶血弧菌菌株才具有致病性；

② 可用分子技术检测出能产生溶血素的副溶血弧菌。

鉴于上述这些结论，危险性管理人员修改了对付副溶血弧菌构成危险性的办法，具体如下：

① 任何一批小虾，凡受含产溶血素基因副溶血弧菌菌株沾染的，一律加以销毁；

② 其他批次（查出产溶血素型副溶血弧菌菌株的）如已上市，坚决加以销毁。

2. 危险性分析的应用实例

[**例2**] 新西兰进口加拿大鲑鱼案

新西兰鲑鱼未患有北美西海岸鱼群的疾病。因此，新西兰一直采取"零危险性"的政策，禁止加拿大未加工的鲑鱼进口，其理由是存在微生物性危险性。要允许进口，就要评价引进疾病的危险性。为此，开展定量危险性分析所考虑的因素包括：野生捕捞的太平洋鲑鱼中细菌检出率、被感染的太平洋鲑鱼中病菌的分布和数量、加工对被感染鱼组织带菌数量的影响、环境中细菌的存活情况、感染易感鱼类所需的细菌剂量和新西兰废物管理方式。危险性评估表明将疖症引进新西兰渔业养殖、娱乐性养殖或自然鱼群的危险性非常低，按95%可信限估计在1000万吨进口食品中仅有一次机会引起该病。而捕捞的野生太平洋鲑鱼全年不超过1万吨，因此加拿大可以向新西兰出口鲑鱼。

[**例3**] 美国从阿根廷进口新鲜牛肉案

美国采取"零危险性"的政策，不允许从已知有口蹄疫病毒的国家进口新鲜牛肉，以免没有口蹄疫的美国牛群感染。但在对阿根廷牛中口蹄疫病毒检出率、受感染牛组织中病毒分布、屠宰过程对感染牛组织中病毒的影响、在低 pH 时肉中病毒的存活情况以及每年出口肉类的数量进行综合评价之后，发现从阿根廷进口一批受感染牛肉的概率是 0.00054/年，按美国每年进口 2 万吨牛肉计算，则预计进口 1862 年才会发生一次感染口蹄疫牛肉。因此，从阿根廷进口牛肉被批准。

本 章 小 结

食品安全性评价是对食品中任何组分可能引起的危害进行科学测试，得出结论，以确定该组分究竟能否为社会或消费者接受，据此制定相应的标准的过程。

毒物是指在一定条件下，较小剂量即能够对机体产生损害作用或使机体出现异常反应的外源化学物质。

毒性是指外源化学物与机体接触或进入体内的易感部位后，能引起损害作用的相对能力，包括损害正在发育的胎儿（致畸胎）、改变遗传密码（致突变）或引发癌症（致癌）的能力等。

剂量-反应关系：一般在一定的剂量范围内，反应总是与该有毒物质的剂量成比例的，同一种物质的反应随着剂量的增加，显示出相应的规律性变化。

危险性评估：指对人体暴露于食源性危害，产生已知或潜在的健康不良作用的可能性及其严重程度所进行的一个系统的科学评价程序，其程序为：危害鉴定→危害特征描述→危害暴露评价→风险特征描述。

食品安全性评价的对象是用于食品生产、加工和保藏的化学和生物物质，食品在生产、加工、运输、销售和保藏过程中产生和污染的有害物质，新技术、新工艺和新资源及加工食品等，如转基因技术及其食品、辐照技术及其食品等。

食品中毒物的体内过程是指食品中有毒物质在体内的吸收、分布、代谢及排泄。毒理学评价程序通常可划分为以下四个阶段的实验：急性毒性试验→遗传毒理学试验（蓄积毒性、致突变试验）→亚慢性毒性试验（90d 喂养试验、繁殖试验、代谢试验）→慢性毒性试验（包括致癌试验）。其中，急性毒性试验中有毒物质 LD_{50} 测定、遗传毒理学试验及亚慢性毒性试验为学习难点。寇氏法计算公式为：$\log LD_{50} = 1/2 \sum [(X_i + X_{i+1}) \times (P_i - P_{i-1})]$。

危险性分析分为危险性评估、危险性管理和危险性信息交流。危险性评估在危险性分析中占据中心位置。对食品中危害成分进行危险性管理是以危险性评估为依据，以危险性信息交流为保证。

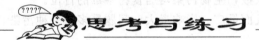

思考与练习

1. 名词解释

毒物、半数致死量（LD50）、剂量-反应关系、食品安全性毒理学评价、急性毒性、慢性毒性、蓄积系数、危险性分析、危险性评估

2. 简答题

(1) 怎样辩证地看待食品安全相对性？

(2) 请说明半数致死量在食品安全性评价中的重要意义。

(3) 试述毒物在生物体内的转化过程。

(4) 试说明毒理学评价的重要意义。

(5) 在进行食品安全性评价前需进行哪些准备？

(6) 食品安全性评价程序主要分为哪几个阶段？各阶段的重要目的是什么？

(7) 危险性评估主要包括哪几个方面？各有何作用？

3. 试设计一个以黄曲霉毒素 B₁ 为受试物的慢性毒性试验。

4. 试应用危险性分析的基本理论评价黄曲霉毒素 B₁ 限量标准。

第三章　食品安全性影响因素

第一节　生物因素对食品安全性的影响

对食品安全性造成影响的生物因素主要包括微生物污染，如细菌、病毒、真菌及其毒素的污染等；寄生虫污染，如旋毛虫、囊虫、弓形虫等；昆虫污染，如蝇、蛆等。2000～2002年中国疾病预防控制中心营养与食品安全所对全国部分省市的生肉、熟肉、乳和乳制品、水产品、蔬菜中的致病菌污染状况进行了连续的主动监测，结果表明，生物性食物中毒仍居首位，占39.62%；化学性食物中毒占38.56%，动植物性和原因不明的食物中毒均在10%左右。统计表明，无论是发生次数和中毒人数，生物污染均居食物中毒的首位。

在生物性污染中，微生物污染是涉及面最广、影响最大、问题最多的一种污染。本节主要介绍生物性污染中的微生物污染。

一、食品的细菌性污染与影响

1. 食品的细菌污染

自然界细菌种类繁多，存在于食品中的细菌只是自然界细菌中的一部分。食品中常见的细菌称为食品细菌，包括致病菌、条件致病菌和非致病菌。食品细菌主要来自生产、加工、运输、贮存、销售和烹调等各个环节的外界污染。共存于食品中的细菌种类及其相对数量的构成，称为细菌菌相，其中相对数量较大的细菌称为优势菌种。食品在细菌作用下所发生的变化程度和特征，主要取决于菌相，特别是优势菌种。不同的细菌污染食品其后果不同。腐败菌污染食品，常使食品腐败变质而失去食用价值，如在细菌作用下，含碳水化合物丰富的食物变酸，含蛋白质丰富的食物腐烂变臭等。致病菌、条件致病菌和某些非致病菌污染食品，可引起急性或慢性食源性疾病。细菌性污染来源如下。

① 原料表面往往附着细菌，尤其在原料破损处有大量细菌聚集。此外，当使用任何未达到国家标准的水进行洗涤、烫漂、煮制等工艺处理时，均可引起加工食品的细菌污染。因此，不洁净的生产用水也是微生物污染食品的主要途径及重要污染源。

② 从业人员直接接触食品（半成品、成品）。从业人员的手、工作衣、帽如果不经常清

洗消毒，就会有大量的微生物附着而污染食品。

③ 生产车间内外环境不良，空气中的微生物吸附在尘埃上，并通过尘埃沉降于食品上；操作人员的痰沫、鼻涕、唾液等带有细菌，通过与食品接触或谈话、咳嗽、打喷嚏等直接或间接地污染食品；鼠、蝇等一旦接触加工食品，其体表面与消化道内大量微生物会给食品造成污染。

④ 用具与杂物。如原料包装物品、运输工具、加工设备和成品包装容器及材料等未经消毒就接触食品，可使食品受到细菌的污染。

⑤ 交叉污染。各类食品在加工过程中生熟不分，造成食品的交叉污染。

2. 食品的腐败变质

作为食品，应该含有人体所需的热量和各种营养物质，易于消化吸收，且必须具有符合人们习惯和易于接受的色、香、味、形和组织状态，对人类无害。但食品往往由于受物理、化学和生物各种因素的作用，在原有的色、香、味和营养等方面发生量变，甚至质变，从而使食品质量降低甚至不能作为食品用，这就是食品的腐败变质。

不同食品的腐败变质，所涉及的微生物、过程和产物不一样，因而习惯上的称谓也不一样。以蛋白质为主的食物在分解蛋白质的微生物作用下产生氨基酸、胺、氨、硫化氢等物和特殊臭味，这种变质通常称为腐败。以碳水化合物为主的食品在分解糖类的微生物作用下，产生有机酸、乙醇和 CO_2 等气体，其特征是食品酸度升高，这种由微生物引起的糖类物质的变质，习惯上称为发酵或酸败。以脂肪为主的食物在解脂微生物的作用下，产生脂肪酸、甘油及其他产物，其特征是产生酸和刺鼻的油哈喇味，这种脂肪变质称为酸败。

由此可见，受微生物污染是引起食品腐败变质的重要原因之一。食品在加工前、加工过程中以及加工后，都可以受到外源性和内源性微生物的污染，污染途径比较多，可以通过原料生长地土壤、加工用水、环境空气、工作人员、加工用具、杂物、包装、运输设备、贮藏环境，以及昆虫、动物等，直接或间接地污染食品加工的原料、半成品或成品。因此，很可能许多食品的腐败变质在加工过程中或在刚包装完毕就已发生，已经成为不符合食品卫生质量标准的食品。

3. 致病性细菌对食品及人体的影响

（1）食物中毒　致病性细菌污染食物后，可以在食物里大量繁殖或产生毒素，人们吃了这种含有大量致病菌或细菌毒素的食物而引起的中毒，即为细菌性食物中毒。此类中毒是食物中毒中最常发生的一类，多发生在气温较高的季节。它的特点是潜伏期较短，临床表现比较单纯，以恶心、呕吐、腹痛、腹泻、发热等急性胃肠炎症状为主。中毒毒物多为畜禽瘦肉及其内脏、乳制品、蛋类和水产品。

细菌性食物中毒按致病菌分类，分为沙门菌食物中毒、副溶血性弧菌食物中毒、肉毒梭状芽孢杆菌食物中毒（简称肉毒中毒）、葡萄球菌食物中毒、变形杆菌食物中毒等。此外，一些致病性大肠埃希菌、蜡样杆菌、韦氏杆菌、志贺菌等也可引起细菌性食物中毒。

（2）传播人畜共患疾病　当食品经营管理不当，特别是对原料的卫生检查不严格时，销售和食用了严重污染病源菌的畜禽肉类；或由于加工、贮藏、运输等卫生条件差，致使食品再次污染病源菌，可能造成人畜共患疾病的大量流行，如炭疽病、布鲁杆菌病、结核病、口蹄疫等。

二、食品的霉菌污染与影响

霉菌种类很多，寄生于粮食和其他植物性食品、饲料和肉类中。如果食品保管不当，霉菌在食物中繁殖起来，并产生霉菌毒素，人吃了霉菌寄生的食物，可能发生慢性中毒，也可能导致急性中毒。如人类原发性肝癌，可能与黄曲霉产生的毒素有关。霉菌性食物中毒近年来发现越来越多，危害较大。一切发霉变质的食品，包括奶茶、茶叶、发酵食品、冷冻肉类等都可能有霉菌寄生。霉菌产生的霉菌毒素，一般不被高温杀灭，因此被霉菌毒素污染的食品，虽然煮沸，仍能引起中毒。

1. 食品的霉菌污染

霉菌性食物中毒主要由少数产毒霉菌产生的毒素所引起的。一种菌种或菌株可产生几种不同的毒素，同一毒素也可由不同的霉菌所产生。与食品卫生关系密切的有黄曲霉毒素、杂色曲霉毒素、镰刀菌属毒素、黄变米毒素等。霉菌污染食品的途径主要有以下几种。

（1）原料　粮食作物在田间生长时就可能受到霉菌的感染，感染霉菌的粮食收获后，其水分达17%～18%时，霉菌迅速生长繁殖或产生毒素。收获后的粮食不及时干燥脱水，或干燥脱水后贮存在较高温度、较大湿度的环境中，霉菌也极易生长繁殖或产生毒素。

（2）环境　土壤、水、空气中含有大量的霉菌，这些霉菌可以通过接触而污染食品。

（3）运输工具　未经彻底清洗和消毒而连续使用的运输工具可造成对所运输食品的污染。

（4）机械　各种加工机械上附着有霉菌，它们也可污染食品。

2. 霉菌污染食品的危害

（1）食品腐败变质　霉菌最初污染食品后，在基质及环境条件适应时，首先可引起食品的腐败变质，不仅可使食品呈现异样颜色、产生霉味等异味，食用价值降低，甚至完全不能食用，而且还可使食品原料的加工工艺品质下降，如出粉率、出米率、黏度等降低。粮食类及其制品被霉菌污染而造成的损失最为严重，根据估算，每年全世界平均至少有2%的粮食因污染霉菌发生霉变而不能食用。

（2）食物中毒　许多霉菌污染食品及其食品原料后，不仅可引起腐败变质，而且可产生毒素，引起误食者霉菌毒素中毒。人类霉菌毒素中毒大多是食用了被产毒霉菌菌株污染的食品所引起的。食品受到产毒菌株污染时，不一定能检测出霉菌毒素，这是因为产毒菌株必须在适宜产毒的特定条件下才能产毒。但也有时从食品中检验出有某种毒素存在，而分离不出产毒菌株，这往往是食品在贮藏和加工中产毒菌株已经死亡，而毒素不易破坏的缘故。一般来说，产毒霉菌菌株主要在谷物粮食、发酵食品及饲草上生长产生毒素，直接在动物性食品，如肉、蛋、乳上产毒的较为少见。而食入大量含毒饲草的动物同样可引起各种中毒症状或残留在动物组织器官及乳汁中，致使动物性食品带毒，被人食入后仍会造成霉菌毒素中毒。

霉菌毒素中毒与人群的饮食习惯、食物种类和生活环境条件有关，所以霉菌毒素中毒常常表现出明显的地方性和季节性，甚至有些还具有地方疾病的特征。例如，黄曲霉毒素中毒、黄变米中毒和赤霉病麦中毒即具有此特征。再者，霉菌毒素中毒的临床表现较为复杂，可有急性中毒，也有因少量长期食入含有霉菌毒素的食品而引起的慢性中毒。

（3）"三致作用"　黄曲霉毒素是强烈的致癌物质，杂色曲霉毒素、镰刀菌毒素、展青霉毒素等也都具有致癌性。

3. 食品中几种重要霉菌毒素的污染

（1）黄曲霉毒素　1960年，英国一家农场发生了10万只雏火鸡突然死亡的事件。解剖显示，这些火鸡的肝脏已严重坏死。经过调查发现，这些雏火鸡食用了霉变的花生粉，这是造成其肝坏死和中毒死亡的主要原因。霉变的花生粉中含有一系列由黄曲霉菌产生的活性物质，这些物质就是黄曲霉毒素（aflatoxin，AFT），它不仅可引起剧烈的急性中毒，而且还是目前所知致癌性最强的化学物质之一。

黄曲霉毒素是一类化学结构相似的二呋喃香豆素的衍生物，有 10 余种之多（见图 3-1）。根据其在紫外光下可发出蓝色或绿色荧光的特性，分为黄曲霉毒素 B_1（AFTB$_1$）、黄曲霉毒素 B_2（AFTB$_2$）、黄曲霉毒素 G_1（AFTG$_1$）和黄曲霉毒素 G_2（AFTG$_2$）等。其中以 AFTB$_1$ 的毒性最强。黄曲霉毒素微溶于水，易溶于油脂和一些有机溶剂，耐高温（280℃下裂解），故在通常的烹调条件下不易被破坏。黄曲霉毒素在碱性条件下或在紫外线辐射时容易降解。

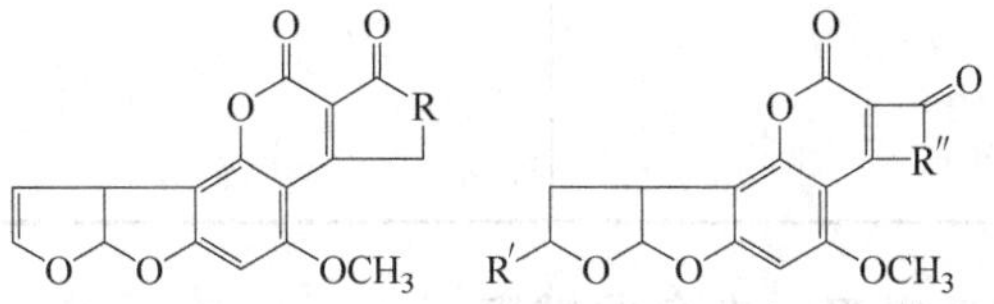

	R		R'	R''
黄曲霉毒素 B_1	CH_3	黄曲霉毒素 B_2	H	CH_2CH_2
黄曲霉毒素 G_1	CH_2O	黄曲霉毒素 G_2	H	CH_2CH_2O

图 3-1 黄曲霉毒素的化学结构

① 黄曲霉毒素的急性毒性 黄曲霉毒素是一种毒性极强的化合物。黄曲霉毒素 B_1 的急性毒性见表 3-1。雏鸭和初生的大鼠对黄曲霉毒素最为敏感，随年龄增长敏感性逐渐降低。AFTB$_1$、AFTB$_2$、AFTG$_1$、AFTG$_2$、AFTM$_1$ 和 AFTM$_2$ 对雏鸭的经口 LD$_{50}$ 分别为 $12\mu g$/只、$84.8\mu g$/只、$39.2\mu g$/只、$172.5\mu g$/只、$16.6\mu g$/只和 $62\mu g$/只。人对黄曲霉毒素 B_1 也较敏感，日摄入黄曲霉毒素 B_1 $2\sim6mg$ 即可发生急性中毒，甚至死亡。黄曲霉毒素的急性中毒症状主要表现为呕吐、厌食、发热、黄疸和腹水等肝炎症状。小鼠的急性中毒反应包括伴有水肿的肝损害、胆管增生和实质性细胞坏死，恒河猴的急性中毒反应为肝脏脂肪浸润和胆管增生，并伴有静脉纤维化。因此，黄曲霉毒素的急性毒性主要表现为肝毒性。

表 3-1 黄曲霉毒素 B_1 单剂量的 LD$_{50}$

物 种	年 龄	LD$_{50}$/(mg/kg 体重)	物 种	年 龄	LD$_{50}$/(mg/kg 体重)
雏鸭	1d	$0.24\sim0.3$	猫	—	0.55
小鼠	1d	1.0	狗	—	0.62
小鼠	21d	5.5	恒河猴	—	2.2
地鼠	21d	10.2	人	成年	10.0

② 致突变、致癌和致畸性 黄曲霉毒素在 Ames 试验和仓鼠细胞体外转化试验中均表现为强致突变性，它对大鼠和人均有明显的致畸作用。大鼠妊娠第 15d 静脉注射黄曲霉毒素 B_1 $80mg/kg$ 体重可导致其出现畸胎。

黄曲霉毒素是目前所知致癌性最强的化学物质。黄曲霉毒素不仅能诱导鱼类、禽类、各种实验动物、家畜和灵长类动物的实验肿瘤，而且其致癌强度也非常大，并诱导多种癌症。当饲料中的黄曲霉毒素 B_1 含量低于 $100\mu g/kg$ 时，26 周即可使敏感生物如小鼠和鳟鱼出现肝癌，其致癌活性是奶油黄的 900 倍，诱导肝癌的能力比二甲基亚硝胺强 75 倍。黄曲霉毒素除可诱导肝癌外，还可诱导前胃癌、垂体腺癌等多种恶性肿瘤。但不同种属的黄曲霉毒素的慢性中毒效应有所不同。例如，用含 $2mg/kg$ 黄曲霉毒素 B_1 的饲料饲喂雄性 Fisher 小鼠可诱发高百分率的肿瘤，但对雄性白化病小鼠喂饲相同量的黄曲霉毒素 B_1 时却不能诱发肿瘤的发生。

鉴于黄曲霉毒素具有极强的致癌性，世界各国都对食物中的黄曲霉毒素含量作出了严格的规定。FAO/WHO 规定，玉米和花生制品的黄曲霉毒素（以 AFB_1 表示）最大允许含量为 $15\mu g/kg$；美国 FDA 规定牛奶中黄曲霉毒素的最高限量为 $0.5\mu g/kg$，其他大多数食物为 $20\mu g/kg$，动物性原料中的黄曲霉毒素最大允许含量为 $100g/kg$，超标的污染食物和原料产品将被没收和销毁。我国食品中黄曲霉毒素的允许量见表 3-2。

表 3-2 我国黄曲霉毒素的最大允许量

食品种类	黄曲霉毒素最大允许量/($\mu g/kg$)
玉米、花生及其制品	20
大米和食用油脂(花生油除外)	10
其他粮食、豆类和发酵食品	5
酱油和醋	5
婴儿代乳品	0

（2）杂色曲霉素和赭曲霉素 杂色曲霉素（sterigmatocystin）是一类结构类似的化合物，它主要由杂色曲霉（*Aspergillus uersicolor*）和构巢曲霉（*A. nidulans*）等真菌产生，结构见图 3-2。杂色曲霉主要污染玉米、花生、大米和小麦等谷物，但污染范围和程度不如黄曲霉毒素。不过在肝癌高发区居民所食用的食物中，杂色曲霉素污染较为严重；在食管癌的高发地区居民喜食的霉变食品中也较为普遍。杂色曲霉素的急性毒性不强，对小鼠的经口 LD_{50} 为 $800mg/kg$ 体重以上。杂色曲霉素的慢性毒性主要表现为肝和肾中毒，但该物质有较强的致癌性。以 $0.15\sim2.25mg/$只的剂量饲喂大鼠 42 周，有 78% 的大鼠发生原发性肝癌，且有明显的量效关系。该物质在 Ames 试验中也显示出强致突变性。

赭曲霉素（ochratoxin）的产毒菌株有赭曲霉（*Aspergiltus Ochratoxin*）和硫色曲霉（*A. sulphureus*）等。赭曲霉素的污染范围较广，几乎可污染玉米、小麦等所有的谷物，而且从样品检测来看，国内外均有污染。赭曲霉素的急性毒性较强，对雏鸭的经口 LD_{50} 仅为 $0.5mg/kg$ 体重，与黄曲霉素相当；对大鼠的经口 LD_{50} 为 $20mg/kg$ 体重。赭曲霉素的致死原因是肝、肾的坏死性病变。虽然已发现赭曲霉素具有致畸性，但到目前为止，未发现其具有致癌和致突变作用。在肝癌高发区的谷物中可分离出赭曲霉素，其与人类肝癌的关系尚待进一步研究。曲霉素结构见图 3-2。

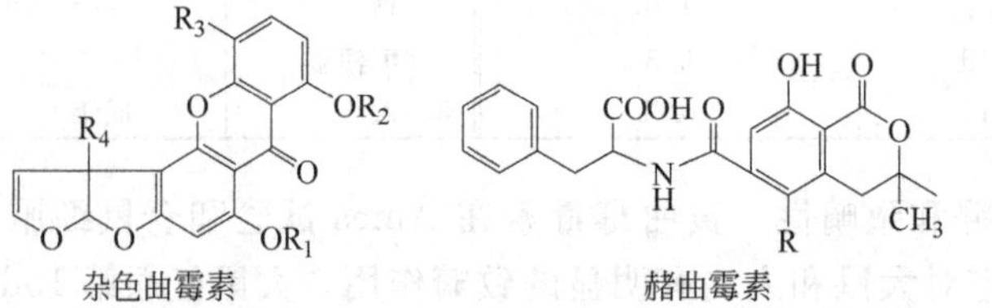

杂色曲霉素   赭曲霉素

图 3-2 杂色曲霉素和赭曲霉素的结构

（3）岛青霉素和黄天精 稻谷在收获后如未及时脱粒干燥就堆放，很容易引起发霉。发霉谷物脱粒后即形成"黄变米"或"沤黄米"，这主要是由于岛青霉污染所致。黄变米在我国南方、日本和其他热带和亚热带地区比较普遍。小鼠每天口服 200g 受岛青霉污染的黄变米，大约一周可死于肝肥大；如果每天饲喂 0.05g 黄变米，持续两年可诱发肝癌。流行病学调查发现，肝癌发病率和居民过多食用霉变的大米有关。吃黄变米的人会引起中毒（肝坏死和肝昏迷）和肝硬化。岛青霉除产生岛青霉素外，还可产生环氯素、黄天精和红天精等多种霉菌毒素。岛青霉素和黄天精的结构见图 3-3。

岛青霉素和黄天精均有较强的致癌活性，其中黄天精的结构和黄曲霉素相似，毒性和致

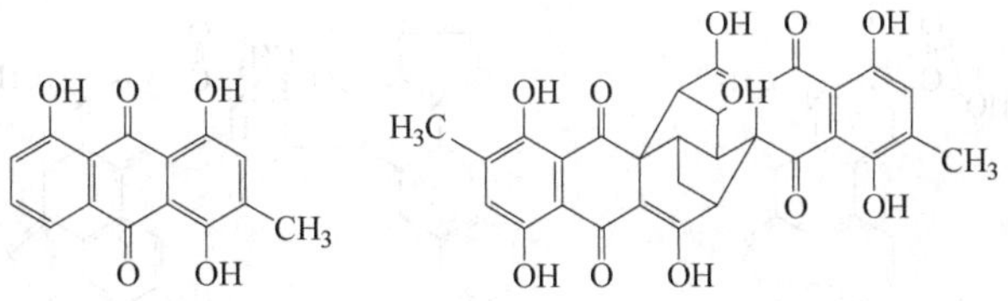

图 3-3　岛青霉素和黄天精的结构

癌活性也与黄曲霉素相当。小鼠日服 7mg/kg 体重的黄天精数周可导致其肝坏死，长期低剂量摄入可导致肝癌。环氯素为含氯环结构的肽类，对小鼠经口 LD_{50} 为 6.55mg/kg 体重，有很强的急性毒性。环氯素摄入后短时间内可引起小鼠肝的坏死性病变，小剂量长时间摄入可引起癌变。

(4) 玉米赤霉烯酮　玉米赤霉烯酮又称 F-2 毒素（见图 3-4），它首先从有赤霉病的玉米中分离得到。玉米赤霉烯酮其产毒菌主要是镰刀菌属的菌株，如禾谷镰刀菌和三线镰刀菌。玉米赤霉烯酮主要污染玉米、小麦、大米、大麦、小米和燕麦等谷物，其中玉米的阳性检出率为 45%，最高含毒量可达到 2909mg/kg；小麦的检出率为 20%，含毒量为 0.364~11.05mg/kg。玉米赤霉烯酮的耐热性较强，110℃下处理 1h 才被完全破坏。

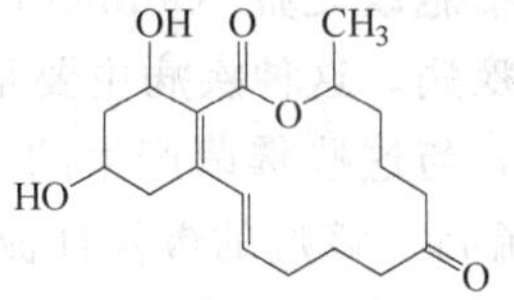

图 3-4　玉米赤霉烯酮的结构

玉米赤霉烯酮具有雌激素作用，主要作用于生殖系统，可使家畜、家禽和实验小鼠产生雌性激素亢进症。妊娠期的动物（包括人）食用含玉米赤霉烯酮的食物可引起流产、死胎和畸胎。食用含赤霉病麦面粉制作的各种面食也可引起中枢神经系统的中毒症状，如恶心、发冷、头痛、神智抑郁和共济失调等。

(5) 麦角毒素

早在 17 世纪中叶，人们就认识到食用含有麦角的谷物可引起中毒，即麦角中毒。麦角是麦角菌侵入谷壳内形成的黑色和轻微弯曲的菌核，菌核是麦角菌的休眠体。在收获季节如碰到潮湿和温暖的天气，谷物很容易受到麦角菌的侵染。人类的麦角中毒可分为两类，即坏疽性麦角中毒和痉挛型麦角中毒。坏疽性麦角中毒的症状包括剧烈疼痛、肢端感染和肢体出现灼焦和发黑等坏疽症状，严重时可出现断肢。痉挛性麦角中毒的症状是神经失调，出现麻木、失明、瘫痪和痉挛等症状。

坏疽性麦角中毒的原因是麦角毒素具有强烈收缩动脉血管的作用，从而导致肢体坏死。麦角毒素可无需通过神经递质，直接作用于平滑肌而收缩动脉。麦角毒素的这一作用很早就被人认识和利用，麦角毒素的成分目前经常用于处理怀孕和生产期出现的各种突发性事件。低剂量的麦角毒素常用于中止产后出血；麦角毒素还可促进子宫收缩，故具有催产的作用。目前，人们对痉挛型麦角中毒的生理基础了解得甚少，可能与中毒个体对麦角毒素的易感性及麦角真菌生物合成的变异性有关，其机理需要更进一步的研究。

麦角毒素的活性成分主要是以麦角酸为基本结构的一系列生物碱衍生物（见图 3-5），如麦角胺、麦角新碱和麦角毒碱。Stowell 在 1918 年第一次分离出了麦角胺。麦角胺与麦角

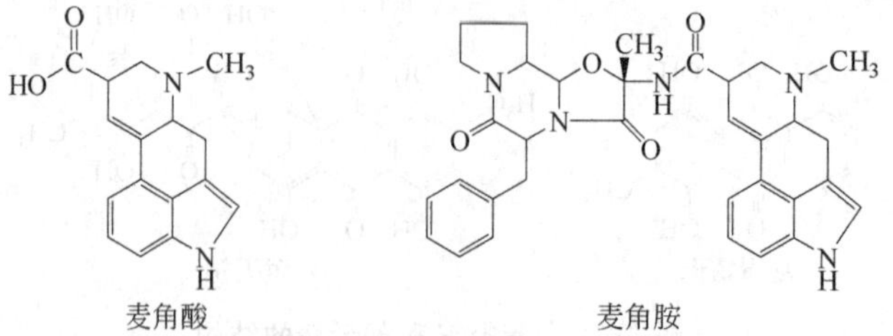

麦角酸　　　　　　　　　　　　麦角胺

图 3-5　麦角酸和麦角胺的结构

中毒引起特征性坏疽症状有关，大剂量的麦角胺引起严重的血管收缩并可导致肢体的干性坏疽。

麦角生物碱具有广泛的医疗作用。麦角胺酒石酸盐常用于处理几乎所有的偏头痛和血管性头痛。麦角新碱是子宫收缩有效的诱导剂，也可引起特征性血管收缩。麦角新碱及其衍生物——甲基麦角新碱常用于妇产科中分娩的第三产程中，主要为了减低分娩后的出血。麦角毒碱和麦角胺一样，具有收缩平滑肌和阻断去甲肾上腺素、肾上腺素的作用，其氢化衍生物常用于处理末梢血管、脑血管障碍及原发性高血压。此外，麦角酸酰胺衍生物即 LDS 是人体的高效致幻剂。

（6）T-2 毒素　食物中毒性白细胞缺乏症（alimentary toxic aleukia，ATA）又称败血病疼痛，是一种由霉菌引起的严重疾病。这种疾病主要是因食用了被镰刀菌属的三线镰刀菌和拟枝孢镰刀菌污染的谷物所引起，与这些霉菌产生的 T-2 毒素（见图 3-6）有关。该病在1913 年和 1932 年有过两次爆发性流行。该病的爆发性流行通常是突发的，死亡率往往高于50%。人患病的症状包括发热、出疹、鼻咽和牙龈出血坏死性疼痛等，持续性中毒可使血液中的白细胞和粒细胞数减少、凝血时间延长、内脏器官出血和骨髓造血组织坏死。

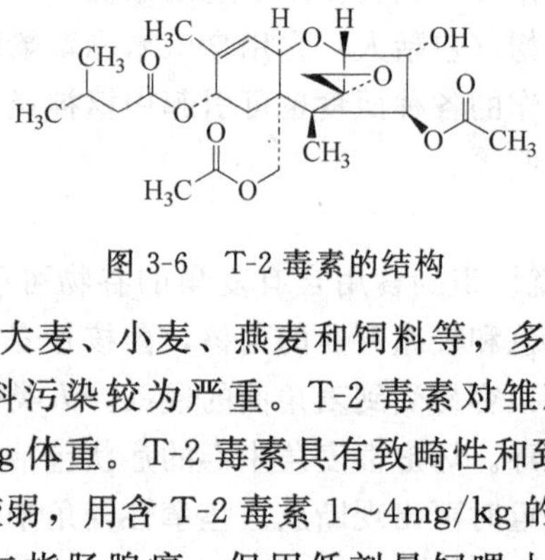

图 3-6　T-2 毒素的结构

T-2 毒素主要污染玉米、大麦、小麦、燕麦和饲料等，多数国家都有不同程度的污染，其中以欧美各国的谷物和饲料污染较为严重。T-2 毒素对雏鸡和新生小鼠的 LD_{50} 分别为1.75mg/kg 体重和 10.5mg/kg 体重。T-2 毒素具有致畸性和致突变性，在 Ames 试验中显示为诱变阳性，但致癌活性较弱，用含 T-2 毒素 1～4mg/kg 的饲料饲喂大鼠约 27 个月，可观察到垂体癌、胰腺癌和十二指肠腺癌，但用低剂量饲喂小鼠和鳟鱼约一年不能诱导出肝癌。

研究表明，不同物种的生物对 T-2 毒素有不同的反应。用 0.2mg/kg 体重的 T-2 毒素经口喂饲猪和小鼠超过 78d，并未诱导出临床上的出血症状。许多物种可能对食物中 T-2 毒素的易感效力有耐受性，或者在实际发生的霉菌毒素中毒中，其他毒素可能较 T-2 毒素更为重要。另外，饮食和其他因素（包括不同的霉菌毒菌）也可能改变了 T-2 毒素的毒性。

除了上述之外，还有甘蔗的霉变中毒等由霉菌有毒代谢物引起的食物中毒。

三、食品的病毒污染与影响

病毒种类繁多，广泛分布于自然界，而且有很多病毒能侵害人、动物和植物。它们往往通过患病动物带毒或其他原因污染食品而引起对人的危害，因此，在食品生物性污染方面，病毒的污染也是不可忽视的。

引起食品污染的病毒主要有猪瘟病毒、禽流感病毒、口蹄疫病毒、鸡新城疫病毒等。

第二节　化学因素对食品安全性的影响

对食品安全性造成影响的化学因素主要包括农药污染、兽药污染、食品添加剂、动植物中天然有害物质、食品容器和包装材料及食品加工过程中产生的有害物质等；化学因素是继生物性因素之后又一重要的食品安全隐患。

一、农药对食品安全性的影响

农药是指用于预防、消灭或者控制危害农业、林业的病、虫、草和其他有害生物以及有目的地调节植物、昆虫生长的化学合成或者来源于生物、其他天然物质的一种物质或者几种物质的混合物及其制剂。由于使用农药而对食品造成的污染（包括农药本体物及其有毒衍生物的污染）称之为食品农药残留。

1. 食品中农药的来源

（1）直接污染食用作物　如对蔬菜直接喷洒农药，其污染程度主要取决于农药性质、剂型、施用方法、施药浓度、施药时间、施药次数、气象条件、农作物品种等。

（2）通过灌溉用水污染　通过灌溉用水污染水源，造成对水产品的污染，如污染鱼、虾等。

（3）通过土壤中沉积的农药造成对食用作物的污染　对农作物施用农药后，大量农药进入空气、水和土壤中，成为环境污染物。农作物便可长期从污染的环境中吸收农药，尤其是从土壤和灌溉水中吸收农药。

（4）通过食物链污染食品　动物食用被农药污染的饲料后，使肉、奶、蛋受到污染；江河湖海被含农药的工业废水污染后，使水产品受到污染等。某些化学物质在沿着食物链移动的过程中产生生物富集作用，即每经过一种生物体，其浓度就有一次明显的增高。所以，位于食物链最高端的人，接触的污染物最多，其危害也最大。某些理化性质比较稳定的农药，如有机氯、有机汞、有机镉等，它们脂溶性强，与酶和蛋白质有高度亲和力，可长期贮存于脂肪组织中，通过食物链的作用逐级富集，使残留量增高。

2. 农药残留量的规定

FAO/WHO农药残留联席会议（JMPR）、FDA和我国卫生部门都对农药的最大容许残留量（MRL）作出了规定（表3-3、表3-4、表3-5）。我国截至1994年已正式颁发的农药残留限量标准有7个，包括20种农药在各类食品中的MRL。

表 3-3　我国 1994 年颁布的农药残留标准　　　　　　mg/kg

食 品	DDT	BHC	甲胺磷	马拉硫磷	对硫磷	敌敌畏
成品粮食	0.2	0.3	0.1	3.0	0.1	0.1
蔬菜水果	0.1	0.2	ND	ND	ND	0.2
肉类	0.2	0.4	—	—	—	—
蛋	1.0	1.0	—	—	—	—
鱼类	1.0	2.0	—	—	—	—
植物油	—	—	—	ND	0.1	ND

注：ND 为不得检出，—为标准未制定。

表 3-4　FAO/WHO 的农药残留标准　　　　　　　　　　mg/kg

食 品	DDT	BHC	狄氏剂	氯 丹	马拉硫磷	敌敌畏
成品粮食	0.2	0.3	0.2	0.05	2.0	2.0
蔬菜水果	0.1	0.2	0.045~0.1	0.02~0.2	0.5~4.0	0.1~0.5
低脂肉类	0.2	0.4	0.2	0.5	ND	0.05
牛奶	0.1	0.1	0.15	0.5	ND	0.05
蛋	<0.1	<0.1	0.1	0.2	ND	0.05
鱼	1.0	2.0	ND	ND	ND	ND
食用菌	0.1	0.1	ND	ND	ND	ND
茶叶	0.2	0.4	ND	ND	ND	ND

注：ND 为不得检出。

表 3-5　美国 FDA 1992 年的有机氯农药残留量（MRL）标准　　　　mg/kg

食 品	DDT,DDE,TDE	BHC	狄（艾）氏剂	氯 丹	七 氯	毒杀酚
动物饲料	0.5	0.5	0.03	0.1	0.03	0.5
甜玉米	0.1	0.2	0.03	0.1	0.05	1.0
粮谷米	0.5	0.05	0.02	0.1	0.03	ND
植物油	1.0	0.3	0.3	0.5	ND	ND
牛奶	<0.1	0.3	0.3	0.2	ND	ND
花生	1.0	2.0	0.03	0.1	0.05	ND
蛋类	0.5	0.05	0.03	ND	0.03	ND
鱼（可食）	5.0	ND	0.3	0.3	0.3	5.0
柑橘水果	0.1	0.05	0.02	0.1	0.05	1.0
甘薯	1.0	0.05	0.1	0.1	0.05	1.0
甘蓝	0.2	0.05	0.05	0.1	0.05	1.0
胡萝卜	0.3	0.05	0.1	0.1	0.05	1.0

注：ND 为不得检出。

在美国，农药的残留量在环境保护局（EPA）、FDA 和农业部（USDA）的共同管辖之下。EPA 负责杀虫剂的注册，并根据 FDA 和 USDA 监测的食物中杀虫剂的残留水平确定杀虫剂的最大使用量。美国食品、药品与化妆品法案（FACA）第 408 条规定，加工食品中的农药残留应被作为食品添加剂对待。FDA 已特准不对谷物等农业初产品作出农药最高限量的规定。该法律还规定任何在加工食品中可检出的杀虫剂，无论检出的是原成分、分解产物还是代谢产物，在 EPA 未制定最大残留量之前，均不得注册。新型杀虫剂的最大残留量要根据深入的毒理学检验结果而定。一般而言最大残留量不会高于该农药的"最大无作用剂量"（NOEL）的 1%。某些在动物试验中证明有致癌性的农药受到更严格的限制。FDA 第409 条的条款规定：在加工食品中均不得对任何一种致癌物质设定最大残留量。而没有最大残留量的成分便成为非法的食品添加物。目前 EPA 甚至拒绝这类杀虫剂在未加工的农产品中的使用。EPA 要求对这类杀虫剂重新进行注册，并对它们进行更多的毒理学试验以满足公认的标准。

3. 常见农药污染对食品的危害

（1）有机氯农药　有机氯农药曾广泛用于杀灭农业、林业、牧业和卫生害虫。常用的包括 DDT、BHC（六六六）、林丹、艾氏剂、狄氏剂、氯丹、七氯和毒杀酚等。绝大部分有机氯农药因其残留严重，并具有一定的致癌活性而被禁止使用。目前仅有少数有机氯农药用于疾病（如疟疾）的预防。但由于这类农药在环境中具有很强的稳定性，不易降解，易于在生物体内蓄积，目前仍对人类的食物造成污染，是食品中最重要的农药残留物质。

我国使用 DDT 和 BHC 有 30 多年的历史，于 1983 年停止生产和使用。该农药具有高度的选择性，多贮存在动植物体脂肪组织或含脂肪多的部位，在各类食品中普遍存在，但含量在逐步减少，目前基本上处在 $\mu g/kg$ 的水平。我国 1990 年的膳食研究表明食品的 DDT 和 BHC 残留量与 20 世纪 70 年代调查结果比较，其残留量明显降低。

（2）有机磷农药　有机磷（organophosphate）农药是人类最早合成而且仍在广泛使用的一类杀虫剂。也是目前我国使用最主要的农药之一，被广泛应用于各类食用作物。有机磷农药早期发展的大部分是高效高毒品种，如对硫磷（parathion）、甲胺磷（methami-dophos）、毒死蜱（cholorpyrifos）和甲拌磷（phorate）等；而后逐步发展了许多高效低毒低残留品种，如乐果（dimethoate）、敌百虫（trichlorfon）、马拉硫磷（malathion）、二嗪磷（diaxinon）和杀螟松（cyanophos）等，成为农药的一大家族。部分有机磷农药的结构如图 3-7 所示。

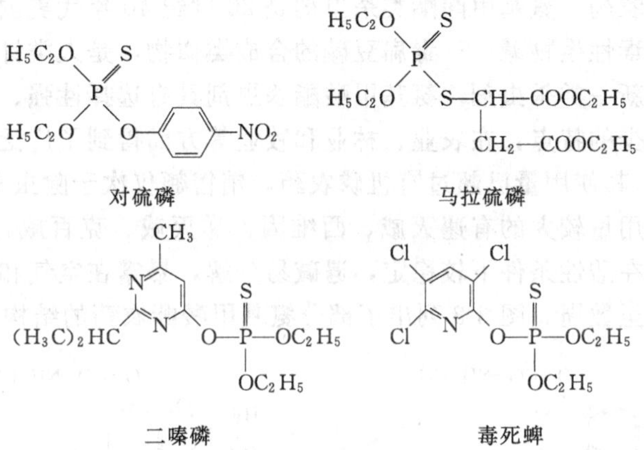

图 3-7　有机磷杀虫剂的结构

有机磷农药的溶解性较好，易被水解，在环境中可被很快降解，在动物体内的蓄积性小，具有降解快和残留低的特点，目前成为我国主要的取代有机氯的杀虫剂。但是由于有机磷农药的使用量越来越大，而且对农作物往往要反复多次使用，因此，有机磷对食品的污染比 DDT 还要严重。有机磷农药污染食品主要表现在植物性食品中残留，尤其是水果和蔬菜最易吸收有机磷，且残留量高。近年来，有机磷农药的慢性毒性作用也得到肯定并逐渐引起人们的重视。有机磷农药虽然蓄积性差，但具有较强的急性毒性，目前我国的急性食物中毒事件多由有机磷引起。表 3-6 列出了各类有机磷农药对大鼠和小鼠的 LD_{50}。

表 3-6　有机磷杀虫剂对大鼠和小鼠的经口 LD_{50} 和 ADI

有机磷	ADI/(mg/kg 体重·d)	LD_{50}（小鼠）/(mg/kg 体重)	LD_{50}（大鼠）/(mg/kg 体重)
对硫磷	0.005	5.0～10.4	——
甲拌磷	0.001	2.0～3.0	1.0～4.0
二嗪磷	0.002	18～60	86～270
倍硫磷	0.0005	74～180	190～375
敌敌畏	0.004	50～92	450～500
杀螟松	0.001	700～900	870
乐果	0.02	126～135	185～245
马拉硫磷	0.02	1190～1582	1634～1751
敌百虫	0.01	400～600	450～500

有机磷酸酯为神经毒素，主要是竞争性抑制乙酰胆碱酯酶的活性，导致神经突触和中枢的神经递质-乙酰胆碱（Ach）的累积，从而引起中枢神经中毒。Ach 在平滑肌接头处的蓄

积导致持续的刺激，诱发胸廓紧张，流涎，流泪增加，出汗增多，肠蠕动提高（可导致恶心、呕吐、痛性痉挛和腹泻），心动过缓和眼睛瞳孔特征性的缩小等，严重者可形成对呼吸中枢的抑制，呼吸肌麻痹，支气管平滑肌痉挛，导致人体缺氧和窒息死亡。一般而言，喷施有机磷农药的工人容易产生有机磷急性中毒。不良菜农在蔬菜销售前大量喷施农药也可造成消费者的急性中毒症状。

近年的研究发现，有机磷酸酯类农药也具有一定的慢性毒性。根据动物试验和人群调查资料，长期反复摄入有机磷农药可造成肝损伤，一般急性中毒者的肝功能也有明显的下降。这些有机磷酸酯类农药如马拉硫磷和敌敌畏在 Ames 试验中也呈现致突变性。虽然目前还没有有机磷导致实验动物产生恶性肿瘤的报告，但有证据表明马拉硫磷可促进动物肿瘤的产生。

（3）氨基甲酸酯农药 氨基甲酸酯类杀虫剂是 20 世纪 40 年代美国加州大学的科学家研究卡立巴豆时发现的毒性生物碱——毒扁豆碱的合成类似物，是人类针对有机氯和有机磷农药的缺点而开发出的新一类杀虫剂。氨基甲酸酯杀虫剂具有选择性强、高效、广谱、对人畜低毒、易分解和残毒少的特点，在农业、林业和牧业等方面得到了广泛的应用。氨基甲酸酯农药已有 1000 多种，其使用量已超过有机磷农药，销售额仅次于除虫菊酯类农药位居第二。氨基甲酸酯杀虫剂使用量较大的有速灭威、西维因、涕灭威、克百威、叶蝉散和抗蚜威等。氨基甲酸酯类杀虫剂在酸性条件下较稳定，遇碱易分解，暴露在空气和阳光下易分解，在土壤中的半衰期为数天至数周。图 3-8 列出了部分氨基甲酸酯农药的结构。

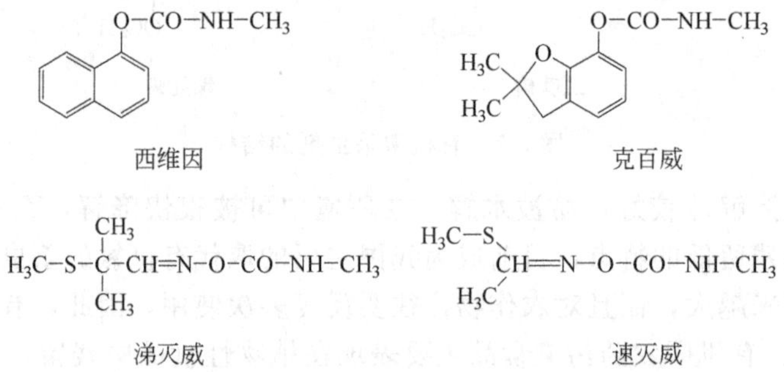

图 3-8 氨基甲酸酯（carbamate）类杀虫剂的结构

氨基甲酸酯的杀虫范围较有机磷更窄，而且它对有益昆虫如蜜蜂也具有高效毒性。氨基甲酸酯经口喂饲时对哺乳动物产生很高的毒性（见表 3-7），而经皮肤吸收所产生的毒性较低。尽管氨基甲酸酯的残留较有机氯和有机磷农药轻，但随着其使用量和应用范围的扩大、使用时间的延长，残留问题也逐渐突出，并引发了多起食物中毒事件。1985 年，在美国加州由于涕灭威污染西瓜造成 281 人生病入院。涕灭威具有高度水溶性，可以在含水分多的食物中富集至危险的水平。

表 3-7 氨基甲酸酯杀虫剂对小鼠和大鼠的经口急性毒性   mg/kg 体重

农　药	小鼠 LD_{50}	大鼠 LD_{50}
西维因	170～200	850
速灭威	380	268
抗蚜威	107	147
克百威	2.0	8～14
涕灭威	0.66	0.93
叶蝉散	300	260

氨基甲酸酯杀昆虫剂的毒性机理和有机磷一样,都是哺乳动物 AchE 的阻断剂。氨基甲酸酯是 AchE 的直接阻断剂,但与有机磷不同的是它们不能使造成神经中毒的脂酶钝化,因此与迟发的神经疾病的症状无关。氨基甲酸酯杀虫剂的中毒症状是特征性的胆碱性流泪、流涎,瞳孔缩小,惊厥和死亡。氨基甲酸酯对人的毒性不强。国外有人给成年男性志愿者每天口服西维因 0、0.06mg、0.12mg 连续 6 周,经生理学、生物化学和组织学检查未见异常。

氨基甲酸酯具有致突变、致畸和致癌作用。将西维因以各种方式处理小鼠和大鼠,均可引起癌变,并对豚鼠、狗、小鼠、猪、鸡和鸭有致畸作用。西维因等氨基甲酸酯在 Ames 试验中显示出较强的致突变活性。但目前还没有氨基甲酸酯引起癌症的流行病学报告。

(4)拟除虫菊酯农药 早在 19 世纪时,欧洲人已认识到从菊属植物的花中挤压出的物质(除虫菊粉)可杀灭昆虫害虫。1953 年,Schechter 合成了第一个商业上使用的拟除虫菊酯——丙烯菊酯。拟除虫菊酯杀虫剂对人和哺乳动物的毒性均很低,同时也具有低残留和低污染的优势。目前,有近 20 种拟除虫菊酯杀虫剂投入使用,约占世界杀虫剂市场总份额的 25%。拟除虫菊酯杀虫剂主要的品种有氯氰菊酯(cypermethrin)、氰戊菊酯(fenvaletate)、溴氰菊酯(deltamethrin)和甲氰菊酯(cyhalotrin)等。图 3-9 氯氰菊酯和甲氰菊酯的结构。

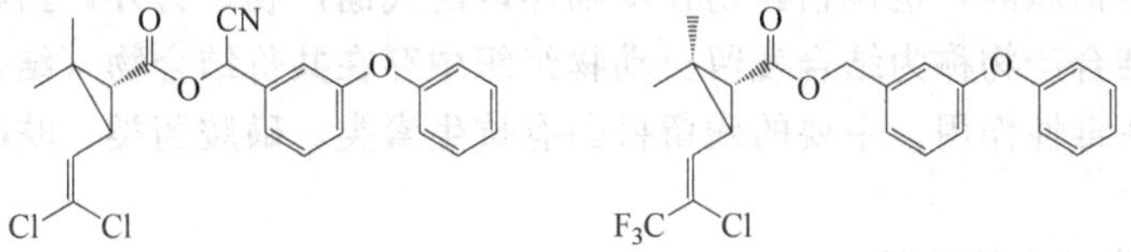

氯氰菊酯　　　　　　　　　甲氰菊酯

图 3-9　氯氰菊酯和甲氰菊酯的结构

除虫菊酯和拟除虫菊酯杀虫剂在光和土壤微生物作用下易转化为极性化合物,不易造成污染。例如,天然除虫菊酯在土壤中的残留期不足一天,拟除虫菊酯在农业作物中的残留期为 $7\sim30d$。拟除虫菊酯在喷施时与果实、谷物直接接触,是造成其污染的主要原因。

拟除虫菊酯在生物体内基本不产生蓄积效应,对哺乳动物的毒性不强。除虫菊酯对大鼠的经口 LD_{50} 为 420mg/kg 体重,胺菊酯的 LD_{50} 为 4640mg/kg 体重,溴灭菊酯的 LD_{50} 甚至高达 710g/kg 体重。拟除虫菊酯主要为中枢神经毒性,毒性作用机理目前尚不清楚,但有资料显示拟除虫菊酯能改变神经细胞膜的钠离子通道功能,而使神经传导受阻,出现痉挛和共济失调等症状。

(5)除草剂 杂草的生长每年可使全世界谷物的损失达到 10% 以上。在现代社会中,集约化的农业生产往往需要大面积喷施除草剂,从而对环境和农作物造成较严重的污染。氯酚酸酯类是目前广泛使用的除草剂,常见的是 2,4-D(2,4-二氯苯氧乙酸)和 2,4,5-T(2,4,5-三氯苯氧乙酸),其结构见图 3-10。这类除草剂主要模仿植物的生长激素——吲哚乙酸,从而干扰阔叶野草和木本植物的生长,而对禾本科植物(包括大多数的谷物)的影响较小。

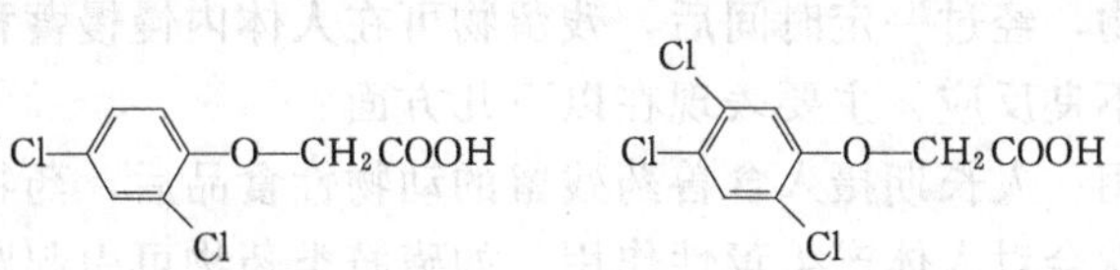

2,4-D　　　　　　　　　　2,4,5-T

图 3-10　2,4-D 和 2,4,5-T 的结构

摄入较低剂量的该类物质可造成非特征性的肌肉虚弱。

大剂量摄入该类物质可引起肢体进行性僵硬、共济失调、麻痹和昏迷。这些症状主要出现在喷施除草剂的农业工人身上。氯酚酸酯类化合物容易水解成酸，直接从尿中排出，在人体中的蓄积性较差，故慢性中毒并不常见。氯酚除草剂曾被发现在许多动物中具有致畸作用，现在认为致畸作用是由另一种除草剂 TCDD（四氯二苯-p-二噁英）污染引起的。

二、兽药对食品安全性的影响

随着膳食结构的不断改善，肉、蛋、乳、水产品等动物性食品所占比例在不断增加。为了满足人类对动物性产品不断增长的需求，就需要大幅度、快速地提高动物性食品的质量。在这一过程中，为了预防和治疗家畜、家禽和养殖鱼患病而大量投入抗生素、磺胺类等化学药物，往往造成药物残留于动物组织中，伴随而来的是对公众健康和环境的潜在危害。兽药残留对人的危害越来越引起关注。世界卫生组织已开始重视这个问题的严重性，并认为兽药残留将是今后食品安全性的重要问题之一。

FAO/WHO 联合组织的食品中兽药残留立法委员会把兽药残留定义为：兽药残留是指动物产品的任何可食部分所含兽药的母体化合物及其代谢物，以及与兽药有关的杂质残留。所以兽药残留既包括原药，也包括药物在动物体内的代谢产物。另外，药物或其代谢产物与内源大分子共价结合产物称为结合残留。动物组织中存在共价结合物（结合残留）则表明药物对动物具有潜在毒性作用。主要的残留兽药有抗生素类、磺胺药类、呋喃药类、激素药类和驱虫药类。

1. 食品中兽药残留的来源

（1）预防和治疗畜禽疾病用药 为预防和治疗畜禽疾病，通过口服、注射、局部用药等方法可使药物残留于动物体内而污染食品。牛奶中抗生素残留问题是一个严重的事例。奶牛乳腺炎是世界各国 100 多年来一直希望解决的问题。奶牛乳腺炎的主要危害是使患牛产乳量减少 20% 以上，甚至病牛因不能产奶而淘汰。在美国因此每年的经济损失估计达 20 亿美元，在世界范围内，每年的牛奶生产损失估计可达 380 万吨。乳腺炎主要由金黄色葡萄球菌、大肠埃希菌、链球菌、绿脓杆菌等引起，通常以大剂量的抗生素（如青霉素、链霉素、庆大霉素、氯霉素等）治疗，由于上述致病菌大都产生了耐药性菌株，因此，疗效并不明显，反而造成牛奶中抗生素残留。

（2）饲料添加剂中兽药的使用 为了促进畜禽的生长或预防动物的某些疾病，在饲料中常添加一些药物。这样通过小剂量长时间地喂养，使药物残留在食用动物体内，从而引起肉食品的兽药残留污染。

（3）加工、保鲜贮存过程中加入的兽药 在加工、贮存动物性食品过程中，为了抑制微生物的生长、繁殖，而加入某些抗生素等药物，这样也会不同程度造成食品的兽药残留，对食品的安全性造成了很大影响。

2. 食品中兽药残留对人体的危害

人们食用残留兽药的动物性食品后，虽然大部分不表现为急性毒性作用，但如果经常摄入低剂量的兽药残留物，经过一定时间后，残留物可在人体内慢慢蓄积而导致各种器官的病变，对人体产生一些不良反应，主要表现在以下几方面。

（1）一般毒性作用 人长期摄入含兽药残留的动物性食品后，药物不断在体内蓄积，当浓度达到一定量后，就会对人体产生毒性作用。如磺胺类药物可引起肾损害，特别是乙酰化磺胺在酸性尿中溶解降低，析出结晶后损害肾脏；氯霉素可以造成再生障碍性贫血；β-氨基糖苷类的链霉素可以引起药物性耳聋等。特别应指出，一些兽药具有急性毒性，如 β-受体阻断剂、β-受体激动剂、镇静剂、血管扩张剂以及致敏药物如青霉素等，在污染食品后带来的健康危害更应引起关注。

（2）过敏反应和变态反应　经常食用一些含低剂量抗菌药物残留的食品能使易感的个体出现变态反应，这些药物包括青霉素、四环素、磺胺类药物以及某些氨基糖苷类抗生素等。它们具有抗原性，刺激机体内抗体的形成，造成过敏反应，严重者可引起休克，短时间内出现血压下降、皮疹、喉头水肿、呼吸困难等严重症状。

（3）细菌耐药性　动物在经常反复接触某一种抗菌药物后，其体内的敏感菌株可能会受到选择性的抑制，从而使耐药菌株大量繁殖。在某些情况下，经常食用含药物残留的动物性食品，动物体内的耐药菌株可通过动物性食品传播给人体，当人体发生疾病时，会给临床上感染性疾病的治疗带来一定的困难，耐药菌株感染往往会延误正常的治疗过程。日本、美国、德国、法国和比利时学者研究证明，在乳、肉和动物脏器中都存在耐药菌株。当这些食品（如肉馅、牛肉调味酱等）被人食用后，耐药菌株就可能进入消费者消化道内。耐药因子的转移是在人的体内进行的，但至今为止，具有耐药性的微生物通过动物性食品迁移到人体内而对人体健康产生危害的问题尚未得到解决。

（4）菌群失调　在正常条件下，人体肠道内的菌群由于在多年共同进化过程中与人体能相互适应，不同菌群相互制约而维持菌群平衡，某些菌群能合成 B 族维生素和维生素 K 以供机体使用。过多应用药物会使这种平衡发生紊乱，造成一些非致病菌死亡，使菌群的平衡失调，从而导致长期的腹泻或引起维生素缺乏等反应，造成对人体的危害。

（5）致畸、致癌、致突变作用　苯并咪唑类药物是兽医临床上常用的广谱抗蠕虫药，可持续地残留于肝内并对动物具有潜在的致畸性和致突变性。1973～1974 年发现丁苯咪唑对绵羊有致畸作用，多数为骨骼畸形胎儿。1975～1982 年先后发现苯咪唑、丙硫咪唑和苯硫苯氨酯有致畸作用。

（6）内分泌及其他影响　儿童食用给予促生长激素的食品导致性早熟；一些属于类甲状腺素药物的 β-受体激动剂，如盐酸克伦特罗，可导致嗜睡、心动过速甚至强直性惊厥等不良反应。20 世纪后期，发现环境中存在一些影响动物内分泌、免疫和神经系统功能的干扰物质，称为"环境激素样物质（或环境内分泌干扰物质）"，这些物质通过食物链进入人体，会产生一系列的健康效应，如导致内分泌相关肿瘤、生长发育障碍、出生缺陷和生育缺陷等，给人体健康带来深远影响。

3. 食品中残留的兽药

（1）抗生素类药物残留　由于抗生素应用广泛，用量也越来越大，不可避免会存在残留问题。有些国家动物性食品中抗生率的残留比较严重，如美国曾检出 12％肉牛，58％犊牛，23％猪，20％禽肉有抗生素残留；日本曾有 60％的牛和 93％的猪被检出有抗生素残留。但是，许多调查结果表明，抗生素残留很少超过法定的允许量标准，个别使用抗生素类兽药治疗的动物则发现含有不能接受的残留水平。近几年来抗生素在蜜蜂中在逐渐增多。因为在冬季蜜蜂常发生细菌性疾病，一定量的抗生素可治疗细菌性疾病。由于大量的使用抗生素治疗，致使蜂蜜中残留抗生素，主要的抗生素残留有四环素、土霉素、金霉素等。

（2）磺胺类药物的残留　磺胺类药物是一类具有广谱抗菌活性的化学药物，广泛应用于医学临床和兽医临床。磺胺类药物可在肉、蛋、乳中残留。因为其能被迅速吸收，所以在24h 内均能检查出肉中兽药残留。磺胺类药物残留主要发生在猪肉中，其次是小牛肉和禽肉中残留。磺胺类药物大部分以原形态自机体排出，且在自然环境中不易被生物降解，从而容易导致再污染，引起兽药残留超标的现象。另外，磺胺类药物常和一些磺胺增效剂合用，增效剂多属苄氨嘧啶化合物，国内外广泛使用的有三甲氧苄氨嘧啶（TMP）、二甲氧苄氨嘧啶（DVD）和二甲氧甲基苄氨嘧啶（OMP）。由于增效剂常和磺胺类药合并使用，因此它们的残留情况也就发生变化。据报道在给鳟鱼（野外试验）1周连续每日给予90mg的磺胺间二甲嘧啶和三甲氧苄氨嘧（SMZ-TMP）复方制剂量，停药后当天立即检验，结果在鳟鱼肌肉中磺胺间二甲嘧啶（SMZ）的浓度最高达 3.9mg/kg，2d 后，最高达到 1.2mg/kg。

（3）呋喃类药物的残留　由于常用的呋喃类药物如呋喃西林，其外用时很少被人体吸收，呋喃唑酮内服时极少吸收以及呋喃妥因吸收后排泄迅速，因此，一般常用呋喃类药物在组织中的残留问题也就不显得那么重要。由于呋喃西林毒性太大，所以通常被禁止内服。英、美国家对呋喃类兽药在食品中的允许最大残留限量（MRL）规定为：呋喃西林、呋喃唑酮在猪中残留限量为 0。欧盟对硝基呋喃类药规定，在各种肉用动物的肌肉、肝脏、肾脏和脂肪中的 MRL 为 5μg/kg。我国 1994 年农业部发布《动物性食品中兽药的最高残留量（试行）》中规定：呋喃唑酮在猪和家禽中的 MRL 为 0。

（4）盐酸克伦特罗　盐酸克伦特罗又称"瘦肉精"，曾使用于饲料中作为减肥药，专用于饲养瘦肉型猪。它是一种 β-受体阻断剂，具有疏缓支气管平滑肌、扩张气管以及抑制过敏性物质的释放等作用，从而用于治疗动物呼吸系统疾病。治疗剂量通常为 0.8μg/kg 体重，一天两次。盐酸克伦特罗的毒理学资料显示它是中等毒性，$LD_{50} = 0 \sim 800mg/kg$ 体重，其主要毒性作用有嗜睡、心动过速以及强直性惊厥。盐酸克伦特罗是世界上许多国家（如欧盟）都明令禁用的药物，中国也将其列入禁用名单。根据 2001 年美国允许使用兽药名单，盐酸克伦特罗仍作为拟肾上腺素类药物使用。国际食品法典委员会讨论过其最大使用量问题，但至今尚未列入标准中。

三、食品加工过程中产生的有害物质对食品安全性的影响

环境污染和食品加工过程中衍生的化合物，对人体具有较强危害，其中主要是指黄曲霉素、N-亚硝基化合物、多环芳烃，如苯并（a）芘、二噁英（PCDD 和 PCDF）、杂环胺等几类。其中黄曲霉素前面已作过介绍。

1. N-亚硝基化合物

N-亚硝基化合物是一类具有 ═N—N ═O 结构的有机化合物，可分为亚硝胺与亚硝酸胺两类。对人和动物有强的致癌作用，可诱发胃癌、肝癌、鼻咽癌、食道癌、膀胱癌等。同时，N-亚硝基化合物也有致畸形和致突变作用。

（1）食品中亚硝胺形成及影响因素　食品中天然存在的亚硝胺含量甚微，一般在 10μg/kg 以下，但其前体物亚硝酸盐、硝酸盐和仲胺等则广泛存在自然界，同时在盐腌制鱼和肉时，为了增色、增香、防腐而常常加入硝酸盐和亚硝酸盐。在适宜的条件下，硝酸盐和亚硝酸盐等可形成亚硝胺或亚硝酰胺。例如，我国河南林县土壤、水中硝酸盐、亚硝酸盐过高，是食道癌高发区。

亚硝胺合成反应需要酸性条件，如仲胺亚硝基化的最适 pH 为 3.4。伯胺、仲胺、叔胺均能亚硝基化，但仲胺比其他两种胺的反应速度快，且容易形成。

人胃可能是合成亚硝胺的一个重要场所。胃酸缺乏，当 pH＞5 时，含有硝酸盐还原酶的细菌有高度代谢活性，能将硝酸盐还原为亚硝酸盐。在唾液中或膀胱内，尤其是尿路感染存在细菌的条件下，也可以合成一定量的亚硝胺。因此，过量摄入富含硝酸盐食物，其硝酸盐在体内可合成亚硝胺。各类食物中亚硝胺的含量见表 3-8。

表 3-8 各种食物中的亚硝胺含量

食 物 品 种	加 工 方 法	含量/(μg/kg)
猪肉	新鲜	0.5
熏肉	烟熏	0.8~2.4
腌肉(火腿)	烟熏,亚硝酸盐处理	1.2~24
腌腊肉	烟熏,亚硝酸盐处理,放置	0.8~40
鲤鱼	新鲜	4
熏鱼	烟熏	4~9
咸鱼	亚硝酸盐处理	12~24
腊鱼	烟熏,亚硝酸盐处理	20~26
腊肠	亚硝酸盐处理	5.0
熏腊肠	烟熏,亚硝酸盐处理	11~84

(2) N-亚硝基化合物的毒性 N-亚硝基化合物可引起甲状腺肿大,干扰碘的代谢;在肠道可使维生素 A 氧化及破坏,而且干扰胡萝卜素向维生素 A 转变;亚硝酸盐被大量吸入血液后,可使血液中血红素的 Fe^{2+} 氧化为 Fe^{3+},而失去结合氧的能力,称为氧化血红蛋白症,从而出现机体组织缺氧的急性中毒症状,对于婴儿则更为严重。各种亚硝胺对动物的致癌性见表 3-9。

表 3-9 各种亚硝胺对动物的致癌性

化 合 物	LD_{50}/(mg/kg 体重)	肿瘤种类	致 癌 性
二甲基亚硝胺	27~41	肝癌、鼻窦癌	+++
二乙基亚硝胺	200	肝癌、鼻腔癌	+++
二正丙基亚硝胺	400	肝癌、膀胱癌	+++
乙基丁基亚硝胺	380	食管癌、膀胱癌	++
甲基苄基亚硝胺	200	食管癌、肾癌	++
甲基亚硝基脲	180	前胃癌、脑癌、胸腺癌	+++
二甲基亚硝基脲	240	脑癌、神经癌、脊髓癌	+++
亚硝基吗啉	—	肝癌	+++
亚硝基吡咯烷	—	肝癌	+

注:LD_{50} 为大鼠经口。+++强;++中;+弱。

2. 多环芳烃

多环芳烃(PAH)由 2 个以上苯环组成,其中 5 环、6 环的多环芳烃为一类非常重要的环境污染物和化学致癌物。苯并(a)芘的污染最广、致癌作用强,因而常以苯并(a)芘作为多环芳烃化合物污染的监测指标。

苯并(a)芘常温下呈黄色结晶,沸点 310~321℃,熔点 178℃,属于高熔点、高沸点化合物。不溶于水,溶于苯、甲苯、丙酮等有机溶剂,在碱性介质中较为稳定,在酸性介质中不稳定,易与硝酸等起化学反应,有一种特殊的黄绿色荧光,能被带正电荷的吸附剂,如活性炭、木炭、氢氧化铁所吸附。

(1) 污染食品的途径 多环芳烃主要由各种有机物,如木柴、煤炭、柴油、汽油等燃烧不完全而来。食品中多环芳烃,包括苯并(a)芘污染食品的途径主要有以下几种。

① 食品在加工过程中污染 食品在烟熏、烧烤、烤焦过程中与燃料燃烧产生的多环芳烃直接接触而受到污染。

② 食品成分在加热时形成的衍生物 烘烤中,温度过高,食品中脂类、胆固醇、蛋白质发生热解,经过环化和聚合形成大量的多环芳烃,其中以苯并(a)芘为最多。

③ 生物合成苯并(a)芘 很多细菌、藻类以及高等植物体内都能合成苯并(a)芘。

不同熏烤食品中的多环芳烃含量见表 3-10。各类食品成分在高温烘烤时形成多环芳烃的情况见表 3-11。

表 3-10　食品中的多环芳烃含量　　　　　　　μg/kg

种　类	苯并[a]蒽	苯并[a]芘	苯并[e]芘	苯并荧蒽	芘
烟熏牛肉	0.4	—	—	0.6	0.5
熏奶酪	—	—	—	2.8	2.6
熏青鱼	1.7	1.0	1.2	1.8	1.8
熏鲑鱼	0.5	—	0.4	3.2	2.0
熏鲟鱼	—	0.8		2.4	4.4
熏香肠	—			6.4	3.8
熏火腿	2.8	3.2	1.2	14.0	11.2

表 3-11　各类食品成分在高温烘烤时形成的多环芳烃　　　　　　　μg/50g

PAH	淀　粉		D-葡萄糖		L-亮氨酸		硬脂酸	
	500	700	500	700	500	700	500	700
芘	41	965	23	1680	—	1200	0.7	18700
荧蒽	13	790	19	1200	—	320		6590
苯并[a]芘	7	179	6	345	—	58		4440

（2）苯并（a）芘对人体的危害

① 致癌性　大量资料表明，苯并（a）芘对各种动物的致癌性是肯定的。另外，流行病学调查表明，食品中苯并（a）芘含量与人的癌症发病率有关，尤其与胃癌的发病关系密切。如日本胃癌发病高，认为与当地居民习惯在炭火上烤鱼吃有关。匈牙利西部一地区胃癌发病高，认为与此地区居民经常吃家庭自制含苯并（a）芘较高的熏肉有关。冰岛胃癌发病高，认为可能与经常食用熏制品有关。冰岛农民胃癌死亡率高，农民吃自己熏制的食品多，其中含多环芳短或苯并（a）芘高于市售制品。用该地的熏羊肉喂大鼠，诱发出恶性肿瘤。

② 致突变性　苯并（a）芘在细菌 DNA 修复、噬菌体诱发果蝇突变、姊妹染色体交换、染色体畸变、哺乳类细胞培养点突变及哺乳类动物精子畸变等实验中皆呈阳性反应。人组织培养中也发现苯并（a）芘有组织毒性作用，造成上皮分化不良、细胞破坏、柱状上皮细胞变形等。

3. 杂环胺

20 世纪 70 年代末，人们发现从烤鱼或烤牛肉炭化表层中提取的化合物具有致突变性。对烤鱼中主要致突变物的研究表明，这类物质主要是复杂的杂环胺类化合物，例如，咪唑喹啉（imidazoquinoline，IQ）和甲基咪唑喹啉（methylimida zoquinoline，MeIQx），其结构见图 3-11。这类物质也是煎牛肉提取物中致突变物质的主要成分。含 IQ 和 MeIQx 的牛肉提取物在几种实验动物和人体肝组织中被代谢转化为活性致突变物。

在烹调富含蛋白质的食物时，蛋白质的降解产物——色氨酸和谷氨酸首先形成一组多环

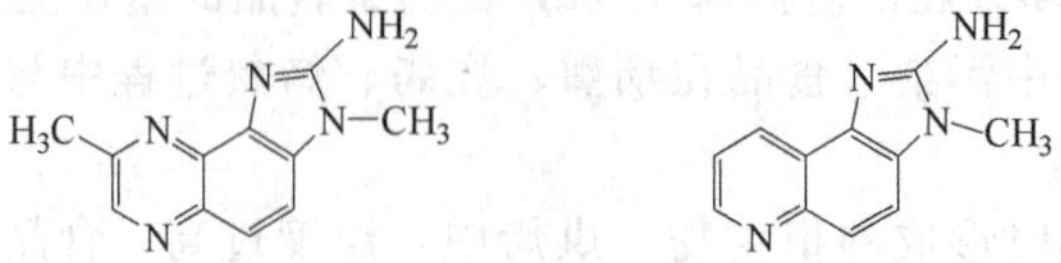

甲基咪唑喹啉　　　　　　　咪唑喹啉

图 3-11　杂环胺的结构

芳胺化合物，对大鼠、仓鼠和小鼠动物均有致突变性。例如，小鼠喂饲含色胺和谷胺的热解产物的饮料后，观察到其肿瘤发生率提高。其他一些报道指出，氨基酸和蛋白质的热解对实验动物的消化道表现为致癌性。但是其他富含蛋白质的食品如牛奶、奶酪、豆腐和各种豆类在高温处理时，虽然严重炭化，但仅有微弱的致突变性。另外，加热程度也影响致突变活性的水平。目前，正在进行进一步的研究以证实杂环胺是否在烹调过程中产生了对人类有害的物质。

4. 二噁英及其类似物

二噁英实际上是多氯代二苯并-p-二噁英（PCDD）和多氯代二苯并呋喃（PCDF）的总称，其他一些卤代芳烃化合物，如多氯联苯（PCB）、氯代二苯醚、氯代萘、溴代以及其他混合卤代芳烃化合物也包括在内。因为它们有很相似的化学性质和结构，属于氯代含氧三环芳烃类化合物，并且对人体健康又有相似的不良影响，所以统称它们为二噁英及其类似物。

这类物质化学性质极为稳定，难被生物降解，破坏其结构需加热至 800℃ 以上，亲脂而不溶于水，已经证实可在食物链中富集。它主要是一些杀虫剂、除草剂、木材防腐剂等人工含氯有机物的衍生物和一些人工废弃物的不完全燃烧分解物。二噁英类化合物可以对人体产生的危害主要有以下几个方面：①它可引起软组织癌、结缔组织癌、肺癌、肝癌、胃癌；②对生殖系统产生影响；③对后代产生影响；④其他影响，如对中枢神经系统损害，对肝脏的损害，产生甲状腺功能紊乱，对免疫系统造成损害，如增加感染性疾病和癌症的易感性。

膳食 PCDD/PCDF 占人体接触二噁英类物质的 90%，其中动物性食品是最主要的来源。特别是环境污染严重地区的牛羊肉、禽肉、奶蛋制品和鱼，其含量足以使每日摄入超过 ADI。另外，油脂中高温烹调食物，可能会产生二噁英类物质。所以，许多国家已经制定出了二噁英类物质的摄入限量标准。

四、有害化学元素对食品安全性的影响

有些金属，正常情况下人体只需极少的数量或者人体可以耐受极小的数量，剂量稍高，即可出现毒性作用，这些金属称为有毒金属或金属毒物。从食品安全学角度讲，汞、镉、铅、砷等对食品安全性较为重要。

（一）食品中有害金属的来源

1. 自然环境

某些地区某种或某些金属元素的本底值相对高于或明显高于其他地区，而使这些地区生产的食用动植物中有害金属元素含量增高。

2. 工业"三废"

含有有害金属毒物的工业"三废"排入环境中，可直接或间接污染食品。污染水体和土壤的金属毒物通过生物富集作用可使食品中的含量显著增高。

3. 食品生产、加工、贮藏、运输、销售过程

食品加工、贮存、运输和销售过程中使用或接触的机械、管道、容器以及添加剂中含有的有害金属元素可污染食品。

4. 金属农药和不符合卫生标准的食品添加剂

某些金属农药，如有机汞、有机砷等，在使用过程中均可污染食品。食品在生产加工过程中，使用含有金属杂质过高的食品添加剂，也可造成对食品的污染。

（二）食品中有害金属污染的毒性作用特点

1. 强蓄积性

大多数有害金属进入人体后排出缓慢，生物半衰期较长。

2. 生物富集作用

通过食物链的生物富集作用，在生物体及人体内达到很高的浓度，如鱼、虾等水产品中汞和镉等金属毒物的含量，可能高达其生存环境浓度的数百甚至数千倍。

3. 对人体造成的危害多以慢性中毒和远期效应为主

食品中有毒有害金属的污染量通常较少，但由于经常食用，常导致慢性中毒，包括致癌、致畸和致突变作用以及对健康的潜在危害。当出现意外事故污染或故意投毒，也可引起急性中毒。

（三）食品中常见的金属污染物

1. 铅

（1）铅的分布　地表水和地下水中的铅浓度分别为 $0.5\mu g/L$ 和 $1\sim60\mu g/L$。在石灰地区，天然水中铅含量可高达 $400\sim800\mu g/L$。WHO建议饮用水中的最大允许限量为 $50\mu g/L$。饮用水中铅来源于河流、岩石、土壤和大气沉降；含铅废水，含铅的工业废水、废渣的排放以及含铅农药的使用，也能严重污染局部地面水或地下水。由于"酸雨"的影响，城市或工业区的饮用水的pH值较低，酸性水是铅的溶剂，它能缓慢溶解出含铅金属水管中大量的铅，进而污染水源。

由于铅的广泛分布和利用，以及铅的半衰期较长（4年），在食物链中产生生物富集作用，对食品造成严重的污染。在所有食品，甚至在远离工业区的地区所生产的食物中均可测出铅的存在。分析显示海洋鱼类中铅的自然含量为 $0.3\mu g/kg$，这些鱼类没有受到地区性局部污染，可以作为铅对全球环境污染的平均指标。铅可以在日常食用的食物中检测到，生长在城市郊区、交通干线、大型工业区和矿山附近的农作物往往有较高的含铅量。例如，生长在高速公路附近的豆荚和稻谷含铅量约为 $0.4\sim2.6mg/kg$，是种植在乡村区域的同种植物的10倍。一些海洋鱼类含铅量也较高，可达 $0.2\sim25mg/kg$。

使用含铅的铅锡金属管道和劣质陶瓷器皿运输、盛装和烧煮食品，可造成铅对食品的直接污染。由于使用了不合格的金属或上釉陶器容器贮藏产品而引起铅中毒的事件时有发生。在不久以前，铅锡焊罐还是食品重要的铅污染源，特别对炼乳、婴儿果汁等婴儿食物造成严重污染，使这些食物中的含铅量达到 $0.5mg/kg$ 的高水平。而目前广泛采用的电阻焊罐可降低铅的污染程度，用这样的罐头可使婴儿食品的含铅量降低到原来的10%～20%。事实上，罐装食品生产过程也会显著升高食品中的铅水平。例如在青鱼罐头生产中，如果将青花鱼剖开并密封在电阻焊罐中，其含铅量升高20倍。将鱼肉切碎、风干装罐，最后的铅含量可升高400倍；如果将鱼肉密封于焊罐中，青花鱼中铅含量可升高到4000倍。此外，啤酒厂和酒厂所使用的铅管和其他含铅设备常会引起酒中铅污染，而现代酒厂由于采用不锈钢或其他无铅的材料，使铅的污染程度减少，但所使用金属箔盖和使用铅或铅合金的设备时，还会引起一些污染。我国传统食品——松花蛋（皮蛋）由于在加工中使用了黄丹粉（PbO），往往有很高的含铅量。

WHO暂定成人对铅的耐受量为 $0.05mg/kg$ 体重·周（3mg/周），儿童为 $0.025mg/kg$ 体重·周。我国规定一般食品中的含铅量不得超过 $1mg/kg$ 或 $1mg/L$，罐头食品不得超过 $2mg/kg$。

（2）铅的吸收和转化　据估计人每天摄入铅约 $200\sim400\mu g$，大多数来自食品中，从污染的空气中摄取的铅仅约 $10\sim40\mu g$。铅在人体胃肠道内的吸收率取决于铅的化学形式。虽然人体从食品中摄取的铅较多，但这些铅为无机铅形式，只有5%～10%被消化道吸收，大部分从尿（75%）和粪便（16%）中排出。而大气中的铅为四乙基铅等有机铅形式，胃肠道很容易吸收（＞90％），它们大部分以不溶性磷酸铅的形式沉积在骨骼中，少部分贮留于肝、肾、肌肉和中枢神经系统中。动物的新鲜骨髓中的含铅量是外周血液中的50倍。由于动物摄入的铅有90％沉积在骨骼中，因而含铅量最高的是动物性食物骨。

几种食物因素影响着人和实验动物对铅的吸收。食物中植物油所占的比例从5％提高到40％，可使动物对铅的吸收增加4～7倍。食物中钙含量水平低也可引起铅的吸收量增加，并引起铅中毒。用缺钙食物饲喂的小鼠，其血铅含量比对照小鼠血中的铅含量高4倍。这是因为在吸收过程中，钙可以同铅竞争。此外，铁的缺乏也影响到铅在胃肠道中的吸收。据报道，体内铁贮存量降低的小鼠，其对有机铅的吸收增加约6倍之多。降低锌的摄入也会引起铅的胃肠道吸收增加和引起铅中毒。

食物因素也影响到铅在身体中的分布。低钙饮食限制了贮存在骨中的铅含量。正常情况下，铅在骨中的生物半衰期约为10000d。由于缺钙骨的再生能力减弱，在低钙摄入时，因为骨的再吸收，大量的铅可能从骨中释放入血液中。在这种情况下，实验动物中可发现肾和血中有大量的铅。在老年人中，这种情况特别明显。衰老常伴随骨质疏松和贮存铅的释放，由于血铅含量较高而使老年人出现严重的肾病和泌尿问题。

（3）铅的毒性　急性铅中毒现象比较少见。铅的毒性主要是由于其在人体的长期蓄积所造成的神经性和血液性中毒。慢性铅中毒的第一阶段通常无相关的行为异常或组织功能障碍，其特征在于血液中的含量变化。在相对较轻的铅中毒中，低血色素贫血是易出现的早期症状。铅降低了红细胞的寿命并抑制了血红素的合成。作为特异性结合二硫键的重金属元素，铅主要抑制血红素合成的关键酶——δ-氨基酮戊二酸（ALA）合成酶和ALA脱氢酶等巯基酶的活性，从而提高了血中尿卟啉原Ⅲ（uroporphyrinogen Ⅲ）的累积。铅也降低了由铁螯合酶介导的铁嵌入尿卟啉原Ⅲ中的反应（见图3-12）。此外，铅使红细胞膜的脆性增

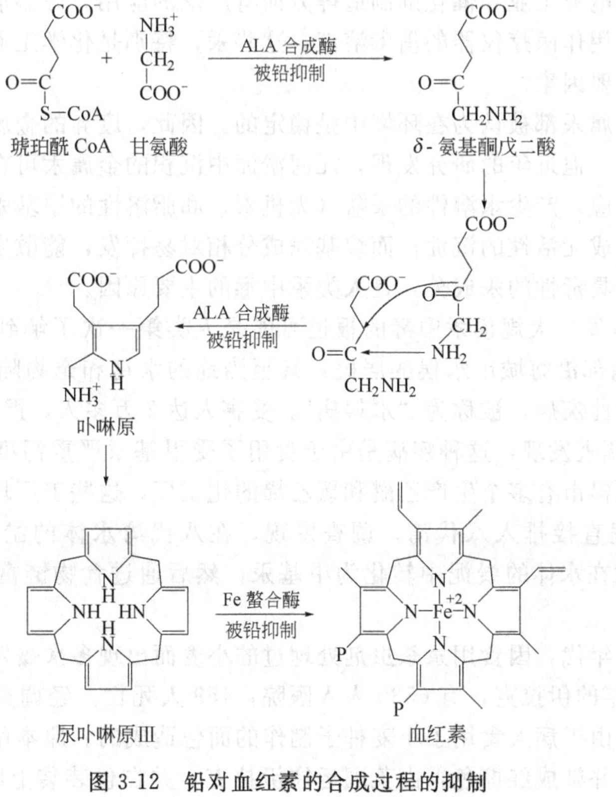

图 3-12　铅对血红素的合成过程的抑制

加，导致溶血和红细胞寿命缩短，使血细胞比体积及血红蛋白价值降低。在慢性铅中毒的第二阶段，贫血现象非常常见，出现中枢神经系统失调，并诱发多发性神经炎。患者的症状包括机能亢进、冲动行为、知觉紊乱和学习能力下降。在许多严重病例中，症状包括坐立不安、易怒、头痛、肌肉震颤、运动失调和记忆丧失。如果继续摄入大量的铅，患者将进入第三阶段，症状为肾衰竭、痉挛、昏迷以至死亡。

儿童对铅特别敏感，儿童对食品中铅的主要形式——无机铅的吸收率要比成人高很多，可达到40%～50%（成人仅为5%～10%）。当饮用水中的铅含量达0.1mg/L时，儿童的血铅含量可超过300μg/L。我国1990年的全膳食研究表明，根据能量摄入的比例估算，我国5岁以下儿童铅摄入量的平均值已达到FAO/WHO规定的ADT值（0.025mg/kg体重·周）的92.6%。儿童连续摄入低水平铅可诱发各种神经性症状。一项研究证明了这个问题的严重程度。根据儿童脱落的牙齿中的铅水平，一组学校儿童被分为高铅摄入组和低铅摄入组。虽然在这项研究中没有一个儿童出现铅中毒的临床症状，但高铅组儿童表现出明显的注意力分散、方向不明和冲动增加症状，他们在标准IQ试验和语言试验中的得分也较低。

铅对实验动物有致癌、致畸和致突变作用。在大鼠的饲料和饮用水中加入剂量为1000mg/kg的乙酸铅，可诱发良性和恶性肿瘤。这个剂量相当于人吸收的剂量达到550mg/d。但还没有证据显示铅可使人致癌。

2. 汞

和铅一样，汞及其衍生物作为古代炼丹术的产物（仙丹）被描述为是有神奇的力量，并引发世界上最早的食物中毒事件。汞是地球上贮量很大、分布极广的重金属元素，在地壳中平均含量约为80μg/kg。地壳中的汞大部分与硫结合形成硫化汞，据估计每年通过岩石风化逸出外部环境的汞约有5000t。汞是重要的工业原料，汞及其化合物在皮毛加工、制药、选矿、造纸、电解、电镀工业和催化剂制造等方面有广泛的应用。许多形式的有机汞也是常用的抗腐败剂，通常用作医疗仪器的消毒溶液。这些汞，特别是化学工业产生的废水中的汞是导致环境污染的重要因素。

直到近代，金属汞都被认为在环境中是稳定的。因此，废弃的金属汞只被简单埋于地下或直接排入水体中。但近年的研究发现，江河淤泥中沉积的金属汞可在厌氧细菌作用下发生氧化反应和烷化反应，产生水溶性的汞盐（无机汞）和脂溶性的甲基汞等烷基汞。汞盐可同水中的其他成分形成无活性的沉淀；而烷基汞成分相对易挥发，能散发到空气和水体中。甲基汞等有机汞是最具毒性的汞成分，是人类汞中毒的主要原因。

1954年，日本发生大规模汞中毒的报道可能是人类第一次了解到有机汞有毒。1950～1954年间，日本南部沿海城市水俣的居民，甚至当地的水鸟和宠物陆续发生严重的类似抽风的神经肌肉异常性疾病，被称为"水俣病"。受害人达2万多人，严重中毒1000人，其中有50多人死亡。调查发现，这种疾病是由于食用了受甲基汞严重污染的鱼引起的。在盲目发展化学工业的水俣市有多个生产乙醚和氯乙烯的化工厂，这些工厂均以汞作为催化剂，工厂的废水未经处理直接排入八代湾。调查发现，在八代湾水体的淤泥中，汞的含量达到2.01g/kg。金属汞在水体的淤泥中转化为甲基汞，然后通过食物链富集在鱼体中，从而导致了灾难的发生。

在20世纪70年代，因食用汞杀虫剂处理过的小麦而出现多次爆发性汞中毒事件，其中一次发生在1972年的伊拉克，有6530人入医院，459人死亡。经调查，伊拉克发生的这次大规模中毒事件是由于病人食用了小麦种子制作的面包造成的。原本用作种子的小麦用甲基汞杀霉菌剂处理，并染成红棕色，由英国运往伊拉克，并在包装袋上贴上相应的警告标签。

但农夫们未注意这些警告标志，而小麦上的红棕色可以洗净，这样人们就认为毒物已被消除，然后用这些小麦制作面包，从而酿成灾难的发生。

(1) 汞的分布　无机汞是植物性食物中汞的主要存在形式，主要来自植物对外环境中无机汞的吸收。不同植物对汞的吸收不同。大多数植物性食物中汞水平通常很低，在马铃薯、豆类和大米中的含量范围为 $1\sim7\mu g/kg$，在小麦等谷类中的水平通常低于 $50\mu g/kg$。鱼和贝类是被汞污染的主要食品，对人体的危害最大，是人类膳食中汞的主要来源。

水生生物对汞有很强的蓄积能力。藻类等浮游植物和水生植物可将水中的汞浓缩 $2000\sim17000$ 倍；鱼类可蓄积比周围水体环境高 1000 倍的汞；而贝类的蓄积能力更强，贝壳类从水生动植物中吸收的汞约为水中的 $3000\sim10000$ 倍。海鱼的汞含量一般不超过 $0.5mg/kg$，但来自污染海域的鱼和贝类含有较大量的汞。例如，在日本汞污染严重的八代湾中捕获的贝类含汞为 $11\sim30mg/kg$，而鱼类更高达 $40mg/kg$，高出食用标准近百倍。一般而言，大型海鱼比小型海鱼含有更多的汞。FDA 的分析表明，大金枪鱼的汞含量 $0.25mg/kg$，而小金枪鱼的汞含量平均为 $0.13mg/kg$。其他动物如食肉和鱼的鸟类，通过食物链也可蓄积比周围环境多 1000 倍的汞。

目前，加拿大和日本将鱼中汞的最高限量定为 $0.1\sim0.15mg/kg$，贝类为 $0.5mg/kg$。WHO 规定汞在鱼和贝类以外食物中的最大限量为 $0.05mg/kg$。我国目前规定鱼和贝类的汞含量不得超过 $0.3mg/kg$，其中甲基汞不超过 $0.2mg/kg$，肉、蛋、油为 $0.05mg/kg$，乳制品为 $0.01mg/kg$，谷物为 $0.02mg/kg$，水果和蔬菜为 $0.02mg/kg$。1973 年，WHO 根据能使人类中毒的汞含量分析，建议成人每周摄入的汞总量最多不可超过 $0.3mg$，甲基汞不能超过 $0.2mg$。这样，如果每周食用含汞量为 $0.5mg/kg$ 的鱼 600g（接近 87g/d），将不会超过人对铅的耐受量。但可以肯定的是人食用鱼的量越大，汞中毒的潜在危险越大。值得注意的是，尽管人们将沿海鱼体内的含汞量高归咎于沿海的环境污染，但对博物馆中的鱼类的分析显示，过去 100 年来鱼类的含汞量没有明显的变化。另外，鱼中汞的毒性低于汞本身。因为汞的毒性会被硒降低，二者在鱼体内的含量比接近 1:1，这种现象需要进一步的研究。

(2) 汞的体内吸收和毒性　人体和其他动物对汞的吸收率取决于其被吸收的部位和汞的化学形式。人体经胃肠道对金属汞的吸收率低于 0.01%。无机汞（汞盐）在消化道内的吸收率取决于其溶解度，一般为 $7\%\sim15\%$。小鼠经胃肠道对氯化汞的吸收约为 2%；对乙酸汞的吸收率接近 20%。但胃肠道对有机汞的吸收率很高，因为甲基汞的高度脂溶性，其吸收和分布均比其他非有机形式广泛。

对志愿者人群和几种动物实验的研究结果显示，甲基汞在消化道中几乎被完全吸收。吸收后的甲基汞随后进入血液，并同红细胞结合（90% 以上），输送到胃、结肠、肌肉和其他组织中。脑中甲基汞的浓度要比血中高 10 倍。虽然甲基汞通过血脑屏障的速度相对较慢，但从脑中清除甲基汞要比从其他组织中清除要慢。研究显示，甲基汞在人体中的半衰期约为 80d，而在脑组织的半衰期约为 200d。另外，由于胎儿血中的血红蛋白浓度较高，甲基汞中毒时，胎儿血中的甲基汞浓度要高出母体的约 20%。

大部分的无机汞被代谢为二甲基汞，并从尿和大便中排出。甲基汞等烷基汞主要由肝脏排泄，并通过胆汁分泌和胃肠道的上皮细胞脱落形成大便后排出，排出速度较慢。90% 以上的甲基汞可经肠再吸收，这是其生物半衰期较长的主要原因。

人类对汞的毒性反应已经了解了几十年。无机汞中毒主要影响肾脏，饮食中汞盐的含量超过 $175mg/kg$ 体重时可引起急性肾反应，造成尿毒症。急性无机汞中毒的早期症状是胃肠不适、腹痛、恶心、呕吐和血性腹泻，而甲基汞中毒主要影响神经系统和生殖系统。对水俣病患者的观察显示，这种疾病的早期症状是协调性丧失、言语模糊、视觉缩小（也叫管视）和听力消失，其后期症状包括进行性失明、耳聋、缺乏协调性和智力减退。怀孕的妇女暴露于甲基汞可引起出生婴儿的智力迟钝和脑瘫。水俣病结束后 4 年间，日本水俣湾出生的胎儿先天性痴呆和畸形的发生率大大增加。

3. 镉

镉在自然界中常与锌、铜、铅并存，是铅、锌矿的副产品。镉在工业上有广泛的用途，主要用于电容器、电线及其他金属的电镀，防止其被腐蚀。镉的硬脂酸盐是很好的稳定剂，在塑料工业和蓄电池制造中有广泛的应用。大气中的镉主要来自锌冶炼厂和煤燃烧时产生的废气。燃煤含镉 $1\sim2mg/kg$，一般的市区大气中镉的含量为 $0.02\mu g/m^3$，而工业区可达到 $0.6\mu g/m^3$，锌矿区甚至可达 $3\mu g/m^3$，水和土壤中的镉主要来自电镀、电解和蓄电池等含镉工业所排出的废水。利用含镉废水灌溉农田，会引起土壤中镉的积累。研究表明，工业生产排放镉污染废水时，能很快被水中的颗粒物所吸附，且 $80\%\sim90\%$ 吸附在土壤中，农作物通过根部吸收镉，并在植物体内富集。镉主要通过对水源的直接污染以及通过食物链的生物富集作用对人类的健康造成危害。

有关镉污染食物造成人类流行性疾病的事件至少有一宗，这次流行病发生在日本的富山县神通川。1946~1955 年，该地方医生发现了许多原因不明的地方性病例，共发病 258 例，其中死亡 128 例，死亡率高达 50%。孕妇、哺乳妇女和老人等钙缺乏者最易患此病。因该病患者终日喊痛，因而其非正式的定名为"哎唷-哎唷"病（itai itai disease）。又因为该病主要引起骨骼的剧痛和严重的骨萎缩，因而也称骨痛病。1960~1968 年调查病因时发现，该病主要是因人食用了镉污染的大米所致，并将此病确定为慢性镉中毒。镉的污染是由于神通川上游的铅锌厂的选矿废水和尾矿渣污染了河水，使其下游用河水灌溉的稻田土壤受到污染，产生了"镉米"。分析显示，"镉米"灰分中镉含量高达 $120\sim350mg/kg$，日本有些镉污染区稻米的平均含镉量高达 $1\sim41mg/kg$，是其他地区大米含镉量的 $100\sim500$ 倍。病死者骨中的镉含量也较对照组高出 159 倍。由于镉的生物半衰期长达 20~40 年，在人体内有很强的蓄积作用，因而对人的健康危害较大。

（1）镉的分布　被镉污染的食物主要是鱼类、贝类等水生生物。鱼和贝类可从周围的水体中富集镉，其体内浓度比水高出 4500 倍。据调查，日本东京湾的海水含镉为 $0.1\sim0.3\mu g/L$，但在该水域捕获的鱼体内含镉约为 $0.1\sim0.3mg/kg$，是海水的许多倍。在镉污染严重的海域中捕获的牡蛎体内含镉可达到 $200\sim300mg/kg$。有报道称，新西兰的牡蛎中含镉高达 $8mg/kg$ 湿重。一般食物中通常含镉量低于 $0.05mg/kg$，例如苹果含镉 $0.003mg/kg$，大豆含镉 $0.09mg/kg$。WHO 定期分析全世界所提供的各种食物，分析结果显示镉污染最严重的食物除贝类外，还有各种食用动物的肾脏，其镉含量往往超过 $10mg/kg$，大多数肉类含镉量平均为 $0.03mg/kg$。

据研究，人在通常情况下，饮食中的镉水平并未引起人的健康损害。但对于特别大量食用贝类和肾脏的个体，以及处于镉严重污染区的居民而言，食物中镉的日摄入量可能明显超过可耐受摄入量。据调查我国一些污灌区居民的摄入量可达 $520\mu g/d$，一些冶炼厂附近生产的大米含镉为 $1.8mg/kg$，居民通过主食摄入体内的镉高达 $810\mu g/d$。1984 年我国污灌区中镉的最大容许含量分别为：大米面粉为 $0.1\sim0.2mg/kg$，水果蔬菜为 $0.03\sim0.05mg/kg$，肉类和鱼为 $0.1mg/kg$。

（2）镉的体内吸收和毒性　同汞和铅相比，镉在人体中生物转化的资料较少，经口喂饲的镉只有约 5% 经胃肠道吸收。镉的吸收与其化学形式密切相关。动物试验表明刚出生的小鼠的胃肠道吸收镉的能力比老年小鼠高。出生 2h 和 24h 的幼鼠吸收氟化镉的能力分别是 6 周龄小鼠的 20 倍和 10 倍。镉在人体内的吸收受营养因素的影响。钙、蛋白质和锌的缺乏明显增加了人体对镉的吸收能力。另外，镉同牛奶一起喂饲比无牛奶时吸收高 20 倍。

动物试验表明，小鼠在 48h 内吸收的镉主要分布于肝、脾、肾上腺和十二指肠。吸收的镉大约有 50% 分布在肾脏和肝脏中。镉在肾中的积累较慢，达到峰值需要 6d。在其他器官中浓度相对很低。

镉在体内相当稳定，其摄入后与金属硫蛋白（metallothionein）结合，故生物半衰期较长。小鼠摄入镉和锌可同时提高金属硫蛋白的合成。金属硫蛋白也出现于其他几个器官中。但为什么只有肾脏有高浓度的镉含量，原因还不是很清楚。金属硫蛋白本身并不能降低镉的毒性，镉-金属硫蛋白结合物实际上比单独的镉更具有毒性。

镉为有毒金属，其化合物毒性更大，尤其是氧化镉的毒性非常大。镉对小鼠的经口 LD_{50} 为 72mg/kg 体重，氯化镉为 93.7mg/kg 体重，硬脂酸镉为 590mg/kg 体重。急性中毒症大多表现为呕吐、腹痛、腹泻，继而引发中枢神经中毒。镉的慢性毒性主要表现在使肾中毒和骨中毒方面，并对生殖系统造成损害。肾脏是对镉最敏感的器官，剂量为 0.25mg/kg 体重时就可引起肾脏中毒症状的发生，包括尿中蛋白质的排出增加和肾小管功能障碍。高剂量时（2mg/kg 体重）可引起人前列腺萎缩、肾上腺增生，伴随肾上腺素和去甲肾上腺素的水平升高，并引起高血糖。对日本镉中毒患者的研究发现，镉能引起肾损害和骨骼损伤，可导致严重的骨萎缩和骨质疏松。

有大量证据表明镉有致癌性。实验动物无论皮下注射或口服硫酸镉、氯化镉，均可诱发恶性肿瘤的发生。美国对近万名接触镉的工人进行流行病学调查，发现他们患肺癌和前列腺癌的危险性比一般人高 2 倍，但这些结论还未得到证实。饮食中的几种成分，如锌、硒、铜、铁和抗坏血酸可减低和排出镉的部分毒性效果，这些保护性反应的机理还不清楚。

五、食品添加剂对食品安全性的影响

在我国，《中华人民共和国食品卫生法》规定："食品添加剂是指为改善食品品质和色、香、味以及为防腐和加工工艺的需要而加入食品中的化学物质或天然物质"。我国把营养强化剂（为增加营养而加入食品中的天然或者人工合成的属于天然营养素范畴的食品添加剂）列入食品添加剂的范畴。

（一）食品添加剂的毒性

1. 急性和慢性中毒

建国初期，普遍使用 β-萘酚、罗达明 B、奶油黄等防腐剂和色素，而后证实它们存在有致癌性。盐酸中含砷过高曾发生中毒。饼干、点心中使用硼砂也较普遍，用矿酸制作食醋，在农村中生产红色素加入砷作防虫剂。天津、江苏、新疆等地皆因使用含砷的盐酸、食碱及过量食用添加剂如亚硝酸盐、漂白剂、色素，而发生急、慢性中毒。

在国外，如 1955 年初日本西部发生婴儿贫血、食欲不振、皮疹、色素沉着、腹泻、呕吐，全国患者达 12000 人，死 130 人，经调查患儿都是食用了"森永"牌调合乳粉，乳粉中检出砷 30~40mg/kg，4~5 个月婴儿一日摄入奶粉 100g，则摄入亚砷酸达 2~4mg。经查明砷的来源是由于加入稳定剂磷酸氢二钠（含砷 3%~9%）所致。至 1975 年调查仍有 11% 患者有脑神经症状。近年来各国安全名单删除的添加剂日益增多，如色素中的金胺、奶油黄、碱性菊橙、品红等 13 种，硼砂、硼酸、氯酸钾、溴化植物油等二十余种。

2. 引起变态反应

近年来添加剂引起的变态反应报道日益增多，有的变态反应很难查明与添加剂有关，部

分报道如下。

① 糖精可引起皮肤瘙痒症、日光性过敏性皮炎（以脱屑性红斑及浮肿性丘疹为主）。

② 苯甲酸及偶氮类染料皆可引起哮喘等一系列过敏症状。

③ 香料中很多物质可引起呼吸道器官发炎、咳嗽、喉头浮肿、支气管哮喘、皮肤瘙痒、皮肤划痕症、荨麻疹、血管性浮肿、口腔炎等。

④ 柠檬黄等可引起支气管哮喘、荨麻疹、血管性浮肿等。

3. 体内蓄积

国外在儿童食品中加入维生素 A 作为强化剂，如蛋黄酱、奶粉、饮料中加入这些强化剂，经摄食后 3～6 个月总摄入量达到 25 万～84 万国际单位时，则出现食欲不振、便秘、体重停止增加、失眠、兴奋、肝脏肿大、脱毛、脂溢、脱屑、口唇龟裂、痉挛，甚至出现神经症状，头痛、复视、视神经乳头浮肿，四肢疼痛，步行障碍。动物试验表明大量食用则会发生畸形。维生素 D 过多摄入也可引起慢性中毒。

还有些脂溶性添加剂，如二丁基羟基甲苯（BHT）如过量也可在体内蓄积。

4. 食品添加剂转化产物问题

制造过程中产生的一些杂质，如糖精中产生杂质邻甲苯磺酰胺；用氨法生产的焦糖色中的 4-甲基咪唑等。食品贮藏过程中添加剂的转化，如赤藓红色素转为荧光素等。同食品成分起反应的物质，如焦碳酸二乙酯，形成强烈致癌物质氨基甲酸乙酯；亚硝酸盐形成亚硝基化合物等；又如偶氮染料形成游离芳香族胺等。

以上这些都是已知的有害物质，某些添加剂共同使用时能否产生有害物质还不太清楚，尚待进一步研究。

（二）禁止使用的食品添加剂

1. 甲醛

日本报道在牛奶中加入万分之一的甲醛，婴儿连服 20d 即引起死亡。甲醛对果蝇和微生物有致突变性。由于甲醛防腐力强，欧洲各国曾用于酒类、肉制品、牛乳及其制品的防腐，用量为五万分之一即可防止细菌发育，但食后引起胃痛、呕吐、呼吸困难等。我国曾由酚醛树脂容器而引起中毒，国内外皆已禁用。

2. 硼酸、硼砂

早年各国曾用其作为肉、人造奶油等防腐剂和饼干膨松剂。该物质在体内蓄积，排泄很慢，影响消化酶的作用。每日食用 0.5g 即将引起食欲减退，妨碍营养物质的吸收，以致体重下降；致死量成人约 20g，幼儿约 5g，成人摄取 1～3g 即可引起中毒。

3. β-萘酚

由于其对丝状菌和酵母菌有抑制作用，曾用作酱油的防腐剂。毒性很强，对人体黏膜有刺激作用；造成肾脏障碍，引起膀胱疼痛，蛋白尿、血尿；大量可引起石炭酸样毒性；也可引起神经萎缩；有报道可导致动物膀胱癌。

4. 水杨酸

水杨酸对蛋白质有凝固作用，对大鼠 LD_{50} 1500～2000mg/kg 体重，慢性中毒剂量为 500mg/kg 体重，一日 10g 以上可引起中枢神经麻痹，呼吸困难，听觉异常，目前世界各国皆禁用。

5. 吊白块

为甲醛-酸性亚硫酸钠制剂，有强烈的还原作用，曾用于食品漂白剂，由于有甲醛残留，对肾脏有损害，我国禁止使用。

6. 硫酸铜

摄入本品可引起金属热，大鼠经口 LD_{50} 300mg/kg 体重，人服 0.3g 可引起胃部黏膜刺激，呕吐；大量可引起肠腐蚀，部分被肠吸收；在肝、肾蓄积可引起肝硬变；人长期食用可引起呕吐、胃痛、贫血、肝大和黄疸、昏睡死亡。

7. 黄樟素

国际肿瘤中心已确证黄樟素、异黄樟素、二氢黄樟素有致癌作用。在大鼠饲料中投入含 5000mg/kg 体重黄樟素饲养，50 只大鼠中 19 只发生肿瘤，其中 14 只为恶性肿瘤。我国首先对香精中黄樟素禁止使用。

8. 香豆素

经动物试验结果表明香豆素可导致肝脏损害，将其配成溶液给大白鼠灌胃 100mg/kg 体重，9～16d 肝有病变；25mg/kg 体重 33～330d 肝有病变；饲料中加入 10000mg/kg 体重，4 周即有明显肝脏损坏。二氢香豆素、6-甲基香豆素有类似毒性作用，黑香豆酊和黑香豆浸膏主要成分为香豆素，故均禁用。

（三）食品添加剂的安全使用问题

食品添加剂是食品工业重要的基础原料，对食品的生产工艺、产品质量、安全卫生都起到至关重要的作用。但是，在食品加工过程中违禁使用食品添加剂以及超范围、超标准使用添加剂，都会给食品质量以及消费者的健康带来巨大的损害。目前，我国食品添加剂使用不规范的现象十分严重，并对食品安全造成了一定的影响，主要体现在三个方面。

1. 超量使用食品添加剂

食品添加剂按规定的剂量使用对人体不会有害，但如果超标，就对人体健康产生影响。目前，违规使用食品添加剂的情况主要表现为超量使用。最为普遍的是在肉制品、豆制品食品中超量使用防腐剂，或在蜜饯中超量使用合成甜味剂，或在竹笋、蘑菇、面粉中超量使用漂白剂。例如，人工合成色素大多以煤焦油为原料制成，其化学结构属偶氮类化合物，可在体内代谢生成 β-萘胺和 α-氨基-1-萘酚。这两种物质具有潜在的致癌性，因此，人工合成色素的用量须严格控制。又如，着色剂硝酸钠和亚硝酸钠，不仅对肉类食品有着优良的着色作用，还具有增强肉制品风味和抑菌作用，特别对肉毒梭菌的抑菌效果更好，但两种盐均有毒，超量使用副作用相当明显。

2. 超范围使用添加剂或隐瞒使用添加剂

目前，食品添加剂有二十多类，近 1700 种，这样多的食品添加剂如果正常使用，达到工艺要求，应当是安全的。使用中存在问题较多的食品添加剂是防腐剂、面粉处理剂、高倍甜味剂和部分合成色素，这几类添加剂在使用中容易超标或超范围使用，而且在标示中往往被有意地隐瞒。例如，在肉制品中使用合成色素胭脂红；或把所谓食品级双氧水（过氧化氢）滥用在各种食品加工中消毒，其实双氧水只被批准用在袋装豆腐干或在内蒙古地区用在生牛乳保鲜。把食用柠檬黄色素用于干虾仁的染色，也属于此类行为。

3. 违禁使用食品添加剂

凡不能作为食品添加剂的物质添加到食品中，或我国的有关规定中允许使用的食品添加剂超范围使用，均属于违禁使用食品添加剂。常见的违禁使用食品添加剂的情况：①亚硝酸钠用于加工熟食肉制品，硝酸盐与亚硝酸盐主要用于腌制或熏制肉类食品，但不能用于加工熟食肉制品，更不能直接用于肉制品的烧制；②吊白块用于加工熏制面粉或其他食品，吊白块主要应用于印染工业作拔染剂、拔色剂、还原剂及用作丁苯橡胶和合成树脂活化剂，但绝不允许用于食品的熏蒸或直接添加于食品中；③甲醛用于加工、保存水发制品，甲醛虽然可使海产品、水发制品色泽鲜艳,但它是国家明文规定的禁止在食品中使用的添加剂;④用罂粟壳作卤料及火锅配料等,罂粟壳由于能改善口感,使食用者成瘾,常被用于卤料或火锅配料,这也是不允许的违法行为。

(四)常见食品添加剂的安全问题

1. 苯甲酸及钠盐

苯甲酸(钠)和山梨酸(钾)是我国目前最常用的食品防腐剂,而且两者往往混合使用。二者的结构见图3-13。苯甲酸钠有较好的水溶性,在酸性条件(pH 2.5~4)下能转化为苯甲酸,对多种细菌、霉菌和酵母有抑制作用,长期以来一直用其作果浆、碳酸饮料和泡菜等酸性食品的防腐剂。

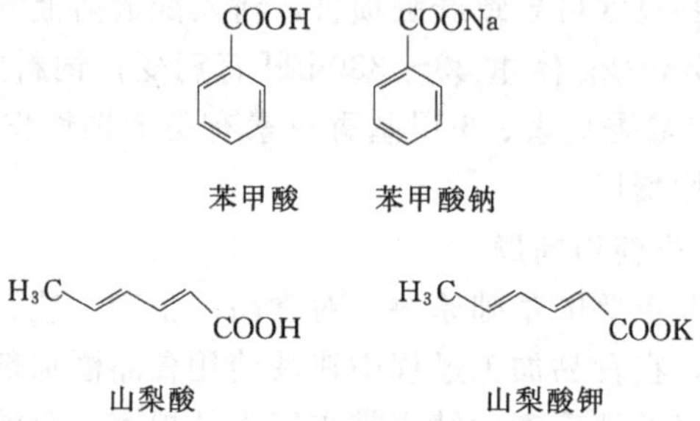

图 3-13 苯甲酸(钠)和山梨酸(钾)的结构

苯甲酸钠的急性毒性较弱,动物最大无作用剂量(MNL)为 500mg/kg 体重。但其在人体胃肠道的酸性环境下可转化为毒性较强的苯甲酸。小鼠摄入苯甲酸及其钠盐,会导致体重下降、腹泻、内出血、肝肾肥大、过敏、瘫痪甚至死亡。若持续 10 周给小鼠饲以 80mg/kg 体重的苯甲酸,可导致 32% 的小鼠死亡。苯甲酸钠其毒性作用是通过改变细胞膜的透性,抑制细胞膜对氨基酸的吸收,并透过细胞膜抑制脂肪酶等酶的活性,使 ATP 合成受阻实现的。苯甲酸钠盐的急性毒性剂量见表 3-12。

表 3-12　苯甲酸钠盐的急性毒性剂量　　　　　　　　　　　　　　g/kg 体重

动　　物	方　　法	LD_{50}/(g/kg 体重)
小鼠	口服	2700
小鼠	静脉注射	1714
兔	口服	2000
兔	皮下注射	2000
狗	口服	2000

苯甲酸没有慢性毒性。以含苯甲酸 0、0.5% 和 1% 的食品饲喂雄性大鼠和雌性大鼠连续 8 周,通过对其子代(二、三和四代)的观察和形态解剖测定其慢性毒性,结果表明小鼠子代的生长、繁殖和形态上没有异常的改变。其他一些试验也表明苯甲酸无蓄积性、致畸、致癌、致突变和抗原作用。

苯甲酸钠的 ADI 为 0~5mg/kg 体重·d。苯甲酸在动物体内会很快降解,75%~80%的苯甲酸可在 6h 内排出,10~14h 内完全排出体内。苯甲酸的大部分(99%)主要与甘氨酸结合形成马尿酸,其余的则与葡萄糖醛酸结合形成 1-苯甲酰葡萄糖醛酸。

2. 山梨酸及钾盐

山梨酸(己二烯酸)及其钾盐对各种酵母和霉菌有较强的抑制能力,但对细菌的抑制能力较弱。1939 年,在美国和德国的科学家发现具有与 α-不饱和脂肪酸相似结构的化合物对抑制真菌有效，山梨酸正好具有这种结构（图 3-13）。山梨酸的抗菌机理，一般认为是抑制了微生物的各种巯基酶的活性。山梨酸钾对人造黄油、鱼、奶酪面包和蛋糕等食品的防腐作用比苯甲酸盐更强。低浓度的山梨酸钾主要用于控制霉菌和酵母的生长，适用于奶酪、烘焙食品、水果饮料、泡菜、水果、蔬菜、鱼、肉制品和酒类等食品的防腐，其使用范围和最大使用量与苯甲酸钠相似。

山梨酸实际上是一种直链不饱和脂肪酸，它基本上是无毒的。动物试验表明即使长时间大剂量地摄入山梨酸，也不会出现明显的异常。连续 2 个月每日给大鼠直接注射 40mg/kg 体重的山梨酸，其生长和食欲等方面都没有什么改变。但当剂量增加到 80mg/kg 体重，时间再延长 3 个月后，小鼠的生长出现滞缓。以 1% 和 2% 剂量的山梨酸钾持续饲喂狗 3 个月，并没有发现任何异常的现象发生。持续两代（1000d）喂给大鼠 5% 山梨酸，发现大鼠的生长率、繁殖率和其他行为表现并没改变。此例可证明山梨酸的急性和慢性毒性可以忽略不计。山梨酸经口途径进入体内后，吸收和代谢与一般的脂肪酸类似。表 3-13 列出山梨酸及其钾盐的急性毒性剂量。

表 3-13　山梨酸及其钾盐的急性毒性剂量

动　物	化　合　物	$LD_{50}/(g/kg$ 体重$)$
大鼠口服	山梨酸	10.5
大鼠口服	山梨酸钾	4.2
小鼠口服	山梨酸	8
小鼠口服	山梨酸钾	4.2
小鼠静脉注射	山梨酸	2.8
小鼠静脉注射	山梨酸钾	1.3

在所有的合成食品添加剂中，山梨酸钾的毒性是研究得最彻底的。山梨酸钾在 1965 年的罗马国际会议上被确定为安全的食品添加剂，尽管有人曾发现该物质长期经皮下注射可诱发大鼠的纤维瘤，但未发现有任何不良的影响。1985 年，FAO/WHO 将山梨酸钾确定为 GRAS 类食品添加剂，ADI 定为 0～50mg/kg 体重·d。用山梨酸钾长期饲喂动物曾发现有体重下降等问题，但未发现其具有再生毒性，其也不是诱变剂和致癌的。

3. 硝酸钠及亚硝酸钠

（1）使用范围与限量　硝酸钠及亚硝酸钠通常用于肉类腌制。它们的作用是保持肉类的颜色，抑制微生物的生长及产生特殊风味。实际起作用的是亚硝酸钠而不是硝酸钠，亚硝酸钠分解产生的一氧化氮会与肉类中的肌红蛋白结合，生成鲜艳红色的亚硝基肌红蛋白和亚硝基血红蛋白，故使肉制品保持稳定的鲜艳红色。感官评价表明，亚硝酸钠显然是通过抗氧剂的作用使腌肉产生风味，但其机理尚不清楚。另外，亚硝酸钠（150～200mg/kg）能抑制碎肉罐头和腊肉中的梭状芽孢杆菌。亚硝酸钠的抑菌作用在 pH 5.0～5.5 比在较高 pH 时更为有效。亚硝酸盐的抗菌机理还不清楚。有人认为亚硝酸钠与巯基反应可形成在厌氧条件下不被生物代谢转化的化合物，从而起到抗菌的作用。

硝酸盐与亚硝酸盐使用时必须控制添加量，在保证护色的条件下并限制在最低水平。有的国家几次修改食品卫生法规，限制其使用范围，并降低其含量，也有提出禁止使用而改用其他方法。由于 6 个月以内的婴儿对硝酸盐类特别敏感，故欧盟的儿童保护组织建议亚硝酸盐不得用于儿童食品。我国规定硝酸钠（钾）和亚硝酸钠只能用于肉类罐头和肉类制品，最大使用量分别为 0.5g/kg 以及 0.15g/kg；残留量以亚硝酸钠计，肉类罐头不得超过 0.05g/kg，肉制品不得超过 0.03g/kg；硝酸钠与亚硝酸钠 ADI 值分别为每千克体重 0～3.7mg 和

0～0.06mg（FAO/WHO，1995）。

为了促进护色和防止生成强致癌物亚硝胺，在使用亚硝酸盐腌肉时，用 0.55g/kg 抗坏血酸钠或异抗血酸钠，以降低腌肉中形成的亚硝胺量。

（2）毒性作用 亚硝酸盐具有一定毒性，尤其可与胺类物质生成强致癌物亚硝胺，因而人们一直力图选取某种适当的物质取而代之。直到目前为止，尚未见到既能护色、抑菌，又能增强肉制品风味的替代品。权衡利弊，各国都在保证安全和产品质量的前提下，严格控制使用。

亚硝酸盐毒性较强，摄入量大可使血红蛋白（Fe^{2+}）变成高铁血红蛋白（Fe^{3+}），失去输氧能力，导致组织缺氧。其潜伏期仅为 0.5～1h，症状为头晕、恶心、呕吐、全身无力、心悸、全身皮肤发紫，严重者呼吸困难、血压下降、昏迷、抽搐，如不及时抢救，会因呼吸衰竭而死亡。

亚硝酸盐中毒的剂量为 0.3～0.5g，致死剂量 3g。由于本品的外观、口味均与食盐相似，所以必须防止误用而引起中毒。有的小饭馆、小吃店会违规将硝酸盐当嫩肉粉使用，用于炒肉或制作烤肉，过量食用会导致消费者中毒。

4. 食用色素

食用色素也是引起争议最多的食品添加剂。早期的食用色素大多是由煤焦油合成的偶氮化合物、联苯和三苯胺化合物、黄嘌呤化合物和嘧啶化合物，这些染料大多都曾被用作纺织染料，在用于食品前仅仅进行了急性毒性的测定。这类色素曾给人类造成了很大的危害。由于糖果等食品的消费者主要是儿童，因此其危害性较为严重。早在 20 世纪初，英国人和德国人就发现从事苯胺染料制造的工人膀胱癌的发病率和死亡率相当高。1937 年，人们发现奶油黄（二甲基偶氮甲苯）会使大鼠患膀胱癌，使人们开始将注意力集中在偶氮染料上。

鉴于煤焦油染料的危害性，1960 年，美国通过了着色添加剂修正案，停止使用了大多数的煤焦油染料。我国也逐步取消了煤焦油染料在食品中的应用。在美国和许多欧洲国家禁止使用的食用色素除奶油黄外，还有给橘子皮上色的 2 号橘红和 40 号红。研究表明，2 号橘红有一定的致癌能力。2 号橙红、丽春红 MX 也是活性很强的致癌物，至少可诱导两种动物产生肿瘤。油橙 SS、1 号橙、猩黄色 OB、苏丹 1 号红及 2 号红至少对一种动物有致癌作用。酒石碘、亮青 FSF 和暗绿 FSF 也被禁止用于食品。近 20 年来，美国已禁止使用已证明对人体有害或致癌的 200 种食用色素，包括我国目前还在使用的苋菜红。我国目前容许使用的合成色素及其急性毒性剂量见表 3-14。

表 3-14 合成色素的 ADI 和急性毒性剂量   mg/kg 体重

名　称	ADI	LD$_{50}$（小鼠经口）	致癌和致突变	最大使用量
苋菜红	0～0.5	10000	＋	50
胭脂红	0～0.125	8000	－	50
赤藓红	0～0.6	1260	－	50
新红	—	10000	—	50
柠檬黄	0～0.75	12750	－	50
橘黄	0～2.5	2000	－	50
靛蓝	0～2.5	2500	－	50
亮蓝 FCF	0～12.5	3000	－	50

六、动植物中天然有害物质对食品安全性的影响

动植物在长期的进化过程中为了防止昆虫、微生物、人类等的危害，体内会合成一些有毒物质。例如，含有丰富营养的马铃薯是很好的维生素和碳水化合物的来源，但是它们含有有毒物质生物碱，如茄碱。这些有毒化合物的产生对动植物本身有利，而对哺乳动物有害。

（一）植物类食品中的天然毒素和生理活性成分

植物是人类最重要的食物资源。植物性毒素是人类食源性中毒的重要因素之一，对人类健康和生命有较大的危害。需要指出的是，植物性毒素是指植物体本身产生的对食用者有毒害作用的成分，不包括那些污染的和吸收入植物体内的外源化合物，如农药残留和重金属污染物等。

1. 植物毒素的分类

植物的毒性主要取决于它所含的化学成分。按化学成分可将植物性毒素分为以下六类。

（1）有毒酚类与醇类 它在加热高温时脱羧基转变为如酚类或腰果酚类。这些化合物均会引起皮炎。

木薯、苦杏仁、银杏均含氰基的苷类，在肠胃内被水解，释放出氢氰酸，被吸收入血液中，导致组织缺氧，严重可致死亡。

（2）胆碱酯酶抑制剂 多种蔬菜和水果（如马铃薯、番茄和茄子）含有胆碱酯酶抑制剂，其中以马铃薯中的龙葵素最重要。龙葵素不溶于水，对热稳定，烹调不能破坏。青皮或变黑（受晚疫病霉菌感染的）、发芽马铃薯含龙葵素最高。

（3）蚕豆嘧啶葡萄糖苷与蚕豆中毒 蚕豆含有二种核苷——蚕豆嘧啶葡萄糖苷和伴蚕豆嘧啶核苷，它们在弱酸环境中被β-糖苷酶分别水解为蚕豆嘧啶和异乌拉米尔。这两个糖苷配基在体内能降低红细胞的 GSH 含量，使红细胞不能将氧化的谷胱甘肽（GSSH）还原，干扰 G-6-PD（6-磷酸葡萄糖脱氢酶），造成 NADPH（还原型辅酶Ⅱ）缺乏，最终发生溶血。维生素 C 对两个糖苷配基有协同作用。有的人吸入蚕豆花粉也能发生中毒。多数蚕豆中毒发病于餐后 5～24h。中毒症状有乏力、头晕、肠胃不适、黄疸、呕吐、腰痛甚至血尿。无论吃煮蚕豆或鲜生蚕豆后都可能发生中毒。

红细胞中还原性谷胱甘肽（GSH）和 G-6-PD 缺乏的人较易发生蚕豆中毒，G-6-PD 缺乏与染色体上一个不完全显性基因有关。这类人对某些药物可能易感而发生溶血。蚕豆中毒的发生，除 G-6-PD 缺乏还有其他一不完全清楚的因素。

（4）致癌物 作为食品或草药的某些植物含有内源性前致癌物，如单宁、亚硝胺、苏铁素、黄樟素、多环芳烃、苯并芘、萜烯等。

（5）抗营养物 能产生营养缺乏或干扰身体对营养素吸收利用的物质称为抗营养物。抗营养物可分为三类：干扰蛋白质消化或氨基酸及其他营养素的吸收与利用的物质，如消化性蛋白酶抑制物（黄豆含有）、植物凝集素（黄豆、蚕豆含有）、皂角苷等；干扰矿物元素的吸收或代谢利用的一切物质，如肌醇-6-磷酸、草酸盐、致甲状腺肿物，膳食纤维；抗维生素。抗维生素是在一定条件下无论是非经口、经口或随食品中维生素一起摄入后能够引起或有可能引起相应维生素缺乏而表现出中毒症状的任何物质，如抗坏血酸氧化酶、抗视黄醇和抗胡萝卜素等。

（6）野生菌类 因为野生菌类（俗称蘑菇）滋味好，吸引人们去采摘来吃。食入有毒蘑菇会发生中毒甚至死亡，死亡率比较高。有毒蘑菇含有的毒素可分为：细胞毒素、血液毒素、神经毒素、致幻觉剂、致癌物、胃肠毒素。

2. 常见的植物毒素

（1）致甲状腺肿物 甘蓝属植物如油菜、包心菜、菜花、西蓝花和芥菜等是世界范围内的广泛食用的蔬菜。甘蓝植物的可食部分（茎、叶）一般不会引起甲状腺肿，但如果大量食用这类蔬菜则可能引起甲状腺肿。在某些碘摄取量较低的偏僻山区，以甘蓝植物为食是其甲状腺肿发病率高的原因之一。

甘蓝植物含有一些致甲状腺肿的物质，这些物质的前体是黑芥子硫苷。黑芥子硫苷有100多种，主要分布在甘蓝植物的种子中，含量约为 $2\sim5mg/g$。该物质对昆虫、动物和人均具有某种毒性，是这类植物阻止动物啃食的防御性物质。小鼠服用超过一定剂量（$150\sim200mg/kg$ 体重）的黑芥子硫苷可引起其甲状腺肥大、生长迟缓、体重减轻及肝细胞损伤。在甘蓝植物的可食部分，黑芥子硫苷在葡萄糖硫苷酶的作用下可转化为几种产物，如腈类化合物、吲哚-3-甲醇、异硫氰酸酯、二甲基二硫醚和 5-乙烯基噁唑-2-硫酮（5-VinyloxaZolidine-2-Thione，OZT）。据估计，一般人每天通过食用甘蓝蔬菜可摄入约 200mg 的这类化合物。表 3-15 显示不同甘蓝属蔬菜可食部分的芥子硫苷衍生物含量。

表 3-15　甘蓝属蔬菜可食部分（茎叶）的芥子硫苷衍生物含量

植　物	硫苷种类	含量/(mg/kg)
包心菜	3-甲亚磺酰丙基硫苷,2-吲哚甲基硫苷,2-烯丙基硫苷	0.42~1.56
中国甘蓝	3-氮吲哚甲基硫苷,2-苯乙基硫苷,3-西烯基硫苷	0.13~1.51
花椰菜	3-甲亚磺酰丙基硫苷,3-吲哚甲基硫苷	0.61~1.16
球茎甘蓝	3-丁烯基硫苷,2-羟基-3-丁烯基硫苷,3-氮吲哚甲基硫苷	0.6~3.9
油菜	2-羟基-3-丁烯基硫苷,3-氮吲哚甲基硫苷	0.13~0.76

（2）生氰糖苷　生氰糖苷是由氰醇衍生物的羟基和 D-葡萄糖缩合形成的糖苷，广泛存在于豆科、蔷薇科、稻科的 10000 余种植物中。生氰糖苷物质可水解生成高毒性的氰氢酸（HCN），从而对人体造成危害。含有生氰糖苷的食源性植物有木薯、杏仁、枇杷和豆类等，主要是苦杏仁苷和亚麻仁苷（见表 3-16）。

表 3-16　含有生氰糖苷的食物及其中 HCN 的含量

植　物	HCN 含量/mg·$(100g)^{-1}$	糖　苷
苦杏仁	250	苦杏仁苷
木薯块根	53	亚麻仁苷
高粱植株	250	牛角花苷
利马豆	10~312	亚麻苦苷

生氰糖苷的毒性甚强，对人的致死量为 18mg/kg 体重。生氰糖苷的毒性主要是氰氢酸和醛类化合物的毒性。氰氢酸被吸收后，随血液循环进入组织细胞，并透过细胞膜进入线粒体，氰化物通过与线粒体中细胞色素氧化酶的铁离子结合，导致细胞的呼吸链中断。生氰糖苷的急性中毒症状包括心律紊乱、肌肉麻痹和呼吸窘迫。氰氢酸的最小致死口服剂量为 $0.5\sim3.5mg/kg$ 体重。

（3）蚕豆病毒素　蚕豆病是食用蚕豆而引起的急性溶血性贫血症。蚕豆病是我国和地中海地区居民特有的食物中毒现象，发病人群中男性多于女性。该病对婴儿和儿童威胁较大。成人很少死于蚕豆病，只有婴儿和儿童才有蚕豆病的死亡报道。蚕豆病的中毒症状包括：面色苍白、身体疲劳、呼吸短促、恶心、腹痛、发热和寒战，严重者会出现肾衰竭。通常在食用蚕豆 24h 内会出现中毒症状，症状可持续 2d 以上，并可自发性恢复。

由于无法建立合适的蚕豆病动物模型，因而大大阻碍了蚕豆病的病理学研究。研究发现，蚕豆病患者的血红细胞的葡萄糖-6-磷酸脱氢酶（G-6-PD）和 GSH 的含量很低。G-6-PD 在葡萄糖代谢生成还原性辅酶Ⅱ（NADPH）中起催化作用，GSH 是人体主要的抗氧化物和脱毒素物质。NADPH 与氧化性谷胱甘肽（GSSH）反应产生 GSH，因此 G-6-PD 水平降低导致细胞缺乏 GSH。

蚕豆的毒性物质可能是嘧啶衍生物蚕豆双嘧啶和异脲咪，该物质是蚕豆嘧啶葡萄糖苷和蚕豆脲咪葡萄糖苷的苷元。在实验室条件下发现，这些物质的迅速氧化可促进溶液中的 GSH 向 GSSH 的非酶性转化。因此有理由认为蚕豆病是由蚕豆嘧啶葡萄糖苷在植物或肠道中经过酶作用产生的这些嘧啶衍生物引起的。但这一假说还需合适的动物和人体试验验证。不过人体红细胞悬液试验发现：蚕豆提取物对蚕豆病患者红细胞的 GSH 水平有明显影响，而对正常人红细胞的 GSH 水平则没有这么敏感。蚕豆中的活性物质见图 3-14。

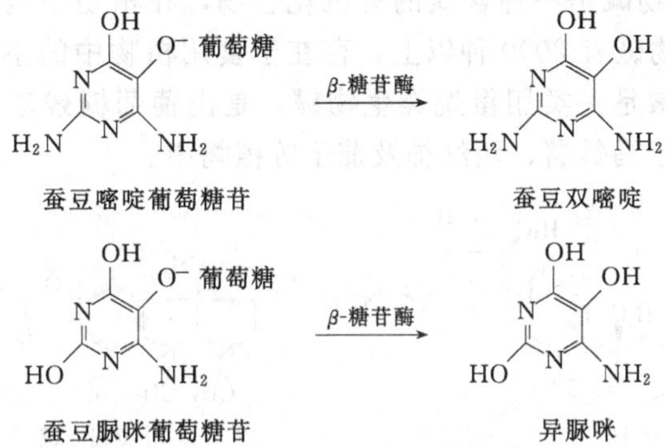

图 3-14　蚕豆中的活性物质

（4）外源凝集素　外源凝集素又称植物性血细胞凝集素，是植物合成的一类对红细胞有凝聚作用的糖蛋白。外源凝集素可专一性结合碳水化合物。当外源凝集素结合人肠道上皮细胞的碳水化合物时，可造成消化道对营养成分吸收能力的下降。外源凝集素广泛存在于 800 多种植物（主要是豆科植物）的种子和荚果中。其中有许多种是人类重要的食物原料，如大豆、菜豆、刀豆、豌豆、小扁豆、蚕豆和花生等。

外源凝集素由结合多个糖分子的蛋白质亚基组成，分子量为 91000～130000Da，为天然的红细胞抗原。外源凝集素比较耐热，80℃数小时不能使之失活，但 100℃温度下 1h 可破坏其活性。外源凝集素对实验动物有较高的毒性。在小鼠的食物中加入 0.5% 的黑豆凝集素可引起小鼠生长迟缓。大豆凝集素的毒性相对较小，但以 1% 的含量喂饲小鼠也可引起其生长迟缓。大豆凝集素的 LD_{50} 约为 50mg/kg 体重。蓖麻凝集素的毒性非常高，其 LD_{50}（腹腔注射）为 0.05mg/kg 体重。所以用蓖麻作动物饲料时，必需严格加热，以去除饲料中的蓖麻凝集素。

外源凝集素产生毒性的机制尚在争论中。实验动物食用生的大豆脱脂粉会导致其生长迟缓，一半原因应归于其中的外源凝集素。研究表明，外源凝集素摄入后与肠道上皮细胞结合，减少了肠道对营养素的吸收，从而造成动物营养素缺乏和生长迟缓。但去除外源凝集素的生大豆脱脂粉，其营养价值只有轻微的提高。生大豆粉除外源凝集素外，同时也含有胰蛋白酶抑制剂，该物质抑制胰腺分泌过量的蛋白酶，阻碍肠道对蛋白质的吸收。

（5）消化酶抑制剂　许多植物的种子和荚果中存在动物消化酶的抑制剂，如胰蛋白酶抑制剂、胰凝乳蛋白酶抑制剂和 α-淀粉酶抑制剂。这类物质实质上是植物为繁衍后代、防止动物啃食的防御性物质。豆类和谷类是含有消化酶抑制剂最多的食物，其他如马铃薯、茄子、洋葱等也含有此类物质。

豆类中的胰蛋白酶抑制剂和 α-淀粉酶抑制剂是营养限制因子。用含有胰蛋白酶抑制剂的生大豆脱脂粉饲喂实验动物可造成其明显的生长停滞。给小鼠及其他动物饲喂具胰蛋白酶抑制活性的植物蛋白可明显抑制其生长，并导致胰腺肥大、增生及胰腺瘤的发生。大豆蛋白中高水平的某些必需氨基酸可同胰酶伴随的高分泌结合反应，从而可能造成生大豆的营养吸收不良的结果。在生大豆中选择去除胰蛋白酶抑制剂，可使胰腺肥大率减低4%。含有残留耐热胰蛋白酶抑制剂的大豆食品也可引致小鼠胰腺肥大。另外，在供应的生大豆餐的某些氨基酸中去除生长抑制物后，不会造成胰腺肥大的结果。因此，以上结果显示，在饮食中含有大量导致胰腺分泌过度的蛋白质，会造成氨基酸的缺乏并伴随生长抑制。

（6）生物碱糖苷

① 龙葵碱糖苷　生物碱是一种含氮的有机化合物，在植物中至少有120多个属的植物含有生物碱。已知的生物碱有2000种以上，存在于食用植物中的主要是龙葵碱、秋水仙碱及吡咯烷生物碱。龙葵碱是一类胆甾烷类生物碱，是由葡萄糖残基和茄啶组成的生物碱苷（见图3-15），广泛存在于马铃薯、西红柿及茄子等植物中。

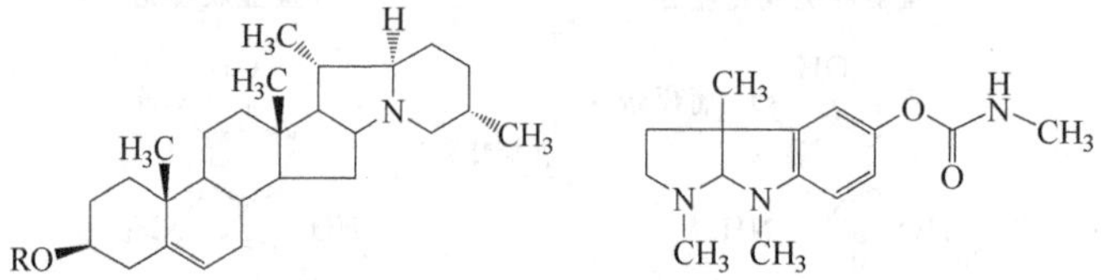

茄啶：R＝H
龙葵碱：R＝半乳糖-葡萄糖-鼠李糖苷

毒扁豆碱

图 3-15　胆甾烷类生物碱的结构

龙葵碱糖苷有较强的毒性，主要通过抑制胆碱酯酶的活性引起中毒反应。胆碱酯酶是水解乙酰胆碱为乙酸盐和胆碱的酶。乙酰胆碱存在于触突的末端囊泡中，是重要的神经传递物质。许多植物成分可抑制胆碱酯酶的活性。除龙葵碱外，最著名的生物碱是毒扁豆碱，该物质来源于西非的一种不可食用的豆类——卡里巴豆。目前主要的杀虫剂——氨基甲酸酯就是根据毒扁豆碱的结构合成的。

马铃薯的龙葵碱糖苷含量随品种和季节的不同而有所不同，含量一般为20～100mg/kg新鲜组织。马铃薯中的龙葵碱主要集中在其芽眼、表皮和绿色部分，其中芽眼部位的龙葵碱数量约占生物碱糖苷总量的40%。发芽、表皮变青和光照均可大大提高马铃薯中的龙葵碱糖苷含量，可增加数十倍之多。如将马铃薯暴露于阳光下5d，其表皮中的生物碱糖苷量可达到500～700mg/kg。而一般人只要口服200mg以上的龙葵碱即可引起中毒、严重中毒和死亡。

食用了发芽和绿色的马铃薯可引起中毒，其病症为胃痛加剧，恶心和呕吐，呼吸困难、急促，伴随全身虚弱和衰竭，可导致死亡。在毒性试验中，志愿者直接服用龙葵碱的中毒症状与食用绿色马铃薯中毒的情形相似，摄取约3mg/kg体重的量可导致嗜睡、颈部瘙痒、敏感性提高和潮湿式呼吸，更大剂量可导致腹痛、呕吐、腹泻等胃肠症状。

虽然绿色马铃薯中毒和急性龙葵碱糖苷中毒的症状非常相似，从而确认龙葵碱糖苷是致病因子，但是绿色马铃薯所含龙葵碱糖苷的量并不足以产生中毒症状。在两例马铃薯中毒的病例中测得绿色马铃薯的总生物碱糖苷含量约420mg/kg，如果假定生物碱糖苷的50%是龙葵碱糖苷，病人将需要食用相当于1kg的绿色马铃薯（约含200mg龙葵碱）才能出现中毒症状。动物试验表明，龙葵碱糖苷具有较低的口服毒性，对绵羊、老鼠和小鼠的LD_{50}分别为500mg/kg体重、600mg/kg体重和超过1000mg/kg体重。因此，可以肯定龙葵碱糖苷并不是引起绿色马铃薯中毒的唯一原因，它可能同其他微量的马铃薯成分共同起作用。龙葵碱糖苷和马铃薯其他成分的毒理学原理需要进一步进行研究。

② 吡咯烷生物碱　吡咯烷生物碱（见图 3-16）是存在于多种植物中的一类结构相似的物质。这些植物包括许多可食用的植物（如千里光属、猪屎豆属、天芥菜属植物）。许多含吡咯烷生物碱的植物也被用作草药和药用茶，例如日本居民常饮的雏菊茶中就富含吡咯烷生物碱。目前，从各种植物中分离出的吡咯烷生物碱有 100 多种。

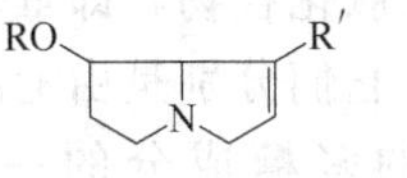

$$RO\text{—}\overset{\displaystyle}{\underset{N}{\bigcirc}}\text{—}R'$$

图 3-16　吡咯烷生物碱的结构

研究发现许多种吡咯烷生物碱是致癌物。以含 0.5% 长荚千里光提取物的食物喂饲小鼠，结果存活下来的 47 只小鼠中 17 只患上肿瘤。在另一实验中，将吡咯烷生物碱以 25mg/kg 体重胃内给予小鼠，处理组的小鼠癌诱导发生率为 25%。给小鼠每周皮下注射 7.8mg/kg 体重的毛足菊素 1 年，也可诱导出皮肤、骨、肝和其他组织的恶性肿瘤。目前吡咯烷生物碱对人类的致癌性仍不清楚。

吡咯烷生物碱的致癌性和诱变性取决于其形成最终致癌物的形式。吡咯烷核中的双键是其致癌活性所必需的，该位置是形成致癌的环氧化物的关键。除环氧化物可发生亲核反应外，在双键位置上产生脱氢反应生成的吡咯环同样也可发生亲核反应，从而造成遗传物质 DNA 的损伤和癌的发生。

（7）类黄酮　类黄酮是植物重要的是一类次生代谢产物（见图 3-17），它以结合态（黄酮苷）或自由态（黄酮苷元）形式存在于水果、蔬菜、豆类和茶叶等许多食源性植物中。槲皮素是最典型的类黄酮，其在 C$_3$ 位羟基上结合糖分子即形成植物中普遍的成分——芸香苷（芦丁）。柑橘属的多种水果均含有大量的黄酮化合物，如橘红素和川陈皮素。大豆中含有一种异黄酮化合物——大豆异黄酮。茶叶中的茶多酚是由没食子酸和类黄酮——儿茶酚组成的。

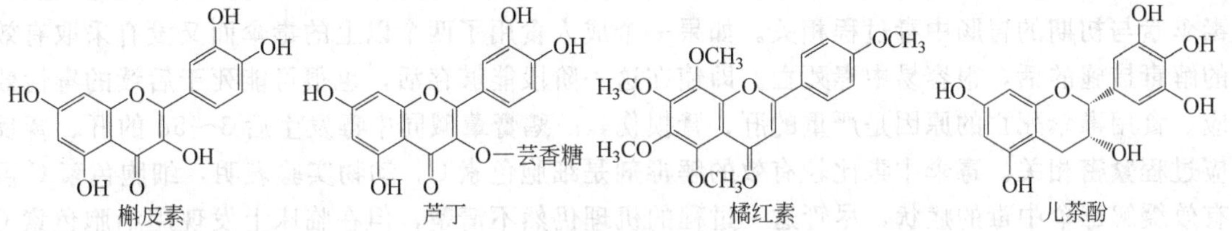

图 3-17　类黄酮化合物的结构

槲皮素具有致诱变性，没有代谢活性，但在反应系统中加入肝提取物可明显增加其诱变活性。长期的动物饲喂研究表明槲皮素不仅不是致癌物质，而且具有一定的抗癌活性。事实上，目前已发现 61 种黄酮化合物中有 11 种具有抗突变作用，其中有多种对致癌物诱导的动物模型恶性肿瘤有抑制作用，如橘红素和川陈皮素等。

（8）蘑菇毒素　蘑菇（蕈类）是人们喜食的一种美味。但由于毒蘑菇与可食蘑菇在外观上较难区别，因此容易造成人误食而引起中毒。随着野生蘑菇的大量食用，蘑菇毒素引起的食物中毒事件也时有发生。我国的 800 多种蘑菇中已知约有 80 种可对人产生毒性反应，其中极毒和剧毒者有 10 多种。食用了低毒性的蕈类，多数只有简单的胃肠不适，症状会很快消失。许多有潜在毒性的蕈类，经过特别的烹调过程可将其变得可食。只有少数种类有剧毒，如果食用可导致死亡。

① 毒伞毒素　毒伞又名毒鹅膏、绿帽菌、蒜叶菌，是最著名的一种致死性菌类，约有90％～95％的蕈中毒死亡事件与之有关。这种蕈通常生长于夏末或秋季，菌体较大，能生长到20cm高。这种菌的菌盖颜色可由绿褐色到黄色。毒伞和白毒伞因为其尺寸大小与其他可食的蘑菇种类相似，因而经常被误食。

毒伞的主要毒性物质是几个环状肽化合物，即毒伞素和α-鹅膏蕈碱（见图3-18）。毒伞素和鹅膏蕈碱的化学结构相当复杂，它们分别是由七肽和八肽构成的环肽化合物。有证据表明，这些环状肽只不过是更复杂的多糖成分的一些片段。这个多糖物质的分子量约60000Da，用温和的溶剂可将其从毒伞中提取出来，对提取物用强酸和碱处理可解离出毒伞素和α-鹅膏蕈碱。鹅膏蕈碱对人和小鼠的致死剂量为0.1mg/kg体重以下，经口或经静脉给予均可致中毒。毒伞素在经静脉给予、经口或经静脉给予均可致中毒。毒伞素在经静脉给予时具有剧毒，与鹅膏蕈碱毒性相当；而口服毒性甚低，仅为鹅膏蕈碱的1/20。α-鹅膏蕈碱引起中毒的原因是它专一抑制细胞mRNA合成的关键酶——RNA聚合酶的活性，终止了核糖体和蛋白质的合成，从而可导致严重的肝损伤。同时α-鹅膏蕈碱也破坏了肾的卷曲小管，使肾不能有效地滤过血中的有毒物质。

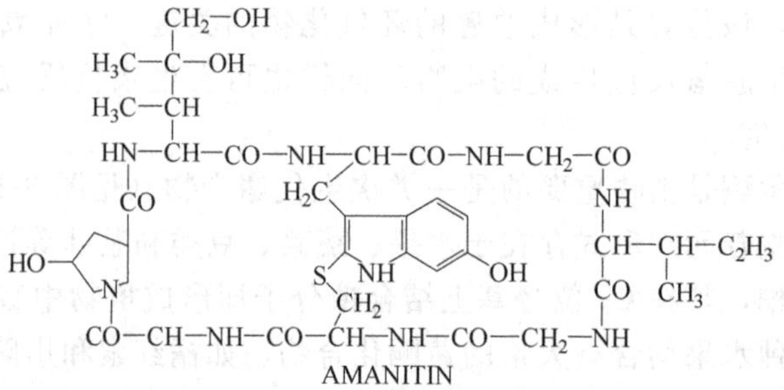

图3-18　α-鹅膏蕈碱的结构

食用毒伞数小时即可出现中毒症状，人体出现恶心、呕吐、腹泻和腹痛等胃肠炎症状。毒伞素与初期的胃肠中毒过程相关。如果一个成人食用了两个以上的毒伞而又没有采取有效的解毒措施的话，很容易中毒死亡。即使在这一阶段能够存活，也很可能死于后续的毒性效应。食用毒伞死亡的原因是严重的肝、肾损伤，α-鹅膏蕈碱同中毒发生后3～5d的肝、肾反应过程紧密相关。毒伞中毒比较有效的解毒剂是细胞色素C。动物实验表明，细胞色素C可有效缓解毒伞中毒的症状，尽管这一过程的机理仍然不清楚，但在临床上发现用细胞色素C可有效提高毒伞中毒者的存活率（超过50％）。

② 毒蝇碱　许多毒蘑菇含有使食用者出现幻觉甚至导致残废的神经毒素，其中最著名的是毒蝇蕈。这种真菌主要生长在温带地区。几个世纪以来，毒蝇蕈一直被用作麻醉药和致幻剂而不作为食物。食用毒蝇蕈后能产生异常和长时间的欣快感，并产生视听的幻觉，这使之成为世界上许多原始部落备受推崇的宗教仪式用品。除毒蝇蕈外，裸伞属和光盖伞属蘑菇也可产生嗜神经毒素。食用毒蝇蕈的个体的神经病学症状是变化的，症状通常是在摄入1h左右时出现，产生与酒醉相似的症状，出现意识模糊、狂言胡语、手舞足蹈、视物体色泽变异幻觉屡现，并伴有恶心、呕吐。轻者数小时可恢复，重者可导致死亡。

毒蝇蕈的麻醉/致幻效果的主要相关物质是羟色胺类化合物，如毒蝇蕈碱、毒蝇母和鹅膏氨酸（图3-19）。毒蝇蕈碱是毒蝇蕈和其他蕈类中的主要成分，它很小的剂量（0.01mg/kg体重）即可降低血压。这类物质和5-羟色胺有比较近似的结构，因此具有多巴胺和5-羟色胺过多时可出现幻觉的作用。蝇蕈碱像乙酰胆碱一样作用于平滑肌和腺体细胞上的毒蝇蕈

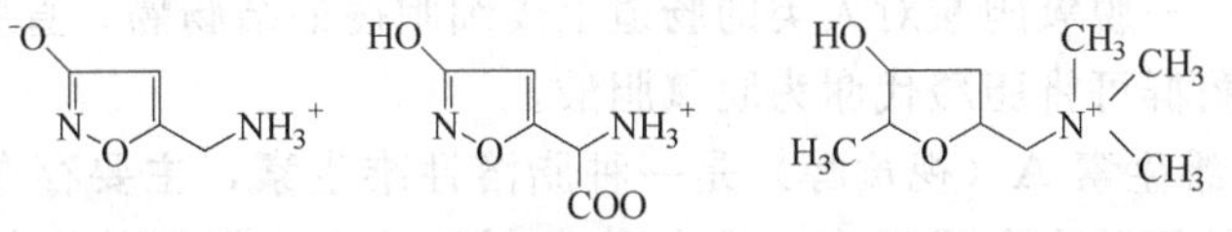

图 3-19　毒蝇蕈毒素的结构

碱受体。

毒蝇蕈碱致麻痹的效果通常较低，其中毒症状在摄入 30min 内出现，有多涎、流泪和多汗症状，紧接着呕吐和腹泻，脉搏降低、不规律，哮喘，少见死亡。阿托品硫酸盐是该病主要的解毒剂。鹅膏氨酸和毒蝇母的毒性与毒蝇蕈碱相似。据报道人体摄入 15mg 纯的毒蝇母，可引起意识模糊、视觉紊乱、色彩视觉疾病、疲劳和嗜睡。鹅膏氨酸可诱导倦怠和嗜睡，接着出现偏头疼和更小的局部疼痛，可持续几周。毒蝇蕈碱中毒的反应因为个体的敏感性而有所不同，环境和遗传因素也起一定作用。

（二）动物类食品中的天然毒素

1. 有毒的动物组织

家畜肉，如猪、牛、羊等肉是人类普遍食用的动物性食品。在正常情况下，它们的肌肉是无毒的，可安全食用。但其体内的某些腺体、脏器或分泌物可用于提取医用药物，如摄食过量，可扰乱人体正常代谢。如甲状腺，人和一般动物都有甲状腺，甲状腺所分泌的激素叫甲状腺素，它的生理作用是维持正常的新陈代谢。人一旦误食动物甲状腺，因过量甲状腺素扰乱人体正常的内分泌活动，则出现类似甲状腺机能亢进的症状。又如肾上腺，人和猪、牛、羊等动物一样，也有自身的肾上腺，它也是一种内分泌腺。肾上腺左右各一，分别跨在两侧肾脏上端，所以叫肾上腺，俗称"小腰子"，大部分包在腹腔油脂内。肾上腺的皮质能分泌多种重要的脂溶性激素，现已知有 20 余种，它们能促进体内非糖化合物（如蛋白质）或葡萄糖代谢、维持体内钠钾离子间的平衡，对肾脏、肌肉等功能都有影响。一般都因屠宰牲畜时未加摘除或在摘除时髓质软化流失，被人误食，使机体内的肾上腺素浓度增高，引起中毒。

动物肝脏是人们常食的美味，它含有丰富的蛋白质、维生素、微量元素等营养物质。此外，肝脏还具有防治某些疾病的作用，因而常将其加工制成肝精、肝粉、肝组织液等，用于治疗肝病、贫血、营养不良等症。但是，肝脏是动物的最大解毒器官，动物体内的各种毒素，大多要经过肝脏来处理、排泄、转化、结合。肝脏中毒主要涉及以下两方面。

① 胆酸　熊、牛、羊、山羊和兔等动物肝中主要的毒素是胆酸。动物食品中的胆酸是胆酸、脱氧胆酸和牛磺胆酸的混合物（见图 3-20），以牛磺胆酸的毒性最强，脱氧胆酸次之。动物肝中的胆酸是中枢神经系统的抑制剂，我国在几个世纪之前，就知道将熊肝用作镇定剂和镇痛剂。

在世界各地普遍用作食物的猪肝并不含足够数量的胆酸，因而不会产生毒作用，但是当大量摄入动物肝，特别是处理不当时，可能会引起中毒症状。除此之外，许多动物研究发

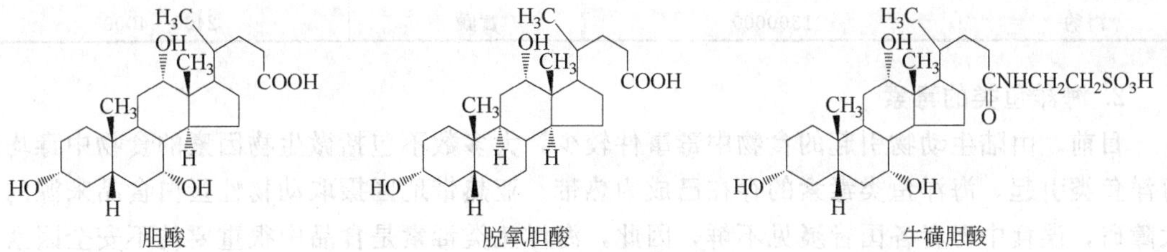

图 3-20　胆酸及其衍生物的结构

现，胆酸的代谢物——脱氧胆酸对人类的肠道上皮细胞癌如结肠癌、直肠癌有促进作用。人类肠道内的微生物菌群可将胆酸代谢为脱氧胆酸。

② 维生素 A　维生素 A（视黄醇）是一种脂溶性维生素，主要存在于动物的肝脏和脂肪中。尤其是鱼类的肝脏中含量最多。维生素 A 对动物上皮组织的生长和发育导向具有十分重要的影响。维生素 A 也可提高人体的免疫功能。人类缺乏维生素 A 可引起夜盲症及鼻、喉和眼等上皮组织疾病，婴幼儿缺乏维生素 A 会影响骨骼的正常生长。β-胡萝卜素（见图3-21）主要存在于植物体中，在动物的小肠黏膜中能分解成维生素 A。

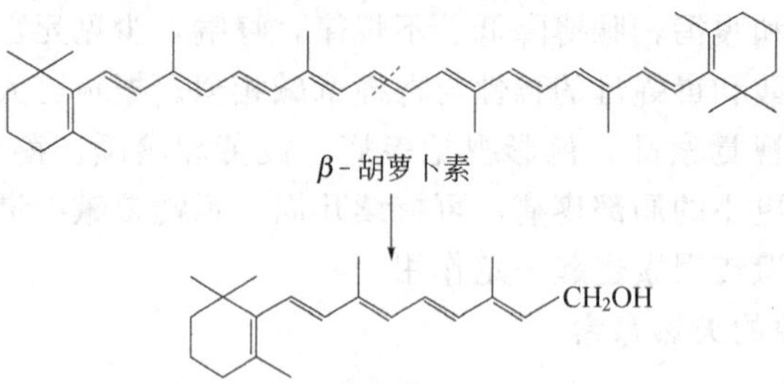

图 3-21　由 β-胡萝卜素形成维生素 A

维生素 A 虽然是机体内所必需的生物活性物质，但当人摄入量超过 2 百万～5 百万 IU（IU 是衡量维生素生物活性的标准单位，1IU 相当于 0.3mg 的纯的结晶维生素 A）时，就可引起中毒。大剂量服用维生素 A 会引起视力模糊、失明和损害肝脏。维生素 A 在人体血液中的正常水平为 5～15IU/L。一些鱼肝如鲨鱼、比目鱼和鲟鱼鱼肝中含有很高的维生素 A 含量。每克鲨鱼肝含维生素 A 10000IU，每克比目鱼肝含维生素 A 多达 100000IU。成人一次摄入 200g 的鲨鱼肝可引起急性中毒。有报道称，一些渔民通过食用比目鱼肝摄取了近 30 百万 IU 的维生素 A，导致其前额和眼的严重疼痛，并出现眩晕、困倦、恶心、呕吐以及皮肤发红、出现红斑、脱皮等症状。北极熊的肝脏中维生素 A 的含量也很高。据报道称，北极探险者及拉雪橇的北极狗由于摄取熊肝和海豹肝而引起急性中毒。据估计，摄取大约 111～278g 的北极熊肝可引起急性的维生素 A 中毒。摄取大量的北极熊肝和海豹肝可发生皮下肿及疼痛，另外，还出现关节痛、癔症、唇干、唇出血等症状，甚至也有死亡的病例。

因为超量摄入任何食物都可引起毒性反应，所以，维生素 A 并不因为它的超量消费可引起毒性反应而被划为有毒物质。尽管数据的来源不同，但普遍认为，人每天摄入 100mg（约 3000IU/kg 体重）维生素 A 可引起慢性中毒。表 3-17 列出了不同动物肝脏中的维生素 A 的含量。

表 3-17　动物肝脏中的维生素 A 含量

动　物	含量/IU·(100g 鲜重)$^{-1}$	动　物	含量/IU·(100g 鲜重)$^{-1}$
北极熊	1800000	羊和牛	4000～45000
海豹	1300000	黄鼬	2400～4000

2. 海洋鱼类的毒素

目前，由陆生动物引起的食物中毒事件较少，大多数不包括微生物因素的食物中毒均由海洋鱼类引起。海洋鱼类毒素的存在已成为热带、亚热带地区摄取动物性蛋白食品来源的重大障碍，误食中毒者各国皆屡见不鲜，因此，海洋鱼类毒素是食品中很重要的不安全因素。

鱼类是人们经常食用的食品。我国目前年消费鱼类的量约占总肉类消费的 5% 左右，其中主要是淡水养殖鱼类。海洋产品不是我国居民膳食的重要组成部分。但对东南亚、日本、太平洋岛国和南欧国家的居民而言，海洋鱼类是他们摄取蛋白质的最重要来源。我国的海洋鱼类资源比较丰富，随着海洋农业的发展，我国居民对海洋产品的消费量将呈上升趋势。表3-18列出了水生动物中毒物的不同类型。

表 3-18　水生动物的毒物类型

水 生 动 物	毒 物 类 型
海葵、海蜇、章鱼	蛋白质
鲍鱼	焦脱镁叶绿酸 a(Pyropheophorbide a)
贝类、蟹类	岩蛤毒素
河豚、加州蝾螈	河豚毒素
梭鱼、黑鲈、真鲷、鳗鱼、鹦嘴鱼	雪卡毒素
青花鱼、金枪鱼、蓝鱼	组胺

3. 贝类毒素

贝类是人类动物性蛋白质食品的来源之一。世界上可作食品的贝类约有 28 种，已知的大多数贝类均含有一定数量的有毒物质。只有在地中海和红海生长的贝类是已知无毒的，墨西哥湾的贝类也比其他地区固有的那些贝类的毒性低。实际上，贝类自身并不产生毒物，但是当它们通过食物链摄取海藻或与藻类共生时就变得是有毒的了，足以引起人类食物中毒。

直接累及贝类使其变得有毒的藻类包括原膝沟藻、涡鞭毛藻、裸甲藻及其他一些未知的海藻。这些海藻主要感染蚝、牡蛎、蛤、油蛤、扇贝、紫鲐贝和海扇等贝类软体动物。主要的贝类毒素包括麻痹性贝类毒素（paralytic shellfish poison，PSP）和腹泻性贝类毒素（diarrhetic shellfish poison，DSP）两类。

4. 海参类

海参属于棘皮动物门的海参纲。它们生活在海水中的岩礁底、沙泥底、珊瑚礁和珊瑚沙泥底，活动缓慢，在饵料丰富的地方，其活动范围很小。主要食物为混在泥沙或珊瑚泥沙里的有机质和微小的动植物。

海参的形体为蠕虫状或长圆筒形。有前、后、背、腹之分。前端有口，周围有 10～30个触手，后端有肛门。海参是珍贵的滋补食品，有的还能制药，受到人们的重视。但有少数海参含有毒物质，引起人类中毒。目前已知致毒海参有 30 多种，我国有近 20 种，较常见的有紫轮参、荡皮海参等。

海参体内含有海参毒素。大部分毒素集中在与泄殖腔相连的细管状的居维叶氏器内。有的海参，如荡皮海参的体壁中也含有高浓度的海参毒素。海参毒素经水解后，一种三萜系化合物皂角苷配质被离析出来，称为海参毒素苷。经光谱分析，认为海参毒素苷是一种属于萜烯系的三羟基内酯二烯。海参毒素的溶血作用很强。人除了误食有毒海参发生中毒外，还可因接触到海参消化道排出的黏液而引起中毒。但大部分可食用海参的海参毒素很少，而且少量的海参毒素能被胃酸水解为无毒的产物，所以，一般人们常吃的食用海参是安全的。

七、食品容器和包装材料对食品安全性的影响

食品在生产加工、贮藏、运输销售过程中，可能接触的各种容器、用具、包装材料以及食品容器的内壁涂料等，包括包装纸、盒直至大型贮藏罐、槽车等，种类很多，其所用原料有纸、竹、木、金属、搪瓷、陶瓷、玻璃、塑料、橡胶等。随着化学工业与食品工业的发展，新的包装材料已越来越多，在与食品接触中，某些材料的成分有可能迁移于食品中，造成食品的化学性污染，给食用者带来危害。

1. 影响食品包装安全的几个主要因素

食品包装被称做是"特殊食品添加剂"，它是现代食品工业的最后一道工序，在一定程度上，食品包装已经成为食品不可分割的重要组成部分。但我国食品包装行业面临的形势却不容乐观。包装作为食品的"贴身衣物"，其在原材料、辅料、工艺方面的安全性将直接影响食品质量，继而对人体健康产生影响。目前，用来包装食品的材料大多数是塑料制品，在一定的介质环境和温度条件下，塑料中的聚合物单体和一些添加剂会溶出，并且极少量地转移到食品和药物中，从而造成人体健康隐患。

（1）包装材料 食品包装有害物质残留主要来源于包装材料，特别是包装印刷过程中使用含苯、正己烷、卤代烃等有害化工材料作主要原料的油墨、溶剂所致。而且，这类富含有害物质的油墨、溶剂在生产过程中还会引起操作工人的急性、慢性中毒，既影响劳资双方的合作关系，也严重影响社会稳定。食品软包装材料主要有聚乙烯、聚丙烯、聚酯、聚酰胺等高分子材料。这些包装材料因本身分子结构和成型工艺及所加助剂不同而表现出较大差异。因此，对于食品厂家来说选择一种适合自己产品的包装材料尤为重要，否则就会出现食品安全问题。例如，因材料阻隔性差，就会缩短液态奶的保质期，甚至短时间内引起变质等；而对于保鲜膜来说如果没有适量的透气量又无法保证蔬菜的新鲜。聚氯乙烯（PVC）保鲜膜本身对人体的潜在危害主要来源于两个方面：一是 PVC 保鲜膜中氯乙烯单体残留量超标；二是 PVC 保鲜膜加工过程中使用二(2-乙基已基)己二酸酯（DEHA）增塑剂，遇上油脂或加热时，DEHA 容易释放出来，随食物进入人体后有害健康。双酚 A 是一种普遍应用在塑料食品包装材料中的化学物质，在锡罐内涂层和粘合剂中也在使用。塑料食品包装中的双酚 A 在加热后可融入食品，它具有类雌激素的功能。前不久美国研究人员通过动物实验发现，双酚 A 可能会增加女性患乳腺癌的危险。

（2）印刷油墨 食品包装膜对油墨的要求除了具有一般的与基材结合力、耐磨性外，还要能够耐杀菌和水煮处理要求，及耐冻性、耐热性等以保证在运输、贮存过程中不会发生油墨脱落、凝结等现象。

目前大多数油墨本身含苯，只能用含有甲苯的混合溶剂来进行稀释，如果企业在生产食品包装袋时使用了纯度较低的廉价甲苯，那么苯残留的问题会更加严重。问题在于相关标准对食品包装材料的苯含量虽然作了限量规定，但是，限量控制对企业来说很难做到。原因在于，苯的检测费用颇高，一个包装检测就要花 1000 多元。

（3）印刷辅料 食品包装印刷污染已经成为食品二次污染主要原因之一。一直以来被公认为是致癌物质的苯类，目前主要用于复合包装材料粘合剂和塑料印刷油墨的溶剂。由于在印刷过程中苯类溶剂挥发不完全，有可能造成苯类物质在包装材料中残留。在食品包装过程中，苯类物质渗透到食品中，从而造成对食品的污染。

据统计，2004 年，我国规模化厂家生产的食品及药品包装用塑料油墨中，其中用于双向拉伸聚丙烯（BOPP）膜印刷的氯化聚丙烯油墨的含量占到 60% 以上。而该体系的油墨溶剂和稀释溶剂中，苯类溶剂的含量一般占到 50% 左右，不但危害人类身体健康，而且影响到我国食品包装业，甚至整个食品工业的健康发展。残留在包装内的苯类溶剂，易被包装内的食品吸附，导致食品污染。虽然苯溶油墨在印刷时通过干燥可去除绝大部分甲苯溶剂，但是由于油墨中的颜料吸附力强，仍易产生残留。

（4）印刷工艺 我国目前的食品包装袋基本上以凹印为主，在超市里所见到的各种各样的食品包装袋，包括饼干、糕点、奶粉等包装，也基本上采用氯化聚丙烯类油墨印刷的居多。而欧美等国家大都采用柔印为主，柔印在网点表现上比凹印稍逊一筹，印刷质量稍逊，但是在环保方面却占尽先机。在我国，柔印等环保技术在市场上的接受度并不高。因为柔印采用的是凸印原理，比起浓油重彩的凹印，相对上色油墨较少，比较薄，着色度也不是很高，从亮度上来讲不及凹印鲜亮。包装工业应不断加强油墨、胶粘剂、印刷、复合加工新技术、新工艺的研究，生产出安全、环保的食品包装产品。

2. 对食品包装材料安全性的基本要求

包装材料的溶出物是影响食品安全卫生的关键。早在 1980 年世界著名食品包装专家 Conor Reliy 就在《METAL CONTAMINATION OF FOOD》一书中有所论述，近年在 HACCP 安全体系中也有规定。

(1) 纸包装　纸是最古老最传统的包装材料，但它的不安全隐患也不容忽视，其主要原因是造纸过程中需在纸浆中加入化学品，如防渗剂/施胶剂、填料（使纸不透明）、漂白剂、染色剂等。防渗剂主要采用松香皂；填料采用高岭土、碳酸钙、二氧化钛、硫化锌、硫酸钡及硅酸镁；漂白剂采用次氯酸钙、液态氯、次氯酸、过氧化钠及过氧化氢等；染色剂使用水溶性染料和着色颜料，前者有酸性染料、碱性染料、直接染料，后者有无机和有机颜料。

纸的溶出物大多来自纸浆的添加剂等化学物质。漂白剂在水洗纸浆时完全溶出；染色剂如果不存在颜色的溶出，不论何种颜色均可使用；但若有颜色溶出时，只限使用食品添加剂类染色剂。另外，无机颜料中多使用各种金属，如红色的多用铬系金属，黄色的多用铅系金属。这些金属即使在 10^{-6}（即 ppm）级以下也能溶出而致病。食品安全卫生法规定，食品包装材料禁止使用荧光染料。此外，从纸制品中还能溶出防霉剂或树脂加工时使用的甲醛。

玻璃纸的溶出物基本同纸一样，不同之处就是玻璃纸使用甘油类柔软剂。防潮玻璃纸需要进行树脂加工，大多使用硝酸纤维素、氯乙烯树脂、聚偏二氯乙烯树脂等。

(2) 塑料包装　塑料是使用最广泛的食品包装材料。塑料一般可分为热固性和热塑性两种。前者有脲醛树脂（UF）、酚醛树脂（PF）、三聚氰胺-甲酰树脂（MF）；而后者则包括聚氯乙烯树脂（PVC），聚偏二氯乙烯树脂（PVDC），聚乙烯（PE），聚丙烯（PP），聚苯乙烯（PS），尼龙（NY），苯乙烯-丙烯腈树脂（AS），ABS 树脂（丙烯腈-丁二烯-苯乙烯共聚物），聚酯类树脂如聚对苯二甲酸乙二醇酯（PET）、聚萘二甲酸乙二醇酯（PEN）等。不同的树脂使用不同的添加剂，制作复合材料时使用粘合剂，如甲苯二异氰酸酯（TDI）、氨基乙磺酸二乙酸（TDA）等。

对于食品包装而言，不安全隐患在于 UF、PF、MF 的甲醛，PVC 在于氯乙烯单体，PS 在于甲苯、乙苯、丙苯等化合物。此外，与塑料添加剂也有关，如稳定剂（抗氧化剂、用于聚氯乙烯树脂的稳定剂及紫外线吸收剂）、润滑剂、着色剂、抗静电剂、增塑剂等。稳定剂一般应使用安全型的，使用重金属系稳定剂一般要慎之又慎，食品包装材料一般禁止使用铅、氯化铬、二丁基锡化合物等稳定剂。增塑剂的添加量应控制在 5%～40%，其余各种添加剂添加量均在 3% 以下。

(3) 金属包装　一般分为箔材和罐材两种，前者使用铝箔或铁箔（过去少量的锡箔）；后者多用于镀锡罐。使用铝箔时对材质的纯度要求非常高，必须达到 99.99%，几乎没有杂质。但是使用铝箔时因为存在小气孔，很少单独使用，多与塑料薄膜粘合在一起使用。金属罐的表面大部分用塑胶涂覆。

过去使用的镀锡罐，一般来说其溶出的锡会形成有机酸盐，毒性很大，此类中毒事例较多。如 1960 年日本发生的果汁罐头中毒事件中，250mL 的每盒罐头内，竟查出锡溶出量高达 1000～1500mg。造成食源性疾病的物质是柠檬酸或苹果酸的锡盐。按照食品卫生法规定，日本镀锡的果汁罐头锡的溶出限度为 $150\mu g/L$ 以下，英国为 $200\mu g/L$ 以下。此外，焊锡也能造成铅中毒。不过现在大部分罐头盒的内壁均有涂层，因此几乎不存在由于镀锡而引起的中毒事件。

（4）木制容器、陶瓷与搪瓷食品容器　木制食品包装容器与陶瓷搪瓷食品容器虽质地不同，但其表面都要经过处理，或涂涂料，或上釉。涂料、釉都是化学品（釉含硅酸钠和金属盐，以铅较多）。另外，着色颜料中也有金属盐，因此也会有不安全隐患。特别是现在流行的密度纤维板制月饼、茶叶包装盒，因含有大量游离甲醛和其他一些有害挥发物质而令人堪忧。

研究表明，釉涂覆在陶瓷或搪瓷坯料表面，并在 800～1000℃ 温度下烧制而成，如果烧制温度低，就不能形成不溶性的硅酸盐，在 40％的乙酸溶出试验中见到金属的溶出。据研究报道，已上釉的包装容器，如使用鲜艳的红色或黄色彩绘图案，会出现铅或镉的溶出。

（5）玻璃容器　玻璃也是一种无机物质的熔融物，其主要成分为 SiO_2-Na_2O，其中无水硅酸占 65％～72％，烧成温度为 1000～1500℃，因此大部分都形成不溶性盐。但是因为玻璃的种类不同，还存在着来自原料中的溶出物，所以在安全检测时应该检测碱、铅（铅结晶玻璃）及砷（消泡剂）的溶出量。

玻璃的着色需要用金属盐，如蓝色需要用氧化钴，茶色需要用石墨，竹青色、淡白色及深绿色需要用氧化铜和重铬酸钾，无色需要用碱。安全卫生法规定，铅结晶玻璃的铅溶出量应限定在 $1～2\mu g/L$（即 1～2ppm）之间。

（6）橡胶　橡胶单独作为食品包装材料使用的比较少，一般多用作衬垫或密封材料。它有天然橡胶和合成橡胶两大类，后者还可以细分。橡胶的添加剂有交联剂、防老化剂、加硫剂、硫化促进剂及填充剂等。天然橡胶的溶出物受原料中天然物（蛋白质、含水碳素）的影响较大，而且由于硫化促进剂的溶出使其数值加大。就合成橡胶而言，使用的防老化剂对溶出物的量有一定影响。一般常用的橡胶添加剂中，有毒性的或怀疑有毒性的有 β-萘胺、联苯胺、间甲苯二胺、氯苯胺、苯基萘基胺、巯基苯并噻唑及丙烯腈、氯丁二烯。

由于橡胶本身具有容易吸收水分的特点，所以其溶出物比塑料多。现在的日本食品卫生法，除了对哺乳用的奶嘴有一定的限制外，对橡胶制品还没有作出限制规定。

第三节　新技术对食品安全性的影响

一、转基因食品的安全性

1. 转基因食品的概念

转基因食品就是通过转移动植物及微生物的基因，并加以改变，制造出具备新特征的食品种类。如利用生物技术将某些动物的基因转移到其他物种上去，使其出现原物种原来并不具备的特征，这些转变可以按照人类所需的目标来完成。例如，人们可以用鲜鱼的基因帮助西红柿、草莓等普通植物抵御寒冷；把某些细菌的基因接入玉米、大豆的植株中，就可以更好地保护它们不受害虫的侵袭。

从 20 世纪 70 年代发展起来的基因工程技术已能够对生物体进行精确的改造，创造出转基因生物，又称遗传改良生物或遗传饰变生物。根据联合国粮农组织及世界卫生组织（FAO/WHO）、食品标准法典委员会（CAC）及卡塔尔生物安全议定书协议中定义，转基因技术是指使用基因工程或分子生物学技术（不包括传统育种、细胞及原生质体融合、杂交、诱变、体外受精、体细胞变异及多倍体诱导等技术），将遗传物质导入活细胞或生物体中，产生基因重组现象，并使之表达并遗传的相关技术。转基因生物是指遗传物质基因被改变的生物，其基因改变的方式是通过转基因技术，而不是以自然增殖或自然重组的方式产生，包括转基因植物、转基因动物和转基因微生物三大类。转基因食品（genetically modified food，简称GMF）是指用转基因生物制造或生产的食品、食品原料及食品添加物等。目前三类转基因生物已经进入食品领域，而被批准商业化生产的转基因食品中90%以上为转基因植物及其衍生产品。

　　2. 转基因食品质量安全问题

　　当前转基因食品安全性争议范围之广，大概只有20世纪40年代的核技术能与之相比。支持派认为如果转基因农业生物技术得不到社会支持，这一研究将被扼杀，并且强调，迄今为止并没有发现转基因食品危害人体健康和环境的确切证据。但环保组织认为这种违反自然的转基因作物及产品，未经长期安全测试，长期食用可能对人类及生态环境造成负面影响。尤其是注重环境和生态保护的欧盟国家，对转基因作物更加排斥，因而抵制美国转基因生物产品的进口。

　　关于转基因生物安全性的争论主要在两个方面：一是通过食物链对人产生影响；二是通过生态链对环境产生影响。食物安全性因素主要考虑以下几点。

　　① 转基因产物的直接影响是营养成分、毒性或增加食物过敏性物质的可能。

　　② 转基因间接影响是经遗传工程修饰的基因片段导入后，引发基因突变或改变代谢途径，致使其最终产物可能含有新的成分或改变现有成分的含量所造成的间接影响。

　　③ 植物经导入了具有抗除草剂或毒杀虫功能的基因后，它是否也像其他有害物质一样能通过食物链进入人体内。

　　④ 转基因食品经胃肠道的吸收而将基因转移至胃肠道微生物中，从而对人体健康造成影响。

　　鉴于以上情况和现有的研究成果，当前人们关注的转基因食品质量安全问题主要有以下几个方面。

　　(1) 转基因食品可能产生的过敏反应　食品过敏是一个世界性的公共卫生问题，据估计有近2%的成年人和4%~6%的儿童患有食物过敏。食物过敏是人体对食品所含有害物质的反应，它涉及人体免疫系统对某种或某类特异蛋白的异常反应。真正的食物过敏是指人对食物中存在的抗原分子的不良免疫介导反应。过敏反应是由免疫球蛋白E（IgE）与过敏原的相互作用引起的。世界上由IgE介导引起过敏反应最常见的食物是鱼类、花生、大豆、牛奶、蛋、甲壳纲动物、小麦和核果类，约占过敏反应的90%。到目前为止已发现的引起过敏反应的蛋白质大约有200种。转基因作物通常插入特定的基因片断以表达特定的蛋白，而所表达蛋白如果是已知过敏原，则有可能引起人类的不良反应，即便表达蛋白为非已知过敏原，但只要是在转基因作物的食用部分表达，则也需对其进行评估。1996年国际食品生物技术委员会等制定出一套分析改良食品过敏性的树状分析法，并已用于转基因食品的过敏性分析。

　　有些食物成分也可能成为半抗原，绝大多数食物过敏原都是蛋白质，上万种食物蛋白质中能作为过敏原的蛋白质所占的比例是很少的。可以从以下方面考虑有食物过敏原的可能：①供体生物的基因来源是否含有已知的过敏原；②相对分子质量：大多数已知的过敏原的相对分子质量为 $1 \times 10^4 \sim 4 \times 10^4$；③序列同源性：许多过敏原的序列已知，可比较免疫作用明显的序列是否相似；④热和加工稳定性：熟食品和加工过的食品，问题较少；⑤pH和胃液作用：大多数过敏原抗酸和蛋白水解酶的消化。

　　(2) 抗生素标记基因可能使人和动物产生抗药性　由于转基因食品研发中使用了抗生素

抗性标记基因，用于帮助在植物遗传转化筛选和鉴定转化的细胞、组织和再生植株。标记基因本身并无安全性问题，有争议的一个问题是会有基因水平转移的可能性。因此对抗生素抗性标记基因的安全性考虑之一是转基因植物中的标记基因是否会在肠道水平转移至微生物，从而影响抗生素治疗的有效性，进而影响人或动物的安全。

（3）食品品质的改变　转基因食物营养学的变化也是值得引起重视的问题。转基因食品在营养方面的变化可能包括营养成分构成的改变和不利营养成分的产生。通过插入确定的DNA 序列可以为宿主生物提供一种特定的目的品质，称为预期效应，在理论上也有一些生物获得了额外的品质或使原有的品质丧失，这就是非预期效应。对转基因食品的评价应包括这类非预期效应。许多研究致力于用基因工程技术改变作物以期获得更理想的营养组成，由此提高食品的品质，如淀粉含量高、吸油性低的马铃薯，含 β-胡萝卜素的金稻，有利于酿造的低蛋白的水稻，不含芥子酸的卡诺那油菜等，但也出现了非预期的效应，如一种遗传工程大豆提高了赖氨酸含量，却降低了脂类的含量。

（4）潜在毒性　遗传修饰在打开一种目的基因的同时，也可能会无意中提高天然植物毒素的含量。如芥酸、龙葵素、棉酚、组胺、酪胺、番茄中的番茄毒素、马铃薯中的茄碱、葫芦科作物中的葫芦素、木薯和利马豆中的氰化物、豆科中的蛋白酶抑制剂、油菜中致甲状腺肿物质、香蕉中胺类前体物、神经毒素等。生物进化过程中，生物自身的代谢途径在一定程度上抑制毒素表现，即所谓的沉默代谢。但是在转基因食品加工过程中由于基因的导入有可能使得毒素蛋白发生过量表达，增加这些毒素的含量，给消费者造成伤害。

（5）影响人体肠道微生态环境　转基因食品中的标记基因有可能传递给人体肠道内正常的微生物群，引起菌群谱和数量变化，通过菌群失调影响人的正常消化功能。

（6）影响膳食营养平衡　转基因食品的营养组成和抗营养因子变化幅度大，可能会对人群膳食营养产生影响，造成体内营养素平衡紊乱。此外，有关食用植物和动物中营养成分改变对营养的相互作用、营养基因的相互作用、营养的生物利用率、营养的潜能和营养代谢等方面的作用，目前研究的资料很少。

二、辐照食品的安全性

（一）辐照食品的定义

所谓辐照食品，是将食品经一定量的放射线（通常用的为 ^{60}Co 所产生的 γ 射线）照射，以抑制食品的发芽（如马铃薯、洋葱），杀灭食品中的害虫和微生物，从而防止食品的腐败变质，延长食品的保存期限。这种保存食品的新方法，具有价廉、方便、高效、安全等优点，且不损害食品的营养成分和不改变食品的口味。它与传统的食品保藏法相比，无疑是很大的进步。

食品辐照保鲜并非让食品直接与放射性物质接触，而是利用放射性物质辐射出的高能量射线（常用剂量单位用 Gy 表示），杀灭食品中的病源微生物和寄生虫卵，并延缓细胞的成熟、分解过程，达到消毒、灭菌、保鲜的目的。实践表明，经辐照处理的鱼类，不需冷冻即可远途运输而不变质；肉类不需冷冻和化学处理，可贮存几个月之久；蔬菜保鲜期可延长一两个月。

（二）辐照食品的安全性

安全与卫生是食品辐照保藏技术应用的先决条件，同时也是多年来国际上争议最多的问题。争论的焦点是：辐照食品会不会产生有毒物质，食用辐照食品会不会致癌，是否对遗传有影响，营养成分是否严重破坏，食品中是否会产生诱导放射性及突变微生物的危害？10多年来，国内外对辐照食品的安全与卫生作了大量的研究工作。FAO、IAEA 和 WHO 联合专家委员会于 1980 年 10 月在日内瓦召开会议，确认辐照剂量为 1kGy 的食品不会产生毒性物质，也不会有营养变化；而用于杀菌的辐照处理，剂量为 10kGy 可能会因条件不同对维生素有些影响，但是没有毒性。

1. 辐照对食品营养价值的影响

食品在辐照后，蛋白质、糖类、脂肪的营养价值不会发生显著变化，它们的利用率基本不受辐照的影响。但是其物理化学性质会有一定的变化，如影响蛋白质的结构、抗原性等。脂肪可能产生过氧化物。碳水化合物是比较稳定的，但在大剂量照射时也会引起氧化和分解，使单糖增加。

（1）蛋白质 一般来说，在低剂量下辐照，主要发生特异蛋白质的抗原性变化。高剂量辐照可能引起蛋白质伸直、凝聚、伸展，甚至使分子断裂，并使氨基酸分裂出来。辐射效应还集中到含硫键的周围，并且氢键也受到破坏。被电离辐射破坏的蛋白化学键的顺序是 $-S-CH_3$、$-SH$、咪唑、吲哚、α-氨基、肽键和脯氨酸。通过辐照，蛋白质和蛋白质的基质可能产生臭味化合物和氨。在高剂量辐照食品的情况下，所产生的异味是由于分别从苯丙氨酸、酪氨酸以及甲硫氨酸形成了苯、苯酚和含硫化合物的结果。这些氨基酸对辐照作用是敏感的，裂解后产生了难闻的化合物。

（2）糖类 辐照导致复杂的糖类解聚作用。对小麦的研究表明，在 0.2～10kGy 的辐照剂量下，水溶性还原糖的含量可以增加 5％～92％。这种还原糖的普遍增加是由于淀粉逐步不规则地被降解造成的。以麦芽糖值表示的糖化度，在发酵后明显增加。

（3）脂类 在较高的辐照剂量下，一般来说会出现脂类过氧化作用，而这种作用又影响维生素 E、维生素 K 等一些不稳定的维生素。这些作用与在加热杀菌中的趋势是相同的。此外，还会有过氧化物和挥发性化合物的形成以及产生酸败和异味。

一些研究者已经评价了辐照对小麦中脂类的影响。通常谷物中的脂类似乎仅在高剂量辐照下降解，小麦面粉脂类的碘值、酸度或色泽强度没有明显的变化。

（4）维生素 食品在辐照时维生素会被破坏，不同维生素对辐照有不同的敏感性。脂溶性维生素 K 是最敏感的，水溶性维生素 B_1 也很敏感。大多数维生素含量变化与加热处理相似。

在 3～10kGy 的辐照水平，依据不同食品辐照温度、空气中暴露程度以及辐照量和剂量的不同，维生素 B_1 可以损失 0～94％。除去稻谷中害虫必需剂量的辐照使维生素 B_1 损失 0～22％，小麦和豆科植物中烟酸（抗癞皮病维生素）的含量即使在高于 2.5kGy 的剂量下也降低很少。

另一种不稳定的 B 族维生素是维生素 B_6，例如，在鱼肉中损失高达 25％。核黄素（维生素 B_2）在不同条件下也发生一些损失。总的来讲，辐照过程中 B 族维生素的损失一般比加热损失要小。

在所有的维生素中，维生素 C 最容易被破坏。它对所有食品的加工工艺几乎都是不稳定的，当然辐照也不例外。依据水果或蔬菜被辐照的剂量、空气中暴露和温度等不同，维生素 C 损失 1％～95％不等。用于抑芽和辐照灭菌的低剂量辐照使维生素 C 损失 1％～20％。

总的来说，食品经电离辐照处理后，其常量营养素和微量营养素都会受到一些影响。但辐照处理在规定使用的剂量下，不会使食品营养质量有显著下降。

2. 人体食用辐照食品的试验

我国于 1982 年开始了以短期人体试验为主的辐照食品的卫生安全性研究，到 1985 年底完成了 8 次短期的人体食用辐照食品试验，供试的辐照食品包括大米、马铃薯、蘑菇、花生、香肠等。食用量为全饮食量的 60%～66%，试验延续时间为 7～15 周，其中对香肠做了 2 年的跟踪观察。所用的最高辐照剂量为 8kGy（猪肉香肠），参加试食辐照食品的志愿者达 439 人次，经详细体检后的各项指标表明，食用辐照食品对人体未产生任何有害的影响。1987 年上海放射医学研究所对上海医科大学 70 名（男性 36 人）健康学生混合随机分配为试验、对照两组，双盲目法试验 90d，辐照食品组和对照组均在试餐前后检查外周淋巴细胞亚群 T、B 细胞各一次，结果均波动于正常范围之内。

美国军队的志愿者一年内食用饮食中含 32%～100% 的辐照食品 7 个周期（每周期 15d），实验结束和一年以后生理检查和临床实验未表现出任何不良作用。

但是也有辐照食品的反对者指出：现有人体试验最长为 15 周，尚不能证明长期食用对人体特别是对婴儿的健康没有不良影响。

3. 关于放射性污染和感生放射性问题

食品经 X 射线、γ 射线或加速电子照射后是否有感生放射性产生，是否受放射性物质的污染等一直是人们所关心的问题。有关辐射研究表明：只有在辐射能级达到一定的阈值后，才能使被照射物质产生感生放射性。经试验证明，5MeV 是促使被辐照物质产生感生放射性的能量阈值，而目前应用于食品辐照的放射源几乎都是 ^{60}Co（射线的能量为 1.17MeV 或 1.33MeV）和 ^{137}Cs（能量为 0.66MeV）。它们所放出射线能量远远低于 5MeV，因而经 ^{60}Co 或 ^{137}Cs 放射源照射的食品不可能产生感生放射性。至于以加速电子为放射源的食品辐照，美国陆军纳蒂克（Natick）研究中心在一份交给世界卫生组织关于《10～16MeV 加速电子辐照食品产生感生放射性测定的报告》中指出，即使应用能量级为 16MeV 的电子加速器为辐照源辐照食品，所产生的感生放射性也是可以忽略的，即便有，其寿命也非常短。FAO/IAEA/WHO 联合咨询小组在审议辐照食品的可接受性报告后签署声明指出：照射食品的射线能量，加速电子要小于 10MeV；X 射线和 γ 射线要小于 5MeV。在此最高限额下，放射性物质的增加值不足食物天然放射性含量的二十万分之一。由于所有应用于食品辐照的能量均小于上述能量阈值，因此关于辐照食品可能存在感生放射性的问题是完全没有必要担心的。事实上，所有的食品都是具有放射性的，食品背景放射性随着农业来源而变化。从目前食品辐照采用的射线形式和剂量看，在诱导放射性方面不会引起健康危害。

三、欧姆加热食品的安全性

电阻加热技术（又称为欧姆加热）近年来在国外食品加工领域中受到广泛的重视。该加热方法与传统的食品加热方法截然不同，是一种借通入电流使液态食品内部产生热量达到杀菌目的的新型加热杀菌技术。这种杀菌方法主要是针对含颗粒流体食品的无菌加工，如牛肉丁和胡萝卜丁的汤汁类液态食品，对提高食品品质和风味质量，便于过程控制和降低操作费用，均有关键作用。

但是，欧姆加热也存在一定的问题。①大颗粒快速加热后，在冷却时随着压力下降，会产生膨化和其他一系列问题，限制了欧姆杀菌技术在大颗粒物料上的应用；②由于管道内传热的不均匀，管道内壁部分流速低，容易过热而结垢。③欧姆杀菌技术的特征就是电极直接接触食品。在以往的柱式欧姆加热器中加热电极往往采用金属电极，在高电压和一定电流下，会产生电解，影响食品品质。④欧姆加热通常采用较高的电压，在加热时食品中会产生局部微电弧，使产品产生轻微的焦煳，影响产品的品质。⑤食品能否适合欧姆加热取决于该食品的导电性。绝缘体不能直接使用欧姆加热法，如不能离子化的共价键流体（如油脂、乙醇、糖浆）以及非金属的固体物质（如骨质成分、纤维素、冰的结晶）等。但所幸的是绝大多数食品均含有溶解了一定量离子盐的游离水，因此便成了导体。能用泵送的食品其水分含量都在 30％以上，具有导电性，所以可有效地使用欧姆加热法进行杀菌。在欧姆加热法中，为了增加导电性，一般不适宜使用未加盐的自来水。

本 章 小 结

　　本章对食品生产及贮藏过程中有可能污染食品并对食用者造成健康威胁的一些内源性和外源性因素进行分析、概括、总结，为食品安全质量标准的制定及指导消费者的健康饮食提供理论支撑。

　　对食品安全造成影响的因素主要包括生物因素、化学因素及食品生产中采用的新技术等，其中生物因素是威胁食品安全的首要因素，其次是化学因素。

　　对食品安全造成影响的生物因素主要包括微生物污染，如细菌、病毒、真菌及其毒素的污染等；寄生虫污染，如旋毛虫、囊虫、弓形虫等；昆虫污染，如蝇、蛆等。在诸多引起食物中毒的因素中，生物污染居食物中毒因素之首位。在生物性污染中，微生物污染是涉及面最广、影响最大、问题最多的一种污染，主要包括细菌污染（易引起食品中毒及食品的腐败变质）、霉菌污染（如黄曲霉毒素污染、杂色曲霉素和赭曲霉素污染、岛青霉素污染等）及病毒污染。

　　对食品安全造成影响的化学因素主要包括农药污染（如有机氯农药污染、有机磷农药污染、氨基甲酸酯农药污染、拟除虫菊酯农药及除草剂污染）、兽药污染（抗生素类药物污染、磺胺类药物污染、呋喃类药物污染、盐酸克伦特罗污染等）、有害化学元素污染（如铅、镉、汞、锌等有害金属的污染）、食品添加剂污染（在食品加工过程中所存在的超量使用食品添加剂、超范围使用添加剂、违禁使用食品添加剂等现象都会给食品安全带来巨大的隐患）、动植物中天然有害物质（如致甲状腺肿物、生氰糖苷、外源凝集素、消化酶抑制剂、生物碱糖苷、类黄酮、蘑菇毒素等天然植物毒素引起的食物中毒及海洋鱼类的毒素、贝类毒素、海参类等天然动物毒素引起的食物中毒）、食品容器和包装材料及食品加工过程中产生的有害物质等；化学因素是继生物性因素之后又一重要的食品安全隐患。

　　食品生产中采用的一些新技术，如转基因技术引发的转基因食品的安全性问题（如转基因食品可能引起人类的过敏反应、转基因技术可能改变食品的品质、转基因食品所存在的潜在毒性问题及转基因食品可能影响人体肠道微生态环境等）、辐照食品的安全性及欧姆加热食品的安全性等。

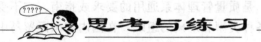

思 考 与 练 习

　　1. 食品中的生物性污染包括哪些因素？

　　2. 致病性细菌污染对食品有哪些影响？

　　3. 食品中常见的霉菌毒素有哪些？对人体有什么危害？

　　4. 何谓兽药残留？其对食品安全性有何影响？

　　5. 何谓农药残留？其对食品安全性有什么影响？

　　6. 举例说明食品添加剂对食品安全性的影响。

　　7. 举例说明动植物中天然有毒物质对食品安全性的影响。

　　8. 食品中常见的有害化合物有哪些？N-亚硝基化合物对人体有何危害？

　　9. 何谓转基因食品？其安全性如何？

　　10. 何谓辐照食品？其安全性如何？

　　11. 欧姆加热食品存在什么缺点？

第四章 食品质量管理与安全控制技术

知识目标
掌握 ISO 9001：2000 质量管理体系、ISO 22000：2005 食品安全管理体系、QS 市场准入制度的基础知识。
技能目标
1. 学会应用 ISO 9001：2000 质量管理体系标准进行质量管理的案例分析。
2. 学会应用 ISO 22000：2005 食品安全管理体系标准进行食品安全管理的案例分析。
3. 学会运用 QS 的取证流程，为企业进行 QS 的取证工作。

第一节 ISO 9000 质量管理体系

一、ISO 9000 族标准简介及其实施的现实意义

1. ISO 9000 族标准简介

ISO 9000 族标准是国际标准化组织（ISO）在 1994 年提出的概念，是指"由 ISO/TC 176（国际标准化组织质量管理和质量保证技术委员会）制定的所有国际标准"。该标准族可帮助组织实施并有效运行质量管理体系，是质量管理体系通用的要求或指南。它不受具体的行业或经济部门的限制，可广泛适用于各种类型和规模的组织，在国内和国际贸易中促进相互理解和信任。

2000 版 ISO 9000 族标准包括以下一组密切相关的质量管理体系核心标准。

——ISO 9000《质量管理体系 基础和术语》，表述质量管理体系基础知识，并规定质量管理体系术语。

——ISO 9001《质量管理体系 要求》，规定质量管理体系要求，用于证实组织具有提供满足顾客要求和适用法规要求的产品的能力，目的在于增进顾客满意。

——ISO 9004《质量管理体系 业绩改进指南》，提供考虑质量管理体系的有效性和效率两方面的指南。该标准的目的是促进组织业绩改进和使顾客及其他相关方满意。

——ISO 19011《质量和（或）环境管理体系审核指南》，提供审核质量和环境管理体系的指南。

2. 实施 ISO 9000 族标准的现实意义

ISO 9000 族标准是世界上许多经济发达国家质量管理实践经验的科学总结，具有通用性和指导性。实施 ISO 9000 族标准，可以促进组织质量管理体系的改进和完善，对促进国际经济贸易活动、消除贸易技术壁垒、提高组织的管理水平都能起到良好的作用。概括起来，主要有以下几方面的作用和意义。

（1）为提高组织的运作能力提供了有效的方法 ISO 9000 族标准鼓励组织在制定、实施质量管理体系时采用过程方法，通过识别和管理众多相互关联的活动，以及对这些活动进

行系统的管理和连续的监视与控制，以实现顾客能接受的产品。此外，质量管理体系提供了持续改进的框架，增加顾客和其他相关方满意的机会。因此，ISO 9000 族标准为有效提高组织的运作能力和增强市场竞争能力提供了有效方法。

（2）有利于增进国际贸易，消除技术壁垒　在国际经济技术合作中，ISO 9000 族标准被作为相互认可的技术基础，ISO 9000 的质量管理体系认证制度也在国际范围中得到互认，并纳入合格评定的程序之中。世界贸易组织/技术壁垒协定（WTO/TBT）是 WTO 达成的一系列协定之一，它涉及技术法规、标准和合格评定程序。贯彻 ISO 9000 族标准为国际经济技术合作提供了国际通用的共同语言和准则；取得质量管理体系认证，已成为参与国内和国际贸易、增强竞争能力的有力武器。因此，贯彻 ISO 9000 族标准对消除技术壁垒、排除贸易障碍起到了十分积极的作用。

（3）有利于组织的持续改进和持续满足顾客的需求和期望　顾客要求产品具有满足其需求和期望的特性，这些需求和期望应在产品的技术要求或规范中表述。因为顾客的需求和期望是不断变化的，这就促使组织持续地改进产品和过程。而质量管理体系要求恰恰为组织改进其产品和过程提供了一条有效途径。因而，ISO 9000 族标准将质量管理体系要求和产品要求区分开来，它不是取代产品要求，而是把质量管理体系要求作为对产品要求的补充。这样有利于组织的持续改进和持续满足顾客的需求和期望。

二、ISO 9000：2000 标准的基本内容

（一）八项质量管理原则

1．原则一　以顾客为关注焦点

组织依存于顾客。因此，组织应当理解顾客当前和未来的需求，满足顾客要求并争取超越顾客期望。

2．原则二　领导作用

领导者确立组织统一的宗旨和方向。他们应当创造并保持使员工能充分参与实现组织目标的内部环境。

3．原则三　全员参与

各级人员都是组织之本，只有他们的充分参与，才能够使他们的才干为组织带来收益。

4．原则四　过程方法

将活动和相关的资源作为过程进行管理，可以更高效地得到期望的结果。

5．原则五　管理的系统方法

将相互关联的过程作为系统加以识别、理解和管理，有助于组织提高实现目标的有效性和效率。

6．原则六　持续改进

持续改进总体业绩应当是组织的一个永恒目标。

7．原则七　基于事实的决策方法

有效决策是建立在数据和信息分析的基础上。

8．原则八　与供方互利的关系

组织与供方是相互依存的，互利的关系可增强双方创造价值的能力。

（二）质量管理体系十二项基础

1．基础一　质量管理体系说明

质量管理体系能够帮助组织增进顾客满意。顾客要求产品具有满足其需求和期望的特性，这些需求和期望在产品规范中表述，并集中归结为顾客要求。顾客要求可以由顾客以合

同方式规定或由组织自己确定，在任一情况下，顾客最终确定产品的可接受性。因为顾客的需求和期望是不断变化的，这就促使组织持续地改进其产品和过程。

质量管理体系方法鼓励组织分析顾客要求，规定相关的过程，并使其持续受控，以实现顾客能接受的产品。质量管理体系能提供持续改进的框架，以增加使顾客和其他相关方满意的可能性。质量管理体系还就组织能够提供持续满足要求的产品，向组织及其顾客提供信任。

2. 基础二　质量管理体系要求与产品要求

GB/T 19000 族标准把质量管理体系要求与产品要求区分开来。GB/T 19001 规定了质量管理体系要求。质量管理体系要求是通用的，适用于所有行业或经济领域，不论其提供何种类别的产品。GB/T 19001 本身并不规定产品要求。

产品要求可由顾客规定，或由组织通过预测顾客的要求规定，或由法规规定。在某些情况下，产品要求和有关过程的要求可包含在如技术规范、产品标准、过程标准、合同协议和法规要求中。

3. 基础三　质量管理体系方法

建立和实施质量管理体系的方法包括以下步骤：

确定顾客和其他相关方的需求和期望
↓
建立组织的质量方针和质量目标

确定实现质量目标必需的过程和职责

确定和提供实现质量目标必需的资源

规定测量每个过程的有效性和效率的方法

应用这些测量方法确定每个过程的有效性和效率
↓
确定防止不合格并消除产生原因的措施

建立和应用过程以持续改进质量管理体系

上述方法也适用于保持和改进现有的质量管理体系。

采用上述方法的组织能对其过程能力和产品质量建立信任，为持续改进提供基础。这可增加顾客和其他相关方满意，并使组织成功。

4. 基础四　过程方法

任何使用资源将输入转化为输出的活动或一组活动可视为过程。为使组织有效运行，必须识别和管理许多相互关联和相互作用的过程。通常，一个过程的输出将直接成为下一个过程的输入。系统的识别和管理组织所使用的过程，特别是这些过程之间的相互作用，称为"过程方法"。本标准鼓励采用过程方法管理组织。图 4-1 使用基于过程的质量管理体系表述 GB/T 19000 族标准。该图表明在向组织提供输入方面相关方起到了重要作用。监视相关方满意需要评价有关相关方感觉的信息，这种信息可以表明其需求和期望已得到满足的程度。图 4-1 中的模式不表明更详细的过程。

5. 基础五　质量方针和质量目标

建立质量方针和质量目标为组织提供了关注的焦点。两者确定了预期的结果，并帮助组

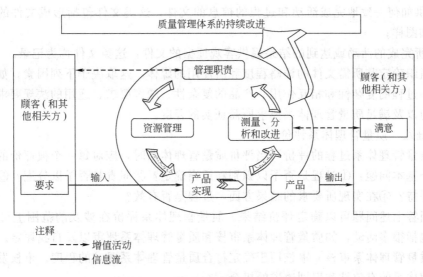

图 4-1　基于过程的质量管理体系

注：括号中的陈述不适用于 GB/T 19001

织利用其资源达到这些结果。质量方针为建立和评审质量目标提供了框架。质量目标需要与质量方针和持续改进的承诺相一致，并是可测量的。质量目标的实现对产品质量、作业有效性和财务业绩都有积极的影响，因此对相关方的满意和信任也产生积极影响。

6．基础六　最高管理者在质量管理体系中的作用

最高管理者通过其领导活动可以创造一个员工充分参与的环境，质量管理体系能够在这种环境中有效运行。基于质量管理原则（见标准 0.2），最高管理者可发挥以下作用：

① 制定并保持组织的质量方针和质量目标；

② 在整个组织内促进质量方针和质量目标的实现，以增强员工的意识、积极性和参与程度；

③ 确保整个组织关注顾客要求；

④ 确保实施适宜的过程以满足顾客和其他相关方要求，并实现质量目标；

⑤ 确保建立、实施和保持一个有效的质量管理体系，以实现这些质量目标；

⑥ 确保获得必要资源，定期评价质量管理体系，决定有关质量方针和质量目标的活动；

⑦ 决定质量管理体系的改进活动。

7．基础七　文件

（1）文件的价值　文件能够沟通意图、统一行动，它有助于：①符合顾客要求和质量改进；②提供适宜的培训；③重复性和可追溯性；④提供客观证据；⑤评价质量管理体系的持续适宜性和有效性。

文件的形成本身并不是很重要，它应是一项增值的活动。

（2）质量管理体系中使用的文件类型　在质量管理体系中使用下述几种类型的文件：

① 向组织内部和外部提供关于质量管理体系的一致信息的文件，这类文件称为质量手册；

② 表述质量管理体系如何应用于特定产品、项目或合同的文件，这类文件称为质量计划；

③ 阐明要求的文件，这类文件称为规范；

④ 阐明推荐的方法或建议的文件，这类文件称为指南；

⑤ 提供如何一致地完成活动和过程的信息的文件，这类文件包括形成文件的程序、作业指导书和图样；

⑥ 对所完成的活动或达到的结果提供客观证据的文件，这类文件称为记录。

每个组织确定其所需文件的详略程度和所使用的媒体。这取决于下列因素，如组织的类型和规模、过程的复杂性和相互作用、产品的复杂性、顾客要求、适用的法规要求、经证实的人员能力以及满足质量管理体系要求所需证实的程度。

8. 基础八　质量管理体系评价

（1）质量管理体系过程的评价　当评价质量管理体系时，应对每一个被评价的过程，提出如下四个基本问题：①过程是否予以识别和适当确定？②职责是否予以分配？③程序是否被实施和保持？④在实现所要求的结果方面，过程是否有效？

综合回答上述问题可以确定评价结果。质量管理体系评价在涉及的范围上可以有所不同，并可包括很多活动，如质量管理体系审核和质量管理体系评审以及自我评定。

（2）质量管理体系审核　审核用于确定符合质量管理体系要求的程度。审核发现用于评价质量管理体系的有效性和识别改进的机会。

第一方审核用于内部目的，由组织自己或以组织的名义进行，可作为组织自我合格声明的基础。

第二方审核由组织的顾客或由其他人以顾客的名义进行。

第三方审核由外部独立的审核服务组织进行。这类组织通常是经认可的，提供符合要求（如 GB/T 19001）的认证或注册。

（3）质量管理体系评审　最高管理者的一项任务是对质量管理体系关于质量方针和质量目标的适宜性、充分性、有效性和效率进行定期的、系统的评价。这种评审可包括考虑修改质量方针和目标的需求，以响应相关方需求和期望的变化。评审包括确定采取措施的需求。

审核报告与其他信息源一起用于质量管理体系的评审。

（4）自我评定　组织的自我评定是一种参照质量管理体系或优秀模式对组织的活动和结果所进行的全面和系统的评审。

自我评定可提供一种对组织业绩和质量管理体系的成熟程度总的看法，它还能有助于识别组织中需要改进的领域，并确定优先开展的事项。

9. 基础九　持续改进

持续改进质量管理体系的目的在于增加顾客和其他相关方满意的可能性，改进包括下述活动：①分析和评价现状，以识别改进范围；②设定改进目标；③寻找可能的解决办法以实现这些目标；④评价这些解决办法并作出选择；⑤实施选定的解决办法；⑥测量、验证、分析和评价实施的结果，以确定这些目标已经满足；⑦将更改纳入文件。

必要时，对结果进行评审，以确定进一步改进的机会。从这种意义上说，改进是一种持续的活动。顾客和其他相关方的反馈，质量管理体系的审核和评审也能用于识别改进的机会。

10. 基础十　统计技术的作用

使用统计技术可帮助组织了解变异，从而有助于组织解决问题，并提高有效性和效率。这些技术也有助于更好地利用可获得的数据进行决策。

在许多活动的状态和结果中，甚至是在明显的稳定条件下，均可观察到变异。这种变异可通过产品和过程的可测量特性观察到，并且在产品的整个寿命期（从市场调研到顾客服务和最终处置）的各个阶段，均可看到其存在。

统计技术可帮助测量、表述、分析、说明这类变异并将其建立模型，甚至在数据相对有限的情况下也可实现。这种数据的统计分析能对更好地理解变异的性质、程度和原因提供帮助，从而有助于解决，甚至防止由变异引起的问题，并促进持续改进。

GB/Z 19027 给出了统计技术在质量管理体系中的指南。

11. 基础十一　质量管理体系与其他管理体系的关注点

质量管理体系是组织的管理体系的一部分，它致力于使与质量目标有关的输出（结果）适当地满足相关方的需求、期望和要求。组织的质量目标与其他目标如与增长、资金、利润、环境及职业健康与安全有关的目标相辅相成。一个组织的管理体系的某些部分，可以由质量管理体系相应部分的通用要素构成，从而形成单独的管理体系。这将有利策划、资源配置、确定互补的目标并评价组织的总体有效性。组织的管理体系可以对照其要求进行评价，也可以对照国际标准如 GB/T 19001 和 GB/T 24001 的要求进行审核，其审核可分开进行，也可同时进行。

12. 基础十二　质量管理体系与优秀模式之间的关系

GB/T 19000 族标准提出的质量管理体系方法和组织优秀模式方法是依据共同的原则，它们两者均具如下特征。

① 使组织能够识别它的强项和弱项。

② 包含对照通用模式进行评价的规定。

③ 为持续改进提供基础。

④ 包含外部承认的规定。

GB/T 19000 族质量管理体系与优秀模式之间的不同在于它们的应用范围不同。GB/T 19000 族标准为质量管理体系提出了要求，并为业绩改进提供了指南。质量管理体系评价确定这些要求是否满足。优秀模式包含能够对组织业绩比较评价的准则，并能适用于组织的全部活动和所有相关方。优秀模式评价准则提供了一个组织与其他组织的业绩相比较的基础。

（三）ISO 9000：2000 术语和定义

1. 术语的分类

GB/T 19000—2000《质量管理体系　基础和术语》第三章"术语和定义"中，列出了80 条术语，共分为 10 部分。

第一部分　有关质量的术语　　　　　　　　　　　5 条
第二部分　有关管理的术语　　　　　　　　　　15 条
第三部分　有关组织的术语　　　　　　　　　　7 条
第四部分　有关过程和产品的术语　　　　　　　5 条
第五部分　有关特性的术语　　　　　　　　　　4 条
第六部分　有关合格（符合）的术语　　　　　　13 条
第七部分　有关文件的术语　　　　　　　　　　6 条
第八部分　有关检查的术语　　　　　　　　　　7 条
第九部分　有关审核的术语　　　　　　　　　　12 条
第十部分　有关测量过程质量保证的术语　　　　6 条

这些术语适用于 GB/T 19000 族的所有标准。

2. 术语的概念关系与概念图

GB/T 19000 标准的附录 A（提示的附录）中列出了概念关系的三种主要形式：属种关

系、从属关系和关联关系。

（1）属种关系 在层次结构中，下层概念具备了上层概念的所有特性，并包含有将其区别于上层和同层概念的特性的表述。例如：季节与春、夏、秋、冬；文件与规范、质量手册、质量计划、程序文件和记录。这类关系通过一个没有箭头的扇形或树形图表示，如图4-2 所示。

图 4-2 概念的属种关系

（2）从属关系 在层次结构中，下层概念是上层概念的组成部分。例如：年与春、夏、秋、冬；质量管理与质量策划、质量控制、质量保证和质量改进；纠正与反正和降级。这类关系通过一个没有箭头的耙形图表示，如图 4-3 所示。

图 4-3 概念的从属关系

（3）关联关系 两个概念之间的关系存在原因和结果、活动和场所、工具和功能、材料和产品等联系。例如：阳光和夏天；过程和程序；过程和产品；不合格和让步；不合格和缺陷；不合格和纠正等。这类关系通过一条在两端带有箭头的线表示，如图 4-4 所示。

阳光◀————▶夏天

图 4-4 概念的关联关系

注：GB/T 19000 标准的附录 A 中用 10 张概念图表述每类术语中术语之间的关系，以帮助对术语的理解。各术语参考 GB/T 19000—2000。

三、ISO 9001：2000 核心标准及其理解

1. 范围

（1）总则 本标准为有下列需求的组织规定了质量管理体系要求。

① 需要证实其有能力稳定地提供满足顾客和适用的法律、法规要求的产品。

② 通过体系的有效应用，包括体系持续改进的过程以及保证符合顾客与适用的法律、法规要求，旨在增强顾客满意。

注：在本标准中，术语"产品"仅适用于预期提供给顾客或顾客所要求的产品。

（2）应用 本标准规定的所有要求是通用的，旨在适用于各种类型、不同规模和提供不同产品的组织。当本标准的任何要求因组织及其产品的特点而不适用时，可以考虑对其进行删减。

除非删减仅限于本标准第 7 章中那些不影响组织提供满足顾客和适用法律、法规要求的产品的能力或责任的要求，否则不能声称符合本标准。

2. 引用标准

下列标准所包含的条文，通过在本标准中引用而构成为本标准的条文。本标准出版时，所示版本均为有效。所有标准都会被修订，适用本标准的各方应探讨使用下列标准最新版本的可能性。

3. 术语和定义

本标准采用 GB/T 19000 中的术语和定义。

本标准表述供应链所使用的以下术语经过了更改，以反映当前的使用情况：

$$供方 \longrightarrow 组织 \longrightarrow 顾客$$

本标准中的术语"组织"用以取代 GB/T 19001—1994 所使用的术语"供方"，术语"供方"用以取代术语"分承包方"。

本标准中所出现的术语"产品"，也可指"服务"。

4. 质量管理体系

(1) 总要求　组织应按本标准的要求建立质量管理体系，形成文件，加以实施和保持，并持续改进其有效性。

组织应识别质量管理体系所需的过程及其在组织中的应用；确定这些过程的顺序和相互作用；确定为确保这些过程的有效运行和控制所需的准则和方法；确保可以获得必要的资源和信息，以支持这些过程的运行和对这些过程的监视；监视、测量和分析这些过程；实施必要的措施，以实现对这些过程策划的结果和对这些过程的持续改进。

(2) 文件要求　质量管理体系文件应包括：①形成文件的质量方针和质量目标；②质量手册；③本标准所要求的形成文件的程序；④组织为确保其过程的有效策划、运行和控制所需的文件；⑤本标准所要求的记录。

注1：本标准出现"形成文件的程序"之处，即要求建立该程序，形成文件，并加以实施和保持。

注2：不同组织的质量管理体系文件的多少与详略程度取决于：组织的规模和活动的类型；过程及其相互作用的负责程度；人员的能力。

注3：文件可采用任何形式或类型的媒体。

(3) 质量手册　组织应编制和保持质量手册。质量手册应包括：质量管理体系的范围，包括任何删减的细节与合理性；为质量管理体系编制的形成文件的程序或对其引用；质量管理体系过程之间的相互作用的表述。

(4) 文件控制　质量管理体系所要求的文件应予以控制。应编制形成文件的程序，以规定以下方面所需的控制：①文件发布前得到批准，以确保文件是充分与适宜的；②必要时对文件进行评审与更新，并再次批准；③确保文件的更改和现行修订状态得到识别；④确保在使用处可获得适用文件的有关版本；⑤确保文件保持清晰、易于识别；⑥确保外来文件得到识别，并控制其分发；⑦防止作废文件的非预期使用，若因任何原因而保留作废文件时，对这些文件进行适当的标识。

(5) 记录控制　应建立并保持记录，以提供符合要求和质量管理体系有效运行的证据。记录应保持清晰，易于识别和检索。应编制形成文件的程序，以规定记录的标识、贮存、保护、检索、保存期限和处置所需的控制。

5. 管理职责

(1) 管理承诺　最高管理者应通过以下活动，对其建立、实施质量管理体系并持续改进其有效性的承诺提供证据：向组织传达满足顾客和法律、法规要求的重要性；制定质量方针；确保质量目标的制定；进行管理评审；确保资源的获得。

(2) 以顾客为关注焦点　最高管理者应以增强顾客满意为目的，确保顾客的要求得到确定，并予以满足。

(3) 质量方针　最高管理者应确保质量方针：与组织的宗旨相适应；包括对满足要求和持续改进质量管理体系有效性的承诺；提供制定和评审质量目标的框架；在组织内得到沟通和理解；在持续适宜性方面得到评审。

（4）策划

① 质量目标　最高管理者应确保在组织的相关职能和层次上建立质量目标，质量目标包括满足产品要求所需的内容。质量目标应是可测量的，并与质量方针保持一致。

② 质量管理体系策划　最高管理者应确保：a. 对质量管理体系进行策划，以满足质量目标的要求；b. 在对质量管理体系的变更进行策划和实施时，保持质量管理体系的完整性。

（5）职责、权限与沟通

① 职责和权限　最高管理者应确保组织内的职责、权限得到规定和沟通。

② 管理者代表　最高管理者应指定一名管理者，无论该成员在其他方面的职责如何，应具有以下方面的职责和权限：确保质量管理体系所需的过程得到建立、实施和保持；向最高管理者报告质量管理体系的业绩和任何改进的需求；确保在整个组织内提高满足顾客要求的意识。

注：管理者代表的职责可包括与质量管理体系有关事宜的外部联络。

③ 内部沟通　最高管理者应确保在组织内建立适当的沟通过程，并确保对质量管理体系的有效性进行沟通。

（6）管理评审

① 总则　最高管理者应按策划的时间间隔评审质量管理体系，以确保其持续的适宜性、充分性和有效性。

评审应包括评价质量体系改进的机会和变更的需要，包括质量方针和质量目标。

② 评审输入　管理评审的输入应包括以下方面的信息：a. 审核结果；b. 顾客反馈；c. 过程的业绩和产品的符合性；d. 预防和纠正措施的状况；e. 以往管理评审的跟踪措施；f. 可能影响质量管理体系的变更；g. 改进的建议。

③ 评审输出　管理评审的输出应包括以下方面有关的任何决定和措施：质量管理体系及其过程有效性的改进；与顾客要求有关的产品的改进；资源需求。

6. 资源管理

（1）资源提供　组织应确定并提供以下方面所需的资源：实施、保持质量管理体系并持续改进其有效性；通过满足顾客要求，增强顾客满意。

（2）人力资源

① 总则　基于适当的教育、培训、技能和经验，从事影响产品质量工作的人员应是能够胜任的。

② 能力、意识和培训　组织应做到：a. 确定从事影响产品质量工作的人员所必要的能力；b. 提供培训或采取其他措施以满足这些需求；c. 评价所采取措施的有效性；d. 确保员工认识到所从事活动的相关性和重要性，以及如何为实现质量目标做出贡献；e. 保持教育、培训、技能和经验的适当记录。

（3）基础设施　组织应确定、提供并维护为达到产品符合要求所需的基础设施。适用时，基础设施包括：建筑物、工作场所和相关的设施；过程设备（硬件和软件）；支持性服务（如运输或通讯）。

（4）工作环境　组织应确定并管理为达到产品符合要求所需的工作环境。

7. 产品实现

（1）产品实现的策划　组织应策划和开发产品实现所需的过程。产品实现的策划应与质量管理体系其他过程的要求相一致。

在对产品实现进行策划时，组织应确定以下方面的适当内容：a. 产品的质量目标和要求；b. 针对产品确定过程、文件和资源的要求；c. 产品所要求的验证、确认、监视、检验和试验活动，以及产品接收准则；d. 为实现过程及其产品满足要求提供证据所需的记录。

策划的输出形式应适合于组织的运作方式。

注：对应用于特定产品、项目或合同的质量管理体系的过程（包括产品实现过程）和资源作出规定的文件可称之为质量计划。

（2）与顾客有关的过程

① 与产品有关的要求的确定　组织应确定：a. 顾客规定的要求，包括对交付和交付后活动的要求；b. 顾客虽然没有明示，但规定的用途或已知的预期用途所必需的要求；c. 与产品有关的法律、法规要求；d. 组织确定的任何附加要求。

② 与产品有关的要求的评审　组织应评审与产品有关的要求。评审应在组织向顾客作出提供产品承诺之前进行（如提交标书、接受合同或订单及接受合同或订单的更改），并应确保：产品要求得到规定；与以前表述不一致的合同或订单的要求已予解决；组织有能力满足规定的要求。评审结果及评审所引起的措施的记录应予保持。若顾客提供的要求没有形成文件，组织在接受顾客要求前应对顾客要求进行确认。若产品要求发生变更，组织应确保相关文件得到修改，并确保相关人员知道已变更的要求。

注：在某些情况下，如网上销售，对每一个订单进行正式的评审可能是不实际的，而代之对有关的产品信息，如产品目录、产品广告内容等进行评审。

③ 顾客沟通　组织应对以下有关方面确定并实施与顾客沟通的有效安排：产品信息；问询、合同或订单的处理，包括对其修改；顾客反馈，包括顾客抱怨。

（3）设计和开发

① 设计和开发策划　组织应对产品的设计和开发进行策划和控制。在进行设计和开发策划时，组织应确定：a. 设计和开发阶段；b. 适合于每个设计和开发阶段的评审、验证和确认活动；c. 设计和开发的职责和权限。

组织应对参与设计和开发的不同小组之间的接口进行管理，以确保有效的沟通，并明确职责分工。随设计和开发的进展，在适当时，策划的输出应予更新。

② 设计和开发输入　应确定与产品要求有关的输入，并保持记录。这些输入应包括：a. 功能和性能要求；b. 适用的法律、法规要求；c. 适用时，以前类似设计提供的信息；d. 设计和开发所必需的其他要求。

应对这些输入进行评审，以确保输入是充分与适宜的。要求应完整、清楚，并且不能自相矛盾。

③ 设计和开发输出　设计和开发的输出应以能够针对设计和开发的输入进行验证的方式提出，并应在放行前得到批准。设计和开发输出应做到：a. 满足设计和开发输入的要求；b. 给出采购、生产和服务提供的适当信息；c. 包含或引用产品接收准则；d. 规定对产品的安全和正常使用所必需的产品特性。

④ 设计和开发评审　在适宜的阶段，应依据所策划的安排对设计和开发进行系统的评审，以便评价设计和开发的结果满足要求的能力，识别任何问题并提出必要的措施。

评审的参加者应包括与所评审的设计和开发阶段有关的职能的代表。评审结果及任何必要措施的记录应予保持。

⑤ 设计和开发验证　为确保设计和开发输出满足输入的要求，应依据所策划的安排对设计和开发进行验证。验证结果及任何必要措施的记录应予保持。

⑥ 设计和开发确认　为确保产品能够满足规定的使用要求或已知的预期用途的要求，

应依据所策划的安排对设计和开发进行确认。只要可行，确认应在产品交付或实施之前完成。确认结果及任何必要措施的记录应予保持。

⑦ 设计和开发更改的控制　应识别设计和开发的更改，并保持记录。适当时，应对设计和开发的更改进行评审、验证和确认，并在实施前得到批准。设计和开发更改的评审应包括评价更改对产品组成部分和已交付产品的影响。

更改的评审结果及任何必要措施的记录应予保持。

（4）采购

① 采购过程　组织应确保采购的产品符合规定的采购要求。对供方及采购的产品控制的类型和程度应取决于采购的产品对随后的产品实现或最终产品的影响。

组织应根据供方按组织的要求提供产品的能力评价和选择供方，应指定选择、评价和重新评价的准则。评价结果及评价所引起的任何必要措施的记录应予保持。

② 采购信息　采购信息应表述拟采购的产品，适当时包括：a. 产品、程序、过程和设备的批准要求；b. 人员资格的要求；c. 质量管理体系的要求。

在与供方沟通前，组织应确保所规定的采购要求是充分与适宜的。

③ 采购产品的验证　组织应确定并实施检验或其他必要的活动，以确保采购的产品满足规定的采购要求。

当组织或其顾客拟在供方的现场实施验证时，组织应在采购信息中对拟验证的安排和产品放行的方法做出规定。

（5）生产和服务提供

① 生产和服务提供的控制　组织应策划并在受控条件下进行生产和服务提供。适用时，受控条件应包括：a. 获得表述产品特性的信息；b. 必要时，获得作业指导书；c. 使用适宜的设备；d. 获得和使用监视和测量装置；e. 实施监视和测量；f. 放行、交付和交付后活动的实施。

② 生产和服务提供过程的确认　当生产和服务提供过程的输出不能由后续的监视或测量加以验证时，组织应对任何这样的过程实施确认。这包括仅在产品使用或服务已交付之后问题才显现的过程。确认应证实这些过程实现所策划的结果的能力。组织应对这些过程做出安排，适用时包括：a. 为过程的评审和批准所规定的准则；b. 设备的认可和人员资格的鉴定；c. 使用特定的方法和程序；d. 记录的要求；e. 再确认。

③ 标识和可追溯性　适当时，组织应在产品实现的全过程中使用适宜的方法识别产品。组织应针对监视和测量要求识别产品的状态。在有可追溯性要求的场合，组织应控制并记录产品的唯一性标识。

注：在某些行业，技术状态管理是保持标识和可追溯性的一种方法。

④ 顾客财产　组织应爱护在组织控制下或组织使用的顾客财产。组织应识别、验证、保护和维护供其使用或构成产品一部分的顾客财产。若顾客财产发生丢失、损坏或发现不适用的情况时，应报告顾客，并保持记录。

注：顾客财产可包括知识产权。

⑤ 产品防护　在内部处理和交付到预定的地点期间，组织应针对产品的符合性提供防护，这种防护应包括标识、搬运、包装、贮存和保护。防护也应适用于产品的组成部分。

（6）监视和测量装置的控制　组织应确定需实施的监视和测量以及所需的监视和测量装置，为产品符合确定的要求提供证据。组织应建立过程，以确保监视和测量活动可行，并以与监视和测量的要求相一致的方式实施。为确保结果有效，必要时，测量设备应确保：①对照能溯源到国际或国家标准的测量标准，按照规定的时间间隔或在使用前进行校准或检定。当不存在上述标准时，应记录校准或检定的依据；②进行调整或必要时再调整；③得到识别，以确定其校准状态；④防止可能使测量结果失效的调整；⑤在搬运、维护和贮存期间防止损坏或失效。

此外，当发现设备不符合要求时，组织应对以往测量结果的有效性进行评价和记录。组织应对该设备和任何受影响的产品采取适当的措施。校准和验证结果的记录应予保持。当计算机软件用于规定要求的监视和测量时，应确认其满足预期用途的能力。确认应在初次使用前进行，必要时再确认。

注：作为指南，参见 GB/T 19022.1 和 GB/T 19022.2。

8. 测量分析和改进

(1) 总则 组织应策划并实施以下方面所需的监视、测量、分析和改进过程：证实产品的符合性；确保质量管理体系的符合性；持续改进质量管理体系的有效性。

这应包括对统计技术在内的适用方法及其应用程度的确定。

(2) 监视和测量

① 顾客满意 作为对质量管理体系业绩的一种测量，组织应对顾客有关组织是否已满足其要求的感受的信息进行监视，并确定获取和利用这种信息的方法。

② 内部审核 组织应按策划的时间间隔进行内部审核，以确定质量管理体系是否符合策划的安排、本标准的要求及组织所确定的质量管理体系的要求；是否得到有效实施与保持。

考虑拟审核的过程和区域的状况和重要性以及以往审核和结果，应对审核方案进行策划。应规定审核的准则、范围、频次和方法。审核员的选择和审核的实施应确保审核过程的客观性和公正性。审核员不应审核自己的工作。

策划和实施审核以及报告结果和保持记录的职责和要求应在形成文件的程序中做出规定。负责受审区域的管理者应确保及时采取措施，以消除所发现的不合格及其原因。跟踪活动应包括对所采取措施的验证和验证结果的报告。

注：作为指南，参见 GB/T 19021.1、GB/T 19021.2 及 GB/T 19021.3。

③ 过程的监视和测量 组织应采用适宜的方法对质量管理体系过程进行监视，并在适用时进行测量。这些方法应证实过程实现所策划的结果的能力。当未能达到所策划的结果时，应采取适当的纠正和纠正措施，以确保产品的符合性。

④ 产品的监视和测量 组织应对产品的特性进行监视和测量，以验证产品要求已得到满足。这种监视和测量应依据所策划的安排，在产品实现过程的适当阶段进行。

应保持符合接收准则的证据。记录应指明有权放行产品的人员。除非得到有关授权人员的批准，适用时得到顾客的批准，否则在策划的安排已圆满完成之前，不应放行产品和交付服务。

(3) 不合格品控制 组织应确保不符合产品要求的产品得到识别和控制，以防止其非预期的使用或交付。不合格品控制以及不合格品处置的有关职责和权限应在形成文件的程序中做出规定。组织应通过下列一种或几种途径，处置不合格品：①采取措施，消除已发现的不合格；②经有关授权人员批准，适用时经顾客批准，让步使用、放行或接收不合格品；③采取措施，防止其原预期的使用或应用。

应保持不合格的性质以及随后所采取的任何措施的记录，以及所批准的让步的记录。在不合格品得到纠正之后应对其再次进行验证，以证实符合要求。当在交付或开始使用后发现产品不合格时，组织应采取与不合格的影响或潜在的影响的程度相适应的措施。

（4）数据分析　组织应确定、收集和分析适当的数据，以证实质量管理体系的适宜性和有效性，并评价在何处可以持续改进质量管理体系的有效性。这应包括来自监视和测量的结果以及其他有关来源的数据。数据分析应提供以下有关方面的信息：顾客满意；与产品要求的符合性；过程和产品的特性及趋势，包括采取预防措施的机会；供方。

（5）改进　①持续改进　组织应利用质量方针、质量目标、审核结果、数据分析、纠正和预防措施以及管理评审，持续改进质量管理体系的有效性。

②纠正措施　组织应采取措施，以消除不合格的原因，防止不合格的再发生。纠正措施应与所遇到不合格的影响程度相适应。应编制形成文件的程序，以规定以下方面的要求：a. 评审不合格（包括顾客抱怨）；b. 确定不合格的原因；c. 评价确保不合格不再发生的措施的需求；d. 确定和实施所需的措施；e. 记录所采取措施的结果；f. 评审所采取的纠正措施。

③预防措施　组织应确定措施，以消除潜在不合格的原因，防止不合格的发生。预防措施应与潜在问题的影响程度相适应。应编制形成文件的程序，以规定以下方面的要求：a. 确定潜在不合格及其原因；b. 评价防止不合格发生的措施的需求；c. 确定和实施所需的措施；d. 记录所采取措施的结果；e. 评审所采取的预防措施。

第二节　食品安全控制技术的基础

一、良好操作规范（GMP）

食品良好操作规范（good manufacturing practice，GMP）是为保障食品安全与质量而制定的贯穿食品生产全过程的一系列措施、方法和技术要求。GMP 是国际上普遍采用的用于食品生产的先进管理系统，它要求食品生产企业应具备良好的生产设备、合理的生产过程、完善的质量管理和严格的检测系统，以确保终产品的质量符合标准。

1. 食品良好操作规范（GMP）的起源

GMP 的产生来源于药品生产领域。1961 年世界上发生了 20 世纪最严重的由于药物引发的灾难——"反应停"事件，经历了这一震惊全世界的重大事件后，人们深刻认识到仅以最终成品抽样分析检验结果作为依据的质量控制体系存在一定的缺陷，事实证明不能保证生产的药品都做到安全并符合质量要求。因此，美国于 1962 年修改了《联邦食品、药品和化妆品条例》，将药品质量管理和质量保证的概念制定为法定的要求。美国食品药品管理局（FDA）根据修改法的规定，制定了世界上第一部药品的 GMP，并于 1963 年通过美国国会，第一次以法令的形式予以颁布，1967 年 WHO 在出版的《国际药典》（1967 年版）的附录中对其进行了收载。1969 年，美国食品药品管理局将实施 GMP 管理的观点引用到食品的生产法规中，WHO 在 1969 年第 22 届世界卫生大会上，向各成员国首次推荐了 GMP；1975年 WHO 向各成员国公布了实施 GMP 的指导方针。国际食品法典委员会（CAC）制定的许多国际标准中都包含着 GMP 的内容，1985 年 CAC 制定了《食品卫生通用 GMP》。一些发达国家，如加拿大、澳大利亚、日本、英国等都相继借鉴了 GMP 的原则和管理模式，制定了不同类别食品企业的 GMP，一些作为强制性的法律条文，一些作为指导性的卫生规范。

食品 GMP 是在从原材料到产品的整个食品制造过程中，为了充分进行卫生和质量管理，排除可能产生的不卫生因素，确保食品的高质量而制定的管理措施，它同以产品抽样检查为中心的质量管理制度是不相同的，强调了食品生产条件的管理。

2. GMP 在国际组织和世界各国的发展与应用情况

(1) CAC　CAC 制定的重要的 GMP 有《食品卫生通则》[CAC/RCPI—1969，Rev. 3 (1997)]、《危害分析与关键控制点（HACCP）系统应用导则》[Annex to CAC/RCPI—1996，Rev. 3 (1997)]、《水果、蔬菜、罐头的卫生操作规程》（CAC/RCPS—1969）、《速冻食品加工和处理的操作规程》（CAC/RCPS—1976）、《加工肉禽制品操作规程和导则》[CAC/RCP13—1976. Rev. 1 (1985)]、《国际乳粉卫生操作推荐规程》（CAC/RCP31—1983）、《无菌加工和低酸包装食品卫生操作规程》（CAC/RCP40—1993）、《国际食品贸易的道德规程》[CAC/RCP20—1979，Rev. 1 (1985)] 等。

(2) 美国　食品良好生产规范（GMP）在美国是政府强制性的食品生产、贮存卫生法规。美国 FDA 为了加强、改善对食品的监管，根据美国《联邦食品、药品和化妆品条例》第 402 (a) 的规定，凡在不卫生的条件下生产、包装或贮存的食品或不符合食品生产规范条件下生产的食品视为不卫生、不安全的，因此制定了食品生产的现行良好操作规范 [美国联邦法规 21 章 (21CFR) 第 110 款]。这一法规适用于一切食品的加工生产和贮存，随之 FDA 相继制定了各类食品的操作规范。

1969 年美国公布了《食品制造、加工、包装、贮存的现行良好制造规范》，简称 CGMP 或 FGMP 基本法（1986 年修订后的 CGMP，将第 128 款改为第 110 款）。另外，FDA 制定的 GMP 还有：《适用于婴儿食品的营养品质控制规范》（21 CFR 第 106 款）、《火熏鱼的良好操作规范》（21 CFR 第 112 款）、《低酸性罐头食品良好操作规范》（21 CFR 第 113 款）、《酸性食品良好操作规范》（21 CFR 第 114 款）、《冻结原虾（处理过）良好操作规范》（21 CFR 第 123 款）、《瓶装饮用水的加工与灌装良好操作规范》（21 CFR 第 129 款）、《辐射在食品生产、加工、管理中的良好操作规范》（21 CFR 第 179 款）等。

(3) 加拿大　加拿大卫生部（HPB）制定了实施 GMP 的基础计划，其将 GMP 定义为一个食品加工企业在良好的环境条件下加工生产安全、卫生的食品所采取的基本的控制步骤或程序。其内容包括：厂房、运输和贮藏、设备、人员、卫生和虫害的控制、回收等。

加拿大农业部以 HACCP（危害分析与关键控制点）原理为基础建立了《食品安全促进计划》（FSEP），作为食品安全控制的预防体系。

3. 食品良好操作规范（GMP）在中国的体现

(1) 出口食品企业 GMP　我国根据 WHO 和国际食品贸易的要求，于 1984 年由原国家进出口商品检验局首先制定了类似 GMP 的卫生法规《出口食品厂、库最低卫生要求》，对出口食品生产企业提出了强制性的卫生规范。到 90 年代初，在《安全食品工程研究》中，对 8 种出口食品制订了 GMP。

国家质量监督检验检疫总局于 2002 年 4 月 19 日第 20 号文颁布《出口食品生产企业卫生注册登记管理规定》，自 2002 年 5 月 20 日起施行。同时废止原国家进出口商品检验局 1994 年 11 月 14 日发布的《出口食品厂、库卫生注册细则》和《出口食品厂、库卫生要求》。

《出口食品生产企业卫生注册登记管理规定》的附件二相当于我国最新的出口食品 GMP，其主要内容共 19 条，其核心是"卫生质量体系"的建立和有效运行。而"卫生质量体系"包括下列基本内容：卫生质量方针和目标组织机构及其职责；生产、质量管理人员的要求；环境卫生的要求；车间及设施卫生的要求；原料、辅料卫生的要求；生产、加工卫生的要求；包装、贮存、运输卫生的要求；有毒、有害物品的控制、检验的要求；保证卫生质量体系有效运行的要求。

9 个专业卫生规范是：《出口畜禽肉及其制品加工企业注册卫生规范》；《出口罐头加工企业注册卫生规范》；《出口水产品加工企业注册卫生规范》；《出口饮料加工企业注册卫生规范》；《出口茶叶加工企业注册卫生规范》；《出口糖类加工企业注册卫生规范》；《出口面糖制品加工企业注册卫生规范》；《出口速冻方便食品加工企业注册卫生规范》；《出口肠衣加工企业注册卫生规范》。

（2）食品生产卫生规范 至今，卫生部共颁布 20 个国家标准 GMP。其中含 1 个通用 GMP 和 19 个专用 GMP，并作为强制性标准予以发布。《食品企业通用卫生规范》（GB 14881—1994）的主要内容包括：主题内容与适应范围、引用标准、原材料采购、运输的卫生要求、工厂设计与设施的卫生要求、工厂的卫生管理、生产过程的卫生要求、卫生和质量检验的管理、成品贮存、运输的卫生要求、个人卫生与健康的要求。

20 个专用 GMP 是：罐头、白酒、啤酒、酱油、食醋、食用植物油、蜜饯、糕点、乳品、肉类加工、饮料、葡萄酒、果酒、黄酒、面粉、饮用天然矿泉水、巧克力、膨化食品、保健食品、速冻食品良好生产规范。我国食品生产卫生规范的颁布实施，对食品卫生相关法规的进一步贯彻执行、保证食品安全卫生、加快改善食品厂的卫生面貌、实现卫生管理标准化和规范化、保障人民健康起到积极的作用。

颁布的二十个食品加工企业卫生规范是：《罐头厂卫生规范》（GB 8950—1988）；《白酒厂卫生规范》（GB 8951—1988）；《啤酒厂卫生规范》（GB 8952—1988）；《酱油厂卫生规范》（GB 8953—1988）；《食醋厂卫生规范》（GB 8954—1988）；《食用植物油厂卫生规范》（GB 8955—1988）；《蜜饯厂卫生规范》（GB 8956—1988）；《糕点厂卫生规范》（GB 8957—1988）；《乳品厂卫生规范》（GB 12693—1990）；《肉类加工厂卫生规范》（GB 12694—1990）；《饮料厂卫生规范》（GB 12695—1990）；《葡萄酒厂卫生规范》（GB 12696—1990）；《果酒厂卫生规范》（GB 12697—1990）；《黄酒厂卫生规范》（GB 12698—1990）；《面粉厂卫生规范》（GB 13122—1991）；《饮用天然矿泉厂卫生规范》（GB 16330—1996）；《巧克力厂卫生规范》（GB 17403—1998）；《膨化食品良好生产规范》（GB 17404—1998）；《保健食品良好生产规范》（GB 17405—1998）；《定型包装饮用水企业生产卫生规范》（GB 19304—2003）。

二、卫生标准操作程序（SSOP）

1. 卫生标准操作程序（SSOP）简介

SSOP 是卫生标准操作程序（sanitation standard operation procedures）的简称，是食品企业为了满足食品安全的要求，在卫生环境和加工过程等方面所需实施的具体程序，是实施 HACCP 的前提条件。

2. 卫生标准操作程序（SSOP）的内容

食品企业在建立和实施卫生控制程序时，应保证四个"必须"：必须建立和实施书面的 SSOP 计划；必须监测卫生状况和操作；必须及时纠正不卫生的状况和操作；必须保持卫生控制和纠正记录。这四个"必须"的前提是卫生标准操作程序（SSOP）所包含的八个方面内容。

① 水和冰的安全。生产用水（冰）的卫生质量是影响食品卫生的关键因素，食品加工厂应有充足供应的水源。对于任何食品的加工，首要的一点就是要保证水的安全。

② 食品接触的表面（包括设备、手套、工作服）的清洁度。

③ 防止发生交叉污染。

④ 手的清洗和消毒，厕所设备的维护与卫生保持。

⑤ 防止外来污染物污染。

⑥ 有毒化学物质的标记、贮存和使用。

⑦ 从业人员的健康与卫生控制。

⑧ 有害动物的防治。

卫生标准操作程序（SSOP）不是强制性的，但却是食品企业保持卫生条件必须加强管理的几个方面，食品企业可以根据企业自身的特点制定适合本企业的可操作性强的卫生操作程序。

三、危害分析与关键控制点（HACCP）

1. HACCP 相关术语

(1) 危害分析（hazard analysis）　指收集和评估有关的危害以及导致这些危害存在的资料，以确定哪些危害对食品安全有重要影响而需要在 HACCP 计划中予以解决的过程。

(2) 关键控制点（critica control point，CCP）　指能够实施控制措施的步骤。该步骤对于预防和消除一个食品安全危害或将其减少到可接受的水平非常关键。

(3) 纠偏措施（corrective action）　当针对关键控制点（CCP）的监测显示该关键控制点失去控制时所采取的措施。

(4) 流程图（flow diagram）　指对某个具体的食品加工或生产过程中连续操作步骤的一个系统描述。

(5) 危害（hazard）　指对健康有潜在不利影响的生物、化学或物理性因素或条件。

(6) 显著危害（significant hazard）　有可能发生并且可能对消费者导致不可接受的危害；有发生的可能性和严重性。

(7) HACCP 计划（HACCP plan）　依据 HACCP 原则制定的一套文件，用于使在食品生产、加工、销售等食物链各阶段与食品安全有重要关系的危害得到控制。

(8) 监测（monitor）　为评估关键控制点是否得到控制，而对控制指标进行有计划地连续观察或检测。

(9) 控制点（control point，CP）　能控制生物、化学或物理因素的任何点、步骤或过程。

(10) 关键控制点判定树（CCP decision tree）　通过一系列问题来判断一个控制点是否是关键控制点的组图。

(11) 关键限值（critical limit，CL）　区分可接收和不可接受水平的标准值。

(12) 确认（validation）　证实 HACCP 计划中各要素是有效的。

(13) 验证（verification）　指为了确定 HACCP 计划是否正确实施所采用的除监测以外的其他方法、程序、试验和评价。

2. HACCP 的七个原理

原理 1：进行危害分析并建立预防措施。

原理 2：确定关键控制点。

原理 3：确定关键限值。

原理 4：建立对关键控制点进行监控的程序。

原理 5：建立纠偏措施。

原理 6：建立验证程序。

原理 7：建立文件和记录管理系统。

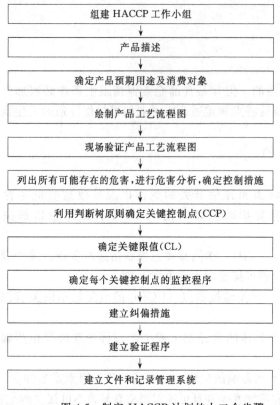

图 4-5　制定 HACCP 计划的十二个步骤

3. 制定 HACCP 计划的十二个步骤如图 4-5 所示。

（1）组建 HACCP 工作小组　HACCP 工作小组应包括负责产品质量控制、生产管理、卫生管理、检验、产品研制、采购、仓储和设备维修各方面专业人员。HACCP 工作小组的成员应具备该产品相关专业知识和技能，必须经过以下内容的培训并经考核合格：GMP、SSOP、HACCP 原理、制定 HACCP 计划工作步骤、危害分析及预防措施、相关企业 HACCP 计划。

HACCP 工作小组的主要职责是制定、修改、确认、监督实施及验证 HACCP 计划；负责对企业员工的 HACCP 培训；负责编制 HACCP 管理体系的各种文件等工作。

（2）产品描述　产品描述应包括产品所有关键特性，包括产品的主要配料、重要的产品性质、预期用途和适宜的消费对象、食用方法、包装材料与包装方式、运输、贮藏和销售条件、保质期、标签说明等。

主要配料应包括原料、辅料、食品添加剂。在描述时应说明辅料和食品添加剂的用途，以确定使用是否合理。重要的产品特性分析应包括产品的感官特性、卫生和质量特性指标。感官特性包括色泽、滋味和气味、组织形态等。卫生指标和消费者的健康密切相关，因此，在确定重要的产品特性时应参照国家卫生标准的有关指标，还应根据产品配方，参照产品的标准选择重要的质量指标。运输、贮藏和销售条件应说明需控制的温度、时间等具体要求。

（3）确定产品预期用途和消费对象　描述产品的预期用途，如开袋即食还是加热使用等。消费对象是指婴幼儿、老年人还是一般大众。

（4）绘制产品工艺流程图　HACCP 工作小组在全面了解加工全过程的基础上绘制产品工艺流程图，该流程图应包括产品加工的每一步骤，即原料和辅料（受限辅料和非受限辅料必须分开）、包装材料、加工、运输、贮存等所有影响食品安全的工序与食品安全有关的信息（如温度、pH 等）。流程图必须充分、明确，以便于识别潜在危害。

（5）现场验证产品工艺流程图　HACCP 工作小组应将绘制的工艺流程图与实际操作过程进行认真比较，以确保与实际加工操作一致。

（6）危害分析　常见的危害包括以下方面。

a. 生物性污染。各种致病性细菌或食品腐败菌、病毒、寄生虫、霉菌，酵母和霉菌毒素或代谢产物等。

b. 化学性污染。农药残留、工业污染物、超范围或不允许使用的食品添加剂、兽药、抗生素残留、杀虫剂、激素、清洗剂等。

c. 物理性污染。金属碎片、玻璃渣、碎砂石等。

危害分析是 HACCP 系统的基本内容和关键步骤，它通过既往资料分析、现场实地观测、实验采样检测等方法，对食品生产过程中食品污染发生发展的各种因素进行系统的分析及它们对消费者健康的影响程度评价，对危害进行定性、定量的评估。对原料和辅料、包装及包装材料、产品的特性（如 pH、水活度等）、加工参数和加工设计、加工设备、设施和布局、贮存设施和贮存条件、运输、销售方式和使用方法等进行评价，以确定对产品造成的影响。

进行危害分析应对产品加工全过程，即从原辅材料接收、加工、贮存、运输和销售直至消费者使用之前，每一环节可能存在的生物性、化学性、物理性危害进行全面分析，包括已经建立控制措施的、即将建立控制措施和缺乏控制措施的危害，在此基础上，确认加工过程中可能存在的危害。针对每一种危害，提出预防和控制危害的措施，以消除危害或将危害降至最低。

（7）确定关键控制点（CCP）　在危害分析的基础上应用判断树原则（见图 4-5）或其他有效的方法确定关键控制点（CCP）。关键控制点应是控制食品安全的必要步骤，原则上关键控制点所确定的危害是在后面的步骤不能消除或控制的危害。关键控制点应根据不同产品的特点、配方、加工工艺、设备 GMP 和 SSOP 等条件具体确定。一个危害可由一个或多个关键控制点控制到可接受水平；同样，一个关键控制点可以控制一个或多个危害。一个 HACCP 体系的关键控制点数量一般应控制在 6 个以内。

（8）建立关键限值（CL）　通过分析工艺条件、开展实验性研究等方法，对每一关键控制点确定关键限值。通常用物理参数和可以快速测定的化学参数表示关键限值。关键限值应能确实表明 CCP 是可控制的，并满足相应国家标准的要求。确立关键限值的相关文件必须以文件的形式保存，以便于确认。这些文件应包括相关的法律、法规要求，国家或国际标准、实验数据、专家意见、参考文献等。所确立的关键限值必须具有可操作性，符合实际控制水平。

（9）建立监控程序　对每一个关键控制点进行分析后建立监控程序，以确保达到关键限值的要求。监控程序应包括监控对象，如温度、时间、水分活性值等；监控方法，如视觉、观察、仪表测量等；监控频率，如每批、每小时、连续等。如果不能采取连续的监测系统，监测的频率必须保证关键控制点处于控制状态。监控人员是授权的检查人员，如质量管理人员、操作者、化验员。监控程序必须能发现关键控制点出现的偏差，并及时提供信息，以防止事故恶化。提倡在发现有偏差趋势时就及时采取纠偏措施，以防止事故发生。监测数据应有专业人员评价以保证执行正确的纠偏措施。所有监测记录必须有监测人员和审核人员的签字。

（10）建立纠偏措施　HACCP 工作小组在分析企业原有的产品质量控制措施的基础上，运用 HACCP 原则，提出具体的纠偏措施，即当监测结果发现关键控制点失去控制时，采取措施，以确保关键控制点重新受控。纠偏措施应包括：明确责任；确定受偏离影响的产品，将受影响的产品分别存放，直到确定了产品的安全性；采取纠偏措施，纠正引起偏离的原因；采取纠偏措施，保证没有不安全的产品进入商业渠道；通过加工测试或产品检验证明关键控制点恢复控制；分析并处理受影响的产品，处理方法包括返工、拒收、废弃等，在必要时进行产品回收。如果反复发生偏离，HACCP 工作小组应对采取的纠偏措施进行评估，确定是否需要修改和改进 HACCP 计划，降低再次发生偏离的危险。所采取的纠偏措施必须记录、签字，并由复查人员进行复核签字。

（11）建立验证程序　对 HACCP 计划分析的基础上，建立验证程序。通过验证证实

HACCP 体系的有效性。可将验证简单概括为：我们正在做我们计划要做的事吗？因此，验证是与监控类似的程序，但一般情况下它的使用频率较低，并且它在生产过程中没有特定的观察点，而是将 HACCP 体系作为一个整体进行观察。在建立 HACCP 计划过程中，不仅有必要规定验证内容，而且有必要规定验证方法、检验频率、工作人员责任。

（12）建立有效记录和保存系统　HACCP 体系要保存以下记录：CCP 监控控制记录；采取纠正措施记录；验证记录，包括监控设备的检验记录，最终产品和中间产品的检验记录；HACCP 计划以及支持性材料，支持性材料主要包括 HACCP 小组成员以及其责任，建立 HACCP 的基础工作，如有关科学研究、实验报告以及必要的先决程序如 GMP、SSOP。

第三节　ISO 22000 食品安全管理体系

一、ISO 22000 食品安全管理体系概述

ISO（国际标准化组织）为了协调和统一国际食品安全管理体系，在吸纳了 HACCP 在世界上各国多年应用经验基础上，借鉴了 ISO 9001 国际质量管理体系的编写框架，组织编写了 ISO 22000 食品安全管理体系，为适用于食品链中各类组织的要求的食品安全管理体系的国际标准，并于 2005 年 9 月 1 日向全世界正式颁布。

我国于 2006 年 3 月 1 日颁布了 ISO 22000 食品安全管理体系的等同采用标准 GB/T 22000—2006 食品安全管理体系，适用于食品链中各类组织的要求，并于 2006 年 7 月 1 日开始实施。目前国内已经通过 HACCP 认证的企业正在进行 ISO 22000 的转版认证阶段。

二、ISO 22000：2005 核心标准介绍

为了确保在食品链内，直至最终消费者的食品安全，本准则规定了食品安全管理体系的要求，该体系纳入了下列公认的关键原则：相互沟通；体系管理；HACCP 原理；前提方案。

为了确保在食品链每个环节中所有相关的食品危害均得到识别和充分控制，沿食品链中进行的沟通是必要的。这意味着组织的需求在食品链中的上游和下游组织间沟通。在系统的危害分析的信息基础上，与客户和供方的沟通将有助于客户和供方的要求在可行性、需求和对成品的影响方面具体化。

认识到组织在食品链中的作用和所处的位置是必要的，这可确保在整个食品链中进行有效地相互沟通，为最终消费者提供安全的食品。图 4-1 以图示方式列举了食品链中典型相关方之间可能的沟通渠道可能涉及的范围。

1. 范围

本准则规定了食品链中食品安全管理体系的要求，当组织需要证实其有能力控制食品安全危害，以稳定地提供安全的终产品，同时满足商定的顾客要求与适用和规定的食品安全法律、法规要求；旨在通过有效控制食品安全危害，包括更新体系的过程，增强顾客满意。

本准则明确其要求，使组织能够策划、设计、实施、运行、保持和更新旨在提供终产品的食品安全管理体系，确保这些产品按预期用途食用时，对消费者是安全的；评价和评估顾客要求，并证实其符合双方协定且与食品安全有关的顾客要求；证实与顾客及食品链中的其他相关方有效沟通。

2. 规范性引用文件

下列文件中的条款通过本准则的引用而成为本准则的条款。凡是注日期的引用文件，其随后所有的修改单（不包括勘误的内容）或修订版均不适用于本准则。然而，鼓励根据本准

则达成协议的各方研究是否可使用这些文件的最新版本。凡是不注日期的引用文件，其最新版本适用于本准则。

3. 术语和定义

GB/T 19000—2000 确立的以及下列术语和定义适用于本准则。为方便本准则的使用者，对引用 GB/T 19000—2000 的部分定义加以注释，但这些注释仅适用于本特定用途。

注：未定义的术语保持其字典含义。定义中黑体字表明参考了本章的其他术语，引用的条款号在括号内。

(1) 食品安全（food safety）　食品在按照预期用途进行制备和（或）食用时不会伤害消费者。

注：食品安全与食品安全危害的发生有关，但不包括其他与人类健康相关的方面，如营养不良。

(2) 食品链（food chain）　从初级生产直至消费的各环节和操作的顺序，涉及食品及其辅料的生产、加工、分销、贮存和处理。

注1：初级生产包括食源性动物饲料的生产和用于食品生产的动物饲料的生产。

注2：食品链也包括用于食品接触材料或原材料的生产。

(3) 食品安全危害（food safety hazard）　食品中所含有的对健康有潜在不良影响的生物、化学或物理因素或食品存在状况。

注1：术语"危害"不应和"风险"混淆，对食品安全而言，"风险"是食品暴露于特定危害时对健康产生不良影响的概率（如生病）与影响的严重程度（死亡、住院、缺勤等）之间形成的函数。风险在 ISO/IEC 导则 51 中定义为伤害发生的概率和严重程度的组合。

注2：食品安全危害包括过敏源。

注3：在饲料和饲料配料方面，相关食品安全危害是那些可能存在或出现于饲料和饲料配料内，继而通过动物消费饲料转移至食品中，并由此可能导致人类不良健康后果的成分。在不直接处理饲料和食品的操作中（如包装材料、清洁剂等的生产），相关的食品安全危害是指那些按所提供产品和（或）服务的预期用途可能直接或间接转移到食品中，并由此可能造成人类不良健康后果。

(4) 食品安全方针（food safety policy）　由组织的最高管理者正式发布的该组织总的食品安全宗旨和方向。

(5) 终产品（end product）　组织不再进一步加工或转化的产品。需其他组织进一步加工或转化的产品，是该组织的终产品或下游组织的原料或辅料。

(6) 流程图（flow diagram）　依据各步骤之间的顺序及相互作用以图解的方式进行系统性表达。

(7) 控制措施（control measure）　指能够用于防止或消除食品安全危害或将其降低到可接受水平的行动或活动。

(8) 前提方案（prerequisite program，PRP）　指在整个食品链中为保持卫生环境所必需的基本条件和活动，以适合生产、处置和提供安全终产品和人类消费的安全食品。

前提方案决定于组织在食品链中的位置及类型（见附录 C），等同术语例如：良好农业规范（GAP）、良好兽医规范（GVP）、良好操作规范（GMP）、良好卫生规范（GHP）、良好生产规范（GPP）、良好分销规范（GDP）、良好贸易规范（GTP）。

(9) 操作性前提方案（operational prerequisite program，OPRP）　通过危害分析确定的、必需的前提方案 PRP，以控制食品安全危害引入的可能性和（或）食品安全危害在产品或加工环境中污染或扩散的可能性。

(10) 关键控制点（critical control point，CCP）　指能够施加控制，并且该控制对防止或消除食品安全危害或将其降低到可接受水平是所必需的某一步骤。

（11）关键限值（critical limit，CL）　区分可接受和不可接受的判定值。设定关键限值保证关键控制点（CCP）受控。当超出或违反关键限值时，受影响产品应视为潜在不安全产品进行处理。

（12）监视（monitoring）　为评价控制措施是否按预期运行，对控制参数实施的一系列策划的观察或测量活动。

（13）纠正（correction）　为消除已发现的不合格所采取的措施（GB/T 19000—2000，定义）。

在本准则中，纠正与潜在不安全产品的处理有关，所以可以连同纠正措施一起实施；纠正可以是重新加工，进一步加工和（或）消除不合格的不良影响（如改做其他用途或特定标识）等。

（14）纠正措施（corrective action）　为消除已发现的不合格或其他不期望情况的原因所采取的措施。一个不合格可以有若干个原因；纠正措施包括原因分析和采取措施防止再发生。

（15）确认（validation）　指获得通过 HACCP 计划和 OPRP 管理的控制措施能够有效的证据。本定义比 GB/T 19000 的定义更适用于食品安全领域。

（16）验证（verification）　通过提供客观证据对规定要求已得到满足的认定（GB/T 19000—2000，定义）。

（17）更新（updating）　为确保应用最新信息而进行的即时和（或）有计划的活动。

4. 食品安全管理体系

（1）总要求　组织应按本准则要求建立有效的食品安全管理体系，形成文件，加以实施和保持，并在必要时进行更新。组织应确定食品安全管理体系的范围。该范围应规定食品安全管理体系中所涉及的产品或产品类别、过程和生产场地。组织应做到：①确保在体系范围内合理预期发生的与产品相关的食品安全危害得以识别和评价，并以组织的产品不直接或间接伤害消费者的方式加以控制；②在食品链范围内沟通与产品安全有关的适宜信息；③在组织内就有关食品安全管理体系建立、实施和更新进行必要的信息沟通，以确保满足本准则要求的食品安全；④对食品安全管理体系定期评价，必要时进行更新，确保体系反映组织的活动，并纳入有关需控制的食品安全危害的最新信息。

针对组织所选择的任何影响终产品符合性的源于外部的过程，组织应确保控制这些过程。对此类源于外部的过程的控制应在食品安全管理体系中加以识别，并形成文件。

（2）文件要求

① 总则

a. 形成文件的食品安全方针和相关目标的声明；b. 本准则要求的形成文件的程序和记录；c. 组织为确保食品安全管理体系有效建立、实施和更新所需的文件。

② 文件控制　食品安全管理体系所要求的文件应予以控制。这种控制应确保所有提出的更改在实施前加以评审，以确定其对食品安全的作用以及对食品安全管理体系的影响。

应编制形成文件的程序，以规定以下方面所需的控制：a. 文件发布前得到批准，以确保文件是充分与适宜的；b. 必要时对文件进行评审与更新，并再次批准；c. 确保文件的更改和现行修订状态得到识别；d. 确保在使用时获得适用文件的有关版本；e. 确保文件保持清晰、易于识别；f. 确保相关的外来文件得到识别，并控制其分发；g. 防止作废文件的非预期使用，若因任何原因而保留作废文件时，确保对这些文件进行适当的标识。

③ 记录控制　应建立并保持记录，以提供符合要求和食品安全管理体系有效运行的证

据。记录应保持清晰，易于识别和检索。应编制形成文件的程序，以规定记录的标识、贮存、保护、检索、保存期限和处理所需的控制。

5. 管理职责

(1) 管理承诺 最高管理者应通过以下活动，对其建立、实施食品安全管理体系并持续改进其有效性的承诺提供证据。

① 表明组织的经营目标支持食品安全。

② 向组织传达满足与食品安全相关的法律、法规、本准则以及顾客要求的重要性。

③ 制定食品安全方针。

④ 进行管理评审。

⑤ 确保资源的获得。

(2) 食品安全方针 最高管理者应制定食品安全方针，形成文件并对其进行沟通。最高管理者应确保食品安全方针：①与组织在食品链中的作用相适应；②符合与顾客商定的食品安全要求和法律法规要求；③在组织的各层次得以沟通、实施并保持；④在持续适宜性方面得到评审；⑤充分阐述沟通；⑥由可测量的目标来支持。

(3) 食品安全管理体系策划 最高管理者应确保：对食品安全管理体系的策划，满足以及支持食品安全的组织目标的要求；在对食品安全管理体系的变更进行策划和实施时，保持体系的完整性。

(4) 职责和权限 最高管理者应确保规定各项职责和权限并在组织内进行沟通，以确保食品安全管理体系有效运行和保持。所有员工有责任向指定人员汇报与食品安全管理体系有关的问题。指定人员应有明确的职责和权限，以采取措施并予以记录。

(5) 食品安全小组组长 组织的最高管理者应任命食品安全小组组长，无论其在其他方面的职责如何，应具有以下方面的职责和权限：管理食品安全小组，并组织其工作；确保食品安全小组成员的相关培训和教育；确保建立、实施、保持和更新食品安全管理体系；向组织的最高管理者报告食品安全管理体系的有效性和适宜性。

注：食品安全小组组长的职责可包括与食品安全管理体系有关事宜的外部联络。

(6) 沟通

① 外部沟通 为确保在整个食品链中能够获得充分的食品安全方面的信息，组织应制定、实施和保持有效的措施，以便与下列各方进行沟通：a. 供方和分包商；b. 顾客或消费者，特别是在产品信息（包括有关预期用途、特定贮存要求以及适宜时含保质期的说明书）、问询、合同或订单处理及其修改，以及包括抱怨的顾客反馈；c. 主管部门；d. 对食品安全管理体系的有效性或更新产生影响，或将受其影响的其他组织。

这种沟通应提供组织的产品在食品安全方面的信息，这些信息可能与食品链中其他组织相关；特别是应用于那些需要由食品链中其他组织控制的已知的食品安全危害。应保持沟通记录。应获得来自顾客和主管部门的食品安全要求。指定人员应有规定的职责和权限，进行有关食品安全信息的对外沟通。通过外部沟通获得的信息应作为体系更新和管理评审的输入。

② 内部沟通 组织应建立、实施和保持有效的安排，以便与有关的人员就影响食品安全的事项进行沟通。为保持食品安全管理体系的有效性，组织应确保食品安全小组及时获得变更的信息。例如，包括但不限于以下方面：a. 产品或新产品；b. 原料、辅料和服务，生产系统和设备；c. 生产场所，设备位置，周边环境；d. 清洁和卫生方案；e. 包装、贮存和分销系统；f. 人员资格水平和（或）职责及权限分配；g. 法律法规要求，与食品安全危害和控制措施有关的知识；h. 组织遵守的顾客、行业和其他要求，来自外部相关方的有关问

询；i. 表明与产品有关的食品安全危害的抱怨；j. 影响食品安全的其他条件。

食品安全小组应确保食品安全管理体系的更新包括上述信息。最高管理者应确保将相关信息作为管理评审的输入。

（7）应急准备和响应　最高管理者应建立、实施并保持程序，以管理可能影响食品安全的潜在紧急情况和事故，并应与组织在食品链中的作用相适宜。

（8）管理评审

① 总则　最高管理者应按策划的时间间隔评审食品安全管理体系，以确保其持续的适宜性、充分性和有效性。评审应包括评价食品安全管理体系改进的机会和变更的需求，包括食品安全方针。管理评审的记录应予以保持。

② 评审输入　管理评审输入应包括但不限于以下信息：以往管理评审的跟踪措施；验证活动结果的分析；可能影响食品安全的环境变化；紧急情况、事故和撤回；体系更新活动的评审结果；包括顾客反馈的沟通活动的评审；外部审核或检验。

注：撤回包括召回。

资料的提交形式应能使最高管理者能将所含信息与已声明的食品安全管理体系的目标相联系。

③ 评审输出　管理评审输出应包括与如下方面有关的决定和措施：食品安全保证；食品安全管理体系有效性的改进；资源需求；组织食品安全方针和相关目标的修订。

6. 资源管理

（1）资源提供　组织应提供充足资源，以建立、实施、保持和更新食品安全管理体系。

（2）人力资源

① 总则　食品安全小组和其他从事影响食品安全活动的人员应是能够胜任的，并具有适当的教育、培训、技能和经验。当需要外部专家帮助建立、实施、运行或评价食品安全管理体系时，应在签订的协议或合同中对这些专家的职责和权限予以规定。

② 能力、意识和培训　组织应做到：a. 识别从事影响食品安全活动的人员所必需的能力；b. 提供必要的培训或采取其他措施以确保人员具有这些必要的能力；c. 确保对食品安全管理体系负责监视、纠正、纠正措施的人员受到培训；d. 评价上述 a、b 和 c 的实施及其有效性；e. 确保这些人员认识到其活动对实现食品安全的相关性和重要性；f. 确保所有影响食品安全的人员能够理解有效沟通的要求；g. 保持培训和 b、c 中所述措施的适当记录。

（3）基础设施　组织应提供资源以建立和保持实现本准则要求所需的基础设施。

（4）工作环境　组织应提供资源以建立、管理和保持实现本准则要求所需的工作环境。

7. 安全产品的策划和实现

（1）总则　组织应策划和开发实现安全产品所需的过程。组织应实施、运行策划的活动及其更改，并确保有效；这些活动和更改包括前提方案以及操作性前提计划和（或）HAC-CP 计划。

（2）前提方案（PRPs）

① 组织应建立、实施和保持前提方案（PRPs），以助于控制以下方面：食品安全危害通过工作环境进入产品的可能性；产品的生物、化学和物理污染，包括产品之间的交叉污染；产品和产品加工环境的食品安全危害水平。

② 前提方案（PRPs）应具备：a. 与组织在食品安全方面的需求相适宜；b. 与运行的规模和类型、制造和（或）处置的产品性质相适宜；c. 无论是普遍适用还是适用于特定产品或生产线，前提方案都应在整个生产系统中实施；d. 获得食品安全小组的批准。

组织应识别与以上相关的法律法规要求。

③ 当选择和（或）制订前提方案（PRPs）时，组织应考虑和利用适当信息（如法律、法规要求，顾客要求，公认的指南，国际食品法典委员会的法典原则和操作规范，国家、国际或行业标准）。

注：附录C提供了相关法典的出版物清单。当制定这些方案时，组织应考虑如下：a. 建筑物和相关设施的布局和建设；b. 包括工作空间和员工设施在内的厂房布局；c. 空气、水、能源和其他基础条件的提供；d. 包括废弃物和污水处理的支持性服务；e. 设备的适宜性，及其清洁、保养和预防性维护的可实现性；f. 对采购材料（如原料、辅料、化学品和包装材料）、供给（如水、空气、蒸汽、冰等）、清理（如废弃物和污水处理）和产品处置（如贮存和运输）的管理；g. 交叉污染的预防措施，清洁和消毒；h. 虫害控制；i. 人员卫生；j. 其他适用的方面。

应对前提方案的验证进行策划，必要时应对前提方案进行更改（7.7）。应保持验证和更改的记录。文件宜规定如何管理前提方案中包括的活动。

（3）实施危害分析的预备步骤

① 总则　应收集、保持和更新实施危害分析所需的所有相关信息，并形成文件。应保持记录。

② 食品安全小组　应任命食品安全小组。食品安全小组应具备多学科的知识和建立与实施食品安全管理体系的经验。这些知识和经验包括但不限于组织的食品安全管理体系范围内的产品、过程、设备和食品安全危害。应保持记录，以证实食品安全小组具备所要求的知识和经验。

③ 产品特性

a. 原料、辅料和与产品接触的材料　应在文件中对所有原料、辅料和与产品接触的材料予以描述，其详略程度为实施危害分析所需。适用时，包括以下方面：化学、生物和物理特性；配制辅料的组成，包括添加剂和加工助剂；产地；生产方法；包装和交付方式；贮存条件和保质期；使用或生产前的预处理；与采购材料和辅料预期用途相适宜的有关食品安全的接收准则或规范。

组织应识别与以上方面有关的食品安全法律法规要求。上述描述应保持更新，包括需要时按要求进行的更新。

b. 终产品特性　终产品特性应在文件中予以描述，其详略程度为实施危害分析所需，适用时，包括以下方面的信息：产品名称或类似标识；成分；与食品安全有关的化学、生物和物理特性；预期的保质期和贮存条件；包装；与食品安全有关的标识和（或）处理、制备及使用的说明书；分销方法。组织应识别与以上方面有关的食品安全法律法规的要求。

上述描述应保持更新，包括需要时按要求进行的更新。

④ 预期用途　应考虑终产品的预期用途和合理的预期处理，以及非预期但可能发生的错误处置和误用，并应将其在文件中描述，其详略程度为实施危害分析所需。应识别每种产品的使用群体，适用时，应识别其消费群体；并应考虑对特定食品安全危害的易感消费群体。

上述描述应保持更新，包括需要时按要求进行的更新。

⑤ 流程图、过程步骤和控制措施

a. 流程图　应绘制食品安全管理体系所覆盖产品或过程类别的流程图。流程图应为评价食品安全危害可能的出现、增加或引入提供基础。流程图应清晰、准确和足够详尽。适宜时，流程图应包括：操作中所有步骤的顺序和相互关系；源于外部的过程和分包工作；原料、辅料和中间产品投入点；返工点和循环点；终产品、中间产品和副产品放行点及废弃物的排放点。

食品安全小组应通过现场核对来验证流程图的准确性。经过验证的流程图应作为记录予以保持。

b. 过程步骤和控制措施的描述　应描述现有的控制措施、过程参数和（或）及其实施的严格度，或影响食品安全的程序，其详略程度为实施危害分析所需。还应描述可能影响控制措施的选择及其严格程度的外部要求（如来自顾客或主管部门）。

（4）危害分析

① 总则　食品安全小组应实施危害分析，以确定需要控制的危害，确保食品安全所需的控制程度，以及所要求的控制措施组合。

② 危害识别和可接受水平的确定

a. 应识别并记录与产品类别、过程类别和实际生产设施相关的所有合理预期发生的食品安全危害。这种识别应基于以下方面：收集预备信息和数据；经验；外部信息，尽可能包括流行病学和其他历史数据；来自食品链中，可能与终产品、中间产品和消费食品的安全相关的食品安全危害信息。

应指出每个食品安全危害可能被引入的步骤（从原料、生产和分销）。

b. 在识别危害时，应考虑：特定操作的前后步骤；生产设备、设施/服务和周边环境；在食品链中的前后关联。

c. 针对每个识别的食品安全危害，只要可能，应确定终产品中食品安全危害的可接受水平。确定的水平应考虑已发布的法律法规要求、顾客对食品安全的要求、顾客对产品的预期用途以及其他相关数据。确定的依据和结果应予以记录。

③ 危害评价　应对每种已识别的食品安全危害进行危害评价，以确定消除危害或将危害降至可接受水平是否是生产安全食品所必需的；以及是否需要控制危害以达到规定的可接受水平。

应根据食品安全危害造成不良健康后果的严重性及其发生的可能性，对每种食品安全危害进行评价。应描述所采用的方法，并记录食品安全危害评价的结果。

④ 控制措施的选择和评价　基于危害评价，应选择适宜的控制措施组合，预防、消除或减少食品安全危害至规定的可接受水平。在选择的控制措施组合中，对每个控制措施控制确定的食品安全危害的有效性进行评审。应对所选择的控制措施进行分类，以决定其是否需要通过操作性前提方案或 HACCP 计划进行管理。

选择和分类应使用包括评价以下方面的逻辑方法：相对于应用强度，控制措施控制食品安全危害的效果；对该控制措施进行监视的可行性（如及时监视以便能立即纠正的能力）；相对其他控制措施该控制措施在系统中的位置；该控制措施作用失效或重大加工的不稳定性的可能性；一旦该控制措施的作用失效，结果的严重程度；控制措施是否有针对性地制订，并用于消除或将危害水平大幅度降低；协同效应（即两个或更多措施作用的组合效果优于每个措施单独效果的总和）。

（5）操作性前提方案的建立　操作性前提方案（OPRPs）应形成文件，针对每个方案应包括如下信息：由方案控制的食品安全危害；控制措施；有监视程序，以证实实施了操作性前提方案（OPRPs）；当监视显示操作性前提方案失控时，采取的纠正和纠正措施；职责和权限；监视的记录。

（6）HACCP 计划的建立

① HACCP 计划　HACCP 计划应形成文件；针对每个已确定的关键控制点，应包括如

下信息：a. 关键控制点所控制的食品安全危害；b. 控制措施（CCPs）；c. 关键限值；d. 监视程序；e. 关键限值超出时，应采取的纠正和纠正措施；f. 职责和权限；g. 监视的记录。

② 关键控制点（CCPs）的确定　对于由 HACCP 计划控制的每个危害，针对已确定的控制措施确定关键控制点。

③ 关键控制点的关键限值的确定　对于每个关键控制点建立的监视，应确定其关键限值。应建立关键限值，以确保终产品食品安全危害不超过其可接受水平。应将选定关键限值合理性的证据形成文件。基于主观信息（如对产品、过程、处置等的感官检验）的关键限值，应有指导书、规范和（或）教育及培训的支持。

④ 关键控制点的监视系统　对每个关键控制点应建立监视系统，以证实关键控制点处于受控状态。该系统应包括所有针对关键限值的、有计划的测量或观察。监视系统应由相关程序、指导书和表格构成，包括以下内容：a. 在适宜的时间框架内提供结果的测量或观察；b. 所用的监视装置；c. 适用的校准方法；d. 监视频次；e. 与监视和评价监视结果有关的职责和权限；f. 记录的要求和方法。

当关键限值超出时，监视的方法和频率应能够及时确定，以便在产品使用或消费前对产品进行隔离。

⑤ 监视结果超出关键限值时采取的措施　应在 HACCP 计划中规定关键限值超出时所采取的策划的纠正和纠正措施。这些措施应确保查明不符合的原因，使关键控制点控制的参数恢复受控，并防止再次发生。

应建立和保持形成文件的程序，以适当处置潜在不安全产品，确保评价后再放行。

（7）预备信息的更新、描述前提方案和 HACCP 计划的文件的更新　制订操作性前提方案和（或）HACCP 计划后，必要时，组织应更新如下信息：产品特性；预期用途；流程图；过程步骤；控制措施。必要时，应对 HACCP 计划以及描述前提方案的程序和指导书进行修改。

（8）验证的策划　验证策划应规定验证活动的目的、方法、频次和职责。验证活动应确保：操作性前提方案得以实施；危害分析的输入持续更新；HACCP 计划中的要素和操作性前提方案得以实施且有效；危害水平在确定的可接受水平之内；组织要求的其他程序得以实施，且有效。

该策划的输出应采用适于组织运作的形式。应记录验证的结果，且传达到食品安全小组。应提供验证的结果以进行验证活动结果的分析。当体系验证是基于终产品的测试，且测试的样品不符合食品安全危害的可接受水平时，受影响批次的产品应按照潜在不安全产品处置。

（9）可追溯性系统　组织应建立且实施可追溯性系统，以确保能够识别产品批次及其与原料批次、生产和交付记录的关系。可追溯性系统应能够识别直接供方的进料和终产品首次分销途径。应按规定的时间间隔保持可追溯性记录，以进行体系评价，使潜在不安全产品和如果发生撤回时能够进行处置。可追溯性记录应符合法律、法规要求和顾客要求，例如可以是基于终产品的批次标识。

（10）不符合控制

① 纠正　根据终产品的用途和放行要求，组织应确保关键控制点超出或操作性前提方案失控时，受影响的终产品得以识别和控制。应建立和保持形成文件的程序，规定：a. 识别和评价受影响的产品，以确定对它们进行适宜的处置；b. 评审所实施的纠正。

在已经超出关键限值的条件下生产的产品是潜在不安全产品。对不符合操作性前提方案条件下生产的产品，在评价时应考虑不符合原因和由此对食品安全造成的后果。评价应予记录。所有纠正应由负责人批准并予以记录，记录还应包括不符合的性质及其产生原因和后果以及不合格批次的可追溯性信息。

② 纠正措施　操作性前提方案和关键控制点监视得到的数据应由具备足够知识和具有权限的指定人员进行评价，以启动纠正措施。当关键限值发生超出和不符合操作性前提方案时，应采取纠正措施。

组织应建立和保持形成文件的程序，规定适宜的措施以识别和消除已发现的不符合的原因；防止其再次发生；并在不符合发生后，使相应的过程或体系恢复受控状态，这些措施包括：a. 评审不符合（包括顾客抱怨）；b. 对可能表明向失控发展的监视结果的趋势进行评审；c. 确定不符合的原因；d. 评价采取措施的需求以确保不符合不再发生；e. 确定和实施所需的措施；f. 记录所采取纠正措施的结果；g. 评审采取的纠正措施，以确保其有效。

③ 潜在不安全产品的处置

a. 总则　组织应采取措施处置所有不合格产品，以防止不合格产品进入食品链，除非可能确保：相关的食品安全危害已降至规定的可接受水平；相关的食品安全危害在产品进入食品链前将降至确定的可接受水平；尽管不符合，但产品仍能满足相关食品安全危害规定的可接受水平。可能受不符合影响的所有批次产品应在评价前处于组织的控制之中。当产品在组织的控制之外，且被确定为不安全时，组织应通知相关方，采取撤回。处理潜在不安全产品的控制要求、相关响应和权限应形成文件。

b. 放行的评价　受不符合影响的每批产品应在符合下列任一条件时，才可在分销前作为安全产品放行：除监视系统外的其他证据证实控制措施有效；证据表明，针对特定产品的控制措施的组合作用达到预期效果；抽样、分析和（或）其他验证活动证实受影响批次的产品符合相关食品安全危害确定的可接受水平。

c. 不合格品处置　评价后，当产品不能放行时，产品应按如下之一处理：在组织内或组织外重新加工或进一步加工，以确保食品安全危害消除或降至可接受水平；销毁和（或）按废物处理。

d. 撤回　为能够并便于完全、及时地撤回确定为不安全的终产品批次：最高管理者应指定有权启动撤回的人员和负责执行撤回的人员。

组织应建立、保持形成文件的程序：通知相关方［如：主管部门、顾客和（或）消费者］；处置撤回产品及库存中受影响的产品；采取措施的顺序。

被撤回产品在被销毁、改变预期用途、确定按原有（或其他）预期用途使用是安全的或重新加工以确保安全之前，应在监督下予以保留。撤回的原因、范围和结果应予以记录，并向最高管理者报告，作为管理评审的输入。组织应通过使用适宜技术验证并记录撤回方案的有效性（例如模拟撤回或实际撤回）。

8. 食品安全管理体系的确认、验证和改进

（1）总则　食品安全小组应策划和实施对控制措施和控制措施组合进行确认所需的过程，并验证和改进食品安全管理体系。

（2）控制措施组合的确认　在实施包含于操作性前提方案 OPRP 和 HACCP 计划的控制措施之前，及在变更后，组织应确认：所选择的控制措施能使其针对的食品安全危害实现预期控制；控制措施和（或）其组合时有效，能确保控制已确定的食品安全危害，并获得满足规定可接受水平的终产品；当确认结果表明不能满足一个或多个上述要素时，应对控制措施和（或）其组合进行修改和重新评价；修改可能包括控制措施［即生产参数、严格度和（或）其组合］的变更，和（或）原料、生产技术、终产品特性、分销方式、终产品预期用途的变更。

（3）监视和测量的控制　组织应提供证据表明采用的监视、测量方法和设备是适宜的，以确保监视和测量的结果。为确保结果有效性，必要时，所使用的测量设备和方法应确保：①对照能溯源到国际或国家标准的测量标准，在规定的时间间隔或在使用前进行校准或检定。当不存在上述标准时，校准或检定的依据应予以记录；②进行调整或必要时再调整；③得到识别，以确定其校准状态；④防止可能使测量结果失效的调整；⑤防止损坏和失效；⑥校准和验证结果记录应予保持。

此外，当发现设备或过程不符合要求时，组织应对以往测量结果的有效性进行评价。当测量设备不符合时，组织应对该设备以及任何受影响的产品采取适当的措施。这种评价和相应措施的记录应予保持。当计算机软件用于规定要求的监视和测量时，应确认其满足预期用途的能力。确认应在初次使用前进行。必要时，再确认。

（4）食品安全管理体系的验证

① 内部审核　组织应按照策划的时间间隔进行内部审核，以确定食品安全管理体系是否符合策划的安排、组织所建立的食品安全管理体系的要求和本准则的要求；是否得到有效实施和更新。

策划审核方案要考虑拟审核过程和区域的状况和重要性，以及以往审核产生的更新措施。应规定审核的准则、范围、频次和方法。审核员的选择和审核的实施应确保审核过程的客观性和公正性。审核员不应审核自己的工作。应在形成文件的程序中规定策划和实施审核以及报告结果和保持记录的职责和要求。负责受审核区域的管理者应确保及时采取措施，以消除所发现的不符合情况及原因，不能不适当地延误。跟踪活动应包括对所采取措施的验证和验证结果的报告。

② 单项验证结果的评价　食品安全小组应系统地评价所策划的验证的每个结果。

当验证证实不符合策划的安排时，组织应采取措施达到规定的要求。该措施应包括但不限于评审以下方面：现有的程序和沟通渠道；危害分析的结论、已建立的操作性前提方案和HACCP计划；PRPs；人力资源管理和培训活动有效性。

③ 验证活动结果的分析　食品安全小组应分析验证活动的结果，包括内部审核和外部审核的结果。应进行分析，以确保：a. 证实体系的整体运行满足策划的安排和本组织建立食品安全管理体系的要求；b. 识别食品安全管理体系改进或更新的需求；c. 识别表明潜在不安全产品高事故风险的趋势；d. 建立信息，便于策划与受审核区域状况和重要性有关的内部审核方案；e. 提供证据证明已采取纠正和纠正措施的有效性。

分析的结果和由此产生的活动应予以记录，并以相关的形式向最高管理者报告，作为管理评审的输入；也应用作食品安全管理体系更新的输入。

（5）改进

① 持续改进　最高管理者应确保组织采用沟通、管理评审、内部审核、单项验证结果的评价、验证活动结果的分析、控制措施组合的确认、纠正措施和食品安全管理体系更新，以持续改进食品安全管理体系的有效性。

注：GB/T 19001 阐述了质量管理体系的有效性的持续改进。GB/T 19004 在 GB/T 19001 之外提供了质量管理体系有效性和效率持续改进的指南。

② 食品安全管理体系的更新　最高管理者应确保食品安全管理体系持续更新。

为此，食品安全小组应按策划的时间间隔评价食品安全管理体系，继而应考虑评审危害分析、已建立的操作性前提方案 PRPs 和 HACCP 计划的必要性。

评价和更新活动应基于：内部和外部沟通的输入；来自有关食品安全管理体系适宜性、

充分性和有效性的其他信息的输入；验证活动结果分析的输出；管理评审的输出。

体系更新活动应予以记录，并以适当的形式报告，作为管理评审的输入。

附录 A（资料性附录）

本准则与 GB/T 19001—2000 之间的对照

表 A.1 本准则与 GB/T 19001—2000 之间的对照

本 准 则		GB/T 19001—2000	
引言	0	0	引言
		0.1	总则
		0.2	过程方法
		0.3	与 GB/T 19004 的关系
		0.4	与其他管理体系的相容性
范围	1	1	范围
		1.1	总则
		1.2	应用
规范性引用文件	2	2	引用标准
术语和定义	3	3	术语和定义
食品安全管理体系	4	4	质量管理体系
总要求	4.1	4.1	总要求
文件要求	4.2	4.2	文件要求
总则	4.2.1	4.2.1	总则
文件控制	4.2.2	4.2.3	文件控制
记录控制	4.2.3	4.2.4	记录控制
管理职责	5	5	管理职责
管理承诺	5.1	5.1	管理承诺
食品安全方针	5.2	5.3	质量方针
食品安全管理体系策划	5.3	5.4.2	质量管理体系策划
职责和权限	5.4	5.5.1	职责、权限
食品安全小组组长	5.5	5.5.2	管理代表
沟通	5.6	5.5	职责、权限与沟通
外部沟通	5.6.1	7.2.1	与产品有关要求的确定
内部沟通	5.6.2	7.2.3	顾客沟通
		5.5.3	内部沟通
		7.3.7	设计和开发变更控制
应急准备和响应	5.7	5.2	以顾客为关注焦点
		8.5.3	预防措施
管理评审	5.8	5.6	管理评审
总则	5.8.1	5.6.1	总则
评审输入	5.8.2	5.6.2	评审输入
评审输出	5.8.3	5.6.3	评审输出
资源管理	6	6	资源管理
资源提供	6.1	6.1	资源提供
人力资源	6.2	6.2	人力资源
总则	6.2.1	6.2.1	总则
能力、意识和培训	6.2.2	6.2.2	能力、意识和培训
基础设施	6.3	6.3	基础设施
工作环境	6.4	6.4	工作环境

续表

本 准 则		GB/T 19001—2000	
安全产品的策划和实现	7	7	产品实现
总则	7.1	7.1	产品实现的策划
前提方案（PRPs）	7.2	6.3	基础设施
	7.2.1	6.4	工作环境
	7.2.2	7.5.1	生产和服务提供的控制
	7.2.3	8.5.3	预防措施
		7.5.5	产品防护
实施危害分析的预备步骤	7.3	7.3	设计和开发
总则	7.3.1		
食品安全小组	7.3.2		
产品特性	7.3.3	7.4.2	采购信息
预期用途	7.3.4	7.2.1	与产品有关要求的确定
流程图、过程步骤和控制措施	7.3.5	7.2.1	与产品有关要求的确定
危害分析	7.4	7.3.1	设计和开发策划
总则	7.4.1		
危害识别和可接受水平的确定	7.4.2		
危害评价	7.4.3		
控制措施的选择和评价	7.4.4		
操作性前提方案的建立	7.5	7.3.2	设计和开发输入
HACCP 计划的建立	7.6	7.3.3	设计和开发输出
HACCP 计划	7.6.1	7.5.1	生产和服务提供的控制
关键控制点（CCPs）的确定	7.6.2		
关键控制点的关键限值的确定	7.6.3		
关键控制点的监视系统	7.6.4	8.2.3	过程的监视和测量
监视结果超出关键限值时采取的措施	7.6.5	8.3	不合格品控制
预备信息的更新、描述前提方案和HACCP计划的文件的更新	7.7	4.2.3	文件控制
验证的策划	7.8	7.3.5	设计和开发验证
可追溯性系统	7.9	7.5.3	标识和可追溯性
不符合控制	7.10	8.3	不合格品控制
纠正	7.10.1	8.3	不合格品控制
纠正措施	7.10.2	8.5.2	纠正措施
潜在不安全产品的处置	7.10.3	8.3	不合格品控制
撤回	7.10.4	8.3	不合格品控制
食品安全管理体系的确认、验证和改进	8	8	测量、分析和改进
总则	8.1	8.1	总则
控制措施组合的确认	8.2	8.4	数据分析
		7.3.6	设计和开发确认
		7.5.2	生产和服务提供过程的确认
监视和测量的控制	8.3	7.6	监视和测量装置的控制
食品安全管理体系的验证	8.4	8.2	监视和测量
内部审核	8.4.1	8.2.2	内部审核
单项验证结果的评价	8.4.2	8.2.3	过程的监视和测量
		7.3.4	设计和开发评审
验证活动结果的分析	8.4.3	8.4	数据分析
改进	8.5	8.5	改进
持续改进	8.5.1	8.5.1	持续改进
食品安全管理体系的更新	8.5.2	7.3.4	设计和开发评审

表 A.2　GB/T 19001—2000 与本准则之间的对照

GB/T 19001—2000		本　准　则	
引言	0.1		引言
总则	0.2		
过程方法	0.3		
与 GB/T 19004 的关系			
与其他管理体系的相容性	0.4		
范围	1	1	范围
总则	1.1		
应用	1.2		
引用标准	2	2	规范性引用文件
术语和定义	3	3	术语和定义
质量管理体系	4	4	食品安全管理体系
总要求	4.1	4.1	总要求
文件要求	4.2	4.2	文件要求
总则	4.2.1	4.2.1	总则
质量手册	4.2.2	4.2.2	文件控制
文件控制	4.2.3	7.7	预备信息的更新、描述前提方案和 HACCP 计划的文件的更新
记录控制	4.2.4	4.2.3	记录控制
管理职责	5	5	管理职责
管理承诺	5.1	5.1	管理承诺
以顾客为关注焦点	5.2	5.7	应急准备和响应
质量方针	5.3	5.2	食品安全方针
策划	5.4		
质量目标	5.4.1		
质量管理体系策划	5.4.2	5.3	食品安全管理体系策划
		8.5.2	食品安全管理体系的更新
职责、权限与沟通	5.5	5.6	沟通
职责、权限	5.5.1	5.4	职责和权限
管理者代表	5.5.2	5.5	食品安全小组组长
内部沟通	5.5.3	5.6.2	内部沟通
管理评审	5.6	5.8	管理评审
总则	5.6.1	5.8.1	总则
评审输入	5.6.2	5.8.2	评审输入
评审输出	5.6.3	5.8.3	评审输出
资源管理	6	6	资源管理
资源提供	6.1	6.1	资源提供
人力资源	6.2	6.2	人力资源
总则	6.2.1	6.2.1	总则
能力、意识和培训	6.2.2	6.2.2	能力、意识和培训
基础设施	6.3	6.3	基础设施
		7.2	前提方案（PRPs）
工作环境	6.4	6.4	工作环境
		7.2	前提方案（PRPs）
产品实现	7	7	安全产品的策划和实现
产品实现的策划	7.1	7.1	总则

续表

GB/T 19001—2000		本 准 则	
与顾客有关的过程	7.2		
与产品有关的要求的确定	7.2.1	7.3.4	预期用途
		7.3.5	流程图、过程步骤和控制措施
		5.6.1	外部沟通
与产品有关的要求的评审	7.2.2		
顾客沟通	7.2.3	5.6.1	外部沟通
设计和开发	7.3	7.3	实施危害分析的预备步骤
设计和开发的策划	7.3.1	7.4	危害分析
设计和开发的输入	7.3.2	7.5	操作性前提方案的建立
设计和开发的输出	7.3.3	7.6	HACCP 计划的建立
设计和开发评审	7.3.4	8.4.2	单项验证结果的评价
		8.5.2	食品安全管理体系的更新
设计和开发的验证	7.3.5	7.8	验证的策划
设计和开发的确认	7.3.6	8.2	控制措施组合的确认
设计和开发更改的控制	7.3.7	5.6.2	内部沟通
采购	7.4		
采购过程	7.4.1		
采购信息	7.4.2	7.3.3	产品特性
采购产品的验证	7.4.3		
产品和服务的提高	7.5		
生产和服务提供的控制	7.5.1	7.2	前提方案(PRPs)
		7.6.1	HACCP 计划
生产和服务提供过程的确认	7.5.2	8.2	控制措施组合的确认
标识和可追溯性	7.5.3	7.9	可追溯性系统
顾客财产	7.5.4		
产品防护	7.5.5	7.2	前提方案(PRPs)
监视和测量装置的控制	7.6	8.3	监视和测量的控制
测量分析和改进	8	8	食品安全管理体系的确认、验证和改进
总则	8.1	8.1	总则
监视和测量	8.2	8.4	食品安全管理体系的验证
顾客满意	8.2.1		
内部审核	8.2.2	8.4.1	内部审核
过程的监视和测量	8.2.3	7.6.4	关键控制点的监控系统
		8.4.2	单项验证结果的评价
产品的监视和测量	8.2.4		
不合格品控制	8.3	7.6.5	监视结果超出关键限值时采取的措施
		7.10	不符合控制
数据分析	8.4	8.2	控制措施组合的确认
		8.4.3	验证结果的分析
改进	8.5	8.5	改进
持续改进	8.5.1	8.5.1	持续改进
纠正措施	8.5.2	7.10.2	纠正措施
预防措施	8.5.3	5.7	应急准备和响应
		7.2	前提方案(PRPs)

附录 B（资料性附录）

HACCP 与本准则的对照

表 B.1 HACCP 与本准则的对照

HACCP 原理	HACCP 实施步骤		本 准 则	
	建立 HACCP 小组	步骤 1	7.3.2	食品安全小组
	产品描述	步骤 2	7.3.3 7.3.5.2	产品特性 过程步骤和控制措施的描述
	识别预期用途	步骤 3	7.3.4	预期用途
	制作流程图、现场确认流程图	步骤 4 步骤 5	7.3.5.1	流程图
原理 1 危害分析	列出所有可能的危害 实施危害分析 考虑控制措施	步骤 6	7.4 7.4.2 7.4.3 7.4.4	危害分析 危害识别和可接受水平的确定 危害评价 控制措施的选择和评价
原理 2 关键控制点的确定	确定关键控制点	步骤 7	7.6.2	关键控制点（CCPs）的确定
原理 3 建立关键限值	对每个 CCP 点确定关键限值	步骤 8	7.6.3	关键控制点的关键限值的确定
原理 4 建立关键控制点的监视系统	对每个关键控制点建立监视系统	步骤 9	7.6.4	关键控制点的监视系统
原理 5 当关键控制点失控时,建立纠正措施	建立纠正措施	步骤 10	7.6.5	监视结果超出关键限值时采取的措施
原理 6 建立确认程序以确定HACCP有效运行	建立验证程序	步骤 11	7.8	验证的策划
原理 7 建立上述原理和应用的相关程序和记录	建立文件和记录保持	步骤 12	4.2 7.7	文件要求 预备信息的更新、描述前提方案和 HACCP 计划的文件的更新

附录 C（资料性附录）

提供控制措施（包括前提方案）实例的 CAC 参考文献及其选择使用指南

C.1 法典和导则

C.1.1 通用

CAC/RCP 1—1969 (Rev.4—2003)，推荐的国际操作规范——食品卫生通则；收录了 HACCP 体系及其应用指南。

食品卫生控制措施确认导则。

应用与食品检验和认证相关的追溯/产品追踪原理。

商品特定法典和导则。

C.1.2 饲料

CAC/RCP 45—1997，降低产奶动物饲用原料和辅料中黄曲霉毒素 B_1 的操作规范。

CAC/RCP 54—2004，良好动物饲养操作规范。

C.1.3 特殊膳食食品

CAC/RCP 21—1979，婴幼儿食品卫生操作规范。

CAC/GL 08—1991，较大婴幼儿配方辅助食品导则。

C.1.4 特殊加工食品

CAC/RCP 8—1976（Rev.2—1983），速冻食品加工处理卫生操作规范。

CAC/RCP 23—1979（Rev.2—1993），低酸及酸化低酸罐头食品卫生操作规范。

CAC/RCP 46—1999，延长货架期的冷藏包装食品卫生操作规范。

C.1.5 食品配料

CAC/RCP 42—1995，香辛料和干燥香辛植物卫生操作规范。

C.1.6 水果和蔬菜

CAC/RCP 22—1979，落花生（花生）卫生操作规范。

CAC/RCP 2—1969，罐装果蔬制品卫生操作规范。

CAC/RCP 3—1969，干燥水果卫生操作规范。

CAC/RCP 4—1971，脱水椰子卫生操作规范。

CAC/RCP 5—1971，脱水水果和蔬菜（包括食用菌）卫生操作规范。

CAC/RCP 6—1972，木本坚果卫生操作规范。

CAC/RCP 53—2003，新鲜水果和蔬菜的卫生操作规范。

C.1.7 肉类和肉制品

CAC/RCP 41—1993，屠宰动物宰前宰后的检验检疫及屠宰动物和肉类宰前宰后的评定规范。

CAC/RCP 32—1983，为进一步加工而机械分离的肉和禽生产、储存和合成操作规范。

CAC/RCP 29—1983，Rev.1（1993），猎物卫生操作规范。

CAC/RCP 30—1983，青蛙腿加工卫生操作规范。

CAC/RCP 11—1976，Rev.1（1993），鲜肉卫生操作规范。

CAC/RCP 13—1976，Rev.1（1985），加工肉禽产品卫生操作规范。

CAC/RCP 14—1976，禽类加工卫生操作规范。

CAC/GL 52—2003，肉类卫生通则。

肉类卫生操作规范。

C.1.8 奶和奶制品

CAC/RCP 57—2004，奶和奶制品卫生操作规范。

控制食品预防（food prevention）中兽药残留和控制奶和奶制品（包括奶和奶制品）中药物残留的强制方案的建立指南的修订版。

C.1.9 蛋和蛋制品

CAC/RCP 15—1976，蛋制品卫生操作规范（分别于1978年和1985年进行了修订）。

蛋制品卫生操作规范修订版。

C.1.10 鱼和渔业产品

CAC/RCP 37—1989，头足类动物操作规范。

CAC/RCP 35—1985，速冻面糊和/或面包包裹的渔业产品操作规范。

CAC/RCP 28—1983，蟹类操作规范。

CAC/RCP 24—1979，龙虾操作规范。

CAC/RCP 25—1979，熏鱼操作规范。

CAC/RCP 26—1979，盐腌鱼操作规范。

CAC/RCP 17—1978，小虾或大虾操作规范。

CAC/RCP 18—1978，软体鱼贝类卫生操作规范。

CAC/RCP 52—2003 鱼和渔业产品操作规范。

鱼和渔业产品操作规范（水产养殖）。

C. 1. 11　水

CAC/RCP 33—1985，天然矿泉水的采集、加工和销售卫生操作规范。

CAC/RCP 48—2001，瓶装/包装饮用水（非天然矿泉水）的卫生操作规范。

C. 1. 12　运输

CAC/RCP 47—2001，散装和半包装食品运输卫生操作规范。

CAC/RCP 36—1987（Rev. 1—1999）散装食用油脂贮存和运输操作规范。

CAC/RCP 44—1995，热带新鲜水果和蔬菜的包装和运输操作规范。

C. 1. 13　零售

CAC/RCP 43—1997，（Rev. 1—2001），街道食品制作和销售卫生操作规范（区域性规范——拉丁美洲和加勒比海地区）。

CAC/RCP 39—1993，大众餐厅中预制和已制食品的卫生操作规范。

CAC/GL-22—1997，（Rev. 1—1999），非洲街道贩卖食品控制措施设计导则。

C. 2　食品安全危害特殊法典和指南

CAC/RCP 38—1993，兽药使用控制操作规范。

CAC/RCP 50—2003，苹果汁及其他饮料苹果汁成分中棒曲霉素污染预防操作规范。

CAC/RCP 51—2003，谷物中毒枝毒素污染预防操作规范，包括关于预防赭曲霉素 A、玉米赤霉烯酮、伏马毒素、单端孢霉烯族毒素污染的附录。

CAC/RCP 55—2004，预防和减少坚果黄曲霉素污染操作规范。

CAC/RCP 56—2004，预防和减少食品铅污染操作规范。

食品中单核细胞增多性李斯特菌控制指南。

预防和减少罐藏食品无机锡污染操作规范。

活性氯安全使用规范。

最小化和容忍抗杀菌性操作规范。

C. 3　控制措施特殊法典和导则

CAC/RCP 19—1979（Rev. 1—1983），食品处理辐射设施操作规范。

CAC/RCP 40—1993，防腐处理和包装低酸食品的卫生操作规范。

CAC/RCP 49—2001，减少化学药品污染根源措施的操作规范。

CAC/GL 13—1991，使用乳过氧化物酶体系保存原料奶导则。

CAC/STAN 106—1983（Rev. 1—2003），辐照食品通用标准。

第四节　食品质量安全（QS）市场准入制度

一、QS 市场准入制度简介

"QS"是我国的食品市场准入标志，见图 4-6，由英文"quality safety"的开头字母组成。按照国家有关规定，凡在中华人民共和国境内从事以销售为最终目的的食品生产加工活动的国有企业、集体企业、私营企业、三资企业，以及个体工商户、具有独立法人资格企业的分支机构和其他从事食品生产加工经营活动的每个独立生产场所，都必须申请《食品生产许可证》。

获得《食品生产许可证》的企业，其产品经出厂检验合格的，在出厂销售之前，都必须在最小销售单元的食品包装上标注食品质量安全生产许可证编号。按照国家有关规定，在现阶段，对列入《食品质量安全监督管理重点产品目录》的食品，必须取得《食品生产许可证》，必须经检验合格并加贴（印）市场准入 QS 标志后，方可出厂销售。我国在食品上实行"QS"，主要是借鉴美国已立法强制实施食品GMP 认证，国际上除了美国已经立法外，其他如日本、加拿大、新加坡、德国等国家，均采取劝导方式。我国是全世界第二个强制实行食品质量安全认证的国家。

图 4-6　QS 标志

（一）食品质量安全市场准入制度

食品质量安全市场准入制度是一种政府行为，是为保证食品的质量安全，允许具备规定条件的生产者进行生产经营活动、允许具备规定条件的食品进行生产销售的监管制度。具体包括以下三项制度。

1. 食品生产许可证制度

食品生产许可证制度是工业产品许可证制度的一个组成部分，旨在控制食品生产加工企业的生产条件，防止因食品原料、包装问题或生产加工、运输、贮存过程中带来的污染对人体健康造成任何不利的影响。凡不具备保证产品质量必备条件的，不得从事食品生产加工。

2. 强制检验制度

要求企业必须检验其生产的食品，企业必须履行法律义务确保出厂销售的食品检验合格，不合格的食品不得出厂销售。

3. QS 标志制度

要求企业在取得"食品生产许可证"后，直接将 QS 标志印刷在食品最小销售单元的包装和外包装上，以便于消费者识别。对检验合格的食品加贴市场准入标志，向社会做出"质量安全"承诺。

食品质量安全市场准入制度着重于保证食品食用的安全，保障人们食用食品后，不会发生危害身体健康的疾病。

（二）食品安全市场准入制度的发展阶段

我国从 2002 年 10 月到 2003 年底对大米、小麦粉、食用植物油、酱油、食醋 5 类产品实行了质量安全市场准入制度，即 QS 认证。从 2004 年开始，未取得食品生产许可证的上述 5 类食品生产企业将被叫停，经销企业不得再经营未取得食品生产许可证和未加贴 QS 标志的上述 5 类食品。

从 2003 年 10 月开始到 2005 年 7 月 1 日，国家对肉制品、乳制品、调味品（味精、糖）、饮料（含饮用水）、方便面、饼干、罐头食品、冷冻饮品、膨化食品、速冻米面食品等10 类食品进行了第二批 QS 认证。随着食品市场准入制度的顺利实施，肉制品、乳制品、茶叶、饮料、调味品、饼干、速冻米面食品、罐头食品、冷冻饮品、方便食品执行市场准入制度，第二批十类食品市场准入制度的实施于 2005 年内完成。要求生产上述 10 类食品的生产企业必须取得食品生产许可证，生产的食品必须加贴 QS 标志后方可出厂销售。从 2005年 1 月 1 日起，国家质检总局已决定对糖果制品、茶叶、葡萄酒及果酒、黄酒、啤酒、酱腌菜、蜜饯、炒货食品、蛋制品、可可制品、焙炒咖啡、水产加工品、淀粉及淀粉制品 13 类食品实施 QS 制度。2008 年 1 月 1 日查处没有获得 QS 认证的企业。

二、QS 对食品企业管理提出的要求

2005 年 9 月 1 日颁布的《食品生产加工企业质量安全监督管理实施细则（试行）》（中华人民共和国国家质量监督检验检疫总局令第 79 号，以下简称"79 号令"）对于食品企业管理提出了系统全面的要求。具体如下。

（一）食品生产加工企业设立的基本条件

"79 号令"中第七条规定：食品生产加工企业应当符合法律、行政法规及国家有关政策规定的企业设立条件。

（二）食品生产加工企业的环境卫生要求

"79 号令"中第八条规定：食品生产加工企业必须具备保证产品质量安全的环境条件。

1. 对企业周围环境的具体要求

厂区要远离有害场所，周围没有大型的垃圾场、排污沟、公共坑厕等污染源，若有，至少要相隔 25～50m 以上；周围不得有粉尘、烟尘、灰尘、有害气体、放射性物质和其他扩散性污染源。

2. 对厂区环境的具体要求

厂区的道路应以混凝土、柏油等修建，以防尘土、污物被带入车间；厂区内路面应平坦、无积水，以防孳生蚊蝇等昆虫；厂区环境应当卫生、清洁，物品堆放整齐；厂区不要有暴露的泥地，要进行绿化或铺设水泥。

3. 对附属设施环境的具体要求

厕所、垃圾池应设置在车间外侧，远离生产地；污染物（加工后的废弃物）存放应远离车间；原材料、燃料、废弃物隔离放置；废水排放管路畅通，尽量做到无明渠、无积水；运送食品和原材料的路线与上厕所和倒垃圾的路线尽量不交叉。

4. 对车间环境和仓库环境的具体要求

车间、仓库内场地应坚硬、平坦，排水、通风设施良好；车间、仓库内应保持清洁。

5. 对生产设施卫生的具体要求

生产设备应当保持清洁、干净，无食品残留，无霉变；与食品接触的设备表面保持洁净，无油污。

（三）食品生产加工企业的生产设备及厂房设施要求

"79 号令"中第九条规定：食品生产加工企业必须具备保证产品质量安全的生产设备、工艺装备和相关辅助设备。具有与保证产品质量相适应的原料处理、加工、贮存等厂房或者场所。以辐射加工技术等特殊工艺设备生产食品的，还应当符合计量等有关法规、规章规定的条件。

1. 防止在生产过程中发生生物性污染的具体硬件措施

（1）保护车间和仓库环境卫生的硬件措施

① 车间至少设两个出入口，做到人货分流；② 车间内至少安装一盏灭蝇灯；③ 成品装入容器的车间至少安装一盏紫外灯；④ 原材料仓库和成品仓库应分离；⑤ 门安装要严密，门周围缝隙不大于 6mm，门下边加 60cm 高的挡鼠板；窗口应有纱网等防蝇虫设施；⑥ 墙上所有的孔（包括窗、排气扇、管道口等）要安装 20 目的纱网，再加较粗的纱网固定则更好；⑦ 缝隙要用水泥、泡沫塑料、橡胶等填充；⑧ 下水道要畅通，不能用明渠，要用暗渠；⑨ 车间、仓库内的所有出入口都要加栅栏，间隙为 1cm；⑩ 包装下水道车间房顶应油漆或安装天花板，防止顶部灰尘坠落；包装车间墙壁距地面 1.5～1.8m 高处应铺设白瓷砖或进行油漆，以便于清洁；包装车间地面应油漆或铺设不易产生灰尘的地板砖。

（2）防止生产操作人员带入细菌、病毒等微生物的硬件措施（此措施适用于车间）　设立一个员工进入车间的预进间：更衣室和清洗室。

① 更衣室的硬件措施：根据上班员工数量设置相应数量的衣帽柜和鞋柜；至少安装一盏灭蝇灯。

② 清洗室的硬件措施：放置一瓶用于消毒的洗手液；至少安装一个非手动开关的水龙头；安装一个干手器；进入车间前设有消毒池。

2. 防止在生产过程中发生化学性污染的具体硬件措施

① 保证直接接触食品及原料的设备和容器的材质无毒、无害、无异味。

② 当机油装置在食品经过路线的上面时，要安装托盘。

3. 防止在生产过程中发生物理性污染的具体硬件措施

① 保证直接接触食品及原料的设备和容器的结构设计合理，边角圆滑、无死角、不漏隙，便于拆卸，不易积垢，便于清理、消毒。

② 配料、包装间内不得使用竹木器具和棉麻制品。

③ 在食品加工现场的灯具应安有防爆装置。

4. 企业使用的必备设备管理

① 编制全公司的《设备一览表》，并建立每台主要设备的《设备履历表》。

② 设备分为四类：甲类为需定期检修和日常保养的设备，乙类为只需日常保养的设备，丙类为随坏随修的设备，丁类为压力容器、起重机等特种设备。

③ 每年编制甲类设备的设备定期检修计划，记录在《设备一览表》。

④ 将定期检修和维修的结果记录于《设备履历表》，将日常保养的结果记录于《设备点检保养记录》。

⑤ 特种设备按《特种设备安全监察条例》进行检修。

（四）食品生产加工企业的生产工艺管理要求

"79号令"中第十条规定：食品加工工艺流程应当科学、合理，生产加工过程应当严格、规范，防止生物性、化学性、物理性污染，以及防止生食品与熟品、原料与半成品、成品、陈旧食品与新鲜食品等的交叉污染。

1. 防止在生产过程中发生生物性污染的软件措施

（1）保护现场工作环境卫生的软件措施　班前班后都用清水清洁地面、设备和工作台，必要时，用含有效氯100mg/kg消毒液消毒、清洁工器具和工作台，再用清水洗净；必要时生产过程中每4h清洁、消毒一次工器具和工作台，保证车间地面、工器具、工作台、设备的清洁卫生；车间内不得吸烟、吃东西。

（2）保护生产操作人员卫生的软件措施

① 不得戴手表和饰品，不得化妆，不得留长指甲；②进入车间要穿工作服、戴工作帽。工作服、工作帽要集中定期清洗，保持清洁。离开车间前，必须换下工作服、工作帽；③进入车间前要洗手，流程是：清水洗手→用皂液洗手→冲净皂液→必要时，用含有效氯50mg/kg的消毒液浸泡30s→清水洗手→吹干（图4-7）。

2. 防止在生产过程中发生化学性污染的软件措施

（1）原材料的控制见《食品生产加工企业质量安全监督管理办法》第十一条。

（2）对可能使用的污染食品的化学物质（如洗涤剂、消毒剂、杀虫剂、润滑剂和次氯酸钠等），采取如下控制措施：①编写《有毒、有害化学物品一览表》；②贮存在单独的区域里，设置警告标示，防止随便乱拿；③使用时，要填写《领用物料单》，并经使用部门主管

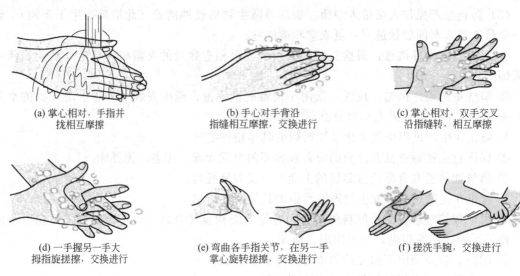

(a) 掌心相对，手指并
拢相互摩擦

(b) 手心对手背沿
指缝相互摩擦，交换进行

(c) 掌心相对，双手交叉
沿指缝转，相互摩擦

(d) 一手握另一手大
拇指旋搓擦，交换进行

(e) 弯曲各手指关节，在另一手
掌心旋转搓擦，交换进行

(f) 搓洗手腕，交换进行

图 4-7　进入车间前的洗手流程

签字批准；④仓管员填写《有毒、有害化学物品领用登记表》。

3. 防止在生产过程中发生交叉污染的具体软件措施

①原料、辅料、包装物料要单独存放；②原料挑选、处理与包装等工序的生、熟制品分离；③生、熟产品的生产操作人员不能串岗。

（五）食品生产加工企业的原材料、添加剂质量要求

"79号令"中第十一条规定：食品生产加工企业生产食品所用的原材料、添加剂等应当符合国家有关规定。不得使用非食用性原辅材料加工食品。

1. 对原材料和食品添加剂的具体要求

使用的原材料应无毒、无害，符合相应的强制性国家标准、行业标准及有关规定；使用符合国家法律、法规和强制性标准的添加剂进行生产，严格执行《食品添加剂卫生管理办法》和GB 2760—1996《食品添加剂使用卫生标准》；不以掩盖食品腐败变质或者掺杂、掺假为目的而使用食品添加剂。

2. 禁止使用的原材料

①腐败变质、油脂酸败、霉变生虫、污秽不洁、混有异物或者感官性状异常，可能对人体健康有害的；②含有毒、有害物质或者被有毒、有害物质污染，可能对人体健康有害的；③含有致病性寄生虫、微生物的，或者微生物毒素含量超过国家限定标准的；④未经兽医卫生检验或者检验不合格的肉类及其制品；⑤病死、毒死或者死因不明的禽、畜、兽、水产等动物及其制品；⑥过期失效的；⑦用非食品原料冒充食品原料的，在食品原料中掺假、掺杂、加入非食品用化学物质的；⑧含有未经国务院卫生行政部门批准使用的添加剂的或者农药残留超过国家规定容许量的；⑨其他不符合国家标准和食品质量安全要求的。

3. 供应商管理

控制生产食品所用的原材料、添加剂的质量应当从控制供应商开始。具体如下：①制定各种原材料的质量标准和检验方法，形成《原材料质量标准》或《原材料检验作业指导书》；②根据企业实际需求，以质量、价格、交货期作为筛选供应商的依据，筛选结果记录在《供应商资格认可表》；③收集供应商的营业执照、生产许可证、卫生证明和检验报告等资料，以证明其提供产品的质量安全；④经筛选的供应商汇总成《供应商一览表》；⑤企业内部的

《采购计划》报出前须经部门主管审核；⑥发给供应商的《订购单》须经采购部主管审核。

（六）食品生产加工企业的产品（食品）质量要求

"79号令"中第十二条规定：食品生产加工企业必须按照有效的产品标准组织生产。食品质量安全必须符合法律法规和相应的强制性标准要求，无强制性标准规定的，应当符合企业明示采用的标准要求。

① 食品生产加工企业的产品（食品）必须执行国家标准，没有国家标准的执行行业标准，没有行业标准的执行地方标准，没有地方标准的执行企业标准（企业标准是企业自己根据法律要求制定的组织产品生产的标准）。企业标准由企业组织制定，并报当地标准化行政主管部门和有关行政主管部门备案。

② 食品质量安全必须符合法律、法规要求。

③ 食品质量安全必须符合相应的强制性标准。

④ 无相应的强制性标准的，食品质量安全必须符合企业明示采用的标准要求。

（七）食品生产加工企业的人员素质要求

"79号令"中第十三条规定：食品生产加工企业负责人和主要管理人员应当了解与食品质量安全相关的法律、法规知识；食品企业必须具有与食品生产相适应的专业技术人员、熟练技术工人和质量工作人员。从事食品生产加工的人员必须身体健康、无传染性疾病和影响食品质量安全的其他疾病。

1. 保障企业员工素质的措施

①建立《岗位人员名册》，对每个员工设立《员工能力一览表》；②当员工技能不能满足岗位资格要求时，人力资源部应对其进行培训；③编制《年度培训计划》，各部门应按计划实施培训；④各部门根据本部门工作需要安排计划外培训；⑤培训的相关资料记录在《培训记录》上；⑥培训后，把《培训记录》登录于《员工能力一览表》。[注意：质检员（特别是理化指标的化验员）应经培训合格后持证上岗]。

2. 保障生产操作人员健康的措施

①新员工经体检合格后，才能上岗；②生产操作人员每年进行一次体检，体检合格后才能上岗；③工作期间发现有传染性肝炎、活动性结核、化脓性或渗出性皮肤病、肠道传染病或肠道传染病带菌者、手有外伤者，应立即调离食品生产加工岗位。

（八）食品生产加工企业的质量检验要求

"79号令"中第十四条规定：食品生产加工企业应当具有与所生产产品相适应的质量检验和计量检测手段。公司应当具备产品出厂检验能力。检验、检测仪器必须经计量检定合格后方可使用。不具备出厂检验能力的公司，必须委托国家质检总局统一公布的、具有法定资格的检验机构进行产品出厂检验。

① 各类食品的《食品生产许可证审查细则》都具体规定该类食品的必备出厂检验设备，食品生产加工企业必须具备所列出的每一件检验设备。

② 检验设备必须经计量检定合格（到当地的计量所办理）。

③ 不能按照《食品生产许可证审查细则》规定的所有检验项目完成全部检验的企业，必须委托国家质检总局统一公布的、具有法定资格的检验机构进行产品出厂检验（这里指的"所有检验项目"包括监督检验项目和出厂检验项目。只要有一项企业不能自己完成就需要委托检验）。

④ 需要委托检验的企业必须与国家质检总局统一公布的检验机构签订协议。

⑤ 检验设备的管理制度如下：a. 每年编制全公司的《检验设备和计量器具一览表》；

b. 检验设备和计量器具应按校准周期或在使用前进行检定、校准；c. 检验设备和计量器具应在检定有效期内使用，并贴"合格证"。

（九）食品生产加工企业的质量管理体系要求

"79号令"中第十五条规定：食品生产加工企业应当在生产的全过程建立标准体系。实行标准化管理，建立健全企业质量管理体系，实施从原材料采购、产品出厂检验到售后服务全过程的质量管理，建立岗位质量责任制。加强质量考核，严格实施质量否决权。鼓励企业根据国际通行的质量管理标准和技术规范获取质量体系认证或者 HACCP 认证，提高企业质量管理水平。

食品生产加工企业的质量管理体系至少应包括以下内容。

① 建立健全生产过程管理制度［在本节（四）中已完成］。

② 建立健全生产设备设施管理制度［在本节（三）中已完成］。

③ 建立健全人员培训管理制度［在本节（七）中已完成］。

④ 建立健全采购质量管理制度［在本节（五）中已完成］。

⑤ 建立健全检验管理制度［在本节（八）中已完成］。

⑥ 建立健全管理职责，包括制定组织结构图、明确各部门和有关人员的岗位职责、制定考核各部门和有关人员的办法（考核办法中要有质量否决权的内容）。

⑦ 建立健全文件管理制度。包括文件的审批、发放、标识、更改，以及外来文件的管理。

a. 受控文件的标识：企业内部使用的质量文件均为"受控文件"，每页均应盖红色"受控文件"印章。

b. 受控文件的版本号/修改号：公司制定的受控文件以"年份"为版本号，当年制定的修改号为"0"，例如：2005/0；制定受控文件后，当年内做第一次修改的，则修改号改为"1"，依次类推；制定受控文件后，不是当年内做的第一次修改，则更改版本号；外来文件应以最新的版本作为受控文件。

c. 受控文件的发放、回收和保留：受控文件在发放前，应给每份文件编分发号；发放文件时，填写《文件分发/回收记录》，文件领用人签收；在发放新版文件的同时，回收旧版文件，记录在《文件分发/回收记录》上；所有的受控文件均应发一份给文控中心；需作资料保留的旧版文件，在旧版文件原稿上加盖"文件作废"章，留存备案。

d. 受控文件的管理：颁布发行的受控文件登录于《质量文件一览表》；任何人均不得在受控文件上加注标记或书写任何文字、符号，以确保文件的正确性。

⑧ 建立健全不合格品管理制度。包括不合格品的标识、隔离、评审、处置和记录。原材料不合格时，仓库把不合格的原材料另处堆放，并挂牌标识；根据产品质量标准判定产品是否合格，发现不合格半成品和成品，将其另处堆放，然后开出《品质异常处理单》；各部门主管共同评审；不合格产品返工、降级后，应按《检验管理制度》重新检验。

（十）食品生产加工企业的产品包装要求

"79号令"中第十六条规定：用于食品包装的材料必须清洁。对食品无污染。食品的包装和标签必须符合相应的规定和要求。裸装食品在其出厂的大包装上能够标注使用标签的，应当予以标注。

① 直接接触食品的纸袋、塑料膜袋、玻璃瓶罐、金属桶罐等必须清洁、无毒、无害。

② 用于制作食品包装的材料（如树脂、涂料、助剂、原纸、瓶盖垫片等）必须清洁、无毒、无害。

③ 贮存、运输和装卸的包装必须无毒、无害。

④ 销售包装上必须有食品标签。

⑤ 食品标签必须符合《食品标签通用标准》等规定。

食品生产加工企业要审查内、外包装材料的检测报告（应由供应商提供；若无，可将包装材料送当地质检所检测）。

食品标签中必须标注的内容：食品名称、配料表、净含量及固形物含量、生产者名称和地址、生产日期和贮藏指南、质量等级、产品标准和编号、特殊标注（特殊标注是指标明警示标志和贮运注意事项等）。

（十一）食品生产加工企业的产品贮运要求

"79 号令"中第十一条规定：贮存、运输和装卸食品的容器、包装、工具、设备必须安全，保持清洁，对食品无污染。

防止在贮存、运输和装卸过程中对食品的污染。贮存、运输、装卸食品的容器、包装、工具、设备（集装箱、车厢、船舱、叉车、输送装置、垫板等）必须安全，此器具应保持无毒、无害，不要与装过有毒、有害、有腐蚀性、易挥发或有异味物品的器具混用；容器、包装、工具、设备必须保持清洁是指这些器具应定期清扫。

1. 贮存产品的规定

原材料、半成品、成品必须存放在专用仓库内；具有吸附特点的产品应采用专库保存，防止串味；不同的产品要分类堆放；产品堆放时，与地面、墙壁及每垛之间均有一定距离，便于通风、清洁；严格管理好有保质期、保存期要求的产品；遵循先进先出和易坏先出的原则，尽量缩短产品的贮存周期。

2. 运输产品的规定

运输工具（包括车厢、船舱和各种容器等）应符合卫生要求；食品不得与有毒、有害、有腐蚀性、易挥发或有异味的物品混装、混运；不得将生食品与熟食品，原料、半成品与成品，陈旧食品与新鲜食品同车混合运输。

3. 装卸产品的规定

避免强烈震荡、撞击；要轻拿轻放，防止损伤成品外形；按照食品包装上的贮运标志要求装卸。

食品生产加工企业完成了整改后，领导小组各成员应共同检查企业的各方面工作。这既包括企业硬件的整改，还包括文件和记录的建立及实施等软件。检查依据可用《食品生产加工企业必备条件自我检查表》。此表列出了各个细小的项目，更适合企业使用。自我检查发现问题时，应当立即按照对应的项目再次整改。自我检查最好在两次以上。

企业在认证前可依据国家质检总局发布的《食品生产加工企业必备条件现场审查表》、《食品质量安全市场准入审查通则》和《××食品生产许可证审查细则》进行一次模拟审查。

三、QS 取证工作

（一）食品 QS 认证流程

如图 4-8 所示。

（二）食品 QS 认证各阶段进度

1. 认证申请

食品生产加工企业到当地的地市级质量技术监督部门领取《食品生产许可证申请表》，然后，企业根据《食品生产许可证申请表》中的项目要求填写完整。

每个认证单元均须交给地市级质量技术监督部门的资料如下：①《食品生产许可证申请

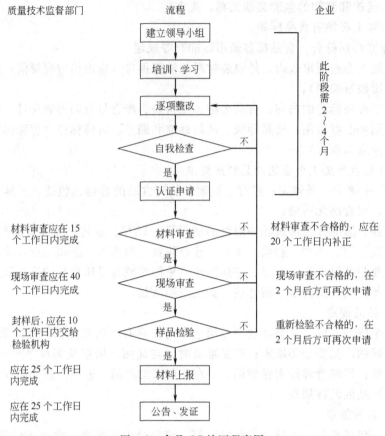

图 4-8 食品 QS 认证程序图

表》（一式两份，公章复印无效）；②《企业营业执照》、《食品卫生许可证》、《企业代码证》复印件各 1 份；③企业厂区布局图、生产工艺流程图（需标注关键设备和参数）各 1 份；④经质量技术监督部门备案的企业产品标准 1 份（无企业标准，而执行国家标准、行业标准、地方标准的企业，提供所执行的标准即可）；⑤企业质量管理文件 1 份（包括《食品 QS 手册》和各项管理制度，装订成册）；⑥软盘（电子版的、填写完整的《食品生产许可证申请表》）。

2. 材料审查

质量技术监督部门接到企业申请后，应当在 15 个工作日内完成申请材料的书面审查。书面审查符合要求的，质量技术监督部门应发给企业《食品生产许可证受理通知书》；书面审查不符合要求的，质量技术监督部门应当通知企业在 20 个工作日内补正。

3. 现场审查

质量技术监督部门应在发给企业《食品生产许可证受理通知书》后的 40 个工作日安排审查组对企业进行现场审查。现场审查的依据是国家质检总局发布的《食品生产加工企业必备条件现场审查表》和《××××食品生产许可证审查细则》。

现场审查的基本程序如下。

① 审查组组长主持召开首次会议，审查组全体人员及被审查企业的领导和有关人员参加，说明本次审查的日程安排等事项。

② 现场审查。按照相应的标准进行现场审查。

③ 抽样。在现场审查时进行产品抽样一般在成品仓库内进行。审查组填写产品抽样单，并将样品封好，由企业或审查组在 10 个工作日内安全送到指定的质检机构。

④ 审查组会议编写审查报告和审查结论。

⑤ 审查组组长主持末次会议，审查组全体人员及被审查企业的领导和有关人员参加，指出现场审查中发现的不符合项目，向企业提出改进建议。

现场审查实行审查组长负责制。只要现场审查后，审查组长在审查报告上做出"合格"或"不合格"的结论，该审查报告就即刻生效，企业当场获得是否通过现场审查的结果。

4. 样品检验

检验机构应当在收到样品之日起 15 个工作日内完成检验任务。

如果样品检验不合格，质量技术监督部门将结果通知企业。企业对检验结果有异议的，可以向质量技术监督部门要求复检。复检使用企业保留的那份样品，需要注意的是，样品应保持无破损、无变质、封条完整。

复检合格的，可以上报发证；复检仍不合格的，企业自接到复检不合格通知之日起 2 个月后才能要求重新抽样，并呈交书面整改报告。质量技术监督部门需安排重新抽样和重新检验，不需再次对企业进行现场审查。

重新检验仍不合格的，企业自接到重新检验不合格通知之日起 2 个月后才能再次提出取证申请。质量技术监督部门需再次进行现场审查。

5. 公告、发证

国家质检总局公告获得《食品生产许可证》的企业的方式有下列三种：①《国家质量监督检验检疫总局公报》进行公告；②《中国质量报》刊登；③国家质量监督检验检疫总局网站公告。

各省级质量技术监督部门在接到国家质检总局批准意见后，各省质量技术监督局监督处负责在 15 个工作日内完成为获证企业发放《食品生产许可证》及副本的工作。

第五节　其他食品质量安全控制技术

一、国家食品监督制度（国家抽查制度）

《中华人民共和国食品安全法》对于我国食品卫生监督制度进行了规定。

第一章总则中作如下规定。

第四条　国务院设立食品安全委员会，其工作职责由国务院规定。

国务院卫生行政部门承担食品安全综合协调职责，负责食品安全风险评估、食品安全标准制定、食品安全信息公布、食品检验机构的资质认定条件和检验规范的制定，组织查处食品安全重大事故。

国务院质量监督、工商行政管理和国家食品药品监督管理部门依照本法和国务院规定的职责，分别对食品生产、食品流通、餐饮服务活动实施监督管理。

第五条　县级以上地方人民政府统一负责、领导、组织、协调本行政区域的食品安全监督管理工作，建立健全食品安全全程监督管理的工作机制；统一领导、指挥食品安全突发事件应对工作；完善、落实食品安全监督管理责任制，对食品安全监督管理部门进行评议、考核。

县级以上地方人民政府依照本法和国务院的规定确定本级卫生行政、农业行政、质量监督、工商行政管理、食品药品监督管理部门的食品安全监督管理职责。有关部门在各自职责范围内负责本行政区域的食品安全监督管理工作。

上级人民政府所属部门在下级行政区域设置的机构应当在所在地人民政府的统一组织、协调下，依法做好食品安全监督管理工作。

第八章监督管理中作如下规定。

第七十六条　县级以上地方人民政府组织本级卫生行政、农业行政、质量监督、工商行政管理、食品药品监督管理部门制定本行政区域的食品安全年度监督管理计划，并按照年度计划组织开展工作。

第七十七条　县级以上质量监督、工商行政管理、食品药品监督管理部门履行各自食品安全监督管理职责，有权采取下列措施：

（一）进入生产经营场所实施现场检查；

（二）对生产经营的食品进行抽样检验；

（三）查阅、复制有关合同、票据、账簿以及其他有关资料；

（四）查封、扣押有证据证明不符合食品安全标准的食品，违法使用的食品原料、食品添加剂、食品相关产品，以及用于违法生产经营或者被污染的工具、设备；

（五）查封违法从事食品生产经营活动的场所。

县级以上农业行政部门应当依照《中华人民共和国农产品质量安全法》规定的职责，对食用农产品进行监督管理。

第七十八条　县级以上质量监督、工商行政管理、食品药品监督管理部门对食品生产经营者进行监督检查，应当记录监督检查的情况和处理结果。监督检查记录经监督检查人员和食品生产经营者签字后归档。

第七十九条　县级以上质量监督、工商行政管理、食品药品监督管理部门应当建立食品生产经营者食品安全信用档案，记录许可颁发、日常监督检查结果、违法行为查处等情况；根据食品安全信用档案的记录，对有不良信用记录的食品生产经营者增加监督检查频次。

第八十条　县级以上卫生行政、质量监督、工商行政管理、食品药品监督管理部门接到咨询、投诉、举报，对属于本部门职责的，应当受理，并及时进行答复、核实、处理；对不属于本部门职责的，应当书面通知并移交有权处理的部门处理。有权处理的部门应当及时处理，不得推诿；属于食品安全事故的，依照本法第七章有关规定进行处置。

第八十一条　县级以上卫生行政、质量监督、工商行政管理、食品药品监督管理部门应当按照法定权限和程序履行食品安全监督管理职责；对生产经营者的同一违法行为，不得给予二次以上罚款的行政处罚；涉嫌犯罪的，应当依法向公安机关移送。

国家实行食品卫生监督制度是有效管理食品质量安全的手段，在保障国民身体健康和社会稳定方面发挥了巨大的作用。

二、奥运食品安全追溯系统

2008年全世界瞩目的29届夏季奥林匹克运动会将在我国首都北京举行，奥运食品安全是保证成功举办一届高水平运动会的基础保证。为了保障奥运食品的安全，北京市食品安全办公室确定了粮油、豆制品、蔬菜、果类、肉类、禽蛋类、奶制品、水产品、调味品、饮料等10大类345个品种的奥运食品安全主体标准，制定了《奥运会食品安全包装、贮运执行标准和适用原则》、《奥运会食品安全食品动物饲养用药管理规范》等标准。同时成立"奥运食品安全专家委员会"。北京市食品安全监控中心承担起了奥运食品安全的研究工作。《2008年北京奥运食品安全行动纲要》及由31个附件组成的《实施细则》也已经正式出台。"电子警察"追查就餐信息。当一名运动员进入一家奥运餐厅时，他的身份信息会被自动识别。与此同时，他所点菜的菜单、这些食品的来源、运输渠道、加工方式等信息也都会被系统一一记录。一旦发生问题，有关部门将以最快的速度进行处理。这就是"首都/奥运食品安全追溯系统"，有人形象地将其比喻为"食品安全电子警察"。奥运食品安全追溯系统经过专家的不懈努力于 2007 年 8 月"好运北京"奥运测试赛期间，进行了奥运食品全面的测试，效果十分理想。

"首都/奥运食品安全追溯系统"作为奥运食品安全保障系统的一部分，建成后实现对奥运食品从生产到消费整个食品链的全程跟踪、追溯。奥运会后，该系统将转变成首都食品安全日常监控措施，服务于首都市民，也将服务于首都重大活动。

本 章 小 结

食品质量管理与安全控制技术包含目前先进的控制手段，如 ISO 9000 族质量管理体系、食品安全控制技术基础、ISO 22000：2005 食品安全管理体系、食品质量安全市场准入制度、国家食品监督制度和奥运食品追溯系统等。

ISO 9000 族质量管理体系是国际上控制质量的先进管理手段，包括质量管理的八项原则，质量管理的十二项基础，以及用于认证审核依据的 ISO 9001 质量管理体系要求建立的质量管理体系的运行、更新和改进技术。

食品安全控制技术基础包括：GMP（良好操作规范）、SSOP（卫生标准操作程序）、HACCP（危害分析与关键控制点）等技术。

GMP（良好操作规范）在我国以法规的形式存在，具有强制性，是规范管理食品安全的根基。

SSOP（卫生标准操作程序）包括水和冰的安全；食品接触的表面（包括设备、手套、工作服）的清洁度；防止发生交叉污染；手的清洗和消毒，厕所设备的维护与卫生保持；防止外来污染物污染；有毒化学物质的标记、贮存和使用；从业人员的健康与卫生控制；有害动物的防治八个方面的卫生操作，是食品企业保持卫生状况、保障食品安全的必备措施。

HACCP（危害分析与关键控制点）包括七个原理和十二个步骤。

七个原理：

原理 1　进行危害分析并建立预防措施；

原理 2　确定关键控制点；

原理 3　确定关键限值；

原理 4　建立对关键控制点进行监控的程序；

原理 5　建立纠偏措施；

原理 6　建立验证程序；

原理 7　建立文件和记录管理系统。

十二个步骤：

步骤 1　组建 HACCP 工作小组；

步骤 2　产品描述；

步骤 3　确定产品预期用途和消费对象；

步骤 4　绘制产品工艺流程图；

步骤 5　现场验证产品工艺流程图；

步骤 6～步骤 12 为七个原理。

HACCP 的十二个步骤提供了企业管理食品安全的操作模式。

ISO 22000：2005 食品安全管理体系——食品链中各类组织的要求，本标准于 2005 年 9 月 1 日由 ISO（国际标准化组织）正式颁布。本标准包括 0 引言；1 范围；2 规范性引用文件；3 术语和定义；4 食品安全管理体系；5 管理职责；6 资源管理；7 安全产品的策划和实现；8 食品安全管理体系的确认、验证和改进。该标准提出了组织建立食品安全管理体系的依据，指出企业如何通过大食品链的概念来管理食品安全的方法。

食品质量安全市场准入制度包括三方面：食品生产许可证制度、强制检验制度和 QS 标志制度。

2005 年 9 月 1 日颁布的《食品生产加工企业质量安全监督管理实施细则（试行）》（中华人民共和国国家质量监督检验检疫总局令第 79 号）对食品企业质量安全管理提出了十个方面的要求：食品生产加工企业的环境卫生要求；食品生产加工企业的生产设备及厂房设施要求；食品生产加工企业的生产工艺管理要求；食品生产加工企业的原材料、添加剂质量要求；食品生产加工企业的产品（食品）质量要求；食品生产加工企业的人员素质要求；食品生产加工企业的质量检验要求；食品生产加工企业的质量管理体系要求；食品生产加工企业的产品包装要求；食品生产加工企业的产品贮运要求。

食品 QS 认证分为五个阶段：认证申请、材料审查、现场审查、样品检验和公告、发证。

国家食品监督制度是国家对食品行业监管的法规性的制度。奥运食品追溯系统是为保障 2008 年北京奥运食品安全建立的电子化、信息化的食品安全控制技术。

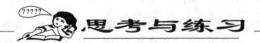

思考与练习

1. 简述卫生标准操作程序八个方面的内容。
2. 简述建立 HACCP 体系的 12 个步骤。
3. 质量管理的八大原则是什么？

[实训案例]

请指出下列情景是否存在不符合 ISO 9001：2000 质量管理体系或 ISO 22000：2005 食品安全管理体系条款的内容。若有，请描述一下不符合事实、不符合条款号及条款内容，并指出不符合的性质。

案例 1 在一家电扇公司的电机仓库里，审核员看见仓库里的电机都按电机的种类存放，但未区别不同批次的电机。仓库管理员告诉审核员，公司对电扇的主要部件电机质量情况是有追溯要求的，电机发放时员工是按机种发货，进库时会把数量登记在登记簿上。一般上是按先进先出发货，但不在登记簿上写明批号。

案例 2 在业务部，审核员发现过去半年里有 30％的交货期没有满足顾客的要求，其中有一半的原因是因为半导体的供应商没有定期交货而造成的。审核员从采购经理那里了解到，此半导体厂是顾客指定的，所以没有办法更改。审核员从厂内所发出的纠正措施要求中找不到有关对此供应商所提的纠正措施要求。

案例 3 审核员在设备科了解到，现有的维修保养是按照公司制订的《设备维修保养规程》进行的，但该规程没有任何经过认可的记录。

案例 4 在抽查以下检验记录时，发现：

① 某日 BD—105 外箱板下料、切角首件检验记录卡上检验结果未填写；

② 自检、互检（首检）检验记录中有多份检验员未签字。

案例 5 某审核员在 ABC 食品集团生产部进行审核时发现，HACCP 计划对其中一个关键控制点设立监控程序，规定监控频次为每两小时巡查一次，审核员："请您提供一下您最近一周的巡查记录，好吗？"巡查员："我们认为监控频次过于频繁，况且也没有意义，您想想，对于关键控制点我们公司都规定有生产现场操作人员进行随时监控，作为我们巡查员只是对关键控制点的监控是否到位进行监督，您说我们还有记录的必要吗？"

案例 6 某审核公司于 5 月 15 日对美资企业 QMD 食品有限公司 HACCP 体系进行审核时发现，该公司于 4 月 20～21 日为期两天进行了建立 HACCP 体系以来的第一次内审，一共开出 9 项轻微不合格，相关的受审部门都进行了原因分析并采取了改进措施，审核员抽查编号为 IA-006 和 IA-008 的不合格报告，发现该公司没有对措施的效果进行跟踪验证，审核员询问 HACCP 组长，HACCP 组长回答："我们觉得受审部门都已进行了原因分析，并积极采取实施改进措施，没必要再去验证，况且审核员的行为不是也讲到应相信受审方，不要认为对方一定有问题吗？所以我们对受审部门给予充分的信任，就没有进行验证。"

案例 7　审核员对某食品集团产品仓库审核时发现，该仓库产品摆放非常整齐，每排相互之间都留有一定的通道，陪同人员向审核员介绍到："我们仓库管理得非常不错，我们都有明确规定，食品堆放距离天花板不能小于 50cm，距离外墙不能小于 30cm。再看我们都放在地台板上，距离地面不能小于 10cm"。审核员边走边查看，只见成品包装箱上注明："该产品应贮存在温度不超过 25℃、相对湿度不大于 65％的环境，当低于此贮存条件时，食品将不能再食用。"在仓库现场没有发现任何的温湿度监控仪器，审核员向仓库管理员要危害分析记录，发现危害分析记录没有对此种情况下进行分析危害。

案例 8　审核员在对某肉制品的加工车间审核时发现，在该车间人员通道处摆放了 5 个货架，上面摆放着出炉不久待冷却的香肠，通道处人来人往，香肠上方不时有苍蝇飞舞。车间主任对此回答是生产旺季，冷却间不够用，临时利用通道。至于苍蝇，他认为加工车间处于消毒过的环境，苍蝇并不带菌。

案例 9　审核员在对，某厂速冻产品冷藏运输的监控记录审核中发现，有几份记录中的冷藏运输温度为 0℃，但按照规定冷藏运输温度 CL 值应小于-4℃。当问品控人员时，回答是由于近日室外温度过高，冷藏车厢温度难以控制。

第五章 食品质量控制技术的应用

学习目标

1. 了解对各类食品进行质量控制的原因、理解 HACCP 原理在不同种类食品中的应用；掌握危害分析方法和关键点确定的流程。

2. 了解质量控制与品质管理涉及的标准和规范，食品企业应用 HACCP 的必要性和优点；理解 HACCP、ISO 9000、ISO 14000、GMP 和 SSOP 之间的关系；掌握 HACCP 在食品企业中制定和实施的通用流程。

技能目标

通过本章的学习，在理解 HACCP、ISO 9000、ISO 14000、GMP 和 SSOP 等规范和标准的基础上，能够了解六大类食品 HACCP 的制定和实施过程；能够成立 HACCP 小组，通过协作完成对某种食品生产企业 HACCP 的制定。

第一节　各类食品质量控制

食品安全性是 21 世纪食品消费者关心的首要问题，HACCP 体系是目前世界上公认的最具权威的食品安全控制体系之一，建立在 GMP、SSOP 基础之上，能够有效地使食品在整个生产（广义上包括农林牧渔业生产和工业生产）及流通的全过程中免受可能发生的生物、化学、物理因素的危害。HACCP 体系并不是一个零风险体系，在实际操作中不可能达到其设计要求的"百分之百安全"，但是它把食品生产过程当中的质量控制进行了科学的管理化和模块化，尽可能地减小食品的安全危害，最大程度上保证了食品工业的安全。

食品工业 HACCP 体系是目前国际通行的最具权威性的针对食品生产全过程的安全预防监控体系之一，已经成为食品消费与国际食品贸易的重要前提和保障。是否拥有建立健全的 HACCP 体系及与之相关的法律、法规，也已经成为衡量一个国家食品工业发展水平和食品安全水平的重要标志。

我国在食品工业 HACCP 体系及相关规则的建立与应用方面起步较晚，在应用范围和水平上与国际尚存在着较大的差距。随着我国加入 WTO，国际间的各方面合作与交往日趋频繁与扩大，中国食品工业正在面临着前所未有的冲击、机遇和挑战。近年来，国际上禽流感、新城疫、大肠杆菌 O_{157}、口蹄疫、疯牛病等传染病及二噁英等化学物质污染造成的食品安全问题此起彼伏，人们对由不安全食品对人体所造成的危害的了解、认识越来越深入，食品安全问题越来越受到人们的普遍关注。同样，瘦肉精、注水肉、甲醛发泡的水产品、毒蔬菜等也引起国人前所未有的担心，使公众对食品安全的保障能力和公共卫生的管理能力越来越关心，对食品安全越来越重视。我国出口食品，特别是动植物源性的食品遇到了前所未有的困难，欧盟、美国、日本、韩国等针对我国部分动物源性食品农兽药残留、疫病问题，采取各种技术措施，限制、禁止我国农产品、食品的进口，也从一方面反映我国农产品和食品客观上存在一些问题。

目前，HACCP 体系作为控制食源性疾患最为有效的措施已经成为世界许多国家和经济区对于农产品、水产品、食品工业生产的强制性实施体系，因此，可以说 HACCP 体系的建立与实施已经成为中国食品走向世界的必要条件，而确保进口食品的安全性更是我国政府维护本国消费者权益应尽的义务。因此，制定和完善与国际规则接轨的相关法律、法规，严格实施食品工业 HACCP 体系，最大程度地提高食品安全性，将为我国食品工业未来发展的规范化提供有力的保障。

一、熟肉制品安全控制关键技术

据中国肉类协会资料显示，我国已是世界肉类禽蛋生产和消费大国，肉类产量占世界总产量 25750 万吨的 28.1％，其中猪肉、羊肉、禽蛋分别占世界 10039 万吨、1210 万吨、6277 万吨的 46.8％、32.9％和 43.4％，均居第一位；禽肉占世界 7822 万吨的 17.3％，居第二位；牛肉占世界 6187 万吨的 10.9％，居第三位。按产品市场交易年均价计算，2004 年畜肉禽蛋类产品产值约 9436 亿元，占 GDP 的 6.94％。另据《全国食品工业"十一五"发展纲要》，到 2010 年，我国肉类总产量将超过 8500 万吨，其中猪肉、牛羊肉、禽肉将各占 20％、25％和 55％左右；肉制品产品将超过 1100 万吨，达到肉类总产量的 12.6％。

另一方面，由于瘦肉精、注水肉等肉类食品安全问题也引起国人前所未有的关注，使公众对肉类食品安全的保障能力和公共卫生的管理能力越来越关心，对肉类食品安全越来越重视。尤其是近年来，我国肉类食品出口形势严峻。国外对我国肉类出口限制仍是制约我国肉类产品出口的最大障碍。由于口蹄疫、禽流感等原因，欧盟尚未解除对我国主要动物性食物源及禽类产品的进口禁令（2005 年 9 月 30 日前不予解除，该日期后的产品经检验合格后可放行），日本、韩国等也没有恢复我国冻鸡等禽肉生品的进口，俄罗斯不仅继续对猪肉、牛肉和禽肉进口实施关税配额管理，而且在 2004 年 9 月又宣布禁止我国肉类产品输入，这些都严重限制和影响了我国肉类产品的对外出口。此类禁令的发布和国内外动物疫情的爆发有直接关系。

熟肉制品因其方便、卫生、无需冷藏等特点，正在被越来越多的消费者所接受，已逐渐成为各食品超市中肉类的主要供应品种。畜禽类肉制品富含水分及蛋白质，若原料供应或生产工艺管理不善，易引入致病菌，产生危害。各种来源的资料表明，食源性微生物致病菌每年导致的病例高达 700 万例，死亡近 7000 人，而其中近 500 万病例和 4000 例以上的死亡可能与肉类和禽类产品有关。

传统的食品质量管理方法对食品特别是肉类等高风险食品的安全性控制已不能满足需要，建立和实施行之有效的食品安全管理体系，已经成为各国政府非常关注的问题，许多政府的主管当局正在将食品安全作为优先考虑的问题之一。食品安全问题长期以来一直是我国食品业健康稳定发展的障碍，是社会各界广泛关注的问题。以危害分析与关键控制点（hazard analysis and critical control point，HACCP）为基础的食品安全管理体系就是在这种背景下产生的一种针对食品生产、加工过程监控安全卫生的有效管理手段。

（一）家禽类熟肉制品加工过程 HACCP 的建立

常见的家禽类熟肉制品较多，通常以高温蒸煮袋进行包装，其产品的通用工艺如图 5-1 所示。

1. 危害分析

对产品加工全过程从接收原、辅料直至产品销售的每一环节可能存在的生物性、化学性、物理性危害进行全面分析。

原料(鸡、鸭肉等)→修割→腌渍→冷却→称量→装袋(高温蒸煮袋)→
真空封口→灭菌→冷却→保温试验→外包装→成品
(a) 鸡、鸭等熟肉制品加工工艺

原料(猪、牛、羊肉)→解冻→切割→烧制→冷却→称量→装袋→
抽真空封口→灭菌冷却→保温试验→外包装→成品
(b) 猪、牛、羊类熟肉制品加工工艺

图 5-1 肉制品加工工艺

(1) 生物性危害 指某些病原体微生物或寄生虫在产品中的存在而导致对健康的危害。如原、辅料中(生鲜的鸡、鸭肉原料)可能含有致病菌、寄生虫、致病性芽孢菌、霉菌等；产品在加工过程中可能会导致病原菌的二次污染或繁殖，如直接和肉制品接触的砧板、刀和桌面；加热温度或时间不当将导致病原菌繁殖，如烧制工序中，通常车间湿度较大，耐高温的微生物仍然繁殖。生产过程中微生物的变化。

(2) 物理性危害 指金属、木屑、碎骨、塑料等危害。如原料肉中可能有金属、碎骨；辅料中可能有小石子等杂质；设备维修或运作时可能将异物带入或脱落掉入肉中。

(3) 化学危害 指一些化学制品、杀虫剂、未被认可的食品色素及添加剂等。如原料肉中可能含有农药、兽药、激素等化学物；配制辅料时使用过量的或不允许使用的添加剂；设备清洗后可能存有清洗剂残留。

2. 关键控制点

(1) 原料新鲜度 应严格原料的验收制度，尽量从定点的肉联厂、养禽场进货，以保证加工原料的卫生质量。坚决弃用新鲜度不合格的原料猪肉、鸡肉。已被农药、抗生素、微生物毒素污染的肉是无任何补救措施的。防疫部门已开始加强对猪肉中农药残留、盐酸克伦特罗(瘦肉精)等项目的检测。宰杀后的畜禽肉应在冷藏条件下运输，原料进厂后应存放在 $0\sim4℃$ 冷库中。肉类水分含量高，极易发生腐败变质，即使少量原料受污染，在贮藏运输中可引起交叉污染，影响整批原料的质量。禽肉中常见的沙门菌、肠杆菌等有害菌在低于 $10℃$ 的温度下繁殖速度是很慢的，因此冷藏能有效地延缓肉的变质。

(2) 熟肉制品的蒸气灭菌 畜禽肉的熟肉制品经杀菌后细菌总数可从 1000 个/g 水平降低到 10 个/g 以下，达到商业无菌的程度，所以熟肉制品的杀菌工艺可确认为关键控制点(CCP)。熟肉制品大多数属于低酸性食品(pH>4.6)，必须采用 $121℃$ 的高压蒸汽杀菌，才能杀灭嗜热梭状芽孢杆菌等耐热菌。杀菌温度偏低或杀菌时间不足都会使某些细菌的芽孢得以残存，使熟肉制品在贮藏、运输以及销售过程中发生腐败变质。

生产中执行的杀菌公式应根据熟肉制品的品种和个体体积大小而定：400g 规格，一般采用 15min-35min-20min/125℃ 的杀菌公式；800g 规格则采用 15min-40min-20min/125℃ 的杀菌公式。

(3) 蒸煮袋(或软包装罐头)的破袋率 在杀菌及冷却过程中，残留在蒸煮袋内的空气及内容物受热膨胀生产内压力，呈现膨胀状态，严重者可导致封口质量不合格的蒸煮袋破裂。影响破袋率的因素主要有：①蒸煮袋的材料；②真空度及包装机的封口质量；③杀菌压力；④冷却压力。从实践中发现，杀菌、冷却过程中压力的控制与薄膜的破袋率有很大的关系，随着杀菌压力与冷却压力的降低，破袋率迅速增加。

(4) 操作过程中的环境污染 原料进厂后，在解冻、分割、称量、装袋等过程中会受到环境微生物的污染，加工车间的空气、器具、工作台面等细菌数都很高。砧板上的活细菌数远高于其他器具，砧板的清洗消毒工作尤其应受到重视。

3. 关键限值

关键限值是一个与关键控制点相联系的每个预防措施所必须满足的标准。确立的关键限值应该做到合理、适用和可操作性强。如果过严，就会造成即使没有发生影响食品安全的操作，也要采取纠偏措施；如果过松，就会产生不安全的食品。通过开展试验性研究，对每个关键控制点确定有效的关键限值。

4. 建立每个关键控制点的监控体系

关键控制点的监控是实施一个有计划的连续观察和测量，用以评估一个关键控制点是否受控，并且为验证做出准确记录的过程。监控的目的在于跟踪加工过程，并查明和注意可能偏离关键限值的趋势以及时采取措施进行加工调整。一个监控计划包括监控对象、监控方法、监控频率和监控人员四个部分的内容。

5. 建立关键控制点，便于关键限值和纠偏措施的确立

关键控制点的建立见表 5-1。

表 5-1　关键控制点的建立

生产工序	潜在的或引入的危害	卫生操作规范(SSOP)	监控测定	纠正措施	CCP 类型
原料	在饲养、宰杀、运输过程中受化学污染或微生物污染	从顶点养殖场进货，TVBN(挥发性盐基氮)≤15mg/100g	细菌总数、TVBN值	弃用不合格的原料	CCP1
修整与切割	刀具、案板、手不清洁会污染肉制品	下班后对刀具、案板进行清洗消毒，上班时对手进行清洗消毒	刀具、案板、手及空气中微生物数量	及时清洗消毒、灭菌	CCP2
腌渍	腌渍液带来的二次污染	盐水浓度8°Be,15min	盐水浓度和细菌总数	更换腌渍液	CCP2
蒸煮		常压,1h			
称量、内包装、抽真空	包装间的空气产生细菌污染；真空度不足引起破袋	真空度:0.15MPa	包装间的温度、相对湿度、产品真空度	对包装间进行消毒	CCP2
灭菌	杀热不彻底引起嗜热芽孢菌的生长	执行杀菌公式:15min-30min-30min/120℃	记录杀菌的温度和时间	提高杀菌温度或延长杀菌时间	CCP1
反压冷却	破袋引起的二次污染	反压冷却:1.4～1.7kg/cm²	冷却压力	剔除破袋产品	CCP1
保温试验		36℃,10d 后观察是否胀袋	保温试验;胀袋试验	呈阳性的软罐头不能出厂	
外包装搬运与装箱		记录产品的批次，便于发生问题时做处理			

6. 建立验证程序

验证包括以下要素。

(1) 确认　HACCP 小组在 HACCP 计划执行以前，根据专家的意见、与产品安全有关的资料和组织内部的实际生产经验，对 HACCP 计划所有要素（危害分析、CCP 确定、CL 确定、监控程序、纠正措施、记录保持）进行确认。

(2) CCP 的验证　对设定的 CCP 进行验证，能确保所应用的控制程序调整在适当的范围内操作，正确地发挥作用以控制食品的安全。对 CCP 的验证活动包括：CCP 记录的复查、有针对性的采样检测、监控设备的校正、最终产品的微生物（化学）检验。

(3) 系统的验证　系统的验证就是 HACCP 计划有效运行的验证，可以采取内审验证或

执法机构的验证等。

7. 建立文件记录保持

系统准确的记录保持是一个成功的 HACCP 计划的重要组成部分，记录能够提供关键限值得到满足或当偏离关键限值时采取的适宜的纠偏行动的信息。HACCP 体系的记录有四种：HACCP 计划和用于制定计划的支持性文件；关键控制点监控的记录；纠偏行动的记录；验证活动的记录。除了以上记录还可以包括一些附加记录：如员工培训记录、化验记录、设备的校准和确认书等。

（二）320g 烤肠制品加工过程 HACCP 的建立

食品类产品 HACCP 体系的建立，首先应该建立卫生标准操作规范（SSOP）和良好操作规范（GMP），这是 HACCP 计划的预备步骤。HACCP 计划的建立、实施，包括对 HACCP 计划进行验证，必须在 SSOP 和 GMP 的基础之上进行，下面以 320g 烤肠生产加工过程中 HACCP 体系建立为例，对 HACCP 体系的建立的过程进行分析说明。

1. 制定计划的预备步骤

在制定 HACCP 计划前，首先应完成预备步骤，即 SSOP 和 GMP，没有适当的预备步骤可能会导致 HACCP 计划的设计、实施和管理失效。

2. 组成 HACCP 小组

HACCP 是控制食品安全的一个管理体系，为了有效实施 HACCP 体系，工作重点都应围绕如何实施和发展 HACCP 体系。因此，首先应确定一个 HACCP 小组的组长，组长应具备 HACCP 方案的"背景知识"，把生产部门经理确定为组长较为合适，由总经理直接领导。其次，建立 HACCP 小组。小组成员应具备产品加工有关知识（如工程学、食品加工工艺、食品卫生、机械设备、质量保证、食品化学、食品微生物等方面的知识）。考虑到整个体系的有效运行需要企业和产品相关的各个部门人员的参与，因此 HACCP 小组成员还包括来自生产、卫生管理、质量控制、研究开发、采购、运输、销售、维修以及直接从事日常操作的人员。

3. 产品描述

描述除品名外还应注明它的性质、配送与贮存条件以及消费对象。烤肠产品描述见表 5-2。

表 5-2　烤肠产品描述

项　目	描 述 内 容
产品名称、标准号及种类	320g 烤肠种类；熟肉冷藏制品；Q/320114YRS02
原料（肉）名称	猪肉
辅料名称及使用	淀粉、食盐、白砂糖、磷酸盐、香辛料、亚硝酸钠；各种添加物使用均符合有关规定
包装材料与包装方式材料	尼龙/PE复合包装袋；真空包装
产品特性	低温肉制品
运输、销售、保存方法	0~4℃冷藏运输、保存及销售；保质期；30 天
食用方法	开袋切片即食
消费者类型、注意事项	一般消费者；拆袋后应一次性食用完，胀袋勿食

在 HACCP 体系的建立与应用过程中，详细的产品描述是十分关键的一步。通过表 5-2 的产品描述，明确控制目的；根据原料、辅料、包装材料等因素的特点，对各因素提出相应的技术要求，分析关键点所在。

4. 产品工艺流程

见图 5-2。

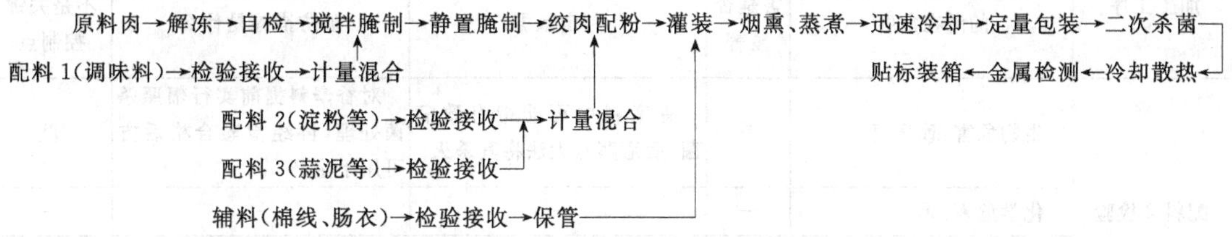

原料肉→解冻→自检→搅拌腌制→静置腌制→绞肉配粉→灌装→烟熏、蒸煮→迅速冷却→定量包装→二次杀菌┐

配料1(调味料)→检验接收→计量混合　　　　　　　　　　　　　　贴标装箱←金属检测←冷却散热←┘

配料2(淀粉等)→检验接收→计量混合

配料3(蒜泥等)→检验接收

辅料(棉线、肠衣)→检验接收→保管

图 5-2　320g 烤肠工艺流程

5. 建立 HACCP 计划

(1) 危害分析

① 生物学危害分析

就整个工艺流程、贮运及环境卫生等方面来系统分析从原、辅材料供应到生产加工再至贮运销售等一系列过程中有可能的生物学危害。

② 物理和化学危害分析。

烤肠生产的物理危害主要受到温度、时间、水分等因素的影响；防止化学危害首先应去原、辅料产地调查有无空气污染和水源污染，原料中是否含有有毒的化学物质，这些物质必须严格控制，否则会危害人体健康。

具体分析出的可能的生物学，物理，化学危害及预防措施见表 5-3。表 5-3 中，对工艺流程中所确定的 20 步骤分别进行了潜在危害分析，对危害的显著性进行了判断，并表明了判断依据，提出了预防措施，对关键控制点进行了初步确定。

表 5-3　危害分析工作表

加工工序	被引入、控制或增加的潜在危害	潜在危害是否显著	第三栏的判定依据	能用于显著危害的预防措施是什么	该工序是不是关键控制点
原料肉接收检验	生物危害:(人畜共患)肠道致病菌和致病性球菌、旋毛虫、弓形虫、猪囊虫等致病性寄生虫	是	鲜、冻猪肉中可能存在这些生物性危害，并可对人体造成严重伤害	1. 凭兽医主管部门出具的检疫合格证和肉联厂的宰前、宰后检验合格证明接收原料，控制人畜共患传染病原体； 2. 后道蒸煮可杀灭致病菌等	是
	化学危害:兽药、饲料、添加剂、促生长剂、农药、重金属等残留	是	猪肉中可能存在这些化学性危害，这些危害可造成食用者慢性积累性中毒，甚至致癌，或造成急性中毒	原料验收时，凭肉联厂的残留检测合格证明接收原料	否
	物理危害:金属异物、猪碎骨	是	猪肉中可能存在这些物理性危害，这些危害可能对人体造成物理性伤害	1. 后道金属探测可消除金属危害 2. 原料肉解冻后的自检可消除碎骨危害	是
配料1检验	生物危害:致病菌	是	调味料中可能带有致病菌	后道蒸煮可杀灭致病菌	否
	化学危害:食品添加剂中的有害化学性杂质	否	所有添加剂均采购自正规生产家，均经过严的出厂检验	—	—
	物理危害:无	—		—	—

续表

加工工序	被引入、控制或增加的潜在危害	潜在危害是否显著	第三栏的判定依据	能用于显著危害的预防措施是什么	该工序是不是关键控制点
配料 2 检验	生物危害:致病菌	是	香辛料中可能带有致病菌,后道蒸煮无法将其杀灭	对香辛料提前实行辐照杀菌处理,再经检验合格后方可用于生产	否
	化学危害:无	—	—	—	—
	物理危害:小石子	否	淀粉进厂后重新过筛;香辛料均用多道细小的网布包裹后下锅		
配料 3 检验	生物危害:芽孢菌	否	蒜泥贮存温度及时间控制不当时腐烂,腐烂即可能含有芽孢菌。但严格执行检验接收规程及加工标准操作规范,即可消除蒜泥腐烂的情况		
	化学危害:无	—	—	—	—
	物理危害:无	—	—	—	—
辅料(肠衣、棉线)检验接收	生物危害:致病菌	是	棉线、肠衣可能带有致病菌	后道蒸煮可以杀灭致病菌	否
	化学危害:无	—	—	—	—
	物理危害:无	—	—	—	—
解冻(原料肉)	生物危害:致病菌及其繁殖	是	温度时间控制不当,致病菌有可能大量繁殖	后道蒸煮可以杀灭致病菌	否
	化学危害:消毒剂残留	否	由 SSOP 控制		
	物理危害:无	—	—	—	—
自检(原料肉)	生物危害:无	—	—	—	—
	化学危害:无	—	—	—	—
	物理危害:金属块等	是	猪肉屠宰、分割过程中可能造成金属碎片掺杂	后道金属探测	否
计量混合	生物危害:无	—	—	—	—
	化学危害:无	—	—	—	—
	物理危害:无	—	—	—	—
肠衣浸泡	生物危害:致病菌生长	是	贮存温度及环境控制不当可造成致病菌生长	严格执行加工标准、操作规范及随后的蒸煮步骤可消除	否
	化学危害:无	—	—	—	—
	物理危害:无	—	—	—	—
搅拌腌制	生物危害:致病菌生长繁殖	是	腌制条件不符合规定要求	1. 搅拌时间或真空度等严格符合工艺要求; 2. 随后的蒸煮步骤消除	否
	化学危害:润滑油及洗涤消毒剂残留等	否	由 SSOP 控制		
	物理危害:设备锈蚀、设备维修、带入异物	否	由《设备维修保养规程》控制		

续表

加工工序	被引入、控制或增加的潜在危害	潜在危害是否显著	第三栏的判定依据	能用于显著危害的预防措施是什么	该工序是不是关键控制点
静置腌制	生物危害:致病菌繁殖	是	腌制温度及环境不符合规定要求	严格执行工艺要求;随后的蒸煮步骤可消除	否
	化学危害:无	—	—	—	—
	物理危害:无	—	—	—	—
绞肉、配粉	生物危害:致病菌再污染	否	由 SSOP 控制	—	—
	化学危害:无	—	—	—	—
	物理危害:无	—	—	—	—
再加工	生物危害:致病菌、金黄色葡萄球菌、肠毒素	是	内包装破损的次品可能带有致病菌	严格执行加工工艺标准(专人检查回料次品);随后的热处理能消除	否
	化学危害:无	—	—	—	—
	物理危害:无	—	—	—	—
灌装	生物危害:致病菌繁殖	是	灌装后积压时间较长及环境温度不符合要求	严格执行加工工艺操作标准(灌装后积压时间不得超过 2h,环境温度符合要求);后道蒸煮	否
	化学危害:润滑油和洗涤剂残留	否	由 SSOP 控制	—	—
	物理危害:无	—	—	—	—
烟熏、蒸煮	生物危害:生物致病菌残存	是	蒸煮温度时间控制不当可造成致病菌残存	严格执行杀菌公式	是
	化学危害:苯并芘产生	是	烟熏温度和时间掌握不当可产生过量的苯并芘	控制烟熏温度和时间	是
	物理危害:无	否	—	—	—
冷却散热	生物危害:致病菌再污染	否	由 SSOP 控制	—	—
	化学危害:无	—	—	—	—
	物理危害:无	—	—	—	—
定量包装	生物危害:致病菌再污染	是	内包装材料可能污染致病菌	随后的二次杀菌可以消除	否
	化学危害:有	否	洗涤剂、消毒剂残留	由 SSOP 控制	—
	物理危害:无	—	—	—	—
二次杀菌	生物危害:致病菌残存	是	杀菌温度、时间控制不当,可造成致病菌残存	严格执行二次杀菌工艺	是
	化学危害:无	—	—	—	—
	物理危害:无	—	—	—	—
金属检测	生物危害:无				
	化学危害:无				
	物理危害:金属	是	金属碎片的残留可对人体造成较大的伤害	金属检测	是
贴标装箱	生物危害:肉毒梭菌芽孢转变成繁殖型菌体,产毒	是	贮存温度控制不当,从而使残存的肉毒梭菌芽孢逐步变成繁殖体,大量繁殖产生肉毒素	后继检查贴标情况和标示内容,可控但不可消除此危害	否
	化学危害:无	—	—	—	—
	物理危害:无	—	—	—	—

（2）控制点的确定　关键控制点是具有相应控制措施的一个加工点，在此点能将危害预防、消除或降低到消费者可接受水平。一个关键控制点应是加工工艺中一个特殊点，以使控制措施能有效地控制危害网。

判断原则有三条：a. 当危害能被预防时，这些点可以被认为是关键控制点；b. 能将危害消除的点可以确定为关键点；c. 能将危害降低到可接受水平的点可以确定为关键控制点。CCP 的数量取决于产品或生产工艺的复杂性、性质和研究的范围等。一种危害可由几个 CCP 来控制，若干危害也可由一个 CCP 来控制。根据以上原则和表 5-3 的分析结果，确定烤肠的关键控制点分别为：原料肉验收，烟熏、蒸煮，二次杀菌。

① CCP1　原料肉验收的确定　见表 5-3。

② CCP2　烟熏、蒸煮关键控制点的确定　烟熏、蒸煮是产品熟化、独特风味形成的主要步骤。此步骤若控制不力，则可能会出现：a. 产品不能食用，在以后的步骤中不可挽救；后面步骤中虽有二次杀菌，但其加热温度及时间不足以使产品熟化；b. 产品中的致病菌及其他细菌可能残存；若此步控制不力，产品中心由于受周边表层的保护就有可能达不到彻底杀灭致病菌所要求的相应温度及时间，产品中心致病菌就可能残存，而后面步骤的二次杀菌主要杀灭的只是产品表层细菌，对产品中心的残存致病菌等杀伤力不强，这样就会导致产品中致病菌的残存；c. 产品质量低劣；若不按烟熏、蒸煮公式操作，产品独特风味（口味、颜色、香味等）不能保证，有可能产生过量的苯并芘。所得产品很可能成为不合格品。烟熏、蒸煮在整个控制细菌的工艺流程中是最强的一道栅栏因子。

③ CCP3　二次杀菌关键控制点的确定　a. 二次杀菌主要是杀灭产品表层二次污染上的及包装袋引入的细菌，一般其杀菌温度较低、时间也较短。为进一步彻底杀灭裸露半成品表层自烟熏、蒸煮后至包装完毕过程中有可能二次污染所沾染的细菌及包装袋有可能带入的细菌，延长产品保质期，增加其货架寿命，故采取了二次杀菌。有可能二次污染的因素包括：产品出炉时操作人员的手接触，内检点数人员的手、衣袖，预冷散热间、包装间等空气下落菌较多，包装间下架、定量及包装员工的手、包装台面及计量用电子秤等。此外，有的包装袋本身细菌含量就较高，这样包装的产品将直接导致二次污染；b. HACCP 小组实验证明，二次杀菌也是增强产品保水力，提升产品质量的一道不可缺少的加工步骤。

6. 建立 320g 烤肠关键控制点的关键限值

关键限值表示在 CCP 上用于控制危害的生物、化学或物理参数，是一个或一组最大或最小值，这些值能够保证把发现的食品安全危害预防、消除或降低到可接受水平。根据实际情况、文献、实验结果和以往的经验，对每个关键控制点确定了关键限值。经过 40d 对生产工艺参数的选择和对早、中、晚班产品的检测结果的实验，确定三个关键控制点的关键限值分别为：320g 烤肠烟熏限值，炉温 90℃，中心温度 84℃；蒸煮限值，63℃，然后恒温 30min；二次杀菌限值；87℃±2℃条件下，蒸煮时间 10min。

7. 320g 烤肠关键控制点的监控

监控实施是一个有计划的连续观察和测量，以评价一个 CCP 是否在受控状态下，并且产生一个将来用于验证的准确记录。跟踪加工过程操作，并查明和注意可能偏离关键限值的趋势及进行加工调整，使加工过程在关键限值偏离之前恢复到控制状态。具体见表 5-4。

8. 320g 烤肠关键控制点偏离后的纠偏措施

当某 CCP 出现一个 CL 发生偏差时采取的行动称纠偏行动。纠偏行动包括纠正和消除偏离的原因、重建加工控制。当出现偏差时生产的产品，应有对应措施对它们进行处理，如表 5-5 所示。

表 5-4　320g 烤肠关键控制点的监控

关键控制点 CCP	监控			
	对象	手段	频率	监控人
烟熏限值	肠体中心温度 烟熏炉内部温度	自动温度显示仪、温度计	每 5min 记录 1 次	操作员、质量监督员
蒸煮限值	蒸煮温度、蒸煮时间	自动温度显示仪、温度计、计时器	每 5min 记录 1 次温度及时间	操作员、质量监督员
二次杀菌限值	杀菌温度、杀菌时间	自动温度显示仪、温度计、计时器	每 5min 记录 1 次温度及时间	操作员、质量监督员

表 5-5　320g 烤肠关键控制点的纠偏

项　目	关键限值	纠偏行动
肠体中心温度/℃	84	
烟熏炉内部温度/℃	90	
蒸煮温度/℃	63	发现蒸煮、烟熏、杀菌温度或时间不符合要求时,停止蒸煮、烟熏或杀菌,检修设备,同时对发现偏离期间的产品进行重加热和计时,直至符合限值
蒸煮时间/min	30	
二次杀菌温度/℃	87±2	
杀菌时间/min	10	

根据以上确定的关键控制点、关键限值、监控、纠偏措施等形成了 HACCP 计划。

9. 320g 烤肠 HACCP 计划的验证

(1) 目的　HACCP 计划的宗旨是防止食品安全的危害。除了监控以外,验证用于评价 HACCP 计划的有效性和符合性。其目的是提供置信的水平,确认 HACCP 计划的有效性,验证 CCP 有效受控,验证 HACCP 体系在正常运行。

(2) 适用范围　用于 HACCP 计划有效性的确认、CCP 验证、HACCP 体系验证。

(3) 职责　HACCP 小组负责 HACCP 计划有效性的确认、HACCP 体系验证,品管部计量室负责 CCP 监控仪器的定期校准,质控科负责 HACCP 记录的审核,化检室负责抽样验证。

(4) 验证程序。

(5) HACCP 计划有效性的确认　HACCP 计划首次制定时、当制定 HACCP 计划的依据发生重大变化时,需要对 HACCP 计划进行确认。正常情况下每年重新确认一次。HAC-CP 计划有效性确认主要通过以下程序完成:①HACCP 小组组织查阅有关科学文献和书籍,请教有关专家或召开 HACCP 小组会议讨论等,来确定所进行的危害分析是准确的,设立关键限值是科学的;②请权威部门(食品研究所、食品学院等)进行现场测定,以确定关键控制点的监控方法、关键限值的科学性和有效性(如烟熏、蒸煮及二次杀菌等加热工艺的确认等);③以上确认内容填入《HACCP 计划确认和重新评价记录》中由 HACCP 小组存档。

(6) CCP 的验证

①对 CCP 监控仪器按照校准规程进行定期校准;②对 CCP 监控记录、纠偏记录进行审核;③对 CCP 监控的效果进行抽样检测。

CCP 的验证频率及具体要求按相关产品的"HACCP 计划表"的规定实施。CCP 的验证需留有相应的验证记录,各执行科室负责存档。

(7) HACCP 体系的验证　HACCP 体系的验证可分为内部验证和外部验证;每年至少进行一次内部验证和一外部验证;内部验证由 HACCP 小组组织,一般于每年大生产前进行，特殊情况下随时进行。具体包括：①对各项前提计划的实施情况进行检查；②对 CCP 的监控、纠偏情况进行现场检查；③对相关记录等进行抽查；④从成品仓库、超市抽取一定数量的成品，对各种显著危害进行检测。

具体执行参照"ISO 9001 内部审核"模式进行，验证时审核的依据主要是 HACCP 现行有效文件及国家有关的法律法规等。积极配合第三方认证机构（或检验检疫机构）做好外部验证。所有验证活动和结果均应做好记录，HACCP 计划经重新确认后，应进行重新签署。

10. 320g 烤肠 HACCP 的记录

文件记录的保存是有效地执行 HACCP 的基础，以书面文件证明 HACCP 系统是有效的。保存的文件应包括说明 HACCP 系统的各种措施（手段）；用于危害分析采用的数据；HACCP 执行小组会议上的报告及决议；监控方法及记录；由专门监控人员签名的监控记录；偏差及纠偏记录；审定报告等及 HACCP 计划表；危害分析工作表等。

二、乳制品安全控制关键技术

近年来，随着我国经济的快速发展，人民生活水平不断提高，人们消费乳制品观念日益增强。我国的乳制品消费快速增加，由过去以老年人和儿童作为滋补品消费转向家庭消费的大众化营养品消费。调查结果显示，目前城市居民家庭中有 50% 以上的家庭全家消费乳制品。随着居民收入的增加，全家消费乳制品的比例还会相应增加。目前，我国人均乳制品年占有量只有 7kg，而欧美等发达国家人均年占有量大于 300kg，因此我国乳品发展潜力仍然巨大。近几年来，乳品生产总量每年均以 30% 以上速度增长。我国乳制品市售的产品品种繁多，但基本可以分为液态乳类、乳粉类、炼乳类、乳脂肪类、干酪类、乳冰淇淋类等；液态乳类又分为（超）巴氏杀菌乳、灭菌乳和酸牛乳等三大类。虽然各品种产品在市场均占有一定比例，但是液态乳中的巴氏杀菌乳以其营养好、口味好、价格合理、新鲜而增长速度最快。超巴氏杀菌乳是经高压均质，90～95℃、5～10min 杀菌后包装而成的，因此类产品中有一定的细菌含量，加上该类产品是营养丰富的液体状态，很容易产生产品质量问题。酸牛乳是以牛奶为原料，添加适量的砂糖，经杀菌后冷却，再加入纯乳酸菌发酵剂，经保温发酵而制得的产品。酸牛乳以其丰富的营养，怡人的口味越来越博得消费者的青睐。酸牛乳成品中含有大量的活性乳酸菌，乳酸菌是一类能发酵利用碳水化合物产生大量乳酸的细菌。酸牛乳具有许多功能特性如预防及治疗胃肠炎的效果，而且其蛋白质易于消化吸收，含有的乳酸可以减轻人体胃酸的分泌从而减轻胃的负担。酸牛乳在肠道内具有抑制异常发酵的效果，而且具有抑菌作用，对于肠道内有害菌不仅能抑制，而且能消灭；同时，酸牛乳可以提高钙、磷和铁的利用率，促进铁和维生素 D 的吸收。但由于其营养丰富，才极易导致产品的质量问题。所以，液态乳要求从原料、加工、成品贮存到运输各个环节必须保持冷链（2～6℃）。调查显示，无论设备先进的大企业，还是中小企业，每年尤其是夏季，都会发生一定比例的产品变质事件，同时还有少量的由细菌如李斯特菌、沙门菌、大肠菌群和链球菌等引起的突发性食源性疾病事件，既损坏了消费者利益，又损坏了企业形象，并给企业造成一定的经济损失。从保证产品质量、维持企业和消费者利益出发，寻找比传统质量控制系统更为有效的质量管理体系已是当务之急。

（一）凝固型酸牛乳 HACCP 体系的建立

凝固型酸牛乳是以鲜牛乳为原料，添加或不添加辅料，使用含有保加利亚乳杆菌和嗜热链球菌的菌种经发酵制成的产品。产品呈均匀一致的乳白色或微黄色，具有酸牛乳固有的滋味和气味，组织细腻、均匀，允许有少量乳清析出，其蛋白质含量不低于 2.9%，非脂乳固体不低于 8.1%，成品的酸度不小于 70.0°T，乳酸菌活菌数不得低于 $1×10^6$ cfu/mL。它比鲜乳易于消化吸收，并能改善肠道菌群，调节胃肠功能，是一种老少皆宜的营养食品。采用普通塑料包装材料包装，在 0~5℃时贮存的保质期为 7d。

1. 危害分析

（1）加工过程的危害分析及预防控制　根据酸牛乳生产工艺及产品性能，对生产过程各个环节进行危害分析。根据实际检验结果并查阅相关食品方面的资料和标准，确定各步骤的显著危害。凝固型酸牛乳的生产工艺流程如图 5-3 所示。

菌种→活化→扩大培养一次

原料乳的验收→预处理→配料→预热→均质→杀菌→降温→接种→包装→发酵→后熟→成品出库

图 5-3　凝固型酸牛乳生产工艺流程

① 原料的验收　鲜奶、奶粉、糖等都是微生物最好的营养物质，鲜奶的细菌总数应在 50 万个/mL 以下，应该符合国家质量标准，但是原料乳是微生物良好的培养基，极易腐败变质。国家标准明确规定了生鲜乳成分的含量（GB/T 6914—1986）。乳中总固形物的含量直接影响到产品的品质，总固形物含量过低会影响发酵时蛋白质的凝胶作用，从而造成凝乳不良。原料乳中若含有抗生素等抑制物则酸乳不能发酵，因此原料乳使用前必须做发酵实验，检验原料乳是否可用来制造酸乳。另外，原料乳中掺杂使假也会影响酸乳的质量。

② 原料乳的预处理　验收后的原料乳必须立即进行净化以除去乳中的机械杂质，减少微生物的数量。净化后的原料乳应立即冷却到 5~10℃，以抑制细菌的增长，保持乳的新鲜度。选用的贮乳罐应保证贮存的原料乳在 24h 内温度升高不超过 2~3℃。贮存时间一般不宜超过 48h，否则，由于乳温升高细菌繁殖将加速。

③ 配料　辅料的分散度影响产品的质量，分散度不同会导致产品质量不稳定。使用微生物含量超标的辅料会增加微生物的污染，因此应严格控制各种辅料的质量，不得使用微生物超标的原料。

④ 预热、均质　对生产酸牛乳的牛奶进行预热处理有两方面的作用。一方面对形成良好的质构，这非常重要；另一方面使牛乳中乳清蛋白变性，有助于形成更为细密、坚实的酸乳凝块。均质温度和压力对产品品质具有一定的影响，温度和压力控制不当会出现物料颗粒过大、分散不均和脂肪上浮的现象。均质的温度为 55~60℃、压力为 15~20MPa。

⑤ 杀菌　采用超巴氏（90~95℃）杀菌工艺，此方法能杀死原料乳中的致病菌、腐败菌等影响人体健康的有害菌，减少食源性疾病。若杀菌不彻底，则原料乳中残存有一定量的致病菌及一些耐热的细菌，会使乳中的细菌毒素分泌增加，同时会导致乳产品的腐败变质。

⑥ 冷却温度　冷却温度过高或过低均对发酵有影响。若冷却温度不合适，则会不适合乳酸菌的生长，造成品质下降。冷却温度控制在 43~45℃。另外，冷却速度要快速，任何延缓都会增加污染的机会和不良的细菌产生。

⑦ 发酵剂的制备　发酵剂的活性高低、杆菌和球菌的比例直接影响到产品的风味及组织状态。菌种在多次传代后，易发生变异和菌相变化，致使菌种活力降低，甚至不发酵。直投式菌种进行扩大培养 1 代后作为生产菌种用，既能降低成本，又能有效保证菌种活力。杆菌和球菌的比例会影响发酵和产品的酸度。另外，要保证菌种的质量，应定时观察菌种的质地、组织状态、色泽以及有无乳清析出，测定大肠杆菌数量；定期检测霉菌和酵母菌，要求生产发酵剂中的霉菌和酵母菌数量小于 10 个/mL。应按无菌操作要求进行，注意防止污染，必须在无菌室内制备发酵剂，减少空气中杂菌污染，以保证发酵剂中无酵母菌、霉菌等杂

菌；否则发酵活力不足，产酸低，导致发酵不良。

⑧ 接种 接种过程要严格无菌操作，防止二次污染。添加量要合适，通常采用的接种量在1%～4%的范围内，最适接种量为2%。为了使菌种完全扩散、分布均匀，接种后应缓慢搅拌10～15min。在投放菌种时，要避免与原料乳表面的泡沫或乳罐壁接触，以确保菌种在无结聚的情况下在牛乳中得以分散。对于直投式发酵剂开袋后的菌种最好是一次性用完，否则菌种活力会降低，因此应该正确选择包装规格。

⑨ 发酵 发酵温度过高或过低都会改变菌种的菌相，使发酵产物发生变化，引起产品风味和质地的变化，凝乳能力下降，酸度、凝固性就差。通过测定酸度来确定发酵终点（即滴定酸度达到70°T）。发酵终点确定过早，酸牛乳还未完全凝固就停止发酵，会导致组织软嫩、风味差；发酵时间过长，乳酸菌继续生长繁殖，产酸量不断增加，致使乳蛋白质变性凝固，破坏了已形成的胶体结构，使乳清上浮。发酵室温度的变化，发酵时间有所不同，对酸牛乳的质量有很大的影响。

⑩ 后熟 发酵后的冷却温度和时间同样对产品品质有影响。冷却温度偏高，后酸化严重；时间不够，则风味不足。为防止酸牛乳pH过低以及杂菌繁殖污染，发酵成熟后的酸牛乳应立即转入2～6℃的冷库中冷藏后熟。在温度高的地方贮藏，则会使其继续发酵，造成pH太低且芳香味物质形成量减少。后熟终点以酸度滴定达到90～95°T为准。

（2）车间环境和加工设备的危害分析

① 车间的卫生状况 从酸牛乳车间的空气以及地面、墙壁表面均可检出酵母菌和霉菌，这是由于温度高、换气不良、卫生条件差，致使酵母菌和霉菌大量繁殖，而使其孢子飘浮于空气之中造成空气的污染。一般情况下，要保持车间良好的通风（需有空气过滤设施），用紫外线照射和消毒剂（过氧乙酸）对生产车间和包装车间进行喷雾，每天清洁和消毒所有的地板积水。排水口需有防止有害动物如鼠类、蟑螂等侵入的装置。

② 加工设备的卫生状况 如果加工设备（如贮罐、搅拌机、均质机、发酵罐、包装机等）清洗杀菌不彻底，会残留奶垢和大量微生物，成为酸奶生产的主要污染源。此外，包装材料由厂家购进时如未严格消毒，其表面可检出一定量的微生物。

③ 操作人员 生产者素质较低不能严格按照操作规程进行生产，会严重影响产品质量，甚至造成产品微生物或物理、化学污染。加工人员严格遵守卫生规范要求，保证个人卫生，进入生产车间时应对手和鞋靴消毒。

（3）危害分析的确认 通过对凝固型酸乳加工全过程的危害分析，确定的危害可能有生物的、化学的和物理的危害，危害分析工作表见表5-6。

2. 关键控制点的确定

关键控制点（CCP）是使食品安全危害可以被防止、排除或减少到可接受水平的点、步骤和过程。选择并确定CCP是HACCP控制的关键所在，关键控制点可借助于CCP判断树来确定（见第四章）。

以微生物的摸底检测为基础，根据上述对酸奶生产过程各个加工工序的危害分析，借助于CCP决策树并查阅相关文献资料来确定关键控制点。原料贮存、标准化、均质、冷却、接种、包装、后熟工序中均存在危害因素，并均以致病微生物危害为主，但是该危害因素均可通过监控和采取一般管理措施（如GMP、SSOP、ISO 9000等我国食品生产安全法规）或后道工序而得到遏制，因此上述七步工序被认定为基本控制点。原料乳中的微生物可在后续工序中控制，总固形物含量可在标准化工序中调整。但是若存在抗生素抑制物则后道工序无法控制。因此需严格控制原料乳中抗生素等抑制物的含量，原料乳应定为关键控制点。

表 5-6 危害分析工作表

加工工序	被引入、控制或增加的潜在危害	危害是否显著	第三栏的判定依据	预防措施	是不是关键控制点
原料乳接收	生物危害:微生物侵入	是	①生物危害影响牛奶品质和产品质量;②抑制物使酸乳不能发酵	严格按原料乳的验收标准来收奶	是
	化学危害:抗生素等抑制物的存在				
	物理危害:总固形物含量低				
预处理	生物危害:微生物污染	是	①贮罐不清洁或贮存温度过高引起污染;②操作不当,机械磨损引起。此可能性较小	①奶用完后及早清洗、制冷;②正确操作,定期检修设备	否
	化学危害:无				
	物理危害:异物				
标准化	生物危害:微生物侵入	是	微生物含量超标影响产品质量	对辅料进行严格的检验	否
	化学危害:无				
	物理危害:异物				
均质	生物危害:微生物侵入	是	颗粒过大,影响口感	①清洗干净;②控制均质机的压力	否
	化学危害:无				
	物理危害:物料颗粒过大,脂肪上浮				
杀菌	生物危害:乳酸菌生长受抑制	是	未杀死的微生物会影响产品的风味,影响凝乳效果	严格操作,重新杀菌	是
	化学危害:无	—			
	物理危害:无	否			
冷却	生物危害:致病菌及其繁殖	是	影响产品的酸度	控制冷却温度	否
	化学危害:消毒剂残留	否			
	物理危害:无	—			
发酵剂的制备	生物危害:菌种活力的下降,杆菌、球菌的比例不合适,菌种污染	是	影响产品的酸度杂菌生长;影响产品的风味	严格无菌操作,更换菌种比例	是
	化学危害:消毒剂残留				
	物理危害:无				
接种	生物危害:微生物污染	否	影响产品的风味,使产品质量不一致	①严格无菌操作,防止空气中的微生物污染;②选择合适的搅拌速度	是
	化学危害:添加量不合适,分散不均				
	物理危害:无				
包装	生物危害:无	否	引起产品污染	进货时检查包材的质量	否
	化学危害:包装材料污染				
	物理危害:无				
发酵	生物危害:无	是	影响产品的质量	严格控制发酵温度和发酵终点	是
	化学危害:无				
	物理危害:质地不均,乳清析出				
后熟	生物危害:无	否	影响产品口感	严格控制冷藏温度和时间	否
	化学危害:后酸化问题				
	物理危害:无				

在杀菌工序中设置适当的温度和时间可杀死乳中的微生物，若此处不设为 CCP 加以控制，则后道工序则很难杀灭致病菌，因此把杀菌定为关键控制点。

发酵剂的活力、杆菌和球菌的比例直接影响到产品的风味及组织形态。发酵剂制作过程中染菌则直接影响到产品中细菌含量，且后道工序无法加以控制，因此发酵剂的制备是关键控制点。

发酵的温度影响着乳酸菌的生长繁殖。发酵终点的控制不当则影响产品的口感和组织状态，因此发酵的温度和控制发酵终点是关键控制点。

另外，生产设备和管道清洗也应定为关键控制点，尤其是杀菌之后的管道和设备若是清洗不彻底，将引入杂菌，直接影响发酵的风味和产品的质量。

3. 关键限值、监控程序及监控记录

通过分析，选定原料乳、杀菌、发酵剂的制备、发酵及加工设备与管路的清洗 5 个 CCP，依据我国食品卫生法规、工艺设计的要求以及生产设备的实际情况，在生产流程中建立相应控制项目与控制界限（CL），并对监控结果进行详细的记录。

（1）原料乳验收 酸牛乳的生产应选择新鲜的牛乳作原料，牛乳中细菌菌数不能太高，一般控制在 50 万个/mL 以下。原料乳不论是已杀菌还是未杀菌的，如果在 3h 内不使用，则必须在 3℃ 以下的温度贮乳，否则会引起细菌总数的增加，因此要定期监控贮乳温度。因为制造酸牛乳用的纯培养发酵剂对抗菌素及防腐剂特别敏感，乳中绝对不可含有抗菌素、防腐剂及其他的有害菌素类。不同总乳固体含量影响产品的质量。严格按照验收标准进行验收，并做好验收记录。

（2）杀菌 采取 90～95℃，5～10min 的超巴氏杀菌法对成品酸牛乳产生非常良好的效果，可提高酸乳的凝胶程度，防止乳清分离。生产过程中根据工艺设计要求严格控制杀菌温度及时间，以杀死乳中的病原菌和其他全部繁殖体。观察仪表显示的数据并作好记录，及时纠偏，保证良好的杀菌效果。

（3）发酵剂（直投式发酵剂）的制备 无菌室的杀菌消毒：发酵剂室应与生产车间完全隔离；移植菌种和制备发酵剂时用紫外线杀菌灯消毒 20min，净化工作台杀菌 20min，然后再进行工作；工作前净化工作台要用消毒水擦拭干净。记录消毒时间和菌种培养时间。

发酵剂制备时要做到：使用菌种前，从冰箱中取出菌种包，在常温下放置 20min，使其适当提高活力；用酒精棉将袋口、剪刀等用具消毒，开袋加入到 40℃ 的 500mL 灭菌乳中，轻轻摇动、搅拌至菌种粉末完全溶解；整个过程的操作要在无菌室内操作，严格避免污染杂菌；接种好的 500mL 灭菌奶倒入相应量的原料乳中，42℃ 培养发酵。

（4）发酵 发酵温度依所采用的乳酸菌的种类的不同而异，从生产实际的效果来看，控制发酵温度在 40～43℃，时间在 2～3h 时酸牛乳质量最好。具体发酵时间的确定可取样来滴定酸度。达到发酵终点（65～70°T）后，酸牛乳要及时从发酵室移入冷库进行后熟；否则，产品的酸度会不一致。发酵过程中要观察并记录发酵温度。

（5）管道和设备的清洗工序 清洗程序：先用清水将奶液冲洗出，时间约 5min；用 75～85℃浓度为 1.2%～1.5% 的碱液循环 15～20min；在 65～75℃ 下用浓度为 2% 的酸液循环 15～20min；最后用清水冲至中性，用 pH 试纸检验。最终清洗效果为细菌总数≤20cfu/cm^2，大肠菌群数≤1MPN/100cm^2（MPN 为最大可能数，most probable number），霉菌 <1 个/100cm^2。

消毒程序：要用蒸汽消毒 40min，蒸汽压力大于 0.3MPa，消毒时间从蒸汽放满、温度达 95℃ 以上开始计算。

4. 纠偏措施

(1) 原料乳验收　制定与实际情况相符的酸牛乳原料乳标准，细菌总数超标就拒收，总固形物含量过低拒收，并及时通知牛乳厂检验结果，以便加强管理、提高原料乳的卫生指标。含有抗菌素和消毒剂等抑制物的乳不适合用来做酸牛乳，当质检人员发现原料乳不符合质量要求即可拒绝接受原料。

(2) 杀菌　当操作工发现杀菌温度偏离其临界值时，要及时调整蒸汽压力予以校正。

(3) 发酵剂的制备　发现发酵剂污染了杂菌时应立即停止使用，采用乳酸菌培养基（如乳清培养基、改良番茄汁琼脂培养基等）重新分离培养，经纯粹培养，显微镜检查无杂菌后菌种方可使用。当发现菌种活力低、比例不合理时，要及时调整杆菌和球菌的比例或更换菌种。

(4) 发酵　当操作人员发现发酵温度变化时要及时调整。准确控制发酵终点，保证酸奶产品的风味和质地。

(5) 管道、设备的清洗　设备管道使用之前要进行消毒，生产结束之后要及时清洗。质检人员发现生产设备及连接管道的清洗消毒不符合卫生要求时，要及时通知生产人员，由操作工重新清洗消毒。

纠偏措施记录见表5-7。

表 5-7　纠偏措施记录表

产品名称：

关键点：		日期：		批次：	
纠偏项目：		关键限值：		实际值：	
操作人员			检查人员		
过程描述					
纠偏措施					
	部门：		人员：		时间：
验证结果					
	部门：		人员：		时间：

5. HACCP 计划表

经过上述步骤后，凝固型酸牛乳的 HACCP 生产体系已经建立，见表5-8。

表 5-8　凝固型酸牛乳的 HACCP 计划表

CCP	监控对象			
	危害	关键限值	对象	方法
原料乳	致病菌、腐败菌；总固形物含量（S）不足；抑制物存在	细菌总数<50万个/mL；S＞11.1%；抗生素含量<0.0021U/mL	鲜乳	乳成分分析仪和制作小样
杀菌	微生物未被充分杀死；乳清蛋白未充分变性	90~95℃；5min	杀菌温度和时间	记录杀菌温度和时间
发酵剂的制备	菌种活力低；比例不合理；杂菌污染	乳酸菌活菌数为10^8~10^9个/mL	菌种	微生物检测
发酵	质地不均匀；乳清析出；酸度不合适	温度；酸度：40~43℃ 65~70°T	发酵温度；终点酸度	温度计测定；NaOH滴定
管道设备清洗	致病菌、腐败菌；残留奶垢	细菌总数<20个/cm²	管道	微生物检测

续表

CCP	监控对象				
	频率	人员	纠偏行为	记录	验证
原料乳	每批一测	质检人员	不符合要求拒收	鲜奶接收记录	第三方检测
杀菌	10min/次	操作工	校正杀菌温度并重新杀菌	杀菌温度和时间记录	验证杀菌设备
发酵剂的制备	每周一次	质检人员	更换菌种或重新分离	发酵记录	检测乳酸活菌数
发酵	30min/次	质检人员	调整发酵室温度和控制发酵	发酵记录	检测酸度验证
管道设备清洗	每班一次	操作工、质检人员	重新清洗	清洗记录	清洁消毒；SSOP验证

（二）巴氏杀菌乳 HACCP 体系的建立

巴氏杀菌乳是以牛乳为原料，经巴氏杀菌制成的液体乳，具有牛乳固有的滋味和气味，呈均匀的乳白色，无凝块、无沉淀、无黏稠现象，其脂肪含量不低于 3.1%，蛋白质含量不低于 2.9%，非脂乳固体不低于 8.1%。用普通的 PE 塑料袋包装，在 2～6℃贮存保质期为 7d。适合所有消费者食用。工艺流程见图 5-4。

原料乳→离心净乳→降温贮藏(5℃)→标准化→配料→均质→巴氏杀菌→冷却 5℃→灌装→入冷库

图 5-4 巴氏杀菌乳工艺流程

1. 危害分析

（1）原料乳验收 原料乳中的蛋白质含量、脂肪含量、非脂乳固体含量、酸度、感官、卫生等指标都将对产品质量造成影响。利用乳成分分析仪可同时测定蛋白质、脂肪、非脂乳固体等指标，通过测定酸度可鉴别原料乳的新鲜度。鲜乳中掺入水、淀粉等物质，也会影响乳的质量，可根据感官和仪器分析来进行判断。

（2）离心净乳和降温贮存 原料乳中会混有杂质，验收后必须净化，使用离心净乳机去除乳中的机械杂质并减少微生物数量。净化后的原料乳迅速冷却至 5℃，降低微生物的发育和繁殖。贮存时要求贮罐有良好的绝热保温措施和适当的搅拌，以防止温度升高和乳脂肪上浮，造成原料乳成分分布不均匀，变质和腐败。

（3）标准化 原料乳中的脂肪和非脂乳固体的含量随乳牛品种、地区、季节和饲养管理等因素不同而有很大的差别。因此，必须对原料乳进行标准化。如果原料乳中脂肪含量不足，则添加稀奶油或分离去掉部分脱脂乳；当脂肪含量过高时，则可添加脱脂乳或提取部分稀奶油。

（4）配料 在配料中，针对乳制品的营养的缺陷，可以补充添加一些营养素，如维生素A、维生素 D，矿物质如钙、锌和双歧杆菌生长因子等，要严格按照食品营养强化剂使用卫生标准 GB 14880—1994 中的添加量。

（5）均质 均质的主要目的是防止成品发生脂肪上浮，经过高压均质处理后，使脂肪球变小，增加其表面积，从而增加脂肪球表面的酪蛋白吸附量，使脂肪球的密度增大，上浮能力减小。在均质时最重要的是压力和温度，均质的温度为 55～60℃，压力为 15～20MPa，控制不当易使产品质地不均匀。均质效果可通过显微镜观察。

（6）巴氏杀菌 为使产品安全和增加保存性，必须进行杀菌或灭菌。杀菌是指通过加热来杀灭牛乳中的所有病原菌，抑制其他微生物的生长繁殖，并且不破坏牛乳的风味和营养价值的加热处理方法。超巴氏杀菌的温度为 $90\sim95℃$，时间为 5min。此方法对牛乳的物理、化学变化影响较小，并可以使用 CIP 清洗系统进行设备清洗。如果杀菌不彻底，则会残留耐热细菌或致病菌，会对人体造成危害。

(7) 冷却、灌装　杀菌后的牛乳应立即冷却至5℃，用板式热交换器冷却，然后再用冷水冷却。冷却后的牛乳即可进行灌装和封口。如果冷却速度较慢或者温度较高，也会引起微生物的繁殖和污染。

2. 关键控制点的确定

借助于 CCP 判断树并查阅相关文献资料，确定原料乳、配料、巴氏杀菌和生产设备四个关键控制点，见表5-9。

表 5-9　巴氏杀菌乳的 CCP 表

CCP	危害	关键限值	对象	方法	频率	纠偏行为	记录	验证
原料乳	致病菌、腐败菌；总固形物含量	细菌总数<50万个/mL；S>11.1%	鲜乳	乳成分分析仪和制作小样	每批一测	不符合要求拒收	鲜奶接收记录	第三方检测
配料	维生素、矿物量低或过高	无可见杂质、无异味；贮存时间<2h	配料乳	检测配料	10min/次	严格控制添加量	配料记录	根据国家标准限量核算
巴氏杀菌	腐败菌、病原菌	$90\sim95℃$；5min	温度、时间	控制杀菌温度和时间	每次一测	控制温度和时间	杀菌记录	检测乳酸活菌数
生产设备	腐败菌、致病菌残留；奶垢	清洁和消毒化学剂浓度；管道蒸汽温度	设备、管道	微生物检验	每班一次	控制清洗时间和消毒液量	清洗记录	清洁消毒；SSOP 验证

3. 关键限值、监控程序和纠偏措施

原料新鲜牛乳和生产设备的要求同凝固型酸牛乳。

配料：强化的营养物质有维生素 A、维生素 D、钙盐、锌盐、双歧杆菌生长因子等。维生素 A 和维生素 D 可利用浓缩鱼肝油添加，添加量控制在维生素 A 为 $70\sim140\mu g/100g$，维生素 D 为 $10\sim40\mu g/kg$，葡萄糖酸钙的加量控制在 $4.5\sim9.0g/kg$，葡萄糖酸锌的加量为 $230\sim470mg/kg$，双歧杆菌生长因子加量为 $1.0\sim1.5g/kg$。每月监测一次，如果使用不同的生产厂家的产品，则需按说明添加。

巴氏杀菌：要严格控制杀菌温度和时间，一般温度控制在 $90\sim95℃$，杀菌时间为 5min，根据最终乳监测的质量反馈，检查杀菌温度和时间，对不适当的控制要进行修正，并记录杀菌情况和意外情况的出现。

三、水产食品安全控制关键技术

美国联邦法规 21 章（21CFR）第 123 款中列出了水产、水产品等 20 个术语，强调："水产"指的是除鸟和哺乳动物外，适于人类食用的淡水或海水的有鳍鱼、甲壳动物、水生动物（包括鳄鱼、蛙、海龟、海蜇、海参、海胆和它们的卵），以及所有软体动物；"水产品"指的是以水产为主要成分的人类食品，如果某些食品仅含有少量的水产品成分，例如含有不作为主成分的鳗酱的辣沙司，不作为水产品看待。美国学者 Anderson 教授在其著作《The Intenrational Seafood Trade》中把水产品概括为可以在任何水产环境下捕获到的所有可以食用的鱼类产品和其他水产品，但其中不包括海藻类食品。

我国《水产品加工质量管理规范》（SC/T 3009—1999）对水产品、水产加工品、水产食品的定义：水产品指海水或淡水的鱼类、甲壳类、藻类、软体动物以及除水鸟及哺乳动物以外的其他种类水生动物。水产加工品指水产品经过物理、化学或生物的方法加工如加热、盐渍、脱水等，制成以产品为主要特征配料的产品。包括，水产罐头、预包装加工的方便水产食品、冷冻水产品、鱼糜制品、鱼粉或用作动物饲料的副产品等。水产食品指以水产品为主要原料加工制成的食品。水产品中不含有可能损害或威胁人体健康的有毒、有害物质或因素，从而导致消费者急性或慢性毒害或感染疾病，或产生危及消费者及其后代健康的隐患。

水产业是农业的一个重要组成部分，是大农业发展最快的行业之一。水产业的快速发展，为国内市场提供了品种丰富、数量充足的水产品，也为国外市场提供了优质水产品，我国已成为世界水产品生产和出口大国。2004 年我国水产品总产量达 4901.8 万吨。水产品出口大幅增长，2004 年出口量和出口额分别达到 242.1 万吨、69.7 亿美元，实现贸易顺差 37.3 亿美元，同比增长 24.3%。水产品出口占农产品出口总额的 29.7%，继续居大宗出口农产品首位。2006 年我国水产品总产量预计达到 5250 万吨，比上年增长 3%。全国 44 家主要水产品批发市场成交量 490 万吨，成交额 604 亿元，分别比上年增长 5.6% 和 7.12%。全年水产品进出口总量 633.7 万吨，进出口总额 136.6 亿美元，其中出口量 301.5 万吨，出口额 93.6 亿美元，分别比上年增长 17.4% 和 18.7%；进口量 332.2 万吨，进口额 43 亿美元，分别比上年下降 9.2% 和增长 4.4%，贸易顺差 50.6 亿美元，比上年增加 16.3 亿美元。2007 年前三季度全国水产品产量 3260.97 万吨，比上年同期增长 4.30%；海洋捕捞产品 940.34 万吨，比上年同期下降 0.98%；海水养殖产品产量 842.50 万吨，比上年同期增长 5.82%。

我国水产品在国际贸易中具有一定的竞争优势，但这种优势主要是由于生产要素成本和生产原料价格低廉造成的，由于在发展过程中重数量、轻管理，水产品质量安全受到影响，也威胁到人民健康。如 1987 年底至 1988 年 3 月间，上海市因食用带有病毒性病原体的毛蚶导致 31 万人患上甲肝，死亡 47 人；2002 年 7 月，安徽广德县发生因食用鲍鱼 50 人中毒，原因是鲍鱼内残留的来源于饲料的盐酸克伦特罗（瘦肉精）。加入 WTO 后，因水产品有毒有害物质和药物残留超标，导致我国水产品出口屡次遭受贸易壁垒，如 1989 年，鳗鱼因恶喹酸超标遭日本进口商拒绝；2003 年 3 月，日本厚生省宣布对我国动物产品实施严格检查；2003 年 6 月，我国出口至日本的烤鳗产品中被检测出有"恩诺沙星"残留，日本厚生省随即宣布于 7 月 3 日开始对我国进口的烤鳗产品实施"恩诺沙星"的"命令检查"，根据以往惯例，"命令检查"后连续检出 2 例药物残留超标，就有可能禁止进口。我国商检部门为防止事态的扩大，于 7 月 23 日自主暂停了烤鳗的出口，主动采取召回、自主封关等措施，同时承诺整顿好再出口；1997 年，因贝毒问题，我国贝类被禁止进入欧盟市场；2001 年，因虾仁"氯霉素事件"导致 2002 年 1 月 25 日全面禁止我国动物源产品进入欧盟；2003 年 4 月，美国 FDA 在接获从中国进口的虾和淡水螯虾中含有氯霉素的报告后，开始严格检查进口虾类中是否含有这种抗生素的残留物；2004 年，美国提出对中国出口小龙虾进行反倾销调查；2005 年，欧盟、日本和韩国从江西、福建等地出口的鳗鱼产品中先后检出孔雀石绿等禁用药物残留，引起日本、韩国和欧盟等国家和地区的高度关注，我国主动停止烤鳗对外出口。

由以上一系列水产品安全问题看出，我国水产品质量安全问题已引起日本、美国、欧盟等发达国家和地区的关注，为保障中国的水产品出口，提高产品的经济价值，对水产品饲养、生产加工进行规范化管理，已经成为水产品产业进一步发展的关键，HACCP 生产体系可以为水产品的加工、包装、销售等生产、流通环节的安全提供保障，促进行业的健康发展。下面以白对虾仁 HACCP 生产体系的建立过程进行分析说明。

（一）生产工艺描述

白对虾（仁）生产工艺流程见图 5-5。

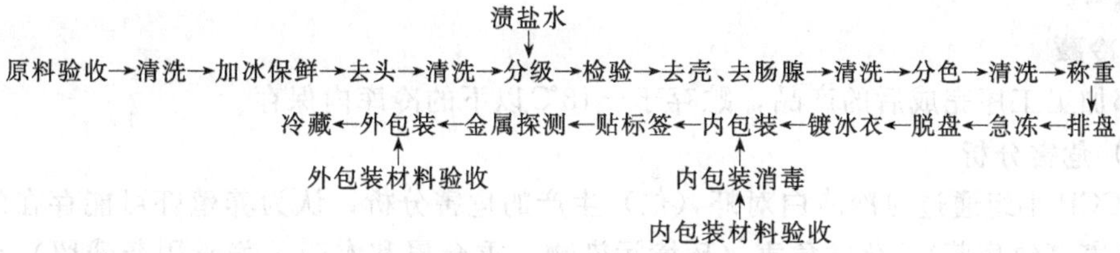

渍盐水

原料验收→清洗→加冰保鲜→去头→清洗→分级→检验→去壳、去肠腺→清洗→分色→清洗→称重

冷藏←外包装←金属探测←贴标签←内包装←镀冰衣←脱盘←急冻←排盘

外包装材料验收　　　　内包装消毒

内包装材料验收

图 5-5　白对虾（仁）生产工艺流程

1. 原料接收

凡欲收购的原料虾，虾场或供应商要提供的养殖用药证明，到厂后由质检小组负责感官验收和化验室检测氯霉素等指标。凡无养殖用药证明书、虾体有病变迹象、不新鲜或检测出氯霉素等含量超标的原料，应对其拒收。

2. 加冰保鲜

待加工的原料置于清洁的容器中用碎冰覆盖，虾体温度应 4℃以下。

3. 去头

原料虾从保鲜桶进入粗加工区工作台上，进行人工去头。

4. 渍盐水

清洗过的去头虾浸入到盐度为 1.5～2 度的冰盐水中，浸泡 1h，温度控制在 4℃以下。

5. 分级

去头后的虾，由加工人员按虾大小进行分级处理，同时挑出断裂、破碎和鲜度不符合要求的虾，存放于次品收集篓中另行处理，分级好的虾进入下工序。

6. 粗加工

去壳，挑肠。

7. 分色

把不同颜色的虾分选出来，放在不同的篓中。

8. 排盘

虾仁经定重后进行人工排盘，排盘程序和要求：横摆虾体，平铺，略带顺变形，30 只/磅以内层层摆，大于 31 只/磅摆下层，用清洁完好的盘。摆盘前，将已定量的虾仁加碎冰；摆盘时，再挑出次虾，进一步去掉杂质，用等量的好虾代替次虾，摆盘完毕灌入冰水，以上各工序要求室温在 20℃左右；摆盘时不得粘连。

9. 急冻

摆盘后立即进行块冻或单冻，块冻的虾仁应适时适量加冰水，以恰盖虾体为宜。

10. 脱盘/镀冰衣

脱盘可用水浸和喷淋方式，操作时间不宜过长，水温要求在 20℃以下，防止虾块冰溶化。镀冰衣是为了防止氧化和风干，冰水要求在 4℃以下。

11. 内包装

用已消毒的内包装袋装好，并封好口。

12. 贴标签

成品标签声明有亚硫酸盐。

13. 过金属探测仪口

14. 外包装

摆入纸箱内，封箱口，纸箱外应标明：品名、标记、规格、净重、生产日期、批次和卫生注册编号。

15. 冷藏

全部加工工序完成后的产品，贮存于－18℃以下的冷库内保存。

（二）危害分析

HACCP 小组通过对冷冻白对虾（仁）生产的危害分析，认为养殖虾可能存在的危害有生物的危害（致病菌）、化学危害（环境污染物、重金属和农药、养殖用药残留）和物理危害（使用设备金属碎片混入），具体分析见表 5-10。

1. 生物危害

生物危害有可能发生，一旦发生会给消费者造成不可承受的健康风险。根据《水产品HACCP 教程》附录Ⅱ中介绍海洋中的致病菌有沙门菌、霍乱弧菌、副溶血弧菌等，这些菌多数存在于被污染的沿海、土壤、港湾、海域线区域和海水沉积物中，因而可能存在于白对虾的养殖区域。且在我国冷冻虾的进出口检测当中也曾发生过上述致病菌被检出的情况，因此，上述三种致病菌是显著危害。

2. 化学危害

环境中的化学污染物和杀虫剂以及虾在养殖中用药不规范或者使用违禁药物对人类健康造成了潜在危害。另外，某些食品添加剂能在消费者中引起过敏反应。

根据《水产品危害与控制指南》第三版第九章，虾的养殖水域如果接触了各种大量的工业化学物、杀虫剂和有毒元素，这些污染物可能在虾体内积累达到一定水平从而致病。这种危害一般与长期接触这些污染物有关。这些污染物主要集中在淡水、港湾、近海水域（如倾倒了污染物的近海岸水域）。在虾的养殖场附近使用杀虫剂也可能导致虾的污染。因此，重金属和农药残留等环境污染物是显著危害。

根据《水产品危害与控制指南》第三版第十一章，虾在养殖中用药不规范或者使用违禁药物可能对人类有致癌性、过敏性或可能使人体对抗生素产生抗药性。近两年，欧盟、美国多次从我国进口的虾产品中检出氯霉素残留，2002 年初欧盟暂停从我国进口用于人类消费和动物饲用的所有动物源性产品，对我国水产品对外贸易造成了较大的损害。氯霉素是一种广谱抗生素，由于有产生粒细胞缺乏症的副作用，不应使用氯霉素。低剂量的药物残留可能引起敏感人群的再生障碍性贫血。大多数国家都已禁止使用氯霉素。2002～2003 年，日本、美国连续从我国出口的虾中检出硝基呋喃。硝基呋喃类药物能导致新生儿溶血及男子不育症，还有报道说有致癌倾向。因此，养殖用药残留是显著危害。

根据《水产品危害与控制指南》第三版第十九章，某些食品和色素添加剂能在消费者中引起过敏反应，例如用于水产品中的食品和色素添加剂亚硫酸盐等。亚硫酸盐是在船上处理虾及龙虾防止其黑斑形成的。在我国冷冻虾的进出口检测当中多次发生过亚硫酸盐超标的情况，因此，亚硫酸盐是显著危害。

3. 物理危害

如生产设备的金属碎片混入，会造成对消费者的伤害。

（三）CCP 的确认

经危害分析确定了冷冻白对虾（仁）可能存在生物性、化学性和物理性危害，采用"CCP 判断树"的方法确定 CCP。

1. CCP1 生物性致病的危害

表 5-10　冷冻白对虾（仁）生产的危害分析表

加工工序	潜在危害	潜在危害 是否显著	第三栏的判定依据	能用于显著危害的 预防措施	该工序是不是 关键控制点
原料接收	生物危害:致病菌污染	是	养殖场受陆上污染	捕前检测,检出致病菌的 水体消毒,同时禁止换水	是
	化学危害:①养殖用药 残留;②重金属、农药残 留;③食品添加剂	是	药物残留会对人体造成 危害;养殖场受陆地上工业 废水污染;从捕捞到加工的 过程中,亚硫酸盐等可能被 使用	①进货前对养殖场用药 和饲料投放进行审核,确定 拟接收的养殖场;②接受供 货者提供的各批货物合理 用药的证书;③接受原料 时,审查用药记录;④起捕 前对活体进行可疑性药物 残留检测,合格的准予接 收;⑤到养殖场收集分析土 样、水样和虾样,评价周围 土地使用情况,确定合格养 殖场;⑥成品标签控制	是
	物理危害:无	—	—	—	
加冰保鲜	生物危害:致病菌生长	否	加冰保鲜温度在 4℃ 以 下,致病菌不易生长	—	否
	化学危害:无	—	—	—	
	物理危害:金属碎片	是	制冰机器磨损	金属探测	否
去头、壳、肠	生物危害:致病菌繁 殖、污染	否	连续加工不会发生;SSOP 控制	—	否
	化学危害:无	—	—	—	
	物理危害:金属碎片	是	金属工具破损	金属探测仪检测	否
渍盐水	生物危害:致病菌繁 殖、污染	否	温度在 4℃ 以下,致病菌 不易生长;SSOP 控制	—	—
	化学危害:无	—	—	—	
	物理危害:无	—	—	—	
分级	生物危害:致病菌繁 殖、污染	否	连续加工不会发生;SSOP 控制	—	—
	化学危害:无	—	—	—	
	物理危害:无	—	—	—	
分色	生物危害:致病菌及其 繁殖	否	—	—	—
	化学危害:无	—	—	—	
	物理危害:无	—	—	—	

续表

加工工序	潜在危害	潜在危害是否显著	第三栏的判定依据	能用于显著危害的预防措施	该工序是不是关键控制点
排盘	生物危害:致病菌繁殖、污染	否	连续加工不会发生;SSOP 控制	—	—
	化学危害:无	—	—	—	—
	物理危害:无	—	—	—	—
急冻	生物危害:致病菌生长	否	快速降温,可以抑制	—	—
	化学危害:无	—	—	—	—
	物理危害:金属碎片	是	机器破损	金属探测器	是
脱盘、镀冰衣	生物危害:致病菌生长	否	品温−20℃以下,致病菌不易生长;SSOP 控制	—	—
	化学危害:无	—	—	—	—
	物理危害:无	—	—	—	—
内包装	生物危害:致病菌生长繁殖	否	SSOP 控制	—	—
	化学危害:无	—	—	—	—
	物理危害:无	—	—	—	—
成品标签	生物危害:致病菌繁殖	否	冻结状态下致病菌不易生长	—	—
	化学危害:食品添加剂	是	从捕捞到加工者的过程中,亚硫酸盐可能使用	成品标签声明含有亚硫酸盐	是
	物理危害:无	—	—	—	—
金属探测	生物危害:无	—	—	—	—
	化学危害:无	—	—	—	—
	物理危害:金属碎片残留	是	金属探测器	—	是
外包装	生物危害:无	否	SSOP 控制	—	—
	化学危害:无	—	—	—	—
	物理危害:无	—	—	—	—
冷藏	生物危害:致病菌繁殖	否	冻结状态下致病菌不易繁殖	—	—
	化学危害:无	—	—	—	—
	物理危害:无	—	—	—	—

该危害来自沙门菌、霍乱弧菌、副溶血弧菌和单增李斯特菌等，在原料验收控制，如此步骤不控制，在以后的加工工序中没有能消除危害的步骤。

2. CCP2 化学危害

该危害来自环境污染、农药残留和养殖用药残留，在原料验收控制，如此步骤不控制，在以后的加工工序中没有能消除危害的步骤。

食品添加剂用标签控制和原料检查进行控制。根据《水产品危害与控制指南》第三版第十九章，如果当原料有亚硫酸盐时，最终产品标签应声明有亚硫酸盐，可以把成品贴标签步骤确定为关键控制点。在原料接受步骤进行检测或证明是确保在关键控制点的控制所必需的。但是，在原料接受步骤就不需要把"致敏剂/添加剂"危害确定为关键控制点。

3. CCP3 物理危害

金属碎片只有通过金属探测器工序控制。

（四）CL 的确认

1. CCP1 的 CL 确定

水质未检出致病菌的证明；禁用药物未检出证明，允许使用的药物根据合理的停药时间和标签要求使用且残留在规定限值内，每批虾附证书标明用药合理；水质重金属、农药残留未超标证明，虾池周围无污染源。这是依据《水产品危害与控制指南》第三版及进出口检验当中发生的问题确定的。

2. CCP2 和 CCP3 的 CL 确定

可参考《水产品危害与控制指南》第三版和销售合同条款规定的及金属探测器的灵敏度进行设定。

（五）监控程序的确认

本监控程序采用美国《水产品 HACCP 教程》提供的监控系统设计，根据所确定的 CCP 工序的特点和 CL 来确定监控。

1. 监控 CCP1 的 CL

水质未检出致病菌的证明；禁用药物未检出证明，允许使用的药物根据合理的停药时间和标签要求使用且残留在规定限值内，每批虾附证书标明用药合理；水质重金属、农药残留未超标证明，虾池周围无污染源。由原料收购员、质量控制人员和质量保证人员分别对养殖场用药和饲料投放进行审核，捕前对水体、活体进行致病菌、重金属、农药残留、兽药残留检测，以及确定拟接收的养殖场名单，监控频率为每批和每年。

2. 监控 CCP2 的 CL

对于使用含有亚硫酸盐的原料虾加工的成品的标签中有亚硫酸盐声明，监控点在成品贴标签工序，由包装机器操作者和质量控制人员检查成品标签声明有亚硫酸盐及对每批原料虾中任意抽取 3 只虾进行亚硫酸盐残留分析。

3. 监控 CCP3 的 CL

在成品中无可探测到的金属碎片，具体根据金属探测器的灵敏度设定为"Fe>1.5mm，Su>2.0mm 产品中不得检出"，监控点在金属检测工序，采用金属探测器探测，由金属探测器操作工人监控。

（六）纠偏措施

纠偏措施是当 CCP 偏离了 CL 时所采取的措施。根据美国《水产品 HACCP 教程》中介绍纠偏行动包括：①找出偏离原因，使生产回到受控状况之下；②隔离偏离时的产品进行评估处理。确定的纠偏行动根据上面原则，结合偏离后产品是否可重新返工以减少危害的可能性制定的纠偏措施。

对 CCP1 偏离了 CL 则拒收货物和停止供货商供货，直到有证据表明药物使用规范及水质已有所改观；对 CCP2 偏离了 CL 采取对任何不适当贴标签的产品进行隔离或重贴和对无适当声明的库存标签进行隔离或退回；对 CCP3 偏离了 CL 采取重检前 30min 检测的产品，找出存在于产品中的金属碎片；查证在产品中发现金属的来源和修理危险的设备。

（七）记录保持程序的确认

在 HACCP 体系中涉及的记录有 HACCP 计划和用于制定计划的支持文件、CCP 的监控记录、纠偏记录和验证活动的记录。根据监控程序要求记录内容有：表头、工厂名称、地址、产品描述、产品预期用途、CL、日期、监控人、复查人和日期、监控（校准）记录。

1. 纠偏记录

根据《出口食品生产企业卫生要求》第十六条的规定，除了表头等信息外，有记录偏离原因、偏离产品数量、偏离 CCP 纠偏行动及受影响产品的最终处理，采取纠偏人、日期、复查人、日期等。记录保存为两年。

2. CCP

对 CCP 的验证点的验证内容是依据美国《水产品 HACCP 教程》原理 7 验证程序规定进行的。

（1）设备校准　在 CCP3 使用金属探测器监控产品是否混入金属碎片。对金属探测器规定定时检修，在每天使用前及使用半小时之后用 1.5mm 的铁片演示牌校准 1 次。

（2）监控记录的复查　HACCP 小组抽查各 CCP 的监控记录一份，检查是否按 HACCP 计划要求填写，经检查填写符合要求。

（3）针对性取样检测　HACCP 小组抽取经 CCP 监控后的样品三份进行检测，对 CCP1 监控的原料抽样进行微生物及化学检测，未检出致病性细菌、重金属、农药残留、兽药残留超标，证明 CCP1 监控有效。抽取经 CCP2 监控样品，检验加贴标签情况。经检验每包成品都加贴了标签，证明监控有效。抽一份经 CCP3 监控样品，再过金属探测器探测，并对金属探测器进行校正，检测结果设备正常，监控有效。

3. HACCP 系统的验证

HACCP 小组于××月××日对冷冻虾仁加工车间实施"冷冻虾仁 HACCP 计划"进行现场实施和有效性进行验证。

车间现场进行审查和对记录进行审查，经审查证明：

① 产品说明和生产流程图与现场是一致的。

② 检查 CCP 是按 HACCP 计划要求被监控。

③ 检查工艺过程在确定的 CL 内操作。

④ 检查记录是按监控规定时间来完成的。

⑤ 监控活动在 HACCP 计划规定的位置执行，即：

CCP1　在原料验收处；

CCP2　在成品贴标签处；

CCP3　在通过金属探测处。

⑥ 监控活动按 HACCP 规定的频率执行，即：

CCP1　每批原料验收及每年调查养殖场；

CCP2　每箱成品及每批原料；

CCP3　每件。

⑦ 监控表明发生了与 CL 偏离时采取了纠偏行动，纠偏行动按制定的纠偏措施进行纠偏。

⑧ 监控设备按 HACCP 计划规定频率进行校准。

⑨ HACCP 小组抽取××月××日生产的冷冻虾仁进行微生物检验。

四、果汁和果汁饮料安全控制关键技术

果蔬汁是指未添加任何外来物质直接从新鲜、成熟的原果蔬中用压榨或其他方法提取的汁液；以果蔬汁为基料添加糖、酸或其他添加剂调配而成的汁液称为果蔬汁饮料。果蔬汁饮料的最大特点是不但能解渴，而且含有丰富的维生素、矿物质、微量元素等，具有较高的营养、保健功能，因此日益受到人们的青睐。我国果蔬汁饮料市场起步较晚、起点较低，但发展较快，我国果汁产品的质量有了很大提高，但是仍还存在一些问题。2002 年国家工商总局对长沙、昆明、西安、天津 4 城市的超市和食品批发市场中销售的产自 15 个省市的 40 种果汁饮料质量进行了全国监督抽查，结果显示 18 种果汁饮料质量不合格，合格率仅为 55％；广东、上海、大连等城市的质量监督部门 2002 年 9 月对旅游景点销售的饮料质量抽查中，果蔬汁饮料的产品合格率仅为 53.6％。造成产品质量不合格的原因主要有微生物学指标（尤其是菌落总数）超标和食品添加剂的过量使用，有些浓缩苹果汁中存在着农药残留、后浑浊、耐热菌等问题，严重影响了其产品的质量和饮用的安全性；果蔬汁饮料生产过程中经常遇到胀包、变酸、长霉等现象，这些问题的出现主要是由于果蔬汁饮料企业生产过程中不重视安全和质量管理，暴露出在应用先进的质量管理体系及专业技术人才的培训方面的不足。

近年来，我国的部分果蔬汁企业在生产过程中开始引进 HACCP 体系管理，收到了很好的成效。HACCP 体系是一个确认、分析、控制生产过程中可能发生的生物性、化学性、物理性危害的系统方法，是一种新的产品安全保证体系。它不同于传统的终产品检验，是对生产过程各环节的控制。与其他质量保证体系相比，其特殊性在于 HACCP 体系是一种简便、易行、合理、有效的食品安全保证体系。2002 年 4 月国家质检总局颁布了《出口食品生产卫生注册管理规定》及卫生注册需要评审 HACCP 体系的产品目录，要求在出口的果蔬汁生产企业强制实施 HACCP 管理，为在我国的果蔬汁饮料生产企业推广和实施 HACCP 体系提供了法规依据。在实践中，由于我国的果蔬汁企业缺乏专业的 HACCP 人才及相关管理经验，对 HACCP 体系的原理及方法理解不透彻，在建立和实施 HACCP 体系过程中遇到许多困难，阻碍了 HACCP 体系在我国果蔬汁饮料行业的推广实施。

下面选取 10％鲜橙果汁饮料生产线作为研究对象，应用 HACCP 的原理和方法，结合相关文献资料的数据，对生产过程中可能发生的危害进行危害分析，确定关键控制点，设定关键限值，建立 HACCP 体系。

(一) 组建 HACCP 工作组

在进行考核培训的基础上，在试点企业成立了以生产副总裁为组长的 HACCP 小组，组员包括生产总部考核主管、PET（聚对苯二甲酸乙二醇酯）厂品控主管、PET 厂生产班长、供应部经理、销售部经理、质检员、化验员、设备维护工程师等。HACCP 小组负责制定 HACCP 计划，修改、验证 HACCP 计划，监督 HACCP 计划的实施。

(二) 产品描述并确定预期用途

见表 5-11。

(三) 工艺流程

见图 5-6。

表 5-11　产品描述并确定预期用途

项　目	产　品　描　述
产品名称	10％鲜橙果汁饮料
加工产品的类型	果汁饮料
产品原料	鲜橙浓缩果汁、纯净水、白糖、苯甲酸、山梨酸糖度≥4°Bx；总酸度：≤1.0％；pH：3.0～4.0
重要产品特性	色泽：橙黄色；组织形态：均匀浑浊；可溶性固形物≥4％
包装形式	PET 瓶包装
产品保质期	一年
贮存温度	常温
销售地点	全国
预期用途	直接饮用，饮用对象为各种人群

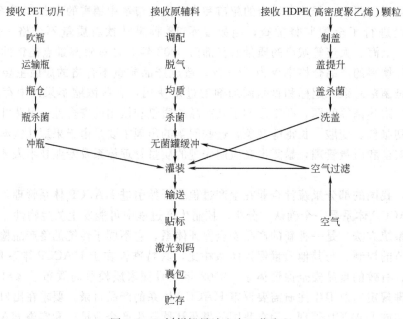

图 5-6　10％鲜橙果汁生产工艺流程

（四）生产线的危害分析

危害分析是根据各种危害发生的风险性（可能性和严重性）来确定一种危害的潜在显著性，并确定相应的控制措施的过程。

食品生产中常见的危害及控制措施包括以下几种。①生物性危害：细菌、霉菌、病毒、寄生虫等。对于细菌性危害，常见的控制措施包括时间/温度控制（如加热和蒸煮过程）、pH 控制（控制产品的 pH 抑制细菌的生长）等；对于病毒性危害，如适当条件的蒸煮可以杀死病毒；对于寄生虫，主要有饮食控制（防止寄生虫接近食品）和去除（如一些食品中肉眼检查可以检测寄生虫或使用杀虫剂等）。②化学性危害：细菌毒素、重金属、有毒有害化学物质、过量的添加剂等。常见的化学危害的控制方法主要有来源控制（产地证明、供货商证明和原料检测）、生产控制（如食品添加剂的合理使用等）、标识控制（如成品合理标出配料和已知过敏物质）。③物理性危害：金属碎片、玻璃碎片、石头、木屑等。常见的物理危害的控制方法有来源控制（销售证明和原料检测）、生产控制（例如使用磁铁、金属探测器、筛网、除粒机、X 射线设备等）。

1. 料液生产过程的危害分析

(1) 原辅料接收

① 浓缩橙汁 作为原料使用的浓缩橙汁如果生产不合格或运输、贮存不当，有可能受到微生物污染。常见的微生物污染有细菌和霉菌。如果微生物大量存在，就会给消费者带来危害，因此，是显著危害。微生物危害可以通过生产过程中的杀菌过程进行控制。如果生产浓缩橙汁的原料果来自使用农药的地区或土地中重金属含量高的地区或生产过程中受到污染，就有可能含农药残留污染或有砷、铅等重金属污染，这些污染在以后的加工过程中无法进行控制，而且一旦发生，将给消费者带来严重的危害，因此是显著性危害。这些危害的控制措施主要有来源控制，索取产品的产地证明、原料的检验合格证明等。

② 白糖 如果贮存条件不符合要求，有时部分生产用白糖存在吸水潮结的现象，变质的白糖内有可能存在螨等寄生虫和其他微生物数量超标的现象。由于白糖在成品中所占的比例很小，而且其微生物污染可在后面的杀菌过程中被杀灭，因此，这种危害发生的可能性很小，不是显著危害。其控制措施为控制白糖的贮存条件，防止吸水潮结。

③ 生产用水 如果作为原料的生产用水达不到生活饮用水卫生标准，水中可能存在各种细菌等微生物污染、铁、铜、锌等重金属和氯化物等造成的化学危害以及泥沙、其他碎屑等造成的物理性危害。生产过程水的使用量很大，如果控制不好，就会造成严重的后果，因此是显著性危害。这些危害可以通过 SSOP 中的生产用水的安全进行控制。

④ 生产过程中使用的食品添加剂 生产过程中使用山梨酸、苯甲酸等作为防腐剂，如果使用的食品添加剂质量不合格就可能出现重金属超标，食品添加剂存放时间过长会引起变质。由于食品添加剂使用量小，因此不是显著性危害。

(2) 料液调配过程 调配过程是将各种原辅料按照一定的比例进行混合的过程。调配过程中的危害来源主要有：调配过程暴露于空气中，调配过程区的空中存在着大量的细菌和霉菌，而且调配过程在常温下进行，因此容易受到空气中各种细菌和霉菌的污染。而且，数据证明生产加工过程的微生物污染主要来自于调配以后的生产过程。如果这些危害不进行控制，就会给消费者带来严重的后果，这些微生物危害可以在后面的杀菌过程中进行控制。山梨酸、苯甲酸等食品添加剂在调配过程中加入，如果不严格按照食品添加剂的使用量进行控制，就可能对消费者造成严重的危害，因此是显著性危害，需要进行控制。这些危害可以通过 SSOP 进行控制。

(3) 均质过程 均质是通过均质设备，使果汁中所含的悬浮粒子进一步破碎的过程。这一过程中在密闭的管道中进行，无其他物质的加入，不会造成显著危害。

(4) 脱气过程 脱气过程是在果汁加工过程中除去果汁中的氧的过程。脱气过程可以防止或减轻果汁中色素、维生素 C、香气成分和其他物质的氧化，防止品质降低，防止或减少灌装和杀菌时的泡沫。这一过程在密闭的装置中进行，不会造成显著危害。

(5) 料液杀菌过程 料液的杀菌过程是杀灭料液中存在的各种微生物或使之钝化的过程。由于前面的加工过程没有进行杀菌，原辅料、调配过程中微生物危害都需要在这一过程中进行杀灭。如果杀菌条件不适当或者不严格遵守有效的杀菌条件，就不能够有效地杀灭生产过程中的微生物，给消费者带来显著危害。因此，在杀菌过程应该制定并严格遵守有效的杀菌条件，控制生产过程中产生的微生物危害。

(6) 无菌缓冲罐缓冲 经过杀菌的料液进入无菌缓冲罐贮存，无菌缓冲罐中的液面以上用经过处理的无菌空气维持正压，因此只要通过 SSOP 将空气的质量控制好就不会引进微生物危害及其他危害。

(7) 灌装过程 灌装操作间用经过消毒、过滤的空气维持正压，灌装环境空气洁净度控制在万级，灌装过程在完全密闭的环境中进行，使用料液、PET 瓶、瓶盖等都已经经过杀菌，因此只要严格控制灌装环境的空气洁净度，本过程不会造成显著危害。

（8）成品输送　成品经过输送链条输送到贴标机，在输送过程中成品已经包装完毕，不会造成危害。

（9）成品贴标　成品贴标是通过贴标机将标签贴到瓶身的过程，此过程不会造成显著危害。

（10）成品贮存　灌装时如果遭到致病菌污染，如果存放温度过高就会导致细菌繁殖，可以通过 SSOP 进行控制。

（11）料液生产用管道的危害分析　橙汁饮料从调配到灌装的整个生产过程都是在密闭的不锈钢金属管道内进行，这些管道的内表面如果不清洁，以及这些管道的一些死角、泵、阀和接头处就会成为微生物生长繁殖的良好场所，成为果蔬汁产品污染的重要来源，这些危害就会成为显著危害。这些危害可以通过对管道进行彻底的清洗和杀菌来完成。常用的清洗方式为原位清洁（CIP）。

2. PET 瓶生产及运输过程中的危害分析

（1）接收 PET 切片　PET 瓶的瓶身由 PET 切片吹塑而成，PET 切片是化学合成物质，如果质量不合格，有可能造成单体或其他化学物质的溶出。由于包装材料的使用量大，而且接触的橙汁是酸性物质，很容易使化学物质溶出，如果消费者饮用，就可能造成严重危害，是显著性危害。其控制措施为索取生产商的生产许可证明和原料合格证明，并定期进行检验。PET 切片直接暴露于空气中，易遭受细菌和其他微生物的污染，这些危害可以通过后面的瓶杀菌过程进行控制。

（2）吹瓶过程　吹瓶过程是利用 SIPA 吹瓶机将 PET 切片吹塑成 PET 瓶的过程。吹瓶过程的平均温度接近 200℃，因此在吹瓶过程不会引入微尘物危害。在吹瓶过程中，机器需要使用润滑剂，因此润滑剂使用不当，就会使吹出的 PET 瓶受到污染，这些危害可以通过 SSOP 进行控制。

（3）瓶运输　吹塑好的 PET 瓶借助气流的作用向灌装机方向运送，由于直接接触空气，检测结果显示在输瓶管道内存在着较多的细菌及霉菌，因此在瓶运输过程中可能遭受空气中各种微生物的污染，这些微生物污染可以在以后的瓶杀菌过程中杀灭。运输 PET 瓶的装置需要使用润滑油，可能污染瓶身，带来化学危害，这些危害可以通过 SSOP 的规定进行控制。

（4）瓶杀菌过程　瓶杀菌过程使用一定浓度的过氧乙酸杀灭前面过程中引入的微生物危害。由于使用过氧乙酸，可能会造成过氧乙酸残留，但是后面的无菌水冲洗过程会消除这种危害，因此此过程不会造成显著性危害。文献资料显示，关键限值为：过氧乙酸浓度，$(1700\pm300)\mu g/L$［即 $(1700\pm300)ppm$］；杀菌温度，$(64\pm2)℃$；PET 瓶流量，$(41\pm1)t/h$。

（5）冲瓶过程　这一过程中可能存在的危害是前面的杀菌过程中使用的过氧乙酸残留，通过 SSOP 控制，严格按照标准操作进行操作，就能够进行控制。

3. 制盖及盖运输过程的危害分析

（1）接收 HDPE 颗粒　瓶盖由 HDPE 颗粒压塑而成，HDPE 颗粒是化学合成物质，如果质量不合格，有可能造成单体或其他化学物质的溶出。由于包装材料的使用量大，而且接触的橙汁是酸性物质，很容易使化学物质溶出，如果消费者饮用，就可能造成严重危害，是显著性危害。其控制措施为索取生产商的生产许可证明和原料合格证明，并定期进行检验。

HDPE 颗粒直接暴露于空气中，易遭受细菌和其他微生物的污染，这些危害可以通过后面的瓶盖杀菌过程进行控制。

(2) 制盖过程 制盖过程是应用 SACMI 制盖机将 HDPE 颗粒压制成盖的过程，由于该过程的温度较高，虽然周围空气污染比较严重，但是不会引入微生物危害。此过程不使用其他化学物质，也不会引入化学性危害和物理性危害。

(3) 盖提升过程 压制成型的瓶盖在提升机的作用下向灌装车间方向提升，由于提升过程直接暴露在空气中，且其周围空气存在较多的微生物，因此可能受到空气中细菌、霉菌及其他微生物的污染。这些微生物危害如果不加控制，就会给消费者带来严重的危害，为显著性危害，但是可以在后面的瓶盖杀菌过程中进行控制。瓶盖提升过程中不使用其他化学试剂，因此不会引入化学性危害。此过程中也不会引入物理性危害。

(4) 盖杀菌过程 盖杀菌过程是用一定浓度的过氧乙酸杀灭前面过程中引入的微生物危害。由于使用过氧乙酸，可能会造成过氧乙酸残留，但是后面的无菌水冲洗过程会消除这种危害，因此，此过程不会引入显著性危害。经验证，关键限值为：过氧乙酸浓度 (1700±300)μg/L，杀菌温度为 (64±2)℃，瓶盖流量为 (9.5±0.5)t/h。

(5) 洗盖过程 这一过程中可能存在的危害是前面的杀菌过程中使用的过氧乙酸残留，通过 SSOP 控制，严格按照标准操作进行操作，就能够进行控制。

4. 其他过程的危害分析

由于无菌缓冲罐和灌装操作间用以维持正压空气直接和果汁表面接触，如果不进行控制，空气中的微生物危害及其他危害就会污染果汁，因此需要对空气进行过滤。本过程中的危害主要是空气中引入的微生物危害及粉尘等物理性危害，通过 SSOP 进行控制，及时更换过滤膜，就能够使危害得以控制。

5. 产品特性的危害分析

果蔬汁饮料中含有大量的营养成分，是许多微生物的良好培养基。果蔬汁饮料在常温下运输和贮存，其消费人群为各种人群，而且饮用量大，因此一旦果蔬汁饮料的微生物控制措施不当，就可能对消费者造成伤害。因此，应该对生产过程中可能存在的微生物加强控制，规定并严格遵守适当的杀菌条件。

(五) 生产过程关键控制措施的确定

按照关键控制点判断树对每一加工生产过程进行分析判断，其结果如表 5-12。

(六) HACCP 体系的实施

根据以上制定的 HACCP 计划及实施框架，对生产车间布局、生产工艺、人员管理、实验室检验、文件记录及保持等方面进行了进一步规范，对不符合的地方进行了改进。

① 严格遵守洁净区的划分，对调配过程等不符合洁净要求的区域进行了重新改进。

② 对不符合饮料厂良好生产规范的地方进行改进。

③ 生产过程中的关键技术参数均进行了验证，对不符合生产要求的进行改进。

④ 加强对各岗位技术操作人员的考核和培训，最大限度地减少人为操作失误对生产所产生的危害。

⑤ 严格按照制定的 HACCP 计划对生产过程进行监测、记录，一旦发生偏离关键限值的情况及时进行纠偏。

⑥ 完善并有效实施各种实验室检验规程和项目。

⑦ 完善文件记录保持系统，文件的制定、发放、管理及试验检测结果的记录和保持由专人负责，并使文件存档 2 年。

表 5-12　CCP 分析

加工工序	潜在危害	潜在危害是否显著	第三栏的判定依据	能用于显著危害的预防措施	该工序是不是关键控制点
原辅料接收	生物危害：致病菌污染	是	浓缩橙汁产品不合格或运输、贮存不当	来源控制，索取产品的产地证明、原料的检验合格证明等	是
	化学危害：重金属、农药残留；食品添加剂	是	浓缩橙汁的原料果来自使用农药的地区或土地中重金属含量高的地区或生产过程中受到污染		是
	物理危害：无	—	—	—	—
包装材料接收	生物危害：致病菌生长	否	原材料携带	杀菌过程消除	否
	化学危害：可能造成单体或其他化学物质的溶出	是	—	—	—
	物理危害：无	—	—	—	—
调配	生物危害：致病菌繁殖、污染	是	原辅料引入	杀菌过程消除	否
	化学危害：辅料引入	否	—	SSOP 控制	否
	物理危害：无	—	—	—	—
均质过程	生物危害：无	—	—	—	否
	化学危害：无	—	—	—	
	物理危害：无	—	—	—	
脱气	生物危害：无	—	连续加工不会发生		否
	化学危害：无	—	—	SSOP 控制	
	物理危害：无	—	—		
料液灭菌	生物危害：致病菌及其繁殖	是	杀菌条件不适当或者不严格遵守有效的杀菌条件	严格执行杀菌程序	是
	化学危害：无	—	—	—	—
	物理危害：无	—	—	—	—
吹瓶	生物危害：无	—	—	—	—
	化学危害：无	—	—	—	—
	物理危害：无	—	—	—	—

续表

加工工序	潜在危害	潜在危害是否显著	第三栏的判定依据	能用于显著危害的预防措施	该工序是不是关键控制点
PET 瓶运输过程	生物危害:吸附致病菌	否	后续瓶杀菌	—	否
	化学危害:无	—	—	—	—
	物理危害:无	—	—	—	—
PET 瓶杀菌工艺	生物危害:致病菌生长	否	杀菌条件不适当或者不严格遵守杀菌条件	严格遵守杀菌条件	否
	化学危害:无	—	—	—	—
	物理危害:无	—	—	—	—
冲瓶	生物危害:无	否	SSOP 控制	—	—
	化学危害:过氧乙酸残留	否	—	无菌水冲洗过程消除	否
	物理危害:无	—	—	—	—
制盖	生物危害:空气中微生物较多	否	制盖温度较高,微生物不易生存	盖杀菌过程消除	否
	化学危害:无	—	—	—	—
	物理危害:无	—	—	—	—
盖提升过程	生物危害:空气中微生物较多	否	空气中微生物污染	盖杀菌过程消除	否
	化学危害:无	—	—	—	—
	物理危害:无	—	—	—	—
盖杀菌过程	生物危害:无	—	—	—	—
	化学危害:过氧乙酸残留	否	冲洗过程会残留	无菌水冲洗过程会消除	否
	物理危害:无	—	—	—	—
洗盖	生物危害:无	—	—	—	—
	化学危害:过氧乙酸残留	是	冲洗不彻底会有残留	通过 SSOP 控制,严格按照标准操作进行	否
	物理危害:无	—	—	—	—

五、饮用水安全控制关键技术

根据国家标准《软饮料的分类》（GB 10789—1996），饮用水类属于软饮料，为密封于塑料瓶、玻璃瓶或其他容器中不含任何添加剂可直接饮用的水。由于矿泉水市场的不断扩大，生产门槛低，企业较多，造成产品质量混乱，严重损害了消费者的利益。特别是近年发现在自来水处理过程中残留的卤代烃（消毒剂的副产物）严重影响人体健康的前提下，纯净水便应运而生了。

纯净水（一般指反渗透处理水）制造技术的出现最初是在 20 世纪 50 年代，但真正用于饮用水的工业化生产是在 90 年代中期。自 1988 年第一家纯净水生产厂家在广东建成投产后，我国市场上就不断出现"蒸馏水"、"纯净水"、"太空水"等纯净水产品。为了结束这无序状态，规范纯净水市场，促进我国饮用水行业的健康发展，国家于 1998 年颁布、2003 年修订实施了《瓶（桶）装饮用纯净水卫生标准》（GB 17324—1998），2003 年颁布实施了《瓶（桶）装饮用水卫生标准》（GB 19298—2003）。《瓶（桶）装饮用水卫生标准》很明确规定适用于经过滤、杀菌等工艺处理并装在密封的容器中可直接饮用的水，不适用于饮用天然矿泉水和瓶（桶）装饮用纯净水。

瓶装饮用水存在的主要问题是卫生指标问题，导致总体合格率不高。原国家质量技术监督局于 1999 年第二季度对瓶装饮用纯净水产品进行国家监督抽查，抽样合格率仅为59.4%；2000 年组织了瓶装饮用水产品质量国家监督抽查，抽样合格率为 85.4%；国家质量监督检验检疫总局于 2001 年 2 季度对瓶装饮用水产品质量进行了国家监督抽查，抽样合格率为 76.5%；2003 年饮用水国家专项抽查瓶装、桶装饮用水产品抽样合格率为 75.3%；2004 年 5 月 22 日国家工商行政管理总局公布对 18 个地区桶装饮用水抽查结果，样品合格率为 78%；国家质量监督检验检疫总局公布了 2005 年对桶装饮用水产品质量进行国家监督抽查的结果，抽样合格率为（65±2）%，这几年瓶装饮用水的国家监督抽查合格率基本在60%～80%之间徘徊，主要不合格原因均是微生物超标，其次是纯净水电导率的超标等。针对上述问题，在饮用水生产过程中建立 HACCP 系统，可对生产过程中存在的和潜在的危害能起到有效的预防作用，能对生产和管理起到指导作用，能够有效解决微生物及电导率超标等问题。

（一）建立 HACCP 工作小组

成立由相关人员包括管理、质量控制、检验等人员共同组成的 HACCP 工作小组，明确该工作小组的职责和任务。由 HACCP 的制定人员对企业负责人、质量控制人员、检验人员及操作人员进行 HACCP 知识、相关卫生规范和标准的培训。由 HACCP 工作小组依据《HACCP 系统及其应用准则》和卫生部《食品企业 HACCP 实施指南》推荐的程序，结合饮用水生产实际情况提出 HACCP 工作计划。

（二）描述产品并确定预期用途

产品名称：瓶装饮用水。

原料和成分：原料为符合卫生部生活饮用水水质卫生规范的浅层沙滤地表水，不含任何添加剂。

加工方式：过滤吸附和臭氧消毒。

食用方法：开启即食。

贮存、运输、销售条件：常温；保质期：一年；包装方法：一次性使用的 PET 塑料瓶。

产品特性：亚硝酸盐≤0.005mg/L；耗氧量≤2.0mg/L；余氯≤0.05mg/L；菌落总数≤50cfu/mL；大肠菌群≤3MPN/100mL；致病菌不得检出。

预期用途：适合于所有人群饮用。

（三）绘制并确认工艺流程图

根据在企业现场的观察及生产工艺情况的调查了解，绘制出瓶装饮用水工艺流程图（见图 5-7），包括了从原料到成品投入市场这一加工过程中的所有步骤。将工艺流程图与实际操作过程进行比较，以确保流程图的准确性和完整性，必要时可对流程图做适当调整。

（1）砂滤 石英砂过滤，由于砂层的截挡作用、沉淀作用及凝聚作用，特别是凝聚作用形成过滤膜，能阻止微生物、微细土砂等原水中的物理性杂质。

（2）活性炭吸附 吸附水中小分子量的有机物，去除色素和异味。

（3）粗滤（20μm）和精滤（1～10μm） 主要去除悬浮颗粒与大直径微生物，防止污染和阻塞中空纤维超滤膜。

（4）中空超滤 膜孔径 0.001～0.011μm，过滤水中大分子有机物、微生物。

（5）臭氧消毒 臭氧发生器采用高压放电的方法制备臭氧。在正常条件下，合理掌握水流速和臭氧流量就可以正确地达到灭菌的目的。

（6）CIP 管路消毒清洗 CIP（clean in place）即原位清洗，是指在不对设备进行拆解的状态下，通过洗涤、消毒液和水的循环冲洗，去除密闭的设备和管路中的杂质和微生物，以达到清洗、消毒目的。

图 5-7 瓶装饮用水工艺流程

（7）灌装和旋盖 灌装和旋盖均在灌装车间全自动完成。灌装车间密闭，为万级净化车间，灌装局部达到百级，车间内设有紫外线消毒灯。

（8）瓶和瓶盖消毒清洗 塑料瓶是 PET 瓶坯经高温吹制且现吹现用，瓶盖一般为定制，故两者需经消毒液浸泡消毒一定时间后，将瓶子排入自动洗瓶机，用臭氧水反冲清洗 30s，进入自动灌装线后用于灌装，而瓶盖直接用臭氧水冲洗 30s 后装入旋盖机。

（四）危害分析

根据工艺流程图，评估在生产加工过程中所用的原料、产品加工的每一步骤所用的设备、清洗消毒剂、终产品及贮存和销售方式等可能出现的潜在危害，对每一个危害发生的可能性及其严重程度进行评价，以确定出对终产品的安全性有重要影响的因素，并将其纳入

HACCP 计划。现对瓶装饮用水生产过程中各主要步骤的危害分析如下（见表 5-13）。

1. 原水

企业生产用的原水为浅层地表水，在投入生产之前已经权威部门检测，符合卫生部生活饮用水水质卫生规范，且每年对原水水质进行定期监测，包括丰水期和枯水期两次水质全分析，其中一般化学指标和毒理学指标均远远低于国家限值。该水源水未经过任何化学处理（如添加氯气、漂白粉等）即作为原水用于加工，因此它的化学性危害基本不存在。潜在危害虽然有生物性危害和物理性危害，但产生的可能性很小，并且这些危害在以后的生产过程中可以通过砂滤、粗滤、精滤、超滤及臭氧杀菌消除，不存在显著危害。因此该步骤不是关键控制点。

2. 砂滤、活性炭吸附、粗滤、精滤和超滤

这几个吸附过滤步骤主要去除悬浮颗粒物和部分微生物，但这几个步骤均在关键控制点。

3. 臭氧消毒

臭氧杀菌如果不彻底，就会有大量微生物残留，同时臭氧浓度过高可产生异味和沉淀。在以后的步骤中不能消除这些危害，因此这个步骤的这些危害是显著性危害，该步骤是一个关键控制点。

4. CIP 管路消毒清洗

由于停产的间隙过长或受到污染，管路内的微生物往往可存活甚至繁殖，而经臭氧消毒后的水从氧化塔输送至灌装环节及成品，已没有杀菌的步骤来消除这些危害，因此这一段管路内的微生物危害是显著性危害，该步骤是一个关键控制点。

5. 瓶和瓶盖消毒清洗

该步骤的主要危害是微生物残留，而且在以后的步骤中不能除去，所以微生物残留是这一步骤的显著性危害。另外，该步骤还存在化学性危害，即消毒剂的残留，但这不是显著性危害，它可以在卫生标准操作程序（SSOP）中得到解决。因此该步骤因微生物的危害也成为一个关键控制点。

6. 灌装环境

灌装与旋盖是在密闭的灌装车间完成，存在的危害有微生物污染和尘埃污染，但尘埃污染的可能性很小，因此其主要危害是微生物危害，且是一个显著性危害，该步骤成为一个关键控制点。

7. 灯检

灯检的主要任务是除去有异物残留的瓶装饮用水，由于有前面诸多步骤，异物残留的可能性较小，因此不是显著性危害。另外，异物残留的危害在卫生标准操作程序（SSOP）中也可以解决，所以该步骤不是关键控制点。

8. 员工的无菌操作

员工的手、靴、衣帽如果消毒不彻底，做不到无菌操作，造成灌装车间、瓶及瓶盖的二次污染，这一步骤存在的危害是微生物污染，但这重大危害可以通过卫生标准操作程序（SSOP）得到解决，因此该步骤不是一个关键控制点。

（五）建立 HACCP 工作计划

在危害分析的基础上，按照"关键控制点判断树"方法中关键控制点的确定原则和思路，确定瓶装饮用水生产的关键控制点（CCP）和关键控制限值。同时通过制定关键限值监控体系、纠偏措施、验证程序和文字记录系统，建立起 HACCP 工作计划（见表 5-13），并按此计划在瓶装饮用水生产中实施应用 HACCP。

表 5-13　瓶装饮用水危害分析表

加工工序	潜在危害	潜在危害是否显著	第三栏的判定依据	能用于显著危害的预防措施	是否是关键控制点
原水	生物危害:致病菌生长	是	原水携带	以后的步骤能清除或降低至可接受水平	否
	化学危害:无	否	GB 19304—2003 控制污染	—	—
	物理危害:沉淀或感官异常	否	沉淀、感官异常等可能性小	—	—
砂滤	生物危害:致病菌繁殖	否	设备管道密闭;污染可能性小	SSOP 控制	否
	化学危害:无	—	—	—	—
	物理危害:无	—	—	—	—
碳滤	生物危害:致病菌繁殖	否	设备管道密闭;污染可能性小		否
	化学危害:无	—	—		—
	物理危害:无	—	—		—
粗滤	生物危害:无	—	设备管道密闭;污染可能性小	SSOP 控制	否
	化学危害:无	—	—		
	物理危害:无	—	—		
精滤	生物危害:致病菌及其繁殖	否	设备管道密闭;污染可能性小		否
	化学危害:无	—	—		
	物理危害:无	—	—		
超滤	生物危害:无	—	设备管道密闭;污染可能性小		
	化学危害:无	—	—		
	物理危害:无	—	—		
臭氧消毒	生物危害:臭氧浓度过低微生物残留	是	臭氧浓度过低;微生物残留	合理调节臭氧浓度;使之保持在一定范围	是
	化学危害:臭氧浓度过高;异味、沉淀	是	臭氧残留有异味		是
	物理危害:无	—	—		—
CIP 管路消毒清洗	生物危害:致病菌生长	否	停产时间过长或微生物污染造成	每次生产前消毒清洗	是
	化学危害:臭氧水残留	—	管道有消毒剂残留	SSOP 控制	否
	物理危害:无	—	—		
瓶和瓶盖消毒清洗	生物危害:微生物繁殖	是	微生物残留使水超标	ClO_2 浸泡消毒和臭氧水冲洗	是
	化学危害:消毒剂残留	否		SSOP 控制	否
	物理危害:无	—			
灌装环境	生物危害:空气中微生物较多	否	空气中微生物可进入成品	紫外线杀菌	是
	化学危害:无	—	—		
	物理危害:空气中有浮尘	—	净化车间浮尘较少	SSOP 控制	
灯检	生物危害:无	—	—	—	—
	化学危害:无	—	—	—	—
	物理危害:无	—	异物残留可能性较小	—	—
员工无菌操作	生物危害:可能对成品或原料造成二次污染	是	员工手、靴、衣帽消毒不彻底,造成灌装车间、瓶及瓶盖微生物二次污染	通过 SSOP 控制,严格按照标准操作进行	否
	化学危害:无	—	—	—	
	物理危害:无	—	—	—	

1. CCP1　臭氧消毒

按照危害分析的结果，臭氧消毒是瓶装饮用水生产全过程中最关键、最重要的环节，也是第一个关键控制点。臭氧用于水消毒有一个临界浓度，即在临界浓度以上时可把水中微生物全部杀死；而低于临界浓度，则水中微生物能够存活，残留的微生物是显著性危害。一般水中臭氧浓度临界值取 0.3～0.4mg/L。但生产中臭氧浓度也不宜过高，否则不仅不会提高杀菌效率，还会产生异味和沉淀。由于臭氧在水中的半衰期较短，只有十几分钟，生产中一般要使水中臭氧浓度达到 0.5mg/L 杀菌效果最好，而过程水臭氧浓度要保持在 0.4mg/L，灌装环节水中剩余臭氧浓度仍要达到 0.3mg/L 以上，这样才能确保持续一段时间的杀菌效果。因此，这一步骤的预防措施臭氧浓度关键限值设定为 0.3～0.5mg/L。

为了监测这一步骤的臭氧浓度是否满足关键限值，要对臭氧流量和水流进行监控。根据不同温度水中臭氧溶解度的不同，计算出水流量、臭氧流量、水中臭氧浓度之间的关系。由水处理操作工按水流量对臭氧流量进行调节，使水中臭氧浓度保持在 0.3～0.5mg/L，此监控按 1 次/批的频率来进行。通过检测水中臭氧浓度或微生物残留的情况来验证该监控体系是否有效，如出现关键限值偏高或偏低，就采取纠偏措施，包括合理调节臭氧流量、销毁不合格产品、臭氧发生设备检修等。操作工应对臭氧发生设备运行情况进行记录，并对水流、臭氧流量及水中臭氧浓度检测进行记录。

2. CCP2　CIP 管路消毒清洗

由于瓶装饮用水在全部生产过程中，基本不会有杂质和污垢沉积于设备和管道中，因此 CIP 目的可以简化为单纯针对设备和管道残留微生物的消毒。根据危害分析的结果，确定氧化塔杀菌后至灌装车间的输水管路原位清洗消毒为第二个关键控制点，其显著性危害是微生物残留。一般采用二氧化氯消毒剂作为 CIP 管路消毒清洗的首选，它是目前国际上公认的最理想的第四代消毒剂，并被世界卫生组织（WHO）和世界粮农组织（FAO）列为 AI 级广谱、高效、安全消毒剂。按照二氧化氯消毒剂使用说明书，用于食品加工设备的消毒二氧化氯浓度应该为 200mg/L，浸泡 10min 后用清水冲洗。但由于消毒对象为封闭管路的内表面，考虑消毒的有效性，因此将此步骤的关键限值设定为二氧化氯浓度 200～300mg/L，消毒浸泡时间 30min。

为了对这一步骤的关键限值进行监控，应该由质控员对消毒液的稀释配制过程进行全程监督，监管路消毒人员是否严格按照使用说明书的要求进行操作，并且对二氧化氯浓度和消毒浸泡时间进行监控。二氧化氯浓度可由质控员通过目视比色法来检测，并对消毒剂浓度检测和 CIP 系统运行情况做好记录。CIP 需要在每次生产之前进行，完成后，质控人员应对消毒清洗的效果进行评估，评估主要依靠 CIP 后管道残留冲洗水微生物的检测结果。通过评估来验证该关键限值的监控体系是否有效，如出现偏差，则立刻采取纠偏措施，对 CIP 系统进行检修、排放以及重新对管路消毒清洗，直到满足要求。

3. CCP3　瓶和瓶盖消毒清洗

虽然塑料瓶是 PET 瓶坯经高温吹制，但在搬运和贮存过程中有可能二次污染，而瓶盖一般为定制，在运输和贮存中肯定会有污染，因此瓶和瓶盖两者要经消毒液浸泡消毒一定时间，确保无菌后才能用于灌装和旋盖，只有这样成品水灌装入瓶时才不会因包装物污染而重新带入残留微生物。瓶和瓶盖消毒清洗是杀灭瓶、盖内微生物的唯一工序，根据危害分析的结果，确定瓶和瓶盖消毒清洗为第三个关键控制点，其显著性危害是微生物残留。同样采用稳定性二氧化氯作为消毒剂，一般二氧化氯浓度为 200mg/L，作用时间为 5～10min。综合考虑消毒效果和生产步骤的连贯，将此步骤的关键限值设定为二氧化氯浓度 200～300mg/L，消毒浸泡 5min，臭氧水冲洗 30s。

为了对这一步骤的关键限值进行监控，应该由质控员对消毒液的稀释配制过程进行全程监督，检查消毒人员是否严格按照使用说明书的要求进行操作，并且对二氧化氯浓度和消毒时间进行监控，此监控按 1 次/2 批的频率来进行。二氧化氯浓度可由质控员通过目视比色法来检测，并对消毒剂浓度检测和消毒浸泡时间做好记录。通过瓶、盖残留微生物的检测来验证该关键限值的监控体系是否有效，如出现偏差，则立刻重新对瓶和瓶盖消毒清洗。

4. CCP4　灌装环境

灌装环境对产品的质量有着直接的影响，包括车间空气质量、车间的墙面和地面等。灌装车间为全封闭的万级净化车间，灌装局部达到百级，车间洁净度达到《定型包装饮用水企业生产卫生规范》要求，灌装和旋盖均在灌装车间全自动完成。像车间空气浮尘这种物理性危害基本不存在，而净化后空气中残留的微生物经沉降仍可能进入成品而引起污染，因此灌装车间空气中微生物是这一步骤的显著危害。车间的墙、地面滋生的微生物不直接污染产品，不属显著危害，可通过定期清洗消毒来控制。根据危害分析的结果，将灌装环境确定为第四个关键控制点，其显著危害是空气中的微生物。在车间内按 $10m^2$ 面积安装 1 支 30W 的紫外线灭菌灯消毒空气来控制微生物的污染。按照卫生部《消毒技术规范》中有关空气消毒要求将此步骤的关键限值设定为每次生产前开紫外线灯消毒空气 30min。

为了对这一步骤的关键限值进行监控，由该 CCP 负责人每次生产前对灌装车间紫外线消毒时间进行监控，看是否大于 30min，并做好记录。为了验证该环节的监控是否有效，要查看消毒时间的记录情况、定期检测灌装车间空气微生物的残留、定期检测紫外线灯的辐照强度，如车间空气微生物超出相关标准或紫外线强度小于 $70\mu W/cm^2$，应采取纠偏措施，重新对车间空气进行消毒、检修更换新的紫外线消毒灯，以确保紫外线的杀菌效果。

（六）HACCP 系统运行效果和应用效果

为了评价瓶装饮用水 HACCP 系统的运行和应用效果，要对该企业 HACCP 体系进行验证。验证包括：确认，关键控制点的验证（记录复查和针对性采样检测），HACCP 系统的验证（审核和最终产品的采样检测）。其中关键控制点针对性采样检测和最终产品的采样检测为 HACCP 系统的运行和应用效果评价提供了客观的数据。

1. 确认

确认是获取 HACCP 计划各项要素有效运行证据的活动。确认是验证的必要内容，必须有充分的证据予以证实。为了保证 HACCP 计划有效的实施后，能够控制影响产品的每一种潜在危害，因此在 HACCP 计划实施之前，必须首先得到确认。确认活动包括以下四个方面：确认的内容，确认的方法，确认的人员，确认的频率。

（1）确认的内容　确认的内容是 HACCP 计划各个组成部分，即由危害分析开始到最后的关键控制点验证的方法，对各个部分的资料及相关证据从科学和技术的角度进行复查。

（2）确认的方法　确认方法是运用科学原理和数据，借助专家意见以及进行生产观察和检测等手段，对 HACCP 计划制定的每个步骤逐一进行技术上的认可。

（3）确认的人员　确认是一项技术性很强的工作，因此应该由 HACCP 工作小组中受过培训或经验丰富、有较高水平的人员来完成。

（4）确认的频率　在 HACCP 计划指定后、实施前进行最初确认，以保证 HACCP 计划科学有效。在原辅料改变、产品和加工设备及工序改变、验证数据和原数据不符、有关危害或控制手段出现新情况、生产观察有新问题等，都必须重新确认。

HACCP 计划改变或重新制定后也需再次确认。

2. 关键控制点的验证

（1）关键控制点记录的复查　由质控员每周复查一次四个关键控制点的监控记录和纠偏记录表，看记录项目是否完整，监控频率是否符合要求，监控对象是否满足关键限值要求，纠偏措施是否到位等，确保各个关键控制点均受控。关键控制点的验证需留有相应的验证记录，各级行部门负责存档。

（2）针对性采样监测结果　为了获得评价 HACCP 系统的运行和应用效果的客观数据，需要有针对性地对该企业实施 HACCP 管理前后各生产环节的相关指标进行监测，以证明关键控制点的监控效果。相关指标以微生物检测为主，虽然微生物检测时间较长，在日常的监控中不适用，但微生物检测可直接评价日常通过臭氧流量、消毒液浓度、消毒时间控制危害的效果，因此把它作为验证 HACCP 计划必不可少的手段。

在实施 HACCP 管理的一个月前开始，由 HACCP 工作小组中负责采样的质控人员，按 1 天/次、5 天/周的频率，按照有关采样规范对各生产环节进行了采样，送实验室由检验人员严格按标准检测。该企业既往产品质量检验报告中，瓶装饮用水不合格项目绝大多数是菌落总数超标，没有致病菌、霉菌和酵母菌不合格，所以在监测指标中未涉及这些项目。

然后，在该企业生产饮用水的全过程运行 HACCP 管理，并由 HACCP 工作小组中厂方管理人员负责 HACCP 计划的实施和监督，质量控制人员负责关键控制点的监控，动员全体员工积极参与企业 HACCP 质量体系的实施，明确工序分工，落实人员职责。运行 HACCP 质量管理体系 2 个月后，同样由工作小组中负责采样的质控人员，按 1 次/天、5 天/周的频率，按照有关采样规范对各生产环节进行了采样并送实验室检测。

对四个关键控制点采取有效的预防措施，并按 HACCP 计划工作表运行监控体系纠偏后，能有效地降低或消除上述生产环节的微生物，提高了瓶装饮用水的安全。

3. HACCP 系统的验证

（1）验证的人员　由于瓶装饮用水 HACCP 系统还在初步应用阶段，因此在实施 HACCP 管理体系 3 个月后，就由 HACCP 工作小组对该企业进行了验证。而在一般情况下，企业如需获得 HACCP 验证证书，就必须通过当地出入境检验检疫机构或其他食品卫生管理机构的官方验证。如需获得 HACCP 认证证书，必须委托国家认监委批准的第三方认证机构对本企业建立和实施的 HACCP 管理体系进行认证。

（2）HACCP 质量管理体系的审核

① 现场观察　现场观察的内容包括：检查产品的描述和生产流程图的准确性；检查关键控制点是否按 HACCP 计划的要求得到监控；检查关键控制点是否在规定的关键限值内运行；检查记录是否正确按要求的频率来完成。

② 记录复查　记录复查的审核内容包括监控活动是否在 HACCP 计划规定的关键控制点进行；监控活动是否按 HACCP 计划规定的频率进行；当监控发生偏离关键限值时是否执行了纠偏行动；设备是否按照 HACCP 计划规定进行了维护检修等。

③ 审核人员和频率　除了外部人员来审核质量体系，平时通常由企业内部不负责执行监控活动并且懂质量管理的人员来完成。审核频率以确保 HACCP 计划持续执行为基准，一般半年 1 次；如果工艺过程或产品波动大、发现问题较多时，审核频率应相对提高。

4. 最终产品的采样检测

在实施 HACCP 管理体系 3 个月后，由 HACCP 工作小组不定期对 10 个批次的瓶装饮用水进行了随机抽检，结果微生物和各项理化指标应符合瓶（桶）装饮用水卫生标准（GB 19298—2003）。

通过对该企业 HACCP 系统的验证，企业的质量管理体系运行正常（检测指标必须符合国标，才能下结论），对瓶装饮用水生产中所有潜在的显著性危害进行了全面合理的分析，确定了四个关键控制点，并据此制定了切实可行的 HACCP 计划，HACCP 计划能得到实施并坚持执行，有各项记录档案证明 HACCP 系统运行良好，产品抽检合格率 100％。

六、保健食品安全控制关键技术

保健品是对各种有益于身体健康的食品、药品和器具、器械的总称。广义的保健品包括：保健食品、保健药品、保健器具（如木鱼石茶壶）和保健器械等。

1996 年卫生部颁布了《食品卫生法》、《保健（功能）食品通用标准》和《保健食品管理办法》。《保健食品管理办法》对保健食品做出明确界定：保健食品是指能调节人体机能、有特定保健功能的食品，只适合于特定人群食用，不以治病为目的。此定义包含三个要素：①它不能脱离食品，是食品的一个种类；②它必须具有一般食品无法比拟的功效作用，能调节人体的某种功能；③它不是药品，不是为治疗疾病而生产的产品。

2003 年出版的《保健食品检验与评价技术规范》对我国保健食品的定义是：在我国经卫生部批准生产和销售的保健食品系指具有特定保健功能的食品，即适用于特定人群食用，具有调节机体功能，不以治疗为目的的食品。所以保健食品必须具有三种属性：食品属性、功能属性、非药品属性。可以说保健食品是介于食品和药品之间一种特殊的食品。中国保健食品还包括一类以补充各种维生素、矿物质的产品，称为营养素补充剂，现在还没有统一的国家标准，主要列入保健食品的管理范畴。

另外，必须经卫生部审批，才能使用保健食品标志，以保健食品的名义进行生产销售。20 世纪 80 年代，保健品行业在中国开始发展，主要是最原始的功能食品，例如抗疲劳用的人参类补品，而且凡是保健品厂生产的具有辅助治疗作用的产品都被笼统地称为保健品，没有保健药品和保健食品之分。自 1996 年 7 月至 2003 年 9 月，卫生部审批保健食品 5070 个，其中国产保健食品 4612 个，进口保健食品 458 个。由于缺乏必要的行业监管，保健品审批条件宽松，产品质量良莠不齐。1994 年卫生部曾对 212 种口服液进行抽查，发现不合格率达 70％；上海技术监督局也曾对市场上 92 种营养液进行抽查，结果发现合格率仅为 9.78％。

鉴于保健产品的质量问题，中国引入美国管理方式，成立了国家食品与药品监督管理局（SFDA），国家还撤销了药健字号，要求保健食品生产企业达到 GMP（保健食品良好生产标准）。另外在产品报批上，报批的时间、试验、产品名称、机理的要求都大幅度提高了，监管趋于严格。现以一种益生菌口服液的生产工艺为例，说明 HACCP 体系在保健食品中的应用。

（一）产品描述

该产品是一种口服液益生菌保健食品，主要功效成分为××乳杆菌，日活菌体生产 ≥ $1×10^8$ cfu/mL。表 5-14 列出了主要原配料的名称、规格及百分含量。

表 5-14　益生菌口服液配料表

配料名称	规格	含量/%	配料名称	规格	含量/%
水	生活饮用水	78.29	葡萄糖	食用	0.17
豆芽	食用	20.36	氯化钠	食用	0.17
酵母膏	食用	0.41	其他	药用或食用	0.14
异麦芽低聚糖	食用	0.29	合计		100
蛋白胨	食用	0.17			

产品状态、成分：液态，棕黄色，pH 为 3.8～4.4，蛋白质含量 0.5％～1％，总糖 ≤0.5％，色度 6～12，放置后可有黄色沉淀。

产品包装、有效期限、贮运：500mL 输液瓶瓶装，有效期 1 年，常温贮运。

产品的预期用途：销售对象为包括婴幼儿、病人、老年人在内的各种人群，批准其调节胃肠功能、降血脂等保健作用。

（二）危害分析

1. 观察生产加工现场，绘制工艺流程图

现场观察是危害分析的重要步骤，通过深入各车间观察生产加工过程，并与生产加工人员进行交谈，绘制出工艺流程草图（图 5-8），以便发现生产过程中的危害。

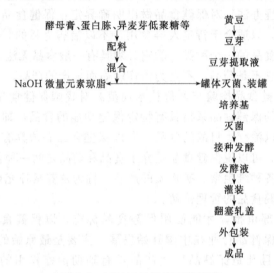

图 5-8　×××口服液工艺流程

2. 原、辅料的危害分析

见表 5-15。

表 5-15　各种原、辅料的危害分析

原、辅料	存在(潜在)问题	危 害 分 析
菌种	菌种带菌或变异	污染大罐培养基,危害不可消除
黄豆	1. 出芽率低; 2. 沙子、石块等杂质异物; 3. 可能污染农药残留、环境污染物等; 4. 本身含有胰蛋白酶阻碍因子、凝血素等生理有害物质; 5. 微生物污染	大豆验收可以将出芽率、物理危害降至最小;制备胚芽液过程中加大量水进行稀释,会使其浓度极大降低;胚芽煎煮工序处理后可去除各种生理有害物质,故不会影响终产品安全;生物危害在后续灭菌工序可消除
蛋白胨	贮存条件不符合要求	溶解性差,可能包埋杂菌;培养基灭菌可消除此危害
酵母膏	贮存条件不符合要求,有害菌繁殖	培养基灭菌可消除此危害
异麦芽低聚糖	微生物、重金属等指标可能超标	严格执行原料验收程序,可消除危害

如表 5-15 所述，菌种使用和管理可能是关键控制点（CCP2），除菌种外的其他各种原、辅料入厂均有相应标准，如东北大黄豆 GB 1352—86，食用级蛋白胨 Q/YRAA 70—94，酵

母膏 Q/CBYF 01—1997，并参考《药品生产企业管理规范》有关"采购、检验、入库"规定，即使可能存在轻微的重金属、农药残留等污染，也会因大量稀释而降至较低水平；微生物污染除了稀释作用外，后续的培养基灭菌也可彻底消除，故不是关键控制点，而作为常规控制。

3. 产品特性的危害分析

① 终产品 pH 为 3.8～4.4，可以抑制某些常见食源性病原菌的生长，一般杂菌也不易存活。然而由于配料中不含任何防腐剂，pH、水活度、贮存温度等条件适宜霉菌生长繁殖，甚至有可能产生毒素，包括婴幼儿、老年人及病人在内的高危人群对微生物危害的敏感性比健康人高。故认为防止以霉菌为重点的微生物污染应是控制重点。

② 虽然口服液高酸性，但直接与其接触的管道容器耐酸、耐腐蚀，可以排除由此造成的重金属污染。

4. 口服液生产加工环节危害分析

通过观察分析，主要生产环节存在的问题及可能产生的危害见表 5-16～表 5-22。

表 5-16 制备大豆胚芽液的危害分析

操作步骤	存在(潜在)问题	危害分析
漂洗、浸种	水质差；水温偏高	大豆胚芽液的制备是制备发酵培养基的起始步骤，只要少量豆芽出现腐烂、变质，豆芽池内就会产生异味，后继的煎煮、实罐灭菌足以杀灭污染的微生物，故该工序中的漂洗、浸种等不能解决终产品的卫生安全问题，是 CCPI
铺池、培育	芽层温度偏高；漏浇或浇水不彻底	
煎煮、过滤	贮存条件不符合要求	
清场、消毒	贮存条件不符要求，有害菌繁殖	

表 5-17 洗瓶、灭菌过程的危害分析

操作步骤	存在(潜在)问题	危害分析
粗洗、精洗输液瓶	顽垢清洗不彻底	影响感官，但洗瓶、灌装、包装工序的目检中可剔除
倒置晾干	小飞虫等异物易进入	产品含异物，但洗瓶、灌装、包装工序的目检中可剔除
压塞封闭、灭菌	1. 胶塞弹性较差，封口不严； 2. 干瓶灭菌效果欠验证	1. 可在后续工序中剔除； 2. 灭菌不彻底，污染产品
出瓶	1. 晾瓶车间环境差； 2. 出瓶工人操作不规范	污染瓶外壁，随之带入灌装室，污染灌装环境

表 5-18 空罐清洗、灭菌的危害分析

操作步骤	存在(潜在)问题	危害分析
空罐清洗	搅拌轴拉杆、温度计套焊接处等易积垢处清洗不彻底	可能残余杂菌，但其后的实罐灭菌中可消除此危害
空罐灭菌	蒸汽压力不稳定，灭菌温度时间未达要求	

表 5-19 培养基灭菌的危害分析

原、辅料	存在(潜在)问题	危害分析
培养基灭菌	1. 空气过滤器漏灭； 2. 罐内空气未完全排除，造成假压； 3. 设备存在"死角"； 4. 蒸汽压力波动大，未达灭菌温度； 5. 琼脂等培养基未充分溶解，包埋杂物	通气带菌，污染发酵液；灭菌不彻底，杂菌生长繁殖

表 5-20　接种与发酵的危害分析

操 作 步 骤	存 在(潜 在)问 题	危 害 分 析
接种	1. 接种器材处理欠妥(先消毒后清洗,造成二次污染); 2. 无菌操作不规范	污染发酵液
发酵	1. 不能保持发酵过程正压,空气倒灌; 2. 无菌空气带菌; 3. 设备、管道渗漏	

表 5-21　灌装过程的危害分析

操 作 步 骤	存 在(潜 在)问 题	危 害 分 析
分装管道清洗灭菌	1. 管道死角多; 2. 冲洗不彻底,高压蒸汽灭菌时附着物炭化易脱落	污染灌装液含"小黑点"杂质,但可在后续工序中剔除
分装	1. 洁净室不达洁净级别要求; 2. 灌装人员裸手操作,操作不规范; 3. 中午换班时停风机,造成室内负压; 4. 分装过程中人员出入过多; 5. 灌装量不易控制,液体外溢	口服液可能被霉菌孢子污染

表 5-22　包装工序中的危害分析

操 作 步 骤	存 在(潜 在)问 题	危 害 分 析
目检包装	光照度不够	污染品漏检
贮存 15d 目检	此期限欠验证	不能最大限度截留污染品

表 5-17 中,输液瓶等包装材料灭菌后直接用于灌装,之后不再进行终产品的消毒灭菌,故初步认为包装材料的灭菌为关键控制点 (CCP1)。

空罐清洗、灭菌是发酵工业中的一般常规控制措施,即使残余杂菌,下一步骤的实罐灭菌也可消除污染,故不是 CCP。

培养基灭菌可消除各种来自培养基、空气过滤器、发酵罐的微生物污染,初步认为是关键控制点 (CCP1)。

接种与发酵过程中如果染菌,将直接污染富含营养成分的培养基,导致发酵失败,这些环节虽然不是专门消除危害,但可以采取控制措施最大限度预防或减少污染,故初步认为是关键控制点 (CCP2)。

灌装过程口服液直接暴露于外界环境,若发生污染,则无法消除。采取控制措施后,可以最大限度减少对终产品的污染,初步认为是关键控制点 (CCP2)。

刚下线半成品贮存 15d 后目检剔除污染品是厂家质量检验的一部分,以进一步截留污染品,同时也可反映加工过程中的卫生状况。

(三) 确定关键控制点

"关键控制点"是产品生产加工过程中能有效地控制各种危害的重要环节,通过在某些操作环节施于一系列控制措施,可以达到消除、预防或最大程度减少危害的目的。依据关键控制点的判定思路和原则,结合前面的危害性分析,口服液型益生菌保健食品的生产至少可以设以下关键控制点:菌种的使用与管理;实罐灭菌;包装材料(输液瓶)灭菌;接种与发酵过程中的防污染控制;灌装。

（四）建立关键控制点的控制限值

为了针对关键控制点制定出明确的量化控制标准，进行了以下实验性研究。

1. 包装材料灭菌工艺

保留原有工艺中的"压塞封闭后灭菌"，因其可避免输液瓶灭菌后敞口放置而造成的再次污染，但将"倒置晾干工序"改为"精洗后直接压塞封闭"，瓶内残余 51mL 水，加防爆盖后 121℃高压蒸汽灭菌，工艺的检测结果显示 121℃、30min 高压蒸汽灭菌即可杀灭全部接种菌，灭菌效果较理想。对于瓶子内壁上吸附的杂菌如嗜热芽孢菌则需 121℃、60min 以上高压蒸汽灭菌方能达到理想灭菌效果。

2. 灌装工人手部涂抹灭菌

模拟灌装工人的实际操作情况，每隔 10min、20min、30min 用 75%酒精消毒手部 1 次，涂抹计数不同时间间隔消毒前的手部带菌量（除乳杆菌外的杂菌）。结果表明，灌装工人可以每隔 30min 用 75%酒精消毒手部 1 次，效果较理想，如条件许可，可手部消毒后戴一次性无菌手套进行操作，效果更好。

3. 待包装半成品霉菌接种

为了研究不同贮存温度下霉菌在口服液中的消长情况，为灌装环境、设备人员卫生等控制标准的制定提供实验依据，同时也为"霉菌目检检出率可作为 HACCP 系统是否有效运行的一个验证指标"提供实验依据，进行了霉菌接种实验结果表明，15℃下 24d 全部出现肉眼可见霉斑或霉菌菌丝体，25℃下需 18d；霉菌含量在 0.05～0.06cfu/mL 之间时（即接种量在 25～28cfu/500mL 范围），15～25℃下观察期内出现肉眼可感霉变者占 25%；更具危险性的是，经鉴定两种霉菌均有可能产毒。因此必须严格控制洁净区环境质量，确保传瓶间、灌装室达 10000 级，层流罩下达 100 级，以尽可能减少污染的可能性。

（五）HACCP 系统的建立

确定关键控制点后，针对每一个关键控制点，根据以上各种监测数据和实验、试验性研究结果，建立明确的控制标准、限量。进而对关键控制点监测，以调整生产加工过程及控制措施。如监测结果表明生产加工失控或控制措施未达到标准时，则立即采取措施进行校正。

根据以上 HACCP 系统框架及实施细则，对厂房、工艺、人员管理等方面进行了相应改进，主要包括以下方面。

① 在符合《医药工业洁净厂房设计规范》的新车间投产，老车间基本不用，尤其是梅雨季节。

② 新车间有关设备、设施、关键技术参数均进行过验证，符合生产要求。

③ 完善并有效实施各种实验室检验规程与项目。

④ 改变原有包装材料灭菌工艺。

⑤ 完善并有效实施洁净车间管理和使用规定。

⑥ 加强各岗位技术操作人员的培训、考核，最大可能减少人为操作失误而产生的危害。

⑦ 所有生产、检验及验证均有专人记录，并有文件存档。

第二节　食品生产操作规范与质量控制

一、与食品生产操作有关的企业规范、标准

1. ISO 9000

ISO 9000 是把组织和企业作为全球经济活动基本单位来定位的。一个企业在社会活动

中的表现可以从多种不同的角度来衡量，而在全球经济一体化的趋势下，不允许有过多的标准，因此出现了 ISO 9000 标准，用于衡量组织或企业质量管理工作的好坏。该类标准有很多大的原则与方向，重点关注企业与顾客的关系，要满足顾客需求，要持续改进，围绕着这些重点，企业要制定相应的管理方案，同时第三方也以该标准来给企业打分，评价企业管理水平的高低。事实上，ISO 9000 目前已经成为衡量组织或企业质量管理水平的国际统一标准，通过 ISO 9000 认证，说明企业质量管理达到了基本要求，该企业产品有可信度。

2. ISO 14000

如何看待环境污染，如何评价污染水平以及处置污染等问题，在认识上是有差别的。有差别就需要用标准来统一，ISO 14000 集合现代环境管理的经验，在全世界范围内规范环境管理中的诸多问题，是衡量国家、地区、组织、企业环境管理水平的标准。一个食品企业在环境保护方面的良好行为，是政府对企业的基本要求，也是树立企业基本形象不可缺少的要素。

3. GMP

即良好操作规范，是以企业本身为核心来考虑问题的，从建厂开始，到产品设计、产品加工、产品销售、产品回收等，以质量与卫生为主线，全面细致地确定各种管理方案，是政府强制性的食品生产、贮存的卫生法规。不同类的企业有不同的良好操作规范，食品生产企业必须根据 GMP 要求制定并执行相关控制计划，这些计划应包括 HACCP 和 SSOP 体系的建立。

4. HACCP

即危害分析与关键控制点，是以一种产品或一类产品的生产流程为核心来考虑问题的，该生产流程可以从原料生产、加工到餐桌，也可以只考虑加工过程。该体系的主线是危害分析，通过危害分析找出影响食品质量的关键步骤，提出防范与控制危害的方案，建立合适的管理办法。这是一种预防性的过程管理办法，可最大限度地确保产品质量。HACCP 体系建立在以 GMP 为基础的 SSOP 上，SSOP 可以减少 HACCP 计划中的关键控制点（CCP）数量。

5. SSOP

即卫生标准操作程序，是针对食品生产过程中设置的系列清洁卫生程序。因为食品卫生问题不是常人想象的那么简单，加之现代企业生产设备的复杂性，如果没有科学的操作过程，就会达不到基本的卫生要求。应该讲 SSOP 是针对工作班、生产小组及个人制定的操作规范。SSOP 具体列出了卫生控制的各项指标，包括食品加工过程及环境卫生和为达到 GMP 要求所采取的行动。

二、食品生产操作相关的规范、标准之间的联系

ISO 9000 用于衡量组织或企业质量管理工作的好坏，重点关注企业与顾客的关系，要满足顾客需求，要持续改进；ISO 14000 对于食品企业生产而言是企业环境管理水平的一项标准。所以，对于食品生产企业而言，HACCP、GMP、SSOP 对于产品质量控制更为重要。

1. HACCP 与食品 GMP、SSOP 的关系

（1）GMP　食品 GMP 是一种食品安全和质量保证体系，其宗旨是在食品生产、加工、包装和贮藏、运输和销售过程中，确保有关人员、建筑、设施和设备均能符合良好的生产条件，防止在不卫生的条件下，或在可能引起污染或品质变坏的环境中加工食品，以保证食品安全和质量稳定。

（2）SSOP　食品加工企业为了达到食品 GMP 的要求，确保加工过程中消除不良的因素，使其加工的食品符合卫生要求而制定的指导性文件。GMP 的规定是原则性的，SSOP 的规定是相对具体的，是对 GMP 的细化。

HACCP 的制定和实施必须以 GMP 和 SSOP 为基础和前提，也就是说，如果企业达不

到 GMP 法规的要求，或者没有制定 SSOP 或没有有效实施 SSOP，则实施 HACCP 计划将成为一句空话。

（3）推行 HACCP 计划的基础条件：GMP 和 SSOP

① 一个完整的食品安全预防控制体系即 HACCP 体系，它包括 HACCP 计划、良好操作规范（GMP）和卫生标准操作程序即 SSOP 三个方面。

② GMP 和 SSOP 是企业建立以及有效实施 HACCP 计划的基础条件。只有三者有机的结合在一起，才能构筑出完整的食品安全预防控制体系（HACCP）。

③ 如果抛开 GMP 和 SSOP 谈 HACCP 计划，HACCP 计划只能成为空中楼阁；同样，只靠 GMP 和 SSOP 控制，也不能保证完全消除食品安全隐患，因为良好的卫生控制，并不能代替危害分析和关键控制点。

2. HACCP 与 ISO 9000 的关系

① ISO 9000 族标准是国际标准化组织（ISO）制定供组织满足顾客要求以及提高消费者的满意程度的系列标准。

② HACCP 体系是预防性食品安全质量控制体系。

③ ISO 9000 适用于各类行业，HACCP 目前主要应用于食品行业。

④ 实行 ISO 9000 是企业自愿行为，而实施 HACCP 则逐渐由自愿向强制过渡。

⑤ ISO 9000 与 HACCP 虽然存在差别，但是它们很多要求和程序是相互兼容的，如记录、培训、文件控制、内部审核等。

三、质量控制

食品企业生产过程中的质量控制，应以 HACCP 为核心，将安全保证的重点由传统的对最终产品的检验转移到对工艺过程及原料质量进行管制，这样可以避免因批量生产不合格产品而造成的巨大损失。下面是食品生产企业在制定 HACCP 体系时的常规路线。

1. 成立 HACCP 小组

HACCP 计划在拟定时，需要事先搜集资料，了解分析国内外先进的控制办法。HACCP 小组应由具有不同专业知识的人员组成，必须熟悉企业产品的实际情况，有对不安全因素及其危害分析的知识和能力，能够提出防止危害的方法技术，并采取可行的实施监控措施。

2. 描述产品

对产品及其特性、规格与安全性进行全面描述，内容应包括产品具体成分，物理或化学特性、包装、安全信息、加工方法、贮存方法和食用方法等。

3. 确定产品用途及消费对象

实施 HACCP 计划的食品应确定其最终消费者，特别要关注特殊消费人群，如老人、儿童、妇女、体弱者或免疫系统有缺陷的人。食品的使用说明书要明示由何类人群消费、食用目的和如何食用等内容。

4. 编制工艺流程图

工艺流程图要包括从始至终整个 HACCP 计划的范围。流程图应包括环节操作步骤，不可含糊不清，在制作流程图和进行系统规划的时候，应有现场工作人员参加，为潜在污染的控制措施提供便利条件。

5. 现场验证工艺流程图

HACCP 小组成员在整个生产过程中以"边走边谈"的方式，对生产工艺流程图进行确认。如果有误，应加以修改调整。如改变操作控制条件、调整配方、改进设备等，应对偏离的地方加以纠正，以确保流程图的准确性、适用性和完整性。工艺流程图是危害分析的基础，不经过现场验证，难以确定其准确性和科学性。

6. 危害分析及确定控制措施

在 HACCP 方案中，HACCP 小组应识别生产安全卫生食品必须排除或要减少到可以接受水平的危害。危害分析是 HACCP 最重要的一环。按食品生产的流程图，HACCP 小组要列出各工艺步骤可能会发生的所有危害及其控制措施，包括有些可能发生的事，如突然停电而延迟加工、半成品临时贮存等。危害包括生物性（微生物、昆虫及人为的）、化学性（农药、毒素、化学污染物、药物残留、合成添加剂等）和物理性（杂质、软硬度）的危害。在生产过程中，危害可能是来自原辅料的、加工工艺的、设备的、包装贮运的、人为的等方面。在危害中尤其是不能允许致病菌的存在与增殖及不可接受的毒素和化学物质的产生。因而危害分析强调要对危害的出现可能、分类、程度进行定性与定量评估。

对食品生产过程中每一个危害都要有对应的、有效的预防措施。这些措施和办法可以排除或减少危害出现，使其达到可接受水平。对于微生物引起的危害，一般是采用原辅料、半成品的无害化生产，并加以清洗、消毒、冷藏、快速干制、气调等；加工过程采用调 pH 与控制水分活度；实行热力、冻结、除氧；添加抑菌剂、防腐剂、抗氧化剂处理；防止人流、物流交叉污染等；重视设备清洗及安全使用；强调操作人员的身体健康、个人卫生和安全生产意识；包装物要达到食品安全要求；贮运过程防止损坏和二次污染。对昆虫、寄生虫等可采用加热、冷冻、辐射、人工剔除、气体调节等。化学污染引起的危害，应严格控制产品原辅料的卫生，防止重金属污染和农药残留，不添加人工合成色素与有害添加剂，防止贮藏过程有毒化学成分的产生。物理因素引起的伤害，可采用提供质量保证证书、原料严格检测、遮光、去杂、抗氧化剂等办法解决。

7. 确定关键控制点

尽量减少危害是实施 HACCP 的最终目标。可用一个关键控制点去控制多个危害；同样，一种危害也可能需几个关键点去控制，决定关键点是否可以控制主要是看防止、排除或减少到消费者能否接受的水平。CCP 的数量取决于产品工艺的复杂性和性质范围。HACCP 执行人员常采用判断树来认定 CCP，即对工艺流程图中确定的各控制点使用判断树按先后回答每一个问题，按次序进行审定。

8. 确定关键控制限值

关键控制限值是一个区别能否接受的标准，即保证食品安全的允许限值。关键控制限决定了产品的安全与不安全、质量好与坏的区别。关键限值的确定，一般可参考有关法规、标准、文献、实验结果，如果一时找不到适合的限值，实际中应选用一个保守的参数值。在生产实践中，一般不用微生物指标作为关键限值，可考虑用温度、时间、流速、pH、水分含量、盐度、密度等参数。所有用于限值的数据、资料应存档，以作为 HACCP 计划的支持性文件。

9. 关键控制点的监控制度

建立临近程序，目的是跟踪加工操作，识别可能出现的偏差，提出加工控制的书面文件，以便应用监控结果进行加工调整和保持控制，从而确保所有 CCP 都在规定的条件下运行。监控有两种形式：现场监控和非现场监控。监控可以是连续的，也可以是非连续的，即在线监控和离线监控。最佳的方法是连续的即在线监控。非连续监控是点控制，对样品及测定点应有代表性。监控内容应明确，监控制度应可行，监控人员应掌握监控所具有的知识和技能，正确使用好温度计、湿度计、自动温度控制仪、pH 计、水分活度计及其他生化测定设备。监控过程所获数据、资料应由专门人员进行评价。

10. 建立纠偏措施

纠偏措施是针对关键控制点控制限值所出现的偏差而采取的行动。纠偏行动要解决两类问题。一类是制定使工艺重新处于控制之中的措施；一类是拟定好 CCP 失控时期生产出的食品的处理办法。对每次所施行的这两类纠偏行为都要记入 HACCP 记录档案，并应明确产生的原因及责任所在。

11. 建立审核程序

审核的目的是确认制定的 HACCP 方案的准确性，通过审核得到的信息可以用来改进 HACCP 体系。通过审核可以了解所规定并实施的 HACCP 系统是否处于准确的工作状态中，能否做到确保食品安全。内容包括两个方面：验证所应用的 HACCP 操作程序，是否还适合产品，对工艺危害的控制是否正常、充分和有效；验证所拟定的监控措施和纠偏措施是否仍然适用。

审核时要复查整个 HACCP 计划及其记录档案。验证方法与具体内容包括：要求原辅料、半成品供货方提供产品合格证证明；检测仪器标准，并对仪器表校正的记录进行审查；复查 HACCP 计划制定及其记录和有关文件；审查 HACCP 内容体系及工作日记与记录；复查偏差情况和产品处理情况；CCP 记录及其控制是否正常检查；对中间产品和最终产品的微生物检验；评价所制订的目标限值和容差，不合格产品淘汰记录；调查市场供应中与产品有关的意想不到的卫生和腐败问题；复查已知的、假想的消费者对产品的使用情况及反应记录。

12. 建立记录和文件管理系统

记录是采取措施的书面证据，没有记录等于什么都没有做。因此，认真及时和精确的记录及资料保存是不可缺少的。HACCP 程序应文件化，文件和记录的保存应合乎操作种类和规范。保存的文件有：说明 HACCP 系统的各种措施（手段）；用于危害分析采用的数据；与产品安全有关的所做出的决定；监控方法及记录；由操作者签名和审核者签名的监控记录；偏差与纠偏记录；审定报告等及 HACCP 计划表；危害分析工作表；HACCP 执行小组会上报告及总结等。

各项记录在归档前要经严格审核，CCP 监控记录、限值偏差与纠正记录、验证记录、卫生管理记录等所有记录内容，要在规定的时间（一般在下班、交班前）内及时由工厂管理代表审核，如通过审核，审核员要在记录上签字并写上当时时间。所有的 HACCP 记录归档后妥善保管，美国对海产品的规定是生产之日起至少要保存 1 年，冷冻与耐保藏产品要保存 2 年。

在完成整个 HACCP 计划后，要尽快以草案形式成文，并在 HACCP 小组成员中传阅修改，或寄给有关专家征求意见，吸纳对草案有益的修改意见并编入草案中，经 HACCP 小组成员一次审核修改后成为最终版本，供上报有关部门审批或在企业质量管理中应用。

四、国内食品行业推行 HACCP 体系的必要性

在我国，人们长期以来将食品安全性问题与食品质量、食品卫生问题等同起来，食品生产者和管理者也没有针对食品安全问题实施特殊的控制措施。随着 HACCP 体系在我国食品企业的逐步推广，有的发达国家如美国、欧盟等已经对我国水产品、肉制品、速冻蔬菜出口企业要求必须通过 HACCP 注册认证。国家对六类食品的出口生产也采取了强制性的验证制度。

① 国际贸易的需要。

② HACCP 体系强调对于食品加工的控制，将安全保证的重点由传统的对最终产品的检验转移到对工艺过程及原料质量进行管制。这样可以避免因批量生产不合格产品而造成的

巨大损失。

③ HACCP 体系集中在影响产品安全的关键加工点上，使质量控制工作有的放矢。

④ HACCP 体系强调执法人员和企业之间的交流。

⑤ 增加市场机会，提高企业形象，增强消费者和政府的信心。

⑥ 制定和实施 HACCP 体系可随相关食品法律法规的更新、食品科技与食品机械技术的进步、食品企业管理水平的提高等而进行及时的调整。

五、基于 HACCP 的食品安全控制的管理模式

基于常规的 HACCP 体系的建立，本节第三点已经做了说明。但是仅仅在食品企业内部进行是不够的，食品企业本身只是整个环节中的一部分，HACCP 生产环境的建立需要联系多方面的因素来考虑。

① 良好的自然环境（空气、水、土壤）是前提。

② 安全的食品链 [GAP（良好农业规范）/GHP（良好卫生规范）/GDP（良好分销规范）/GVP（良好兽医规范）/GRP（良好零售规范）＋HACCP] 是基础。

③ 食品加工企业实施 HACCP 是关键。

④ HACCP 的食品安全促进模式：政府监管、促进企业进行 HACCP 认证、官方验证等。

本 章 小 结

运用食品质量控制技术的原理，本章主要介绍了六大类食品的质量控制技术。分别是：熟肉制品安全控制关键技术；乳制品安全控制关键技术；水产食品安全控制关键技术；果汁和果汁饮料安全控制关键技术；饮用水安全控制关键技术；保健食品安全控制关键技术。以六大类食品为例，详细介绍了各种质量控制技术的具体应用过程和步骤方法，以及质量控制中应注意的一些问题。

对 ISO 9001：2000 及 GB/T 22000—2006（ISO 22000）在食品企业中的应用进行了深入分析。在企业中实施 HACCP，应先由相关人员成立 HACCP 小组，通过查阅资料，在对工艺情况有较深刻的理解后，深入车间，了解厂区实际的 SSOP 和 GMP 等条件，然后依据生产工艺来设立关键点，通过试验数据进行验证，判断是否属于关键控制点；同时，提出改进措施，并形成档案文件进行质量追踪，通过对六大类食品从原料、生产工艺到销售流通环节的控制，达到质量管理和品质控制的目的。ISO 9001：2000 在管理上的应用是针对食品企业质量目标（产品质量、客户满意等方面）进行的，对不同管理层、员工的职责及权利范围进行明确分工，达到对食品企业管理的规范化，提高企业的产品质量、管理水平和运作效率。

思考与练习

1. HACCP 在食品企业中推广的必要因素有哪些？对食品企业而言，有什么益处？

2. 在制定和实施食品质量控制技术措施之前，为什么要进行资料收集等工作？如果没有进行，对其制定和实施会带来什么影响。

3. 建立记录和文件管理系统有没有必要？如需要请说明原因。

4. 食品企业在建立 HACCP 体系时，在危害分析环节（生物危害、化学危害、物理危害三方面），消除危害（生物危害、化学危害、物理危害三方面）或者将其降低到可接受水平，有哪些措施？

5. 如果你成为 HACCP 小组成员，在制定及实施 HACCP 过程应该遵循什么样的程序？

第六章 食品质量控制与设计

知识目标

掌握质量文化、零缺陷质量管理、质量诊断、质量功能展开、并行工程、交叉功能设计、田口方法、稳健设计技术等基本概念和质量设计的基本方法和步骤。

能力目标

1. 掌握食品质量文化的结构和特点，质量文化与质量意识的功能。
2. 分析、理解全员参与质量管理的具体实现方法。
3. 了解常用的统计学工具在食品质量控制方面的应用。
4. 掌握新食品开发的设计步骤，并能够分析技术设计对食品质量的影响因素。
5. 掌握质量功能展开（QFD）、田口方法和稳健设计技术的具体设计步骤，并能够运用到质量设计管理中。

第一节 质量教育与质量意识

在市场经济条件下，质量是企业战略的核心，质量文化是企业质量的灵魂，企业管理的高层境界是文化管理，质量管理工作的全面进步需要建立先进的质量文化。文化通过对人心灵的塑造和转换，达到统一意志、自觉规范行为的目的。质量文化与企业的生产管理、市场营销、科研开发、技术创新等活动密不可分，互为依存，又相得益彰。许多成功企业的经验证明：质量文化在企业的发展中具有不可替代的作用。因此，认真研究质量文化的内涵，积极培育具有本企业鲜明特色的质量文化，加强质量文化建设，对促进企业的健康发展具有特别重要的意义。

一、质量文化与质量意识

1. 质量文化的概念

目前，对于"质量文化"尚无统一的定义。

中国质量协会指出：质量文化是决定产品质量的重要因素，同时又与一个国家的政治、经济、社会文化有着密切关系。质量文化是企业文化的核心部分，是企业和社会在长期的生产经营过程中自然形成的一系列有关质量问题的意识与观念，而不是"质量"和"文化"的简单叠加。

龙玉珍教授在《质量文化以人为本》一文中指出：质量文化是企业在长期质量管理过程中，围绕质量问题所产生的一切活动方式的总和，这种活动方式体现了企业独特的质量价值观。概括地讲，质量文化是指企业和社会在长期的生产经营中自然形成的一系列有关质量问题的意识、规范、价值取向、道德观念、哲学思想、创新意识、行为准则、思维方式、竞争意识、法制观念、风俗习惯、传统观念、企业目标、企业环境、企业制度、企业形象、信誉等。它不仅显现为产品自身的功能和性质，而且还延伸表现为价格、包装、交货期、外观、安全、可靠性、适用性、售后服务等。质量文化的内涵主要从以下几个方面体现。

（1）质量文化是企业社会责任的基础，是企业的宗旨问题　凡是成功的企业，特别是持续成功和发展的企业，都把社会责任作为自己的最高宗旨。企业要尽到自己的社会责任，一般都认为是多做一些公益事业。其实这只是一方面，最重要的应该是在它的整个经营过程中都贯彻社会责任。在我国，从 20 世纪 90 年代以来一直提倡的"质量效益型企业"，就是这种责任的体现和落实。

（2）质量文化是诚信文化的根基，是企业的品格问题　企业文化最重要的内涵应该是诚信文化。诚信对于企业来说，从直接层面看，它是职业道德。但从深刻内涵来看，它是企业最重要的无形资产。没有诚信，既不能很好地与合作者合作，更不可能得到消费者的信任。一个企业失去了合作者和消费者的信任，也就失去了生存的基础。

（3）质量文化是人本文化的体现，是企业的精神问题　企业是市场竞争的主体，企业文化是市场竞争主体的文化。市场竞争的核心是争夺消费者。市场竞争是产品竞争，产品竞争是质量竞争，靠质量去争夺消费者。现在我国的部分企业还停留在消极质量观的水平上。只要主管机关检查合格，就是好质量。主管机关检查的是产品的理化指标，但这并没有真正到位。企业应该继续提升到积极的质量观，即质量是满足消费者和用户需求的程度。对于一般的消费品，理化指标只是构成质量的要素，而人文指标才是质量本身。

（4）质量文化是科技文化的落实，是企业的水平问题　提高质量的根本途径是靠科技进步，科技进步带来的质量提高是革命性的提高。科技落后、研发薄弱是中国企业比较薄弱的环节。

（5）质量文化是管理文化的核心，是企业的管理问题　企业管理的核心是质量管理。质量管理上不去，其他一切都谈不上。通过这么多年对质量管理的推广，人们对质量管理又在逐步深化。深化的结果是把"质量管理"的提法，改变为"质量经营"。质量经营的概念比质量管理的概念要更加深刻、广泛。第一、企业管理必须以质量管理为基础。第二、质量管理贯穿到企业管理和经营的各个领域之中。第三、判断质量工作的好坏必须以经营状况为标准。第四、必须通过恰当的经营把质量效益发挥出来。

（6）质量文化是职工素质的检验，是企业人员素质问题　没有高素质的职工，不可能有高质量的产品和高质量的服务。职工素质主要分心理状态、知识眼界、操作技能三个层面。质量文化应该是学习文化，应该把职工培训作为最重要的事情来抓，要把企业建设成学习型组织。

（7）质量文化要提升到品牌文化，是企业整体提升问题　市场竞争是产品竞争，产品竞争是质量竞争，而质量竞争常常是通过品牌竞争来实现的。企业不仅要有好质量，还要有叫得"响"的牌子，才能获得应有的质量效益。质量支撑了品牌，品牌又支撑了质量。

2. 质量文化的结构与特点

（1）质量文化的结构　质量文化可分为"传统型质量文化"和"现代型质量文化"。前者是传统生产与经营方式的产物，它以"小质量"观点和"符合性质量"观点为其基本特征和主要体现。而后者是现代生产管理方式的结晶，它以"大质量"观点和"适用性质量"观点为其基本特征和主要体现。

企业质量文化是企业在长期的生产经营中自然形成的一系列有关质量问题的意识、规范的价值取向、行为准则、思维方式以及风俗习惯。其核心内容即质量理念、质量价值观、质量道德观、质量行为准则。质量文化是企业文化的核心，具体又可分为质量物质文化层、质量行为文化层、质量制度文化层和质量精神文化层。

① 质量物质文化　它指的是产品和服务的外在表现，包括质量工作环境、产品加工技术、设备能力、资产的数量、质量与结构，科学与技术水平，人力资源状况等。

② 质量行为文化　包括质量管理活动、宣传教育活动、员工人际关系活动中产生的文化现象。从企业人员的结构看，包括领导干部的领导行为文化、企业员工的群体行为文化，质量队伍的专业行为文化。

③ 质量制度文化　它是约束员工质量行为的规范文化。包括质量领导体制、质量组织机构、质量保证体系、质量奖励与管理制度等。

④ 质量精神文化　它是质量文化的核心文化，包括质量文化理念、质量价值观、质量道德观、质量行为准则。

（2）质量文化的特点　质量文化是社会发展对质量的客观要求在人们头脑中的反映和体现，不同的经济管理体制和经济发展阶段，客观上要求与其相适应的质量文化。

① 质量文化具有客观性　它根植于企业长期的生产经营实践中，是一种客观存在，并影响着企业成败兴衰。犹如每个人都有自己独特的个性、风格与观念一样，每个企业只要留下了历史的足迹，都会形成自己的质量文化。

② 质量文化具有社会性　它是社会文化在企业的特殊形态，是社会文化中的 243 亚文化，不同的社会制度具有不同的质量文化。同一社会形态中，因所有制不同，其质量文化的特征也有所差异。质量文化既是全体职工意志一致性、精神寄托、非纯理性的体现，也是大众的社会性的统一意志。它反映了企业行为满足社会需要，并得到社会承认的一种精神支柱。

③ 质量文化具有继承性　它重视研究传统价值观念、行为规范等精神文化范畴在管理中的核心作用，而这一点在以往管理理论中并不被人所重视。质量文化从民族文化中吸取营养，兼承本企业优秀文化传统，随着企业的成长而发展，作为意识形态的质量文化将会被后继职工所接受，并将一代一代地传下去。

④ 质量文化具有鲜明的时代性　它属于亚文化的层次，存在于一个国家一定的社会物质文化生活的环境之中，必然反映时代的风貌和体现时代的要求，并与时代的发展保持同步。随着科学技术的发展，人类文明水平的提高，人们认识事物的水平、道德水准、评价事物的标准也发生相应的变化，因而整个人类的价值观也将相应的改变。所以，企业的质量文化作为一种历史现象，其内涵也必将随着生产力的发展而发生变化，而且这种变化会向着更高的水平发展。

3. 质量文化与质量意识的功能作用

（1）质量文化具有凝聚功能　以人为本的质量文化可以在企业内建立起有共同的质量价值观的质量目标，使企业员工有在主观观念和客观目标上的准绳和方向，使群体的质量意识有正确的引导，从而在心理上给员工以归属感，将个人的离心力变为向心力，企业的凝聚力自然就增强了。

企业的凝聚力是企业的宝贵资源，是其他任何物质力量都无法取代的精神力量，企业的凝聚力一旦产生，其巨大的能动作用是无法想象的。

（2）质量文化具有引导功能　现代社会的企业采用的已经不再是完全封闭的管理模式，取而代之的是一种更开放的网络型管理模式，利用质量文化引导员工，在庞大的机构中努力培育共同的质量经营理念，从而引导整个企业在质量追求上齐心协力、步调一致。

（3）质量文化具有激励功能　激励功能体现在：企业以人为本的质量文化一旦被全体员

工接受并理解时，内在的质量精神就可以在很大程度上增强员工对质量的认同感，成为巨大的精神力量，激励员工在整个生产经营过程中表现出更大的主动性和创造性，朝更高的质量目标努力。

（4）质量文化具有规范功能 以人为本的质量文化体现了企业员工的共同质量信念，也会被员工认为是共同的质量利益，一切违背这种质量价值观的行为都会被认为是背叛，进而遭到集体的反对和批评，因此，企业的质量精神对企业的每一位员工都有约束和规范的作用，使那些不符合企业质量文化的个体无法存在下去。

（5）质量文化具有反馈功能 质量文化受到社会风气的影响，但也可以反作用于社会风气。经济的发展，使那些成功企业在社会生活中逐渐占有举足轻重的地位，这些企业的行为准则也能在一定程度上影响整个社会风气和社会文化，因此优秀的企业质量文化，不仅对企业本身有说不尽的好处，而且对整个社会风气都是有益的。

4. 建设以质量文化为核心的企业文化

质量文化建设是质量活动的核心工作，不是短时间的努力就能形成的，它是长时间持续的潜移默化，不断沉淀而形成的良好的习惯和共性的合力。主要应从以下几方面着手推进企业的质量文化建设。

（1）强化质量意识宣传教育是打造优秀质量文化建设的基石 根据员工不同的教育背景和思想观念，通过每天的晨会、质量专题培训、宣传橱窗、现场展览、知识管理系统、内部论坛等各种形式，对上至总经理下至一线操作员工进行多层次大范围和持续的质量意识教育，通过常年质量意识教育和技术培训，鼓励员工不断学习。质量文化通过潜移默化的方式沟通全体员工的思想，产生对贯彻质量方针和实现质量目标的责任感和使命感，从而形成全员崇尚质量的凝聚力、向心力及追求卓越的质量文化氛围。

（2）升华质量管理制度是打造优秀质量文化的关键 质量管理体系持续有效运行，是建设质量文化的重要组成部分。通过不断的 PDCA（策划、实施、检查、改进）循环，使一切质量活动持续不断地按程序、规范要求进行，并辅以激励机制，让全体员工都愿意遵循各项工作标准。尽量使质量管理制度简单化、通俗化，最后达到习惯化。通过不断地在工作中总结和提炼企业的质量理念，让员工体会到质量工作的快乐，长此以往形成了自然的行为习惯。

（3）倡导质量信用是打造优秀质量文化的助推器 市场经济是信用经济，没有信用就没有秩序，企业不可能健康发展。在企业信用中质量信用最为关键，是提高产品质量、追求卓越的兴企之道。如宝石公司将其质量文化定位在以宝石般的人品制造宝石般的产品，经过不断总结提炼形成了"以人品制造精品"的质量方针，并将此深入到每个员工的心灵深处。正是通过这种诚信文化使员工有了凝聚力，对宝石品牌的培育和企业的发展起到了十分重要的推动作用。

质量不仅仅代表产品符合规格的程度，而是企业能否赢得顾客和市场的关键，要将"质量"提升到企业持续发展的战略高度来认识，鼓励企业不仅要不断提高产品质量和服务质量，而且要形成具备自己鲜明特色的质量文化，作为企业文化的重要组成部分，指导企业的每一个员工和每一项行动。以质量文化为核心的企业文化能促使员工树立质量意识，使所有员工都重视他们在顾客满意上所起的作用，自觉地为顾客提供理想的服务，更好地满足顾客需求。培育以质量文化为核心的企业文化，要求高层管理人员具有战略眼光，努力探索开创质量文化的途径，率先成为质量文化的忠实体现者和执行者，并通过内部营销活动，使企业倡导的质量意识、价值观内化为员工的行为。只有这样，才能凝聚起员工的参与意识，在企业经营活动中风雨同舟、尽心竭力。

同时要尽快加强对先进的管理方法的研究和推广，并促进与企业的业务实践紧密结合。为了加快缩短与国际水平之间的差距，有效地提高整体竞争能力，必须尽快掌握先进的管理思想并积极地运用到实际行动中。加快信息技术在质量管理领域的应用，充分发挥计算机技术对质量管理工作的支持和推动作用。进一步加强国际国内交流活动，及时了解和掌握国内外质量管理工作的先进思想和经验，而且应通过与国际先进质量机构的合作，提高现有质量培训的水平，使我国的质量管理工作达到世界级的水平。

二、质量文化中的经典理念

1. 零缺陷质量管理

（1）零缺陷管理的基本内涵和基本要求　　"零缺陷"（ZD）又称无缺点，零缺陷管理的思想主张企业发挥人的主观能动性进行经营管理，生产者、工作者要努力使自己的产品、业务没有缺点，并向着高质量标准目标而奋斗。它要求生产者从一开始就本着严肃认真的态度把工作做得准确无误，在生产中从产品的质量、成本与消耗、交货期等方面的要求来合理安排，而不是依靠事后的检验来纠正。零缺陷强调预防系统控制和过程控制，第一次把事情做对并符合承诺的顾客要求。开展零缺陷运动可以提高全员对产品质量和业务质量的责任感，从而保证产品质量和工作质量。

"零缺陷"的本意强调的是一个决心和一种心态，就是决不向错误妥协。这种不妥协的态度表现为：一是对任何细小的问题都决不放过，都要认真找原因，彻底解决；二是以最积极、最认真、最谨慎的态度去预防问题的发生。预防问题的发生是质量管理的最高境界，其结果表现就是企业的产品符合顾客的要求，也就是产品没有缺陷了。因此，"零缺陷"可以认为是一个在工作中的行动准则，是对员工的管理要求，是一个"目标"而不是一个"结果"。零缺陷管理还强调创建企业的质量文化，它围绕着"预防"和"第一次就把事情做对"的核心价值观，当一个企业的每个人都这样做的时候，那么一种最优秀的质量文化产生了，具有这样质量文化的企业，就是一个优秀的"团队"，这也是零缺陷管理所体现的最终"核心"。

零缺陷管理的基本要求主要体现在以下几个方面。

① 所有环节都不得向下道环节传送有缺陷的决策、信息、物资、技术或零部件，企业不得向市场和消费者提供有缺陷的产品与服务。

② 每个环节、每个层面都必须建立管理制度和规范，按规定程序实施管理，责任落实到位，不允许存在失控的漏洞。

③ 每个环节、每个层面都必须有对产品或工作差错的事先防范和事中修正的措施，保证差错不延续，并提前消除。

④ 在全部要素管理中以人的管理为中心，完善激励机制与约束机制，充分发挥每个员工的主观能动性，使之不仅是被管理者，而且是管理者，以零缺陷的主体行为保证产品、工作和企业经营的零缺陷。

⑤ 整个企业管理系统根据市场要求和企业发展变化及时调整、完善，实现动态平衡，保证管理系统对市场和企业发展有最佳的适应性和最优的应变性。

（2）树立零缺陷管理的理念，必须正确把握以下三种观念

① 人们难免犯错误的"难免论"　一般认为"人总是要犯错误的"，所以对于工作中的缺点和出现不合格品持容忍态度，不少企业还设立事故率、次品率等，纵容人们的这种观念。零缺陷管理向这种传统观念发出挑战，它抛弃"难免论"，认为人都有一种"求全"的

基本欲望，希望不犯错误，把工作搞好。

② 每一个员工都是主角的观念　在日常的企业管理中，管理者是主角，他们决定着工作标准和内容，员工只能照章办事。零缺点管理要求把每一个员工当作主角，认为只有全体员工都掌握了零缺点的思想，人人想方设法消除工作缺点，才会有真正的零缺点运动，管理者则是帮助并赋予他们正确的工作动机。

③ 强调心理建设的观念　传统的经营管理方法侧重于技术处理，赋予员工以正确的工作方法。零缺陷管理则不同，它侧重于心理建设，赋予员工以无误地进行工作的动机，认为做工作的人具有复杂心理，如果没有无误地进行工作的愿望，工作方法再好，也是不可能把工作做得完美无缺。

（3）零缺陷管理的实施步骤

把零缺陷管理的哲学观念贯彻到企业中，使每一个员工都能掌握它的实质，树立"不犯错误"的决心，并积极地向上级提出建议，就必须有准备、有计划地付诸实施。实施零缺陷管理可采用以下步骤进行。

① 建立推行零缺陷管理的组织　事情的推行都需要组织的保证，通过建立组织，可以动员和组织全体职工积极地投入零缺陷管理，提高他们参与管理的自觉性；也可以对每一个人的合理化建议进行统计分析，不断进行经验的交流等。公司的最高管理者要亲自参加，表明决心，做出表率；要任命相应的领导人，建立相应的制度；要教育和训练员工。

② 确定零缺陷管理的目标　确定零缺陷小组（或个人）在一定时期内所要达到的具体要求，包括确定目标项目、评价标准和目标值。在实施过程中，采用各种形式，将小组完成目标的进展情况及时公布，注意心理影响。

③ 进行绩效评价　小组确定的目标是否达到，要由小组自己评议，为此应明确小组的职责与权限。

④ 建立相应的提案制度　直接工作人员对于不属于自己主观因素造成的错误原因，如设备、工具、图纸等问题，可向组长指出错误的原因，提出建议，也可附上与此有关的改进方案。组长要同提案人一起进行研究和处理。

⑤ 建立表彰制度　零缺陷管理不是斥责错误者，而是表彰无缺点者；不是指出人们有多少缺点，而是告诉人们向无缺点的目标奋进。这就增强了职工消除缺点的信心和责任感。

对于食品这个和人们生活息息相关的行业，实行零缺陷管理显得更加迫切和重要。零缺陷管理不是一蹴而就的，而是一个需要抓住要害循序渐进的过程，只有真正领会零缺陷的本意，做到预防在先，创造优秀的质量文化，借鉴先进文化观念，才能真正把食品的质量提高。

2. 全员参与的质量管理

管理必须是一个全员参与的过程。人是管理活动的主体，也是管理活动的客体。人的积极性、主观能动性、创造性的充分发挥，人的素质的全面发展和提高，既是有效管理的基本前提，也是有效管理应达到的效果之一。管理过程的有效性取决于各级人员的意识、能力和主动精神，随着市场竞争的加剧，全员的主动参与将更为重要。有研究表明，虽然所有的检验和质量控制活动都是在生产部门进行的，但在所发现的产品质量问题中，有 60%～70% 是直接或间接地由设计、制造和原材料采购等方面的缺陷造成的。所以说，树立全员质量观念，发动全员参与质量管理，这是提高质量的根本。企业向社会提供产品，需要由很多个环节来共同完成，从产品的设计、开发、制造、生产、销售直到售后服务。而所有这些环节都是由各部门、各岗位的人员完成的，任何一个环节出问题都将影响产品的最终质量。

(1) 全员参与的重要性

① "全员参与" 的必要性　产品质量（包括服务）是每个企业各个环节、各个部门全部工作的综合反映。任何一个环节、任何一个部门、任何一个人的工作质量都会不同程度地直接或间接地影响着产品的质量。那么，只有把全体员工的积极性和创造性都充分地调动起来，不断提高人的素质，人人关心产品质量，人人做好本职工作，全员参与质量管理，经过全体人员的共同努力，才能生产出客户满意的产品。

② "全员参与" 是企业发现人才的重要途径　现代企业的成功与否更多体现在有无适用的人才上。企业需要的是多方面的人才，但人才却是在员工中产生的。仅靠引进人才是远远不够的，因为引进的人才需要一定的磨合期，并不是一来就能立即上手，况且企业不一定能引进到其所需的全部人才。特别是管理人才和操作人才往往靠企业自己培养。企业不仅要发挥人才的聪明才智，而且要发挥全体员工的聪明才智，员工的聪明才智只有在参与过程中才可能被激发出来，表现出来。这也是企业发现本土人才的重要途径。

③ "全员参与" 使企业得益　全员参与质量管理，人人关心产品质量，可大大降低质量损失，从而使企业得益。全员参与质量改进活动，是一种少投入多产出的活动，企业在质量改进中可获得更大的利益。全员参与使企业内部形成一种良好的企业文化氛围和融洽的人际关系，从而减少内耗，使企业的各项工作都能够得以顺利地完成，最终企业得益。

④ "全员参与" 使员工满意　员工参与，有利于员工展示自己的才干，发挥自己的潜力，企业对员工创优取得的成绩应给予及时的褒奖；全员参与有利于员工得到培训，提高受教育的程度，获得更多的工作机会，从而使员工更满意。

(2) 全员参与质量管理的具体实现方法

① QC 小组　QC 小组的概念是日本质量管理专家石川馨提出来的。QC 小组是由一些基层管理人员及一般员工组成的，能够发现、分析并最终解决生产和质量问题。石川馨之所以提出 QC 小组的概念是因为他发现，许多员工如果被允许参与改进他们所进行的工作，这些员工往往会表现出更大的兴趣和成就感。一般说来，QC 小组成员都是自愿加入这一小组，并且小组的讨论、研究一般都是在小组成员的业余时间内进行的。QC 小组的人数比较少，一般在 6～10 人的范围内，这样便于所有成员相互间进行自由交流。因此，一个公司内可能会有许多 QC 小组。例如，IBM 公司的某工厂有 800 个 QC 小组。建立 QC 小组的方式有多种，可以在一个班组内建立，也可以跨班组建立。同样，QC 小组的活动方式也可以多种多样，除了经常性的小组内的活动外，还可以组织车间、公司直至全国性的成果发表会、经验交流会、QC 小组代表大会等。

一个 QC 小组每年可能提出上百条质量改进意见。这些意见中有很多是很有价值的，也有一些可能是次要问题，有些甚至根本不可行。但是，公司管理人员对所有这些改进意见都应给予足够的重视。因为往往这些众多意见中的某一条可行建议，就可以使公司通过质量改进而提高生产率或削减成本，从而获得巨大收益。在今天，QC 小组已经不仅是作为一种质量管理的方法，而且成为开发人力资源、调动广大员工积极性和创造性的一种重要途径。

② 全员把关　即要求每一个人都对产品质量负有责任，及时发现质量问题，并把问题解决于发源地。也就是说，生产线上的每名员工均有责任及时发现质量问题并寻找其根源，不让任何有质量缺陷的加工件进入下一工序。与强调通过检验员严把质量关相比，更强调全员把关。

在对这种管理方式的优点进行讨论以前，先来看一个有四道工序的产品加工的例子。

未采用全员把关的方法：假设总加工件数为 114 件，从工序 1 到工序 4 的加工件数都是 114 件，将合格零件和不合格零件同时进行加工，这样不仅增加了机器设备的损耗，还增加了设备故障引起的停工次数，延长了产品的生产周期。

采用全员把关的方法：假设总加工件数为 114 件，工序 1 的工人加工完成后能够 100％ 地找到不合格加工件为 1 件，将其余的合格件 113 件（114－1＝113）送入到工序 2；工序 2 的工人在加工完成后能够 100％ 地找到不合格加工件为 5 件，而将合格的 108 件（113－5＝108）送入工序 3；工序 3 的工人在加工完成后能够 100％ 地找到不合格加工件为 5 件，将合格的 103 件（108－5＝103）送入工序 4；工序 4 的工人生产出的合格产品为 100 件，不合格产品为 3 件。每道工序加工产品数量等于上道工序送来的合格零件数。

同每道工序的工人对有质量问题的产品不予理睬，而仅仅依赖质量检验部门拣出不合格产品的情况相比，全员把关的方法会节约大量的劳动力成本和机器损耗成本。同样，这种管理方法可以缩短制造周期。因为在工序 2、3、4 中节约了不必要的用于加工已经成为不合格零件的加工时间。同时，机器设备的损耗也会减少，这减少了设备故障引起的停工次数，减少了设备维修成本和停工给企业带来的损失。虽然原材料成本并未得到节省，但在制品库存量下降了。而在初期工序就已是不合格的加工件直到最后一、两道工序才被挑出来只会给企业带来损失而不会增加任何价值，这个道理是显而易见的。对于存在再加工问题的流程，也可以采用相似的管理方式。显然，最理想的情况是只生产合格产品，这样能大量削减生产成本。但在很多情况下要想达到这种要求是不现实的，或不经济的。因此，全员把关的方法更具现实意义。无论各工序可能的质量问题有多少，这种方法都会使企业节约大量的成本。此外，这种方法还会减少检验员的数目，从而降低鉴定成本。

第二节　食品质量控制

一、质量控制的工具与常用方法

（一）基本概念

1. 数据

数据是反映事物性质的一种量度，全面质量管理的基本观点之一就是"一切用数据说话"。企业、车间、班组都会遇到许多与质量有关的数据，例如生产过程中的工序控制记录、质量的检测结果等。这些数据按其性质基本上可以把它们分成 2 类：计量值数据和计数值数据。

（1）计量值数据　计量值数据是指用测量工具可以连续测取的数据，即通常可用测量工具测出小数点以下数值的数据，例如产品的长度、宽度等。

（2）计数值数据　计数值数据是不能连续取值的，只能以个数计算的数据，或者说测量工具也得不到小数点以下的数值，只能得到整数的数据。如产品的不合格件数，设备的故障次数等。它们都是以整数出现，都属于计数值数据。

必须注意，当数据以百分数的形式表现时，要判断它是计数值数据还是计量值数据，取决于给出数据计算公式的分子、分母，如果分子、分母是计数值数据时，即使得到的百分率不是整数，它也属于计数值数据。

在质量管理工作中常会遇到一些难以用定量的数据来表示的事件或因素，一般可以用优劣值法、顺序值法、评分法等，使之转换成数据。

2. 数据的收集

（1）收集数据的目的 掌握和了解生产、工作现状；分析问题，找出产生问题的原因，以便找到问题的症结所在；对工序进行分析，判断是否稳定，以便采取措施；调节生产条件，使之达到规定的标准状态；对一批产品的质量进行评价和验收。

（2）收集数据的方法 数据收集一般采用抽样检验的方法，通过对样本进行测试，就可以得到若干数据。通过对这些数据的分析整理，便可判断出总体是否符合质量标准。数据收集的方法主要有四种。

① 简单随机抽样 就是对总体中的全部个体不做任何分组、排队，完全随意的抽取个体作为样本的抽样，通常采用抽签的方法或者随机数值表的方法抽取。

② 分层随机抽取 将整批产品按照某些特征或条件（如原材料、作业班次等）分组（层）后，在各组（层）内分别用简单随机抽样法抽取产品组成样本。

③ 整群随机抽样 在一次随机抽样中，不是只抽一个产品，而是抽取若干个产品组成样本，如抽取一箱的产品等。

④ 系统随机抽样 在时间上或空间上按照一定间隔从总体中抽取样品作为样本的抽样。这种方法适用于流水线，多用于工序质量控制。

（3）注意事项

① 目的要明确 目的不同，搜集的方法和过程不同，得到的数据也不一样。

② 正确抽样 为了使抽到的样本具有代表性，应该采用随机抽样的方法。

③ 足够的数量 对于每种统计方法所抽的样本应有最低的数量要求。数量过少不能反映总体的真实情况，过多会造成时间、人力、财力上的浪费。样本容量的大小与产品的均匀程度和批量的大小有关。

④ 数据必须真实、准确、可靠 假数据必然造成错误的判断，有害无益，还不如没有数据。

⑤ 搜集的数据要进行整理，按目的分层 把同一种生产条件的数据归纳在一起，以便统计方法的应用。

⑥ 注明搜集数据的条件 在搜集数据时必须将抽样时间、抽样方式、抽样人、测量方法等条件记录清楚。

3. 数据的特征值

在质量管理的常用方法中，统计特征值可以分为两类：一类是表示数据的集中位置，例如平均值、中位数等；另一类是表示数据的分散程度，例如极差、标准差等。

4. 产品质量的波动

在生产实践中，经常可以观察到这样的现象：由同一个工人，在同一台设备上，用同一批材料、同一种生产方法生产出的同一种产品，在质量上具有波动性。造成这种波动的原因主要来自于以下五个方面的因素。

人（man）：操作者的质量意识、技术水平及熟练程度、身体素质等。

机器（machine）：机器设备的精度和维修保养状况等。

原材料（material）：材料的成分、物理性能和化学性能等。

方法（method）：加工工艺、工艺装备、操作规则、测试方法等。

环境（environment）：工作地点的温度、湿度、照明、噪声和清洁条件等。

这五个方面的因素通常称为引起产品质量波动的五大因素，或称4M1E。可以根据造成波动的原因，把波动分成两大类：一类是正常波动；另一类是异常波动。

（1）正常波动 正常波动是由偶然性、不可避免的因素造成的波动。常见的如原材料中的微量杂质或者性能上的微小差异等。在工程上称这些微小的无法排除的因素为偶然性原因。这些因素在技术上难以消除，经济上也不值得消除。这类波动的数据数值和正负号是不定的，但又服从一定的分布规律，即数值离开平均值越大出现的几率越小，越靠近平均值出现的概率越大。在一般情况下，正常波动是质量管理中允许的波动。

（2）异常波动　异常波动是由系统性原因造成的质量数据波动。如原材料质量不合格、设备故障等。这类数据其散差的数值和正负号往往保持为常值，或者按照一定的规律变化，带有方向性。生产中如果出现这种状态，则为不正常状态。在一般情况下，异常波动是质量管理中不允许的波动。

质量管理的一项重要工作内容就是通过搜集数据、整理数据，找出波动的规律，把正常波动控制在最低限度，消除异常波动。

质量管理中常用的统计方法有分层法、调查表法、散布图法、排列图法、因果分析法、直方图法、控制图法等，通常称为质量管理的七种工具。这七种方法相互结合，灵活运用，可以有效地服务于控制、提高产品质量。

（二）分层法

分层法又叫分类法或者分组法，就是按照一定的标志，把搜集到的原始数据按照不同的目的加以分类整理，以便分析影响产品质量的具体因素。分层的目的在于把搜集到的数据加以整理，使它能够确切地反映所代表的客观事物。

分层的原则是使同一层次内的数据波动尽可能小，而层与层之间数据的差别尽可能大。通常按照时间、操作人员、使用设备、原材料、加工方法、检测手段、环境条件等这样一些标志对数据进行分层。按照分析问题的目的和用途不同，可以采用不同的标志进行分层，对于比较复杂的问题，也可以同时采用若干标志对数据进行分层。

在运用分层法时，重要的是按照分析问题的目的和要求，选择一个或者若干个标志对数据进行分层。如果选择的标志不恰当，就可能使分层结果不能充分、有效地反映客观事实。

例如，某食品厂的果酱罐头产品经常发生漏气，造成产品变质。经调查，一是由于甲、乙、丙操作时，三个操作者在压盖时操作方法不同；二是所使用的密封圈是由两个生产厂家提供的。在用分层法分析漏气原因时采用按操作者分层（表 6-1）和按密封圈生产厂家分层（表 6-2）两种情况。

表 6-1　按操作者分层

操作者	漏气数/个	不漏气数/个	漏气率/%	操作者	漏气数/个	不漏气数/个	漏气率/%
甲	6	13	32	丙	10	9	53
乙	3	9	25	共计	19	31	38

表 6-2　按密封圈生产厂家分层

供应商	漏气数/个	不漏气数/个	漏气率/%	供应商	漏气数/个	不漏气数/个	漏气率/%
A 橡胶厂	9	14	39	共计	19	31	38
B 橡胶厂	10	17	37				

由表 6-1 和表 6-2 可见，为降低漏气概率，一般认为应采用乙的操作方法和选用 B 厂的密封圈，然而经实践后发现漏气概率并未降低到预期的指标，实际漏气率为 $3:7×100\%-43\%$。为解决这一问题，在表 6-3 中使用多因素分层法。由表 6-3 可知正确方法应该是：第一方案是采用乙的操作方法，用 A 厂的密封圈；第二方案是采用甲的操作方法，用 B 厂的密封圈，这时该厂的罐头漏气率为 0。

表 6-3 多因素分层法

操作者	漏气情况	采用的密封圈数/个		合计/个
		A厂	B厂	
甲	漏气数	6	0	6
	不漏气数	2	11	13
乙	漏气数	0	3	3
	不漏气数	5	4	9
丙	漏气数	3	7	10
	不漏气数	7	2	9
合计	漏气数	9	10	19
	不漏气数	14	17	31

因此运用分层法时，有时不能简单地按照单一因素分层，必须考虑各因素的综合影响结果。

（三）调查表法

调查表又称检查表、核对表、统计分析表，它是用来记录、收集和积累数据，并对数据进行整理和粗略分析的统计图表。由于它简便易用，直观清晰，所以在质量管理活动中得到广泛的应用。

调查表的形式多种多样，根据需要调查的项目不同采用不同的格式，常用的调查表有不合格品项目调查表、缺陷位置调查表、质量分布调查表、矩阵调查表等。

1. 不合格产品项目调查表

不合格产品项目调查表主要用来调查生产现场不合格项目频数和不合格产品率，以便继而用于排列图等分析研究。

表 6-4 是某汽水厂在某月成品抽样检验中不合格的项目检查记录。

表 6-4 某汽水厂不合格品分类调查表

产品规格	浑浊/个	异味/个	瓶标缺陷/个
A	4	1	5
B	0	5	3
C	3	1	3

2. 缺陷位置调查表

某些产品的外观是考核的指标之一，外观的缺陷可能发生在不同的部位，而且有多种类型。缺陷位置调查表就是先画出产品平面示意图，把图面划分为若干小区域，并规定不同外观质量缺陷的表示符号。调查时，按照产品缺陷位置在平面图的相应区域内打记号，最后归纳统计记号，可以得到某一缺陷集中在哪一部位上的规律，这样能为进一步的调查或找出解决办法提供可靠的依据。

现以某咖啡包装袋的印刷质量缺陷位置调查为例说明，见图 6-1。

3. 质量分布调查表

质量分布调查表是通过对现场抽查质量数据的加工整理，找出其分布规律，从而判断整个生产过程是否正常。具体是根据已有的资料，将某一特征项目的数据分布范围分成若干个区间而制成的表格，用以记录和统计每一质量特征数据落在某一区间内的频数，参见表6-5。从表格的形式看，质量分布调查表与直方图等频数分布表类似，所不同的是质量分布调查表的区间范围是根据以往资料，首先划分区域范围，然后制成表格，以供现场调查记录数据；而直方图频数分布表则是先收集数据，再适当划分区间，然后制成图表，以供分析现场质量分布状况。

品　名	咖啡、包装袋	检查起止日期	
工　序	印刷	检查者	×××
调查目的	彩印质量	检查件数	100

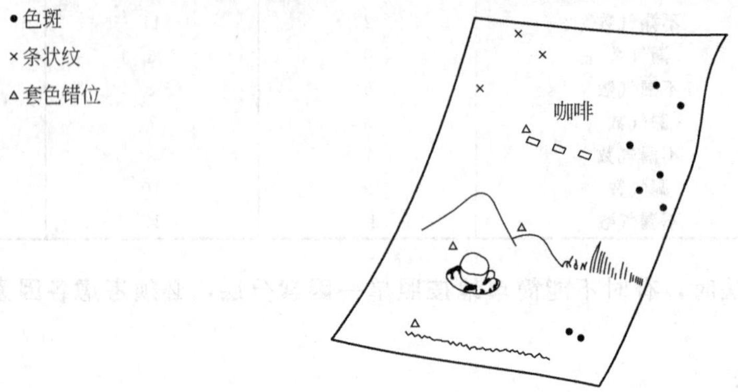

• 色斑
× 条状纹
△ 套色错位

图 6-1　咖啡包装袋的印刷质量检查图

表 6-5　某产品重量质量实测值分布调查表

产品名称：　　　　　　　　生产线：　　　　　　　　日期：

重量	频数	5	10	15	20	25	30	小计
	4.2							
	4.3							
下限	4.4	/						1
	4.5	/						1
	4.6	/						1
	4.7	// // /	// //					9
	4.8	// // /	// // /					10
	4.9	// // /	// // /	// // /	// // /	/		21
中心值	5.0	// // /	// // /	// // /	// // /	// // /	/	31
	5.1	// // /	// // /	// //				14
	5.2	// // /	/					6
	5.3	// // /						5
	5.4	//						2
	5.5	/						1
上限	5.6							
	5.7							
	5.8							
总计								100

主管：　　　　　　　　　　　　　　制表：

4. 矩阵调查表

矩阵调查表是一种多因素调查表，它要求把产品问题的对应因素分别排列成行和列，在其交叉点上标出调查到的各种缺陷、问题以及数量。这种方法是通过多元思考，明确解决问题的方法，它主要用来寻找新产品开发方案、分析产品不合格的原因等。矩阵调查表有多种形式，下面以油炸方便面加工为例说明，见表6-6。

表 6-6 油炸方便面不合格原因调查表

影 响 因 素	断　碎	混　汤	色　暗
面粉质量	⊙		
面粉湿度			⊕
干燥温度			⊙
揉面时间	⊕		
……			

注：⊙表示主要影响因素，⊕表示次要影响因素。

（四）相关图法

相关图法也叫散布图法，是用来研究、判断两个变量之间相互关系的图。对两个变量相关关系进行分析称为相关分析。

当分析、研究两个有关系的变量问题时，常有两种不同的关系：确定性的函数关系和非确定性的相关关系。确定性函数关系是两个变量之间存在完全确定的函数关系。非确定性的相互关系是非确定性的依赖或制约的关系。例如树木的年龄和直径之间的关系。

相关关系是可以借助统计技术来描述变量之间的关系，散布图就是解决这个问题的统计技术。

1. 相关图的基本形式

相关图由一个纵坐标、一个横坐标、很多散布的点组成，图6-2是某乳制品美蓝实验中，总菌数与美蓝褪色时间两个变量之间关系的相关图。

从相关图上的点的分布状况，可以观察分析出两个变量（x，y）之间是否有相关关系以及关系的密切程度如何。在质量管理活动中，

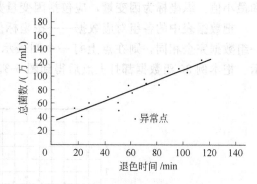

图 6-2 某乳制品总菌数与美蓝
退色时间的相关图

可以运用相关图来判断各种因素对于产品质量特性有无影响及影响程度的大小。当两个变量相关程度很大时，则找出它们的关系式，然后借助于这一关系式，只需观察其中一个变量就可以判断出另一个变量；还可以从控制一个变量，估计另一个变量的数值。

2. 相关图的作图方法

用一个酒厂的示例来说明相关图的作图步骤。

（1）**数据搜集** 某酒厂为要判断中间产品酒醅中酸度含量和酒度两个变量之间有无关系以及存在什么关系，使用相关图法。作相关图的数据一般应搜集 30 组以上，数据太少，相关就不明显，因而会导致判断不准确；数据太多，计算的工作量又太大。本例搜集了 30 组酒醅中酸度和对应酒度的数据，填入数据表中，把酸度定为自变量 x 值，对应的酒度定为

因变量 y 值，见表 6-7。

表 6-7　某酒厂测定酸度、酒度数据表

序号	酸度 x	酒度 y	序号	酸度 x	酒度 y
1	0.5	6.3	16	0.7	6.0
2	0.9	5.8	17	0.9	6.1
3	1.2	4.8	18	1.2	5.3
4	1.0	4.6	19	0.8	5.9
5	0.9	5.4	20	1.2	4.7
6	0.7	5.8	21	1.6	3.8
7	1.4	3.8	22	1.5	3.4
8	0.8	5.7	23	1.4	3.8
9	1.3	4.3	24	0.9	5.0
10	1.0	5.3	25	0.6	6.3
11	1.5	4.4	26	0.7	6.4
12	0.7	6.6	27	0.6	6.8
13	1.3	4.6	28	0.5	6.4
14	1.0	4.8	29	0.5	6.7
15	1.2	4.1	30	1.2	4.8

（2）作图　画纵坐标和横坐标。横坐标为自变量，取值范围应包括自变量数据的最大值和最小值。纵坐标为因变量，应包括因变量数值的最大值和最小值。

把数据表中的各组对应数据一一按坐标位置用坐标点表示出来。如果碰上一组数据和另一组数据完全相同，则在点上打一个圈表示⊙；如果碰上三个数据相同，则加上两重圈表示。把本例 30 组数据都打上点后得到图 6-3。

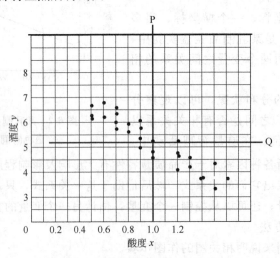

图 6-3　酒醅中酸度与酒度的相关图

（五）主次因素排列图法和因果图法

1. 主次因素排列图法

主次因素排列图法是寻找主要问题和影响质量的主要原因所使用的图。它是由两个纵坐标、一个横坐标、几个按高低顺序依次排列的长方形和一个累计百分比折线所组成的图。它的基本图形见图 6-4。

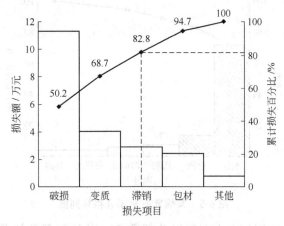

图 6-4 排列图的基本图形

现以某品牌炼乳抽样检验时质量不合格调查表中的数据为例（表 6-8）。

表 6-8 某炼乳质量缺陷调查表

项 目	水 分	总 糖	脂 肪	溶解度	杂质度	微量元素	异味	凝块
缺陷数	71	12	7	5	3	1	1	1

（1）排列图的作图法

① 搜集数据 搜集一定时期内的质量数据，按照类别整理加以分层、统计。

② 作缺陷项目统计表 为简化计算和作图，把频数较少的微量元素含量不足、有异味、有凝块三项缺陷合并为其他项目，其频数为 3。把各分层项目的缺陷频数，按由多到少顺序填入缺陷项目统计表，其他项放在最后。按表 6-8 中数据计算累计频数和累计百分比，并填入统计表 6-9 中。

表 6-9 项目缺陷统计表

序号	项 目	频 数	累计频数	累计百分比/%
1	水分	71	71	70.2
2	总糖	12	83	82.2
3	脂肪	7	90	89.1
4	溶解度	5	95	94.6
5	杂质度	3	98	97.0
6	其他	3	101	100.0

③ 绘制排列图 绘制排列图的步骤如下。

画横坐标，标出项目的等分刻度。本例共 6 个项，按照统计表的序号，从左到右在每个刻度间距下填写每个项目的名称。

画左纵坐标，表示频数。确定原点 0 和坐标的刻度比例，并标出相应数值。

按频数画出每一项目的直方图形，并在上方标示出相应的项目频数，如水分 71 等。

画右纵坐标表示累计百分比。画累计百分比折线。方法如下：

定累计百分比坐标的原点为 0，并任意取坐标比例（即累计百分比的比例与频数坐标的比例无关）；按各项目直方图形的右边线或延长线与累计百分比数值的水平线的各交点，用折线连接，如图 6-5。

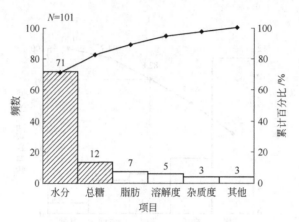

图 6-5 某炼乳质量不合格排列图

标注必要的说明。在图的左上方标以总频数 N，并注明频数的单位；在图的右下方或合适的位置填写排列图等名称、作图时间、绘制者及分析结论等。

（2）排列图的分析 绘制排列图等目的在于从诸多的问题中寻找主要问题并以图的形式表示出来。通常把问题分为 3 类，A 类属于主要或关键问题，在累计百分比 80% 左右；B 类属于次要问题，在累积百分比 80%～90% 范围；C 类属于一般问题，在累计百分比 90%～100% 范围。在实际应用中，切不可机械地按照 80% 来确定主要问题，它只是根据"关键的少数，次要的多数"的原则，给以一定的划分范围而言，A、B、C 三类应结合具体情况来选定。

（3）注意事项

① 主要项目以 1～2 个为宜，过多就失去了画排列图找主要问题的意义。如果出现主要项目过多的情况，就应该考虑重新确定分层原则，再进行分层。

② 其他项目应放置在最后。

③ 图形应完整。应该注意避免机械的按 80% 划分主次问题；应该注明标题栏以及在图上标注总频数 N、各坐标点的百分比、各项目的频数、左右纵坐标的名称、计算单位等。

④ 在采取措施后，为验证其实施效果，还要画新的排列图以进行比较。

⑤ 绘制排列图可以通过图形直观地找到主要问题，但是当问题的项目较少、主次问题已经非常明显时，也可以用统计表代替画图。

⑥ 为了更有效地分析问题和多方面采取措施，往往可以对一组数据采用不同的分层来绘制排列图。

2. 因果图法

因果图是表示质量特征与原因关系的图。产品质量在形成的过程中，一旦发现了问题就要进一步寻找原因。问题的产生往往不是一种或两种原因影响的结果，而常常是多种复杂原因影响的结果。在这些错综复杂的原因中，找出其中真正起主导作用的原因往往比较困难，因果图是能系统地分析和寻找影响质量问题原因的简单而有效的方法。因果图又叫特征要因图、石川图、树枝图、鱼刺图等，是一种系统分析方法。其形状如图 6-6 所示。

（1）因果图的作图要点

① 首先应该明确需要分析的质量问题和确定需要解决的质量特征，例如产品质量、质量成本、产量、销售量、工作质量等问题。

② 召集同该质量问题有关的人员参加的会议，充分发扬民主，各抒己见，集思广益，把每个人的分析意见都记录在图上。

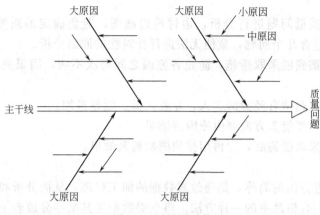

图 6-6　因果图形状

③ 画一条带箭头的主干线，箭头指向右端，将质量问题写在图的右边，确定造成质量问题的大原因。影响产品质量一般有五大因素（人、机器、材料、方法、环境），所以经常见到 5 大因素分类的因果图。不同行业，不同的问题应该根据具体情况增减或选定因素，把大原因用箭头排列在主干线两侧。然后围绕各大原因分析展开，按照中、小原因及相互间原因→结果的关系，用长短不等的箭头线画在图上，逐级分析展开到能采取措施为止。

④ 讨论分析主要原因，把主要的、关键的原因分别用粗线或者其他颜色的线标记出来，或者加上框进行现场验证。

⑤ 记录必要的相关事项，如参加讨论的人员、绘制日期、绘制者以及其他可供参考查询的事项。

图 6-7 是某乳品厂的质量管理小组为提高鲜奶的卫生质量分析其原因的因果图。

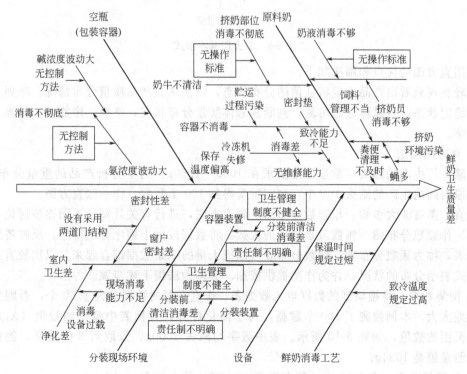

图 6-7　影响鲜奶卫生质量的因果图

（2）注意事项

① 要结合具体质量问题进行分析，边讨论边画图，避免确定的质量问题笼统不具体，或者一张因果图上包含几个问题，致使无法进行针对性的原因分析。

② 原因分析要细到能采取措施，防止各原因之间层次不清，因果关系颠倒，不同原因混淆。

③ 讨论分析时应邀请有经验的工人、专业人员、领导参加。

④ 画法要规范，如箭头方向要由原因到结果。

⑤ 对关键原因采取措施后，应再用排列图检验其效果。

（六）直方图法

直方图是频率直方图的简称，是通过对数据的加工整理，从而分析和掌握质量数据的分布状况和估算工序不合格品率的一种方法。将全部数据按其顺序分成若干间距相等的组。以组距为底边，以该组距相应的频数为高，按比例而构成的若干矩形，即为直方图，其基本形式见图6-8。

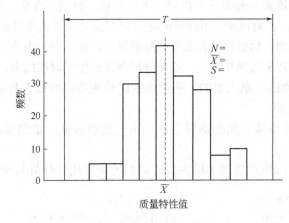

图 6-8　直方图基本形式

使用直方图的优点和用途如下：

比较直观地看出产品质量特征值的分布状态，以便掌握产品质量分布情况；序列工序是否处于稳定状态；对总体进行推断，判断其总体质量分布状况；掌握工序能力，估算工序不合格品率。

1. 直方图画法

某罐头厂生产的罐头，重量标准要求在 1000～1050g。为了分析产品的重量分布状况，搜集一段时间内生产的罐头 100 个，测定重量得到 100 个数据，作一张直方图。

作直方图有 3 大步骤：作频数分布图，画直方图，进行有关计算。下面逐步讨论。

（1）作频数分布图　频数就是出现的次数。将数据按大小顺序分组排序，反映各组频数的统计表，称为频数分布表。频数分布表可以把大量的原始数据综合起来，以比较直观、形象的形式表示分布的状况，并为作图提供依据。具体做法按下述步骤。

① 搜集数据　将搜集到的数据填入数据表。作直方图的数据要大于 50 个，否则反映分布的误差太大。本例搜集了 100 个数据，为了简化计算，数据表中每个测量值（X_i）只列出波动范围的数值，如表 6-10 所示。表中数字均减去 1000g，只取后 2 位数字。例如，34 代表的测量值是 1034g。

② 计算极差 R　表 6-10 中，最大值 $X_{max}=48$，最小值 $X_{min}=1$。

$$R = X_{\max} - X_{\min} = 48 - 1 = 47$$

表 6-10　产品重量（质量）数据表　　　　　　　　　　　　　　　g

43	28	27	26	33	29	18	24	32	14
34	22	30	29	22	24	22	28	48	1
24	29	35	36	30	34	14	42	38	6
28	32	22	25	36	39	24	16	28	16
38	34	21	20	26	20	18	8	12	37
40	28	28	12	30	31	30	24	28	47
42	32	24	20	28	34	20	24	27	24
29	18	21	46	14	10	21	22	34	22
28	28	20	38	12	32	19	30	28	19
30	20	24	35	20	28	24	24	32	40

③ 进行分组　组数 k 的确定要适当，组数太少会掩盖各组内的变化情况，引起较大的计算误差；组数太多则会造成各组的高度参差不齐，影响数据分布规律的明显性，反而难以看清分布的状况，而且计算工作量大。组数的确定可以参考组数选用表，见表 6-11。本例取 $k = 10$。

表 6-11　组数选用表

数　据　数　目	组　　　数	常用分组数
50～100	6～10	
100～250	7～12	10
250 以上	10～20	

④ 确定组距 h

$$h = \frac{R}{k} = \frac{47}{10} = 4.7 \approx 5$$

⑤ 确定各组界限　为了避免出现数据值与组的边界值重合而造成频数计算困难的问题，组的边界值单位应取最小测量单位的 1/2。本例表 6-10 中所有数据的最小位数为个位数 1，因此 1/2 最小测量单位是 $1/2 \times 1 = 0.5$。分组的范围应能把数据表中最大值和最小值包括在内。

第一组的下限为：

$$最小值 - \frac{最小测量值}{2}$$

本例第一组下限为：

$$X_{\min} - \frac{1}{2} = 1 - \frac{1}{2} = 0.5$$

第一组上界限值为下界限值加上组距：

$$0.5 + 5 = 5.5$$

第二组的下界限值就是第一组的上界限值，第一组的上界限值加上组距是第二组的上界限值。依此类推，分出各组的组界。

⑥ 编制频数分布表　填入组顺序号及上述已经计算好的组界。

计算各组组中值并填入表中。各组的组中值为：

$$X_{中} = \frac{上界限值 + 下界限值}{2}$$

实际上上组的组中值加上组距就是下一组的组中值。

统计各组频数。统计时可以在频数栏里划记号。统计后立即算出总数 $\sum f$，看是否与数据总个数 N 相等。

频数分布表暂时先做到这里，其他栏目以后再填。

（2）画直方图

① 先画纵坐标，再画横坐标。纵坐标表示频数，定纵坐标刻度时，考虑的原则是把频数中最大值定在适当的高度。本例中频数最大为 27，就将适当高度定为 30，原点为 0，均匀标出中间各值。

② 横坐标表示质量特征。定横坐标刻度时要同时考虑最大、最小值及规格范围（公差）都应含在坐标值内。本例中最大值 $X_{max}=48$，最小值 $X_{min}=1$，规定下限 T_1 为 0，上限 T_u 为 50，因而坐标轴范围应包括从 0～50g。在横坐标上画出规格线，规格下限与频数坐标轴稍微留一些距离，以方便看图。

③ 以组距为底，频数为高，画出各组的直方图形。

④ 在图上标图名，计入搜集数据的时间和其他必要的记录。总频数 N、统计特征 $\overline{X}$ 值与 S 是直方图上的重要数据，一定要标出。见图 6-9。

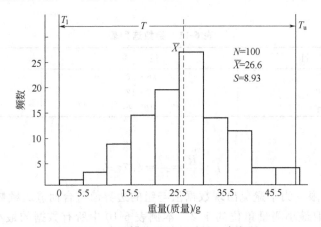

图 6-9　火腿罐头重量（质量）直方图

2. 直方图的定量描述

如果画出的直方图比较经典，对照以上各种典型图，便可以作出判断。但是实践活动中画出来的图形多少有些参差不齐，或者不那么经典，而且，由于日常的生产条件变化不大，因此画出来的图形较相似，往往从外形上难以观察分析，得出结论。如果能用数据对直方图进行定量的描述，那么分析直方图就会更有把握一些。描述直方图的关键参数是平均值和标准偏差。

（1）平均值 $\overline{X}$ 的计算　用表 6-10 的数字计算得

$$\overline{X}=\frac{\sum x}{N}=\frac{43+28+27+\cdots\cdots+40}{100}=26.6$$

（2）标准偏差 S 的计算　用标准偏差的计算公式计算得：

$$S=\sqrt{\frac{\sum(x-\overline{x})^2}{N-1}}=\sqrt{\frac{(43-26.8)^2+(34-26.8)^2+\cdots\cdots+(40-26.8)^2}{100-1}}=8.93$$

直方图中，平均值 $\overline{X}$ 表示数据的分布中心位置，它与规格中心 M 越接近越好。

直方图中，标准偏差 S 表述数据的分散程度。标准偏差 S 决定了直方图图形的"胖瘦"，S 越大，图形越胖，表示数据的分散程度越大，说明这批产品的加工精度越差。

据此,再观察生产数据直方图(图 6-10),就可以容易地注意到 7 月份和 8 月份这两个月的生产状况是有差异的:$\overline{X}_8$ 比 $\overline{X}_7$ 更靠近规格中心 10.25,表明控制得更合理;S_8 比 S_7 小,说明控制更严格,质量波动小。因此,8 月份生产的产品质量要更好些。

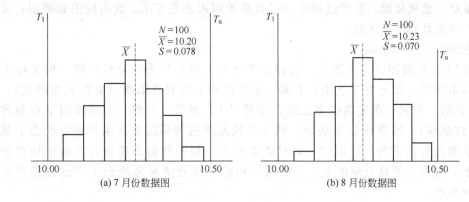

图 6-10 生产数据直方图

3. 直方图与分布曲线

当产品处于控制状态时,通过从总体中随机抽取样本测得的质量特征数据,可以计算出样本的平均值 $\overline{X}$、标准偏差 S 和画出直方图。可以设想,随着抽样的样本数量不断增加,直方图的分组数也不断增加,组距不断减少,直方图形也就越来越密,继而得到连续的分布曲线。这就是说,当生产处于稳定状态下,总体存在着一定的分布,且其统计特征值的参数是平均值为 μ,标准偏差为 σ,然而从理论上说,μ 和 σ 是无法精确计算的。据数理统计学的原理可知:当总体服从正态分布规律时,由随机抽取得到的样本质量数据,也服从正态分布规律,而且样本的平均值 $\overline{X}$ 近似于总体的平均值 μ,样本的标准偏差 S 近似于总体的标准偏差 σ。因此,在质量管理中对于样本而言,常以 $\overline{X}$、S 来表示总体统计特征值,用来估计和推断总体的 μ 和 σ。

4. 注意事项

① 抽取的样本数量过小,导致产生较大的误差,可信度低,也就失去统计的意义。一般样本数应不少于 50 个。

② 分组数 k 选用不当,组数 k 选的偏大或偏小,都会造成对分布状态的判断有误。

③ 直方图一般适用于计量值数据,但在某些情况下也适用于计数值数据,这要依绘制直方图的目的而定。

④ 图形不完整,标注不齐全。直方图上应标注:公差范围线,平均值 $\overline{X}$ 的位置(用点划线表示),$\overline{X}$ 不能与公差中心位置 M 相混淆;图的右上角标出 N,$\overline{X}$,S 的数值。

(七)控制图法

控制图又叫管理图,它是用于分析和判断工序是否处于控制状态所使用的带有控制界限线的图。

控制图是通过图形的方法,显示生产过程随着时间变化的质量波动,并分析和判断它是由于偶然性原因还是由于系统性原因所造成的质量波动,从而提醒人们及时作出正确的对策,消除系统性原因的影响,保持工序处于稳定状态而进行动态控制的统计方法。

1. 控制图的原理

当生产条件正常、生产过程处于控制状态时(生产过程只有偶然性原因起作用),产品总体的质量特性数据的分布一般服从正态分布规律。由正态分布的性质可以知道，质量指标值落在±3σ范围内的概率为99.7%；落在±3σ以外的概率只有0.3%。按照小概率事件原理，在一次实践中超出±3σ的范围的小概率事件几乎是不会发生的。若发生了，则说明工序已不稳定。也就是说，生产过程中一定有系统原因在起作用。这时应追查原因，采取措施，使工序恢复到控制状态。

2. 控制图的基本形式

图6-11是控制图的基本形式，它有2个坐标。纵坐标为质量特性值，横坐标为抽样时间或样本序号。图上有3条线：上面一条虚线叫上控制界限线（简称上控制线），用符号UCL表示；中间一条实线叫中心线，用符号CL表示；下面一条虚线叫下控制界限线（简称下控制线），用符号LCL表示。这3条线是通过搜集过去在生产稳定状态下某一段时间的数据计算出来的。使用时，定时抽取样本，把所测得的质量特性数据用点子一一描在图上。根据点子是否超越上、下控制线和点子排列情况来判断生产过程是否处于正常的控制状态。

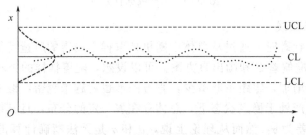

图6-11 控制图的基本形式

3. 控制图的种类

（1）**按统计计量分类** 即按测量值性质的不同，控制图大致可分为计量值控制图和计数值控制图两大类。

（2）**按照用途分类** 按用途的不同，控制图也可以分为两类。

① **分析用控制图** 用全数连续取样的方法获得数据，进而分析、判断工序是否处于稳定状态。利用控制图发现异常，通过分层等方法，找出不稳定的原因，采取措施加以解决。

② **控制（管理）用控制图** 按程序规定的取样方法获得数据，通过打点观察，控制异常原因的出现。当点子分布出现异常，说明工序质量不稳定，找出原因，及时消除异常影响因素，使工序恢复到正常的控制状态。

二、质量诊断与改进

所谓质量诊断，它是指对受诊企业的产品、过程或质量管理工作进行诊察，以判定其产品或服务质量是否满足规定要求，或其质量管理工作是否适当、有效，查明发生存在问题的原因，并指出改进和提高方向、途径和措施的全部活动。包括质量管理诊断和产品质量诊断。

质量管理诊断 指的是对企业有关质量管理职能的有效性进行诊断，从组织上和策略上保证企业的产品始终处于控制状态。

产品质量诊断 指的是定期地对已交库的产品进行抽查试验，检查产品质量能否满足用户的需要。通过诊断检查，掌握产品的质量信息，以便及早采取措施加以改进。

1. 质量管理诊断的定义及目的

质量管理诊断就是根据企业的申请，由有关专家组成诊断组，对企业的质量管理工作现状进行调查分析，找出存在的问题及产生问题的原因，提出切实可行的改进方案，并写出诊断报告书。

质量管理诊断的目的主要有以下几点。

① 为了推进企业全面质量管理，增强企业素质，保证产品质量，提高经济效益。

② 企业为了改善质量管理，提高产品质量，增强企业主动竞争能力。

③ 随着经济体制的改革，企业的质量管理机构、产品检验形式和检验机构的设置需要质量管理诊断来加以解决。

④ 企业为了使自己的产品能够得到某种资格认证，由国内或国外规定的或公认的部门来进行质量管理诊断。

2. 质量管理诊断的组织工作

(1) 诊断组人员的条件 诊断人员的业务、技术水平和实际工作经验，对搞好诊断关系极大，应由一位具有一定政治素养，作风民主且又懂业务和技术的有诊断经验的专家担任组长。由各专题小组组长组成一个核心组，以便协调各小组的工作进度，商议有关问题，确定改进方案和撰写诊断报告等。

诊断组人员按需要而定，一般以15人左右为宜，工作时，可按诊断提纲的内容分成几个专题诊断小组，每个小组2～3人。专题小组可灵活分工，按现场需要可分综合小组、产品开发小组、生产现场小组等。

诊断人员一般应具备下列条件。

① 能正确领会和执行国家有关产品质量的各项方针政策，责任心强，谦虚谨慎，热心于质量管理诊断工作。

② 熟悉并掌握全面质量管理的理论、方法和数理统计工具，会熟练运用，并且能掌握其他现代管理技术，具有一定分析问题的能力。

③ 知识面广，具有较高的企业管理知识，并至少懂一门专业技术。

④ 从事质量管理工作多年，并在企业做过质量管理的实际工作或领导工作，对企业情况熟悉，具有丰富的实践经验。

⑤ 具有一定的组织能力和独立工作能力，处理问题客观、公正，坚持原则，并能保守企业机密，遵守有关规定和制度。

⑥ 具有一定的观察分析问题的能力。易于共事，努力完成所分配的任务。

总之，诊断组的组成和诊断人员的素质及业务技术水平，是搞好诊断工作的重要因素，应该严格要求。

(2) 诊断提纲 诊断提纲的制订是搞好诊断工作的基础。在进行主体诊断之前，诊断组应根据诊断的目的，针对诊断主题，制订出具体的诊断提纲。

诊断的目的和专题不同，应当有不同的诊断内容和诊断提纲。在制订诊断提纲时，首先要参照国家标准GB/T 10300，结合本企业的具体情况，确定采用哪些主要指标，并在实际工作中具体实施。企业的诊断提纲一般包括十二个方面的内容，如表6-12所示，每个方面又包括若干条内容，在诊断时还可给每条规定评价用加权分，表6-12中所列条数和加权分仅作参考。

如果不是对企业的质量管理进行全面诊断，则可根据诊断的目的，选用其中所需要的部分，或者另行拟定针对性更强、更详细的诊断提纲。有了诊断提纲，就可以使诊断工作能够更系统地进行，不致遗漏某些方面的调查。

表 6-12　诊断提纲表

序　号	诊　断　提　纲	包括条数	加　权　分
1	推行 TQC 取得的成效	13	100
2	工厂方针、目标管理	12	100
3	质量意识和质量管理教育	9	80
4	领导管理机构和制度	14	100
5	质量管理机构和制度	5	60
6	新产品设计开发的质量管理	7	80
7	制造过程的质量管理	41	200
8	使用过程的质量管理	10	60
9	质量信息管理	3	60
10	群众性质量管理	10	60
11	质量成本	3	40
12	质量审核	7	60
合计		134	1000

（3）评价方法　所谓评价就是要得出各项管理工作数量化的指标，然后得出整个企业的管理工作数量化指标。但是由于管理工作中大部分都是定性的内容，而且评定内容的可比性较差，受评审员的主观因素影响较强。为了尽量避免主观因素的影响，尽可能地反映客观实际情况，一般采用两种评分方法。

① 直接评分法　这是综合评定中最简单的一种方法，通常的做法是：a. 将评定系统分解为若干因素或评定内容；b. 根据内容的多少和复杂程度确立若干分制，如百分制，十分制，五分制等；c. 根据评定内容的重要程度确定评分幅度；d. 评审员根据事先规定的标准对评定的内容逐条评分，并计算总分；e. 计算总平均分，并按平均分高低作出评价。若评定的目的是对若干评定对象进行比较时，可按平均分高低排出优劣次序。

直接评分法与其他综合评定一样，不论对任何质量特性都可以通过评分做到统一尺寸，以达到综合评定的目的。直接评分法由于具有简单、直观和易于推广等优点，因而在各类评定中被广泛采用。

② 加权综合评定法　采用这种方法时，要对评定系统的每一因素（一般不宜过多）按其重要程度分配给相应的权数，然后将各因素的评分进行加权平均。加权综合评定一般分五个步骤：a. 合理地选定评定因素；b. 确定因素的评定标准；c. 确定各因素的权数；d. 按标准对各因素分别作出评定；e. 计算评定结果并进行综合比较。

以上的 a、b 两项主要取决于评判人员对评定对象的了解，一般以决策表的形式进行。

3. 诊断工作程序和诊断方法

为了保证诊断工作有序地进行，快捷、准确地找到问题、分析原因和提出切实可行的改正方案，整个诊断工作程序一般分成四个阶段，即工作准备阶段，现场调查阶段，综合评价阶段和实施指导阶段。

（1）工作准备阶段　主要工作如下。

第一步是诊断组全体人员学习"质量管理诊断提纲"和评价方法，统一思想、明确认识，并进行分工。

第二步是听取企业对本次诊断的希望和要求，并与工厂领导人商谈诊断的主题和初步计划。

第三步是观察现场，重点看企业的生产工艺流程，原材料来源及其质量情况，产品类型，销路，技术要求，质量管理手段和管理水平，以及全厂职工精神面貌和厂风厂纪等等。

第四步是接受诊断企业的准备工作，在准备工作的诊断中首先是资料的准备：①企业的基本情况，近年来主要生产、技术、经济指标，国内外同行业相应的指标；②有关产品及产品质量情况。如产品的功能、用途、特点，采用的技术标准，质量水平对比资料；③有关的生产工艺资料。如工艺流程及关键工序，关键设施，质量保证手段等；④企业推行全面管理的有关资料；⑤企业的各种管理制度与工作标准，以及考核办法等；⑥用户访问报告及用户对产品的评价资料；⑦职工培训和质量管理教育资料；⑧近年来质量升级创优规划及有关资料；⑨新产品开发及技术改造规划等资料；⑩生产计划、原材料管理和销售服务管理资料；⑪设备技术状态及管理等资料；⑫工厂方针目标及质量体系的资料；⑬有关质量信息管理及反馈资料；⑭奖惩制度等。

其次是组织准备，主要是确定企业参加诊断活动的联络员和工作人员，这样，既可以为诊断组当联络指导，又可在诊断活动中掌握调查分析问题和科学诊断的技能，还可在诊断组离开企业后，抓好改进方案的落实和实施，提高企业的管理水平。

再次是思想准备，统一企业各类人员的思想认识，保证诊断工作的顺利进行，也可以有针对性地举办质量管理讲座，提高管理人员素质。

(2) 现场调查阶段 这是一个很重要的阶段，必须严格地按规定程序进行，以便作出切实可行的改进方案。这一阶段的主要内容和方法有下列几方面。

第一步是进行企业基本情况的调查，可以采用由诊断企业的人员介绍有关企业的组织机构、产品结构、当前产品的销售情况、企业的管理现状、目标管理、产品质量情况、全面质量管理的作法、取得的成效，以及当前存在的问题等。

第二步是关于企业生产经营及生产过程现状的调查，主要了解下列内容：①产品的性能和信誉；②技术规程；③质量指标与内控标准；④检测手段与试验设备的控制；⑤原材料来源和保管制度；⑥企业内部经营管理和生产控制；⑦产品制造过程中的工艺流程；⑧生产秩序；⑨生产工人所使用的质量管理方法。

第三步是分组对诊断专题进行深入调查。

要查看规划、计划、文件资料、规章制度，要查看原始凭证、工作程序、工作标准，必要时可抽查产品零部件实物质量等。

(3) 综合评价阶段

第一步是将收集的资料、数据和调查的情况应用数理统计方法和工具进行整理分析，制成图表。并根据整理分析的资料和图表，诊断小组对照诊断提纲的要求，进行讨论评价，肯定成绩，找出问题点，填写记录表。

第二步是制订改进方案，按诊断的每个专题，找出的问题点，提出相应的改进方案。

第三步写诊断报告，一般按下列步骤进行：①诊断组汇总各专题小组的评价意见，写出初步报告，内容包括：诊断的目的，现状，主要问题，改进重点和改进方案，实施后可能取得的技术和经济效果，以及所需的改进费用；②同工厂有关领导交换意见，并修正不确切的部分；③经过诊断组进一步讨论修改，向工厂正式提出书面诊断报告。

第四步召开诊断报告会，诊断报告会不单是诊断结果发表会，而且也是一次科学管理技术知识的宣讲会和落实质量管理改进方案的动员会。

(4) 实施指导阶段 方案的实施指导是诊断工作的重要组成部分，目前我国有些企业由于生产管理工作落后，往往花了很多人力物力进行质量诊断，确定了最佳方案，根据质量要求制订了一系列的工艺操作规程，但在执行中仍存在很多问题，不认真执行操作规程，质量不稳定。因此，诊断小组确定最佳改进方案后要经常到现场去与有关人员一起进行实施指导。这是具体帮助企业实施改进方案的重要阶段，决不可忽略。

4. 提出改进方案和诊断报告

（1）制订改进方案

① 对制订改进方案的要求　改进方案是被诊断企业今后改进工作的依据。因而，改进方案制订得正确与否关系到企业的质量管理工作能否取得成效。对改进方案的要求是：正确，具体，针对性强。

② 制订正确的改进方案　要制订正确的改进方案关键应在于找准问题，分析判定其影响程度及产生的原因。

（2）诊断报告　诊断报告是诊断工作的总结，是在改进方案的基础上写成的，报告一般以文字为主，辅以图表。

① 诊断报告的内容　可分为以下三部分。

第一部分为基本情况，主要叙述诊断的目的，进行诊断的时间，调查时所用的资料，对哪些部门和人员作过调查，以及诊断工作的程序和方法。

第二部分是评价对被诊断企业有关质量管理工作方面的成绩和存在问题，归纳成几个方面，肯定成绩，指出问题。然后，再就几个重要问题，深入进行分析和评价。

第三部分为针对存在的主要问题，提出建议和改进措施，并指明要求实施的轻重缓急。

② 写好诊断报告　撰写时应注意下列几点。

第一点，主题要明确突出。诊断报告要抓住主要矛盾，把诊断中要重点解决的少数几个问题归纳总结好，解决好，不要面面俱到。

第二点，结构要严谨。一般报告由简短前言和正文两部分构成。前言中要明确提出诊断的目的结论，并对报告的全部内容加以梗概的说明。正文是报告的主体。这部分一般首先提出结论，再按重要程度依次列举构成结论的各个要素，并进行理论概括，然后提出例证或进行适当解释。总之，报告结构的特点是结论在先，论述过程在后。

第三点，要有科学性。所谓报告的科学性，就是要真实地反映客观事物的本质及其变化规律，引用的数据必须准确无误，使用的语言必须准确、恰当。

第三节　食品质量设计

设计和开发是产品质量形成过程的关键环节，任何产品的开发都要研究产品的质量问题。产品的固有质量是在设计阶段完成的。如果产品质量不符合要求，就会形成产品质量的"先天不足"，这在后序的生产和服务环节中是无法弥补的。因此，在产品质量的形成过程中，控制产品的设计质量是非常重要的。

质量设计过程贯穿于产品开发的始终，它包括对消费者及消费者需求的研究、产品和工艺的技术可行性研究、产品开发程序的实施、产品设计、过程设计、质量设计管理等。同样，在食品质量设计和新产品开发的过程中，为满足消费者对食品质量安全、卫生、营养、高品质的需求，食品企业更应该积极引进国外先进的质量设计概念与方法，结合自身的生产特点，更加科学地合理地应用，以便为社会生产出适合不同层次需要的优质安全食品。

一、设计过程与产品开发

（一）设计过程

在市场竞争日趋激烈的今天，食品企业要想在竞争中立于不败之地，要想更好地生存和发展，必须持续不断地研究和开发新的产品，否则就有被淘汰的危险。另外，随着科技的快速发展，新材料、新技术、新装备在食品行业中的使用，使得食品的市场寿命期明显缩短，促使研发人员更快地设计开发出新的食品。

1. 不同类型的新产品

食品伴随着人类的发展而发展。不同历史时期、不同区域、不同民族的食品相互渗透、相互影响，形成许多新式食品。尤其是近年来，新的食品概念、新技术和新材料的应用，为食品的产品开发提供了动力。新产品可以是一种新的包装概念，也可以是全新创造一种新产品。每种类型的新产品在其设计阶段都有不同的特点。

(1) 新概念产品　它是对现有产品进行概念包装而适度修改的产品。例如，为了增加消费者对健康食品的关注，将大豆食品再次定义，突出它具有大豆蛋白、异黄酮等保健成分，有良好的保健功能并进行专门的产品设计。

(2) 系列产品　它是在现有产品的基础上，扩展成为系列产品。例如，在鸡肉汤料基础上，增加猪肉汤料、牛肉汤料、海鲜汤料等。这种产品的设计费力少、收效快，生产上改动也少，而且对产品的市场营销也有利。

(3) 方便型产品　它是将现有产品转换成方便型产品。例如，将液体食品转变为浓缩态、固态食品等。

(4) 新配方产品　它根据消费者需求的变化和原材料的变化，设计新的配方，以获得更好感官品质、更低的产品成本。这种更新的设计开发时间也短，投入少，收效快。

(5) 新包装产品　它是对现有产品采用新的包装概念而改进的，如采用气调包装技术可以延长食品的保质期。

(6) 移植型产品　它是将外来食品或其他类别的食品，根据市场或企业生产的特点，加以移植，整合而形成新的产品。

(7) 创新产品　它是一种崭新的前所未有的产品。创新产品通常需要较高的经费投入，有着较高的市场不确定性和技术的不确定性，有一定的风险性。

2. 设计步骤

新产品的开发是一项复杂的技术与管理工作。其基本任务是将消费者期望转化为产品构思方案和各种技术规范，完成样品及小批产品试制，通过鉴定和消费者对产品的使用检验，进一步完善设计，最终完成定型，使产品质量既能使消费者满意又能使组织投资者获得好的经济效益，做到技术先进，经济合理，易于生产，便于质量控制。而传统的产品开发只注重产品概念和产品小试，忽略设计程序的首要任务——收集消费者的需求，缺乏对消费者的调查和了解，主观地将设计者的想法作为消费者的需求，导致产品开发不易成功。实际上，产品的设计过程是产品开发与过程设计相互作用的过程，过程设计要满足产品开发需要的条件，确定相应的加工条件和设施；产品开发是通过各种活动将消费者的愿望转化为能够有效生产的产品。食品产品开发设计工作程序见表6-13。

表 6-13　食品产品开发设计工作程序

序 号	阶 段	程 序 内 容
1	决策阶段	产品构思；先行试验研究；开发决策(设计任务书)
2	样品设计阶段	初步设计；技术设计；工作图设计
3	样品试制阶段	样品试制；样品试验；样品鉴定
4	改进设计阶段	改进设计
5	小批试制阶段	小批试制；鉴定；试销售
6	批量生产阶段	产品定型；批量生产

(1) 新产品构思　按市场调查和预测得到的消费者对食品产品的要求和隐含需求，在统计分析各种条件的基础上，对新产品提出初步设想和构思，并对构思创意进行筛选。

(2) 先行试验阶段　对新产品所采用的新原理、新材料、新工艺、新配方进行试验研究，具体解决新产品研制过程中的一些理论问题和技术问题，确定新产品开发的可行性，为新产品开发提供科学依据。

(3) 开发决策　对不同方案进行技术、经济评价，提出设计任务书。

(4) 初步设计　提出关键技术问题及解决方案，也可同时提出几个方案，通过可行性分析、方案论证和评审，择优选用。

(5) 技术设计　对新产品的技术指标和工艺参数进行设计和计算，修正总体设计方案，并绘制有关图表，技术设计完成后进行设计评审。

(6) 工作图设计　完成全部设计图纸和编制必要的技术资料，包括产品技术规范、设计计算书、产品说明书、合格证、试验规范、鉴定大纲、装箱单等，并进行评审。

(7) 样品试制　试制前的准备工作有：进行工艺方案设计和工艺规程编制等。样品试制要严格按照设计图和技术规范进行生产，保证其技术性能在样品上如实反映出来。同时设计研发人员要跟踪服务，建立试制跟踪记录，及时反馈信息，以便不断改进。

(8) 样品试验　样品生产出来后要根据试验规范进行全面的试验。包括食品的理化试验、微生物试验和感官鉴评试验。对试验的各种数据，通过统计分析做出评价，对发现的问题进行原因分析，并及时采取措施加以解决。

(9) 样品鉴定　审核新产品设计的正确性和样品性能参数能否达到设计方案的要求。鉴定一般由企业技术主管部门邀请有关专家、消费者代表参加。鉴定通过后写出鉴定报告。

(10) 改进设计　根据样品鉴定时提出的问题和建议，按必要性和可能性分别纳入产品设计文件和改进计划，以便对样品进行早期改进。改进设计结束后要经最终设计评审后方可定型。

(11) 小批试制　其主要任务是对生产工艺进行验证和评审，包括验证工艺方案、工艺流程、操作方法、检测方法、原材料及生产组织是否适应批量生产的要求。

(12) 中批试制　中试阶段应在实际食品生产线上完成，产品经过包装，进行一系列试验。中试的产品要进行安全性检验和感官评定，确定食品的保质期；通过感官鉴评，改善产品的感官品质。分析生产过程中的潜在危害，提出相应的控制措施，确定工艺参数和工艺条件，确定生产流程、生产设备布置，评价各种原材料的质量与可靠性。

(13) 试销售　产品入市一般先精心选择一个试销市场，选择适当时机和适当方式将产品导入市场。试销的产品尽可能提供给具有代表性的消费者使用，以便尽早获得产品使用中的有关信息，尽早进行分析和改进质量。

(14) 产品定型　新产品投入批量生产前做好图纸和工艺定型、评审，做好生产设备和检测设备准备工作，进行生产组织的调整，然后正式投产。

(15) 批量生产　该生产阶段产品是在实际生产条件下完成的，应着重做好质量控制计划的实施和现场服务工作，收集反馈生产过程中的质量信息，为改进设计提供依据。

当产品全面推向市场后，仍应全面监控销售状态，倾听消费者的意见，不断加以改进。消费者总是不断地要求改进质量，提供更丰富的产品，总是在比较各种产品的价格与价值。因此，企业的产品质量设计已成为对市场影响最大的因素之一。产品一旦投放市场，产品的规格和系列生产设备布置一般不再做大的改变。重新设计的成本都很高，所以大多数企业都特别重视产品的质量设计。

（二）产品开发

1. 食品质量对技术设计的要求

食品是各种供人食用或饮用的成品和原料，由于这些原料性质各异，加工方法又多种多样，在产品开发时，要充分考虑产品对原料和加工方法的要求。

（1）产品质量的稳定性　食品原料从采收到加工整个过程都会受到物理性、化学性和微生物的危害，导致质量下降，甚至出现腐败变质现象。为了保持产品质量的稳定，可以通过技术手段加以控制。如通过调节 pH、水分活度和使用添加剂、选择适当加工工艺、选择适合的包装方式等，这些在质量设计的早期就应予以考虑。

（2）产品的安全性　食品的安全性是第一位的，如果生产的食品存在安全隐患，消费者食用后会造成伤害，那么不论这样的食品营养价值有多高，是多么的新潮，这样的食品也是不能食用，不能投向市场的。所以，设计者要从产品概念开始到产品投放市场，对安全性问题分阶段评估。有关卫生操作、卫生工艺设计和加工参数等都要在工艺设计中完成。产品贮运和流通条件、消费者的食用方法等也应在有关食用说明书中注明，防止产品生产和消费所有环节中各种潜在风险的发生。

（3）产品的营养价值　在产品的设计过程中，要充分考虑食品的营养价值能够最大限度地满足消费者的需求，特别是在食用方法和加工方法方面要加以考虑。如某些食品需要消费者二次加工的，在设计时应考虑加工的适宜条件，或油炸，或蒸煮，或煎炒，使其营养价值更高等。

（4）原料问题　食品加工的原料往往有季节性。企业在不同区域组织原料，按生产要求进行贮存，不同贮存条件、不同产地的原料，其成分和加工性状也不同。为保持产品质量的稳定，需要选择专门的原料产地和恰当的贮存方法。对于原料的改变，有时要用调整配方和工艺条件的方式来解决，这在产品开发和确定产品规格时应予以考虑。

（5）生产方法和环境保护问题　产品开发时应对所采用生产方法和对环境的影响进行评估。对消费者的接受程度进行分析。如转基因食品的生产方面，目前对其安全性研究尚无统一标准，消费者接受程度有很大的不确定性。在产品开发时都要认真研究。

（6）产品的包装问题　由于包装材料中的某些成分（如色素、塑性剂等）可能会迁移到食品中，对食品的安全性和风味带来影响。所以在设计过程中应充分考虑哪些食品适合哪种包装材料与包装方法，以确保在包装过程中的食品安全。

2. 产品开发的技术工具

在产品开发的每一个环节需要进行分析、评价和选择，常借助于一些技术方法和技术工具对产品的品质、保质期及生产环节的潜在危害进行分析。食品开发过程中常用的技术性方法和工具有下面五种。

（1）食品的感官鉴评技术　食品感官鉴评是以人的感觉为基础，通过感官评价食品的各种属性，经过统计分析获得客观结果。在鉴评过程中，其结果受客观条件和主观条件的影响，客观条件包括外部环境条件和样品的制备，主观条件包括参与感官鉴评试验的人员的基本条件和素质。只有在控制得当的外部环境条件中，经过精心制备试样和参与试验的鉴评人员的密切配合，才能取得可靠且重现性好的客观鉴评结果。

（2）保质期试验　保质期试验是定期比较食品的感官指标、微生物学指标和理化指标，当试样与控制样之间出现显著差异或超出预定范围时，可根据受试时间判断保质期是否达到预期目标。它分为长期试验和加速试验两种。长期试验是将试样贮存于市售产品相同的环境条件下测试；加速试验是将试样在人为设定的极端条件下加速陈化，尽快得到结果。长期试验用于评定最终的投放市场产品的保质期，加速试验用于估计原型产品的保质期。

（3）微生物预测模型 建立于计算机基础上的对食品中微生物的延迟、生长、残存和死亡进行数量化预测，在不进行微生物检测的条件下快速对产品安全性和货架期进行预测，实现从生产到产品的贮存、销售整个体系的安全监控，保证食品的安全。分为以下三个层次。

① 初级模型 微生物量与时间的函数关系。

② 次级模型 初级模型的参数与环境条件（例如温度、pH、水分活度 A_w 等）变量之间的关系。

③ 三级模型 建立在初级和次级模型之上的电脑应用软件程序。

目前世界上应用最广的是 PMP 预测技术软件。PMP 是评估特定环境下微生物生长行为的模型库。通过用户界面得到不同环境条件下不同微生物的信息。在美国约有 50% 的食品加工企业进行应用指导。英国、美国、澳大利亚等发达国家已经建立了微生物预测模型的数据库或软件，如 ifr，Combase 和假单胞菌数据库等。

（4）专家系统 以电脑为工作平台，将有关专家经验、科学公式组成专业数据库，可以分析食品成分、工艺条件和产品品质之间的相互关系。如英国开发了蛋糕开发专家系统，可以对产品配方、工艺条件、感官性状、产品保质期进行预测。专家系统一般用于原型产品生产之前的模拟。

（5）危害分析与关键控制点（HACCP） 在产品开发时，可以借助 HACCP 体系评价生产过程中各种潜在危害，并确定关键控制点。在设计过程中提出监测和控制的方法、卫生措施，以保证产品质量。

3. 质量功能展开

质量功能展开（quality function deployment，QFD）是一种强有力的综合策划技术。它是把消费者对产品的需求进行多层次演绎分析，转化为产品的设计要求、工艺要求和生产要求的质量策划、分析、评估的工具，用来指导产品的稳健设计和质量保证。1972 年日本首次提出，后在美国进一步发展，并在世界范围内得到应用。QFD 产生初期，主要应用于电子产品、软件和军工产品，近年来广泛应用于食品工业。QFD 的基本原理是用"质量屋"（quality house）的形式，量化分析消费者的需求与控制措施之间的关系度，经数据分析处理找出对满足消费者需求贡献最大的控制措施，即关键措施，从而指导设计人员抓住主要矛盾，开展稳健性优化设计，开发出消费者满意的产品。

（1）食品质量屋的基本结构 食品质量屋是一种形象直观的二元矩阵展开图，主要由 7 部分组成（图 6-12）。其结构借用了建筑上的术语，形象地喻示 QFD 方法的结果是使消费者可以在质量大厦的庇护下，满意地享用他们所需要的产品和服务。采用质量屋的形式进行矩阵展开，不但直观易懂，具有吸引力，而且在分析和处理信息量方面，在处理的深入程度和量化程度上比其他质量控制工具好得多。

① 左墙——消费者需求及其重要度。将消费者的需求，从产品的感官性状、安全性、营养价值等方面归类，然后按对消费者重要性排出明细表。

② 天花板——设计要求或质量特性。

③ 房间——技术解决方案。反映消费者需求与产品规格之间的关系，需求的权重依照需求重要性不同而有所不同，以便强调那些特别需要满足的消费者的特定需求。

④ 地板——质量特性指标及重要度。将消费者的需求用食品科学与工程的术语转化成设计语言及相关指标单位和测定方法。

图 6-12　食品质量设计 QFD 质量屋

⑤ 右墙——市场竞争能力评估矩阵。含有相关的市场数据，指出消费者不同需求的相对重要性，并排出顺序。含有公司产品与竞争产品的消费者满意度、产品需要改进等。

⑥ 地下室——技术竞争能力评估矩阵。根据消费者提出的品质相对重要性，采用不同技术方案进行优化，得出满足重要品质要求的最优技术方案。比较信息包括本公司产品与竞争性产品分析比较的信息。工作目标是为技术优先性分析和产品比较分析而设立的。

⑦ 屋顶——相关矩阵。用于显示满足不同需求的技术相关性关系，这些技术关系错综复杂，改变其中一个因素可能会影响其他需求的实现。如食品中的含盐量与咸度呈高度正相关，如果为高血压患者设计低盐食品，就要采取相应的技术措施，通过矩阵利用不同的技术手段，满足其需要。

（2）QFD 在青少年高钙乳粉设计中的应用　某乳品厂设计一种青少年高钙乳粉，根据市场调查，消费者对乳粉提出了如下功能要求：除了正常的营养成分如蛋白质、脂肪、碳水化合物等符合国家标准外，还要满足：①能用温水冲调；②易贮存；③能补充钙质；④饮后不胀气。针对这些要求，将其转化为乳粉的设计需求（功能特性和质量要求）：①能用温水冲调即是乳粉的溶解度问题；②易贮存说明乳粉的含水量比较低；③能补充钙质表明乳粉中钙的含量和维生素 D（V_D）的含量；④饮后不胀气表示乳粉中乳糖的含量。

图 6-13 中左下方技术规格标准中，显示该公司与主要竞争对手之间的差别。其中最后一行是该公司对将要开发的新配方乳粉的规格指标。顾客对乳粉的各项需求和其相应的质量要求是彼此相关的，相关程度可用强相关、弱相关、可能相关、不相关表示。图中对顾客需求的重要性分为 5 个等级，5 表示最重要，1 表示不重要。评定结果是：能补充钙质和饮后不胀气最重要，温水能冲调次之，易贮存排第三位。图中反映了公司之间的竞争情况，反映了它们在多大程度上满足消费者的需求。图中最后一列是公司准备通过开发青少年高钙乳粉赢得顾客满意的目标值。

在上例中，将用户对产品功能要求转化为对企业欲开发产品的技术规格和质量要求方面，QFD 起到的作用是非常明显的。利用这一工具，使企业在确定产品质量标准时，能紧紧结合产品的功能要求，既不过分超出产品功能和实际需要，又不至于达不到产品功能的要求。QFD 把功能、质量、成本结合在一起，使产品能在满足功能要求的前提下，保证质量最好，成本最合理。

二、过程设计

制造过程的质量设计包括加工工程、控制与信息系统设计、生产组织和原辅材料的采购和贮存。加工工程包括系统设计、参数设计、容差设计和卫生设计。控制与信息系统设计是指操作者与设备之间联系与控制的体系，如流程图、日常报表、生产控制方法和控制程序。

		规格特点 ■强相关 ▲弱相关 □可能相关 ○不相关				重要性程度（5分制）	用户满意程度（5级评分）			
		溶解度 /%	含水量 /%	Ca/V_D （每100g）	乳糖含量/%		本公司（目前）	甲公司（目前）	乙公司（目前）	本公司（目标）
消费者需求	温水能冲调	■	▲	○	▲	4	3	4	3	4
	易贮存	□	■	○	○	3.5	3.5	5	3	5
	能补充钙质	■	○	■	□	5	3	4	2.5	5
	饮后不胀气	○	○	○	■	5	4	3	4	5
规格标准	本公司（目前）	97.5	2.80	1.2g/25IU	36.5		12.5 元	15.0 元	12.5 元	16.5 元	市场价格
	甲公司（目前）	98.6	2.52	1.6g/35IU	38.2		20%	15%	13%	23%	市场份额
	乙公司（目前）	97.2	2.98	1.0g/30IU	30.2		1.5 元	2.0 元	1.6 元	2.5 元	利润
	本公司（目标）	99.0	2.50	2.3g/65IU	25.0						

图 6-13 QFD 应用实例

生产组织包括人员、设备和加工过程的安排。原辅料的采购与贮存包括原辅料的供应与仓储控制。而食品作为特殊的产品因其可变性强、原料配方复杂、容易腐败变质等特点，所以在过程设计时要特别引起重视。表 6-14 详细列出了食品加工过程中各个环节的工作要点。

表 6-14 食品制造主要步骤与相关工程要点

加工步骤	工艺特点	工程要点
原辅料的配料	配料应准确，保持顺序正确	根据产品的性质决定合适的配料方式；液体定时按体积加入；粉状与颗粒定时按体积或质量加入
混合、均质	组分均一化，获得均匀的超细结构	设备的粉碎、剪切效果，搅拌桨转速、形状与尺寸
半成品、成品运输	将产品在正确的时间、适合的条件，放置恰当的地方	(1)根据产品性状选择恰当的运输设施；液态物料优选管道、固态物料优选传送带；(2)管道输送时，泵功率和管径对物料剪切影响、输送温度的变化、输送的滞留时间与滞留时间分布
分离	物料按需分离	大颗粒径，用机械分；小颗粒用过滤法；分子水平，依材料性质用分馏、萃取等方法
化学转化	改变分子结构，如油脂氢化、蛋白质水解	根据产品性质和化学反应特点；确定加工工艺参数、反应所需的不同类型的酶或催化剂
加热与冷却	以恰当的时间和温度使物料获得适合的热传递过程	注意物料对强热的耐受性、热传递类型、滞留时间与滞留时间分布
填充与包装	剂量准确的产品填充以正确方式包装，无异物、无泄漏	根据产品性状选择填充和包装设备；包装与填充的速度、测定填充量装置的准确性、密封条件
清洗与消毒	装备必须达到微生物学和理化要求的清洁状态	见"卫生设计"部分

（一）过程设计的技术特点

1. 复杂性

食品的原料配方复杂，原料的组成也很复杂，这在过程设计中应充分考虑。

2. 易腐性

食品的原料大多是鲜活农副产品，易腐败变质，在对装备设计时应设计适当的清洁设计。

3. 可变性

食品原料的生物学特性在加工的不同阶段都会发生变化，在设计时应重点考虑。

4. 顾客要求

针对不同的消费群体对食品的特殊要求，在设计时也要考虑，如老年食品、婴幼儿食品等。

5. 产品性质

产品的性质决定加工工艺条件。即使处理相同原料也要针对不同产品类型进行区别设计。

（二）过程设计的技术方法和工具

与产品开发相似，过程设计也有其技术方法和技术工具。如质量功能展开（QFD）、田口玄一的三次设计理论、稳健设计技术等，由于 QFD 在前面已做介绍，下面将重点介绍后两种理论。

1. 田口方法

田口方法是 1950 年初形成，由日本学者田口玄一博士独创的质量工程学。当时日本开始重建工作，困难重重，如缺少优质的原料、缺少高质量的加工设备，缺乏经验丰富的人才等，而实际要求是生产优质产品，并不断改进质量。田口玄一博士受聘于帮助修复战后处于瘫痪状态的日本电话系统。经过多次的试验，最后设计出一套自己的设计试验集成法。其基本思想是用正交表安排试验方案，以误差因素模拟造成产品质量波动的各种干扰，以信噪比衡量产品质量稳健性指标，通过对各种试验方案的统计分析，找出抗干扰能力强、易调整、性能稳定的设计方案。田口方法的主要内容是三次设计理论，是建立在试验设计法技术基础上的一种在新产品开发设计过程中进行三次设计的设计方式。三次设计以试验设计法为基本工具，在产品设计上采取措施，系统地考虑问题，通过零部件的参数进行优选，以求减少各种内外因素对产品功能稳定性的影响，从而达到提高产品质量的目的。

三次设计是系统设计、参数设计和容差设计的统称。它们在专业设计的基础上，用正交设计方法选择最佳参数组合和最合理的容差范围，尽量用价格低廉、低等级的部件来组装产品的优化设计方法。

（1）系统设计（一次设计） 指产品的功能设计。该阶段是应用专业技术进行产品的功能设计和结构设计。在一定意义上，也可以把系统设计理解为传统的产品设计，它是三次设计的基础。对于结构复杂的产品，要全面考察各种参数对质量特性值的影响，仅凭专业技术知识进行定性判断是不够的，因为这样无法定量找出经济合理的最佳参数组合。通过系统设计可以帮助选择需要考察的因子和水平。系统设计的设计质量由设计人员的专业技术水平和应用这些专业技术知识的能力决定的。现在系统设计多与 QFD 结合使用，将消费者的需求变为可操作的多个矩阵，然后用有关技术寻求最优的实现途径。

（2）参数设计（二次设计） 在系统设计的基础上，对影响产品输出特性值的各项参数及其水平，运用试验设计的技术方法，找出使输出特性值波动最小的最佳参数水平组合的一种优化设计方法。根据实践经验，所有食品原料全部采用优品质，生产出来的食品不一定就是优质品。这是因为产品质量不仅与原材料本身的质量有关，而且更主要的是取决于参数水平的组合。这就要进行设计，若设计得当，原材料之间合理搭配，整个生产过程符合该种食品生产的有关技术和卫生要求，就能生产出优质的产品。所以参数设计是质量的优化设计，是设计的重要阶段、核心阶段，稳健设计多用于此阶段。参数设计的目的是找出生产流程中影响产品变异的主要变量，并建立一套参数标准，从而确保产品性能变异尽可能小。其具体步骤为：分析明确问题的要求，选择出因素水平；选择正交表，按表头设计确定试验方案；进行试验，测出需要的特性值；进行数据分析；确定最佳方案。

（3）容差设计（三次设计）　是参数设计的补充。容差是容许的偏差或公差。当仅用参数设计不能充分衰减误差因子的影响时，即使要增加成本，也应将原材料自身的波动控制在一定的范围内，这就是容差设计的目的。容差设计是对产品质量和成本（包括市场情况）进行综合考虑，通过试验设计方法找出各因素重要性的大小，据此给予各参数更合理的容差范围。容差设计的步骤如下。

① 针对参数设计所确定的最佳参数水平组合，根据专业知识设想出可以选用的低质廉价原料及替代品，进行试验设计和计算分析。

② 为简化计算，通常选取和参数设计中相同的因素为误差因素，对任一误差因素设其中心值为 m；波动标准差为 σ，最理想的情况是取下面三个水平。

第一水平：$m - \sqrt{3/2}\sigma$

第二水平：m

第三水平：$m + \sqrt{3/2}\sigma$

③ 选取正交表，安排误差因素进行试验，测出误差值。

④ 方差分析：为研究误差因素的影响，对测出的误差值进行方差分析。

⑤ 容差设计：根据方差分析的结果对各种因素选用合适的原材料。对影响不显著的因素，可选用低价格的原材料；对影响显著的因素要综合考虑各种产品价格、各因素的贡献率大小、选用各原料的质量损失等因素。

2. 稳健设计技术

稳健性（robustness）也叫鲁棒性，是指产品性能的变化相对于因素状态的变化很小，即产品性能对该因素的变化不敏感。稳健设计是一种最优化的设计方案。其目的是在工程设计中，对不可控因素不要太敏感，把外部变量设计效果的影响减至最低。如油炸薯片的色泽褐变与油温、油炸时间、配方和原料都有关系，如果每个因素都控制，使得油炸工艺条件非常苛刻，难以操作。实际对色泽影响最大的因素是原料，用不含蛋白质和还原糖的土豆粉为原料对油温和油炸时间并不敏感，稳健设计就是更换原料，放松其他因素的限制。稳健设计的方法研究与使用始于第二次世界大战后的日本，现广泛应用于技术开发、产品研发和工艺开发。

产品质量好坏的标准主要看质量特性值接近目标值的程度，接近程度越好，质量就越好。影响质量特性的因素主要有以下三种。

① 信号因子　指定产品试验预期值的因子。

② 噪声因子　产品性能由于它的存在而产生变化，是不能被设计者控制的因子。有些因子的调整很困难，也归为噪声因子。噪声因子有三种类型：a. 外部的环境或载荷因子；b. 产品非统一性造成的变差；c. 产品在贮存或使用过程中因材料的变化而引起波动。

③ 控制因子　是能被设计者自由指定的因子。其水平被选出来使产品对所有噪声因子的反应灵敏度最小。控制因子影响产品的成本。

稳健设计要使噪声因子的影响效果最小，使质量特性达到最优，改进产品质量。在稳健设计中，辨别出主要噪声很重要。稳健设计的两个主要工具是信噪比和正交表。用信噪比作为特征数衡量质量，用正交表安排试验、选择最佳参数组合。从某种程度上讲，稳健设计就是信噪比的正交设计。稳健设计过程分以下几个步骤。

① 确定主要功能、边际效果和失效样式。设计者必须有产品或工艺的管理知识，了解消费者的需求。

② 识别噪声因子，确定估算质量损失的试验条件，并做到对噪声因子的灵敏度读数最小化；要求设计者必须适当选择试验条件，能估计灵敏度，想办法确定噪声因子的主次，从而确定哪些试验条件是适当的。

③ 根据具体问题确定质量特性数和优化的目标函数。

④ 确定控制因子和可选择的水平。根据具体情况，选择控制因子的数目；然后选择因子的水平数值和水平的个数。选择水平数值时，应选择水平数值对试验影响较大的数值，水平之间不能离太近，水平个数要适当。

⑤ 设计试验和数据分析计划，用正交表安排试验。

⑥ 进行正交试验。

⑦ 分析数据，确定控制因子的最适水平，并在这些水平下预测性能。

⑧ 进行核实试验，并计划下一步的工作。

3. 卫生设计

卫生设计虽然不是真正意义上的设计工具，但对于食品质量设计而言，卫生设计是必不可少的。针对食品生产过程中的各种可能性危害因素，在食品加工设施、卫生操作规程和卫生工艺设计等方面制定各种卫生操作规范，包括对消费者的食品安全卫生提示等，以确保食品的安全性。卫生设计已列入许多国家的标准和法规中，成为食品质量保证体系的一项内容。特别是许多国家已推广应用的食品企业良好操作规范（GMP）、标准卫生操作程序（SSOP）等对食品企业的建筑、设备的卫生设计、设备的卫生操作、生产和贮运卫生条件都制定了详细的规范，这对保证食品的安全奠定了良好的基础。

(1) 卫生设计的功能要求 食品的质量设计对加工装备和生产系统的卫生设计功能要求如下：

① 必须容易清洗和消毒，最好配有就地清洗装备；

② 应保护产品在加工过程中免受微生物和化学污染；

③ 对于无菌装置的设计，必须保证微生物不得入侵；

④ 设备要有对微生物污染的监测和控制设计。

(2) 食品加工设备卫生设计要点

① 食品加工设备用材与结构设计 凡是接触食品物料的设备、工具和管道用材，必须是无毒、无味、耐腐蚀、耐清洗、不吸水、不变形。设备、工具管道表面要清洁，边角圆滑，无死角，不易积垢，不漏隙，便于拆卸、清洗和消毒；一般与食品接触的面多选用不锈钢、铝合金、塑料和橡胶用材，选用塑料材质时要考虑其性能能否满足加工条件的要求，橡胶材料多用于密封件和连接件，过高压力和温度会损坏橡胶件，设计选材时应注意。

② 设备布局 设备设置应根据工艺要求，布局合理，上下工序衔接紧凑。各种管道管线尽可能集中走向，冷水管不宜在生产线和设备包装台上方通过，以防冷凝水滴入食品，其他管线和阀门也不应设置在暴露原料和成品的上方。所有管道的布置应避免完全水平状态，要有一定的倾角，保证管道是的物料全部流尽，防止微生物滋生。

③ 设备的安装 安装应符合工艺卫生要求，与屋顶（天花板）、墙壁等应有足够的距离，设备一般应用脚手架固定，与地面有一定距离。传动部分应有防水、防尘罩，以便于清洗和消毒；各类料液输送管道应避免死角或盲端，设排污阀或排污口，便于清洗、消毒，防

止堵塞。

此外，食品加工设备应定期保养和维护，定期检查，定期对设备的卫生状况进行测试，以确保食品加工设备满足食品安全卫生的要求。

三、质量设计管理

科学规范的食品质量管理对于制定食品质量设计的方针，合理制定产品开发过程，有效利用各种资源，缩短开发时间，降低成本，增加质量设计结果的可预见性具有重要的意义。在食品质量设计的管理中，突出以消费者需求为主导的管理目标，综合分析评价生产者、经营者和消费者之间相互关系，并设计如何处理好这三者之间的关系，制定产品的发展战略。在设计过程的管理中，对质量设计过程的步骤、流程、控制措施、人员培训等进行科学管理，达到降低产品开发成本、避免失误、节约时间的目的。在质量设计的管理方法上，采用交叉功能设计的项目管理方法。总之，通过食品质量设计管理，可以增强企业内部开发团队各成员之间的相互理解和沟通，增强全体员工的凝聚力和向心力，从而设计出消费者喜爱的食品。

1. 以消费者为导向的设计管理

在食品质量设计管理中，必须牢固树立以消费者为导向的设计理念，将满足消费者的需求作为设计过程的起点和最终点。为此，在设计过程中必须做好以下几个方面的工作。

（1）广泛收集消费者的信息　在产品设计的初期，通过各种渠道，采用各种方法获得消费者信息，从而产生产品开发的创意。如通过市场调查、征求经销人员有意见等可以了解消费者对产品的满意程度，对哪些产品的质量关注度更高；邀请消费者代表座谈，征求他们对本公司产品和竞争性产品的评价意见，以获取有价值的信息；此外，还可以通过整理各种专业年鉴的有关记录和报告，分析有关投诉，比较不同企业同类产品的销售额，为产品开发提供有价值的参考。

（2）充分获取支持性信息　国家的产业发展信息、宏观调控政策以及 WTO 框架内的有关协定和条款都对产品的开发起着重要的支持作用。

① 技术进步　科技的进步为产品的开发提供了新的技术手段，如近年来涌现出的食品保藏新技术，像高压脉冲电场处理技术、辐照技术、气调包装技术等为消费者提供美味可口的新鲜食品立下了汗马功劳。

② 社会进步　社会的发展和进步对未来食品的消费需求产生重大影响，如随着医疗水平的提高，社会进入老龄化，开发老年食品将带来新的机遇；随着生活节奏的加快，传统的家饮食模式将发生变化，这对开发速冻食品、冷藏配菜食品等提供了广阔的发展空间。

③ 法律、法规的修订、制订和完善　无论是国际贸易还是国内销售，法律、法规对食品都有具体的规定。修订、制订有关法律、法规和标准，会直接影响食品的开发。如食品中的有些限量标准，在修订前处于微量级的就符合有关标准的要求，但随着检测技术的更新和发展，其限量已达到痕量级，在开发新食品时应特别引起注意。特别是对于出口食品，一定要了解和研究进口国的有关法律和食品标准，做到从容应对。

（3）以消费者为导向的设计过程　以消费者为导向的设计过程包含两大因素：企业和消费者。这两者在食品的设计过程中起着不同的作用。

① 对于企业管理方面来说，企业发展战略和企业产品战略开发是一切活动的宗旨，新产品的开发是否符合企业发展方向是决策的重要依据。同时还要了解行业的整体现状、发展趋势、消费者需求的变化、竞争对手的分析和预测、企业整体资源及竞争优势的评价。在对消费者和企业战略性研究的基础上，评价产品开发的商业机会，对产品的质量品质进行定义，做好质量设计过程中的各个步骤的工作，广泛听取消费者的意见和建议，做出新产品的

评价意见，做到所开发的产品与同类产品相比更能为消费者理解和认可。

② 对于消费者来说，将消费者需求转化成质量指标，以便在产品开发的实际投资前，做出新产品的市场预测，模拟出消费者的选择取向，利用消费者对新产品创意或新产品小样的评议得出产品的优势和劣势。

有关消费研究表明：消费者对产品的接受性归结于对产品的品质认可，由此可以扩展到同一品牌的其他产品，而且经过人际之间的交流，扩大产品的影响力。当然，消费者对各种质量品质的关注程度是不同的，需要把产品的不同品质特性分解开，让其逐一评价；在听取消费者意见时，也要注意科学性，注意方式方法，以免对产品的开发决策带来不良影响。

2. 交叉功能设计

交叉功能设计是根据并行工程的原理，将产品研发、生产制造、质量管理、市场营销、高级管理等部门组织起来，形成交叉功能设计团队，充分发挥团队中每个部门人员的特长，使质量设计更为有效和可靠。

(1) 并行工程　长期以来，新产品的开发多沿用传统的顺序工程方法，即产品从一个部门递交给下一个部门（如设计开发部→工艺部→生产部→质控部），每个部门都是根据自己的需要进行修改，由于顺序工程设计方法在设计时很少考虑后续过程的各种需要，使得生产出的产品存在许多缺陷，后续阶段不得不对原设计进行修改，延长了产品的开发周期。由于产品开发的早期概念设计阶段对产品的寿命周期、费用大小起决定性作用，但早期概念设计阶段实际费用很低；而后续的生产阶段花费是最大的，对最终产品造成的影响却很小。有人归纳为：概念设计阶段有一个错误，到实施阶段要花 50 倍时间才能纠正，到运行阶段要花 200 倍时间才能纠正。

为了适应激烈的市场竞争，人们试图寻找各种有效的开发新产品的方法来改变传统的开发模式。1986 年，美国防御分析研究所提出了并行工程理论。并行工程是集成地、并行地设计产品及其相关的各种过程的系统方法，这种方法要求产品开发人员在开始就考虑产品整个生命周期中的从概念形成到产品报废的所有因素，包括质量、成本、进度计划和用户要求。

具体来讲，并行工程是指组织跨部门、多学科的开发小组，在一起并行协同工作，对产品设计、工艺、制造等上下游各方面进行同时考虑和并行交叉设计，及时交流信息，使各种问题尽早暴露，并共同加以解决。从而缩短产品开发时间和产品上市时间，提高产量质量降低成本。

并行工程各阶段活动的相互关系及作用效果如表 6-15 所示。

表 6-15　并行工程各阶段活动及作用效果

开发阶段	市 场 方 面	工 程 方 面	生 产 方 面
产品概念设计	提出建议、调研	提出新的技术的提高执行能力	对生产流通过程调研
产品设计	产品的市场定位和特定销售对象定位	选择原辅材料及主要供应商	确定加工体系和评估成本
产品和加工工程	组织原型产品的消费者试验	建立供评价和优化的原型产品	建立制造原型的系统，计划批量生产系统、试验工具和工艺
中试开发	准备市场推出，培训推销人员	评价和试验中试产品	建立批量生产的生产系统，培训操作人员，对原辅材料供应检验
批量生产及投放市场	安排流通渠道、销售及促销，收集消费者意见	评价消费者使用产品的意见	设立批量生产的指标，提高质量，降低成本
售后服务	获得消费者反馈，解决产品售后问题	研究有关资料	研究有关资料

（2）交叉功能小组

要想使开发的新型食品具有良好的市场前景，仅靠个别专家的设计是远远不够的，这就需要一个团队相互协作，组成交叉功能小组，共同努力，一个典型的食品开发项目组其组成如下。

① 总经理　保证所选择的产品创意符合公司发展战略的要求。

② 财务专家　监督开发成本并控制在预算限额内。

③ 法律顾问　保证产品开发符合有关法律、法规要求，特别在食品安全、知识产权方面做出建议。

④ 市场销售部门　了解消费者的需求和市场反应，考察新产品对公司品牌的影响及产品的市场竞争力。

⑤ 仓储及流通部门　提出新产品在贮存和流通阶段需要的条件，是否有特殊要求。如食品的气调贮存，冷链运输等。

⑥ 工程技术人员　评估生产新产品所需的工艺。

⑦ 生产部门　提出新产品对生产系统的影响，对员工人数、技能的要求和对设备的利用情况。

⑧ 研发部门　提出技术的可行性，对产品的创新程度进行评价，控制开发过程的技术。

⑨ 原料采购部门　协调原料的适用性、利用率和成本之间的矛盾，对于食品原料必须保证所采购的原料是安全的、卫生的，质量是可靠的，与此同时，产品的成本也要考虑。

⑩ 质量控制部门　分析生产过程中的可能存在的各种潜在风险和危害，确定关键控制点。

此外，在研发过程中还要进行质量设计的优化评审。

本 章 小 结

本章对质量教育与质量意识、食品质量控制的常用方法、质量诊断以及食品质量设计几个方面进行了阐述。食品质量控制的方法和食品质量设计，是食品质量控制体系中非常重要的部分。一个企业要想搞好质量管理工作，就必须从根本上认识到：质量是企业的灵魂，是企业的生命线。不仅仅是领导层要认识到这些，每一名员工作为质量控制工作的参与者，也要有质量意识。

质量文化是企业在长期质量管理过程中，围绕质量问题所产生的一切活动方式的总和。它是企业文化的核心，其核心内容为质量理念、质量价值观、质量道德观、质量行为准则。质量文化具有客观性、社会性、继承性、鲜明的时代性等特征。具有凝聚功能、引导功能、激励功能、规范功能和反馈功能。

树立零缺陷管理的理念，要正确把握三种观念：人们难免犯错误的"难免论"；每一个员工都是主角的观念；强调心理建设的观念。

零缺陷管理的实施步骤有五个：建立推行零缺陷管理的组织；确定零缺陷管理的目标；进行绩效评价；建立相应的提案制度；建立表彰制度。

食品质量控制工作中常用的工具和控制方法有：分层法、调查表法、相关图法、排列图法、因果分析法、直方图法、控制图法七种统计方法。

分层法是按照一定的标志，把搜集到的原始数据按照不同的目的加以分类整理，以便分析影响产品质量的具体因素。

调查表法是用来记录、收集和积累数据，并对数据进行整理和粗略分析的统计方法。

相关图法也叫散布图法，是用来研究、判断两个变量之间相互关系的图。对两个变量相关关系进行分析称为相关分析。

主次因素排列图法是寻找主要问题和影响质量的主要原因所使用的图。它是由两个纵坐标、一个横坐标、几个按高低顺序依次排列的长方形和一个累计百分比折线所组成的图。

因果图是表示质量特征与原因关系的图。

直方图是频率直方图的简称，是通过对数据的加工整理，从而分析和掌握质量数据的分布状况和估算工序不合格品率的一种方法。

控制图是用于分析和判断工序是否处于控制状态所使用的带有控制界限线的图。

通过相关数据的分析，对受诊企业的产品、过程或质量管理工作进行诊断，以判定其产品或服务质量是否满足规定要求，或其质量管理工作是否适当、有效，查明发生存在问题的原因，并指出改进和提高方向、途径和措施，这样的过程称为质量诊断，它包括质量管理诊断和产品质量诊断两个方面。

食品质量设计是食品质量控制体系中非常重要的一个环节，它贯穿于产品开发的始终，是产品质量形成的关键环节。为了使产品避免在设计上的"先天不足"，在进行产品质量设计时要按照质量功能展开（QFD）、田口方法和稳健设计技术的具体设计步骤，充分利用食品感官评定技术、保质期试验、微生物预测模型、专家系统等技术工具来进行产品质量设计。

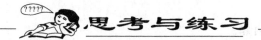
思考与练习

1. 名词解释

质量文化、零缺陷质量管理、质量诊断、质量功能展开、并行工程、交叉功能设计、稳健设计技术

2. 简答题

(1) 简述食品质量文化的内涵。

(2) 简述质量文化与质量意识的功能。

(3) 简述食品质量控制中常用的统计工具的种类、特点和使用方法。

(4) 控制图在质量控制中的作用有哪些？

(5) 新食品开发的基本流程有哪些？

(6) 过程设计的技术特点是什么？

(7) 质量功能展开在食品质量设计中有什么作用？

第七章　食品法规及食品标准

知识目标

1. 了解国际食品质量法规、相关机构和部分发达国家的食品质量法规基本情况，掌握我国的食品法律、法规体系。

2. 了解国际及主要发达国家的有关食品标准和标准化的基本情况，掌握我国食品标准体系。

3. 熟悉 CAC 食品法典的内容。

技能目标

1. 能够编制和应用食品标准。

2. 能够应用食品法规解决实际工作中的问题。

第一节　食品法规体系

一、我国食品法律、法规体系

食品法律、法规体系是以法律或政令形式颁布的，是对全社会有约束力的权威性规定，既包括法律规范，也包含以技术规范为基础所形成的各种食品法规。食品法律是指由全国人大及其常委会经过特定的立法程序制定的规范性法律文件，它的地位和效力仅次于宪法；食品行政法规是由国务院根据宪法和法律，在其职权范围内制定的有关国家食品行政管理活动的规范性法律文件，其地位和效力仅次于宪法和法律；食品地方性法规是指省、自治区、直辖市以及省级人民政府所在地的市和经国务院批准的较大的市的人民代表大会及其常委会制定的适用于本地方的规范性文件。食品规章一是指由国务院行政部门依法在其职权范围内制定的食品行政管理规章，在全国范围内具有法律效力；二是指由各省、自治区、直辖市以及省、自治区人民政府所在地和经国务院批准的较大的市的人民政府，根据食品法律在其职权范围内制定和发布的有关地区食品管理方面的规范性文件。

（一）产品质量法

《中华人民共和国产品质量法》于 1993 年 2 月 22 日第七届全国人民代表大会常委会第三十次会议通过，自 1993 年 9 月 1 日起施行。2000 年 7 月 8 日第九届全国人民代表大会常务委员会第十六次会议修正。《产品质量法》是调整产品的生产、流通和监督管理过程中，因产品质量而发生的各种经济关系的法律规范的总称。这里所指产品必须同时具备以下三个条件：①产品必须是经过加工的；②产品必须是用于销售的；③产品应是动产。

1.《产品质量法》的立法意义

（1）提高我国产品质量的需要　我国的产品质量尽管随着科学技术的进步有了很大的提高，但同发达国家相比，产品质量差、物质消耗高、市场竞争能力差仍是当前亟需解决的问题。

（2）明确产品质量责任的需要　产品质量责任是指产品的生产者、销售者不履行或者不完全履行法律规定的对生产或者销售的产品质量所应负有的责任和义务，产品质量法规定的产品质量责任包括行政责任、民事责任和刑事责任，因此产品质量责任是一种综合责任。

（3）保护消费者合法权益的需要　产品质量立法明确了产品质量责任，为消费者的利益提供了法律保障，消费者可以运用法律武器，维护自身合法权益。

（4）建立和完善我国产品质量法制的需要　完备的法制是社会主义市场经济体制完善、社会发展成熟的标志之一，为了适应社会主义经济发展的需要，国家需要建立健全产品质量法规体系。

2.《产品质量法》的内容体系

《产品质量法》共分6章，包括74条款。

第一章　总则，共11条。主要规定了立法宗旨和法律调整范围，明确了产品质量的主体，即在中华人民共和国境内（包括领土和领海）从事生产销售活动的生产者和销售者必须遵守此法，国家有关部门有依法调整其活动的权利、义务和责任。

第二章　产品质量的监督，共14条。本章主要规定了2项宏观管理制度：一项是企业质量体系认证和产品质量认证制度；另一项是对产品质量的检查监督制度。同时还规定了用户、消费者关于产品质量问题的查询和申诉的权利。第十四条规定国家根据国际通用的质量管理标准，推行企业质量体系认证制度，国家参照国际先进的产品标准和技术要求，推行产品质量认证制度。第十五条规定国家对产品质量实行以抽查为主要方式的监督检查制度，监督抽查工作由国务院产品质量监督部门规划和组织，县级以上地方产品质量监督部门在本行政区域内也可以组织监督抽查。法律对产品质量的监督检查另有规定的，依照有关法律的规定执行。国家监督抽查的产品，地方不得另行重复抽查；上级监督抽查的产品，下级不得另行重复抽查。检验抽取样品的数量不得超过检验的合理需要，并不得向被检查人收取检验费用。

第三章　生产者、销售者的产品质量责任和义务，共14条。

生产者的质量责任有：①产品的内在质量应当符合第二十六条的要求，即不存在危及人身、财产安全的不合理的危险，有保障人体健康和人身、财产安全的国家标准、行业标准的，应当符合该标准；具备产品应当具备的使用性能，但是，对产品存在使用性能的瑕疵作出说明的除外；符合在产品或者其包装上注明采用的产品标准，符合以产品说明、实物样品等方式表明的质量状况。②产品或者其包装上的标识应符合第二十七条的要求，即有产品质量检验合格证明；有中文标明的产品名称、生产厂厂名和厂址；根据产品的特点和使用要求，需要标明产品规格、等级、所含主要成分的名称和含量的，用中文相应予以标明；需要事先让消费者知晓的，应当在外包装上标明，或者预先向消费者提供有关资料；限期使用的产品，应当在显著位置清晰地标明生产日期和安全使用期或者失效日期；使用不当，容易造成产品本身损坏或者可能危及人身、财产安全的产品，应当有警示标志或者中文警示说明。③产品的包装必须符合相应要求，第二十八条规定易碎、易燃、易爆、有毒、有腐蚀性、有放射性等危险物品以及贮运中不能倒置和其他有特殊要求的产品，要依照国家有关规定作出警示标志或者中文警示说明，标明贮运注意事项。④不得违反法律规定的禁止性规范，即第二十九条到第三十二条的规定，生产者不得生产国家明令淘汰的产品；生产者不得伪造产地，不得伪造或者冒用他人的厂名、厂址；生产者不得伪造或者冒用认证标志等质量标志；生产者生产产品，不得掺杂、掺假，不得以假充真、以次充好，不得以不合格产品冒充合格产品。

销售者的质量责任有：①销售者应当建立并执行进货检查验收制度，验明产品合格证明和其他标识；②销售者应当采取措施，保持销售产品的质量；③不得违反法律规定的禁止性规范除不得销售失效、变质的产品外，其余与生产者质量责任相同。

第四章　损害赔偿，共9条。本章主要规定了因产品存在一般质量问题和产品存在缺陷造成损害引起的民事纠纷的处理及渠道。本法所称缺陷，是指产品存在危及人身、他人财产安全的不合理的危险；产品有保障人体健康和人身、财产安全的国家标准、行业标准的是指不符合该标准。因产品质量发生民事纠纷时，可以通过协商、调解、协议仲裁和诉讼4种渠道予以处理。

第五章　罚则，共24条。本章主要规定了生产者、销售者及监督管理工作人员因产品质量的违法行为而应承担的行政责任和刑事责任。

第六章　附则，共2条。本章主要规定了军工产品的质量管理办法。由中央军委有关部门另行规定，以及本法实施日期。

（二）食品安全法

1982年11月19日全国人大常委会制定了我国第一部食品卫生专门法律，即《中华人民共和国食品卫生法（试行）》，于1983年7月1日起正式实施。1995年10月30日第八届全国人大常委会第十次会议审议通过了新的《中华人民共和国食品卫生法》，逐步制定了90余个配套规章。随着我国食品安全形势的日益严峻，2007年10月31日国务院常务会议讨论并原则通过《中华人民共和国食品安全法（草案）》，2007年12月26日第十届全国人民代表大会常务委员会第三十一次会议首次审议了《中华人民共和国食品安全法（草案》，2009年2月28日第十一届全国人民代表大会常务委员会第七次会议通过了《中华人民共和国食品安全法》，并于2009年6月1日起施行。《中华人民共和国食品卫生法》同时废止。

《食品安全法》超越了原来停留在对食品生产、经营阶段发生食品安全问题的规定，扩大了法律调整范围，涵盖了"从农田到餐桌"食品安全监管的全过程，对涉及食品安全的相关问题作出了全面规定，通过全方位构筑食品安全法律屏障，防范食品安全事故的发生，切实保障食品安全。

1.《食品安全法》的立法意义

《食品安全法》的颁布实施，对于提高我国食品质量，加快食品行业健康、快速发展，防止食品污染和有害因素对人体健康的危害，保障人民群众的身体健康，增强全民族身体素质，发展国际食品贸易，具有重大意义，同时也标志着我国食品安全工作由行政管理走上了法制管理的轨道。

2.《食品安全法》的内容体系

《食品安全法》共分10章，包括104条款。

第一章　总则，共10条。本章主要规定了立法的宗旨和法律调整的范围，即凡在中华人民共和国领域内从事食品生产经营的，都必须遵守本法。本法适用于一切食品，食品添加剂，食品容器、包装材料和食品用工具、设备、洗涤剂、消毒剂；也适用于食品的生产经营场所、设施和有关环境。另外还规定了我国食品卫生管理的基本制度即食品卫生监督制度，规定了国务院卫生行政部门主管全国食品卫生监督管理工作，国务院有关部门在各自的职责范围内负责食品卫生管理工作，并鼓励和保护社会团体和个人对食品卫生的社会监督及对违法行为的检举控告。

第二章　食品安全风险监测和评估，共7条。主要规定了：建立食品安全风险制度，对食源性疾病、食品污染以及食品中有害因素进行检测；建立食品安全风险评估制度，对食品、食品添加剂中生物性、化学性和物理性危害进行风险评估；食品安全风险结果是制定、修订食品安全标准和对食品安全实施监督管理的科学依据；国务院卫生行政部门应当会同国务院有关部门，根据食品安全风险评估结果、食品安全监督管理信息，对食品安全状况进行综合分析，对经综合分析表明可能具有较高程度安全风险的食品，国务院卫生行政部门应当及时提出食品安全警示，并予以公布。

第三章　食品安全标准，共9条。主要规定了：食品安全标准的制定应当以保障公众身体健康为宗旨，做到科学合理、安全可靠；食品安全标准是强制执行标准；食品安全标准包括的内容，如食品添加剂的品种、使用范围、用量以及食品生产过程的卫生要求等；食品安全国家标准由国务院卫生行政部门负责制定、公布，国务院标准化行政部门提供国家标准编号；国务院卫生行政部门应当对现行的食用农产品质量安全标准、食品卫生标准、食品质量标准和有关食品的行业标准中强制执行的标准予以整合，统一公布为食品安全国家标准；没有食品安全国家标准的，可以制定食品安全地方标准；企业生产的食品没有食品安全国家标准或者地方标准的，应当制定企业标准，作为组织生产的依据。

第四章，食品生产经营，共30条。主要规定了：食品生产经营过程中的安全要求和禁止生产经营的食品，同时还规定了食品应当无毒、无害、符合应当有的营养要求，具有相应的色、香、味等感官性状。在食品中不能加入药物，但是按照传统既是食品又是药物的作为原料、调料或者营养强化剂加入的除外。

食品生产经营过程必须符合的要求包括：①保持内外环境整洁，采取消除苍蝇、老鼠、蟑螂和其他有害昆虫及其孳生条件的措施，与有毒、有害场所保持规定的距离；②食品生产经营企业应当有与产品品种、数量相适应的食品原料处理、加工、包装、贮存等厂房或者场所；③应当有相应的消毒、更衣、盥洗、采光、照明、通风、防腐、防尘、防蝇、防鼠、洗涤、污水排放、存放垃圾和废弃物的设施；④设备布局和工艺流程应当合理，防止待加工食品与直接入口食品、原料与成品交叉污染，食品不得接触有毒物、不洁物；⑤餐具、饮具和盛放直接入口食品的容器，使用前必须洗净、消毒，炊具、用具用后必须洗净，保持清洁；⑥贮存、运输和装卸食品的容器包装、工具、设备和条件必须安全、无害，保持清洁，防止食品污染；⑦直接入口的食品应当有小包装或者使用无毒、清洁的包装材料；⑧食品生产经营人员应当经常保持个人卫生，生产、销售食品时，必须将手洗净，穿戴清洁的工作衣、帽；销售直接入口食品时，必须使用售货工具；⑨用水必须符合国家规定的城乡生活饮用水卫生标准；⑩使用的洗涤剂、消毒剂应当对人体安全、无害。

禁止生产经营的食品包括：①腐败变质、油脂酸败、霉变、生虫、污秽不洁、混有异物或者其他感官性状异常，可能对人体健康有害的；②含有毒、有害物质或者被有毒、有害物质污染，可能对人体健康有害的；③含有致病性寄生虫、微生物的，或者微生物毒素含量超过国家限定标准的；④未经兽医卫生检验或者检验不合格的肉类及其制品；⑤病死、毒死或者死因不明的禽、畜、兽、水产动物等及其制品；⑥容器包装污秽不洁、严重破损或者运输工具不洁造成污染的；⑦掺假、掺杂、伪造，影响营养、卫生的；⑧用非食品原料加工的，加入非食品用化学物质的或者将非食品当作食品的；⑨超过保质期限的；⑩为防病等特殊需要，国务院卫生行政部门或者省、自治区、直辖市人民政府专门规定禁止出售的；⑪含有未经国务院卫生行政部门批准使用的添加剂的或者农药残留超过国家规定容许量的；⑫其他不符合食品卫生标准和卫生要求的。

第五章，食品检验，共5条。主要规定了：食品检验机构按照国家有关认证认可的规定取得资质认定后，方可从事食品检验活动；食品检验由食品检验机构指定的检验人独立进行；食品检验实行食品检验机构与检验人负责制，食品检验机构和检验人对出具的食品检验报告负责；食品安全监督管理部门对食品不得实施免检；食品生产经营企业可以自行对所生产的食品进行检验，也可以委托符合本法规定的食品检验机构进行检验，食品行业协会等组织、消费者需要委托食品检验机构对食品进行检验的，应当委托符合本法规定的食品检验机构进行。

第六章，食品进出口，共8条。主要规定了：进口的食品、食品添加剂以及食品相关产品应当符合我国食品安全国家标准，进口的食品应当经出入境检验检疫机构检验合格后，海关凭出入境检验检疫机构签发的通关证明放行；进口尚无食品安全国家标准的食品，或者首次进口食品添加剂新品种、食品相关产品新品种，进口商应当向国务院卫生行政部门提出申请并提交相关的安全性评估材料；境外发生的食品安全事件可能对我国境内造成影响，或者在进口食品中发现严重食品安全问题的，国家出入境检验检疫部门应当及时采取风险预警或者控制措施，并向国务院卫生行政、农业行政、工商行政管理和国家食品药品监督管理部门通报；向我国境内出口食品的出口商或者代理商应当向国家出入境检验检疫部门备案；进口的预包装食品应当有中文标签、中文说明书；进口商应当建立食品进口和销售记录制度，如实记录食品的名称、规格、数量、生产日期、生产或者进口批号、保质期、出口商和购货者名称及联系方式、交货日期等内容；出口的食品由出入境检验检疫机构进行监督、抽检，海关凭出入境检验检疫机构签发的通关证明放行；国家出入境检验检疫部门应当收集、汇总进出口食品安全信息，并及时通报相关部门、机构和企业。

第七章，食品安全事故处理，共 6 条。主要规定了：国务院组织制定国家食品安全事故应急预案；发生食品安全事故的单位应当立即予以处置，防止事故扩大；县级以上卫生行政部门接到食品安全事故的报告后，应当立即会同有关农业行政、质量监督、工商行政管理、食品药品监督管理部门进行调查处理，并采取下列措施，防止或者减轻社会危害；发生重大食品安全事故，设区的市级以上人民政府卫生行政部门应当立即会同有关部门进行事故责任调查，督促有关部门履行职责，向本级人民政府提出事故责任调查处理报告；发生食品安全事故，县级以上疾病预防控制机构应当协助卫生行政部门和有关部门对事故现场进行卫生处理，并对与食品安全事故有关的因素开展流行病学调查；调查食品安全事故，除了查明事故单位的责任，还应当查明负有监督管理和认证职责的监督管理部门、认证机构的工作人员失职、渎职情况。

第八章，监督管理，共 8 条。主要规定了：县级以上地方人民政府组织本级卫生行政、农业行政、质量监督、工商行政管理、食品药品监督管理部门制定本行政区域的食品安全年度监督管理计划，并按照年度计划组织开展工作；县级以上质量监督、工商行政管理、食品药品监督管理部门履行各自食品安全监督管理职责，对食品生产经营者进行监督检查，应当记录监督检查的情况和处理结果，应当建立食品生产经营者食品安全信用档案，记录许可颁发、日常监督检查结果、违法行为查处等情况，接到咨询、投诉、举报，对属于本部门职责的，应当受理，并及时进行答复、核实、处理，对不属于本部门职责的，应当书面通知并移交有权处理的部门处理，应当按照法定权限和程序履行食品安全监督管理职责；国家建立食品安全信息统一公布制度。

第九章，法律责任，共 15 条。规定了生产者、销售者及卫生监督者因食品卫生的违法行为而应承担的行政责任、刑事责任。对于未取得卫生许可证或者伪造卫生许可证从事食品生产经营活动，食品生产经营过程不符合卫生要求，生产经营禁止食用的和不符合卫生标准的食品、食品添加剂，食品标识虚假或不明确，食品生产经营人员未取得健康证明这些违法行为可处以罚款、没收违法所得、吊销卫生许可证等处罚方式。卫生行政部门或食品卫生监督人员违反本法规定，不构成犯罪的，依法给予行政处分。违反本法规定，造成食物中毒事故或者其他食源性疾患的，或者因其他违反本法行为给他人造成损害的，应当依法承担民事赔偿责任。违反本法规定，生产经营不符合卫生标准的食品，造成严重食物中毒事故或者其他严重食源性疾患，对人体健康造成严重危害的，或者在生产经营的食品中掺入有毒、有害的非食品原料的，依法追究刑事责任。以暴力、威胁方法阻碍食品卫生监督管理人员依法执行职务的，依法追究刑事责任；拒绝、阻碍食品卫生监督管理人员依法执行职务未使用暴力、威胁方法的，由公安机关依照治安管理处罚条例的规定处罚。

第十章，附则，共 6 条。规定了一些用语的含义，出口食品的卫生管理办法和军队专用食品和自供食品的卫生管理办法的制定机构。

（三）农产品质量安全法

《中华人民共和国农产品质量安全法》（以下简称《农产品质量安全法》）于2006年4月29日第十届全国人民代表大会常务委员会第二十一次会议通过，2006年4月29日中华人民共和国主席令第四十九号颁布，自2006年11月1日起施行。《农产品质量安全法》调整的范围包括三个方面：①调整的产品范围，本法所指的农产品是指来源于农业的初级产品，即在农业活动中获得的植物、动物、微生物及其产品；②调整的行为主体，既包括农产品的生产者、销售者，也包括农产品质量安全管理者和相应的检测技术机构和人员等；③调整的管理环节，既包括产地环境、农业投入品的科学合理使用、农产品生产和产后处理的标准化管理，也包括农产品的包装、标识、标志和市场准入管理。

1. 《农产品质量安全法》的立法背景及其意义

农产品质量安全状况如何，直接关系到人民的身体健康甚至生命安全。《农产品质量安全法》是在大量农产品的农药（兽）药残留及有害物质超标，食物中毒事件不断发生，食品质量问题投诉增长的背景下制定的，具有重大而深远的意义。

（1）填补我国农产品质量监管的法律空白 全国人大常委会虽已制定了《食品卫生法》和《产品质量法》，但《食品卫生法》不调整种植业养殖业等农业生产活动，《产品质量法》只适用于经过加工、制作的产品，不适用于未经加工、制作的农业初级产品。

（2）保障农产品的消费安全 民以食为天，农产品质量安全直接关系人民群众的日常生活、身体健康和生命安全，《农产品质量安全法》坚持科学发展观，要求发展高产、优质、高效、生态、安全的现代农业，从而保证了农产品的消费安全。

（3）提高我国农产品在国内外市场的竞争能力 我国农产品十分丰富，但由于农产品质量安全管理无法可依，一些国家对我国农产品频频设置技术性贸易壁垒，通过立法，不仅可以提高我国农产品质量安全水平，也可提高在国内外市场的竞争能力。

2. 《农产品质量安全法》的内容体系

《农产品质量安全法》共8章，包括56条款。

第一章 总则，共10条。本章规定了农产品质量安全法的宗旨，给出了农产品的定义，本法所称的农产品质量安全是指农产品质量符合保障人的健康、安全的要求。对法律实施主体、经费投入、农产品质量安全风险评估、风险管理和风险交流、农产品质量安全信息发布、安全优质农产品生产、公众质量安全教育等方面也作了规定。

第二章 农产品质量安全标准，共4条。本章主要规定了农产品质量安全标准是强制性的技术规范，对其制定、发布、实施的程序和要求等都作了相应的规定。

第三章 农产品的产地，共5条。主要对农产品禁止生产区域的确定、农产品标准化生产基地建设、农业投入品的合理使用等方面作出了规定。需特别注意：①禁止在有毒、有害物质超过规定标准的区域生产、捕捞、采集食用农产品和建立农产品生产基地。②禁止违反法律、法规的规定向农产品产地排放或者倾倒废水、废气、固体废物或者其他有毒、有害物质。农业生产用水和用作肥料的固体废物，应当符合国家规定的标准。③农产品生产者应当合理使用化肥、农药、兽药、农用薄膜等化工产品，防止对农产品产地造成污染。

第四章 农产品生产，共8条。主要是对各级主管部门责任，影响农产品质量安全的生产资料、监督管理及农产品生产记录作了规定。国务院农业行政主管部门和省、自治区、直辖市人民政府农业行政主管部门应当制定保障农产品质量安全的生产技术要求和操作规程。县级以上人民政府农业行政主管部门应当加强对农产品生产的指导。对可能影响农产品质量安全的农药、兽药、饲料和饲料添加剂、肥料、兽医器械,依照有关法律、行政法规的规定实行许可制度。对可能危及农产品质量安全的农药、兽药、饲料和饲料添加剂、肥料等农业投入品进行监督抽查。农产品生产企业和农民专业合作经济组织应当建立农产品生产记录。农产品生产记录应当保存二年。禁止伪造农产品生产记录。农产品生产企业和农民专业合作经济组织应当自行或者委托检测机构对农产品质量安全状况进行检测;经检测不符合农产品质量安全标准的农产品,不得销售。

第五章 农产品包装和标识,共 5 条。对农产品包装、包装标识、转基因标识、动植物检疫标识、优质农产品质量标志等作了规定。包装物或者标识上应当按照规定标明产品的品名、产地、生产者、生产日期、保质期、产品质量等级等内容;使用添加剂的,还应当按照规定标明添加剂的名称。

第六章 监督检查,共 10 条。对农产品质量安全市场准入条件监测和监督检查制度、检验机构资质、社会监督、现场检查、事故报告、责任追溯、进口农产品质量安全要求等进行了明确的规定。不得销售的农产品包括:①含有国家禁止使用的农药、兽药或者其他化学物质的;②农药、兽药等化学物质残留或者含有的重金属等有毒、有害物质不符合农产品质量安全标准的;③含有的致病性寄生虫、微生物或者生物毒素不符合农产品质量安全标准的;④使用的保鲜剂、防腐剂、添加剂等材料不符合国家有关强制性的技术规范的;⑤其他不符合农产品质量安全标准的。

第七章 法律责任,共 12 条。对各种违反《农产品质量安全法》所应承担的法律责任作了明确的规定。根据违法情节的轻重承担相应的责任,即行政处分、罚款、撤销检测资格、赔偿等,构成犯罪的,依法追究刑事责任。

第八章 附则,共 2 条。规定了生猪屠宰的管理及本法的施行日期。

(四)保健食品卫生管理办法

保健食品是食品的一个种类,是具有一般食品的共性,同时也具有特定保健功能的食品,即适用于特定人群食用,具有调节机体功能,不以治疗为目的的食品,而且对人体不产生毒副作用。为了加强保健食品的监督管理,保证保健食品质量,卫生部于 1995 年 3 月 15 日发布了《保健食品管理办法》,并于 1996 年 6 月 1 日实施。

《保健食品管理办法》共七章,包括 35 条款。

第一章 总则,共 3 条。主要规定本法制定宗旨和法律依据,给出了保健食品的定义,并规定国务院卫生行政部门对保健食品、保健食品说明书实行审批制度。

第二章 保健食品的审批,共 10 条。主要对保健食品必须符合的要求、保健食品的审查、申请《保健食品批准证书》、保健食品的技术评审工作、进口保健食品等作了规定。申请《保健食品批准证书》必须提交的资料有:①保健食品申请表;②保健食品的配方、生产工艺及质量标准;③毒理学安全性评价报告;④保健功能评价报告;⑤保健食品的功效成分名单,以及功效成分的定性和/或定量检验方法、稳定性试验报告。因在现有技术条件下,不能明确功效成分的,则须提交食品中与保健功能相关的主要原料名单;⑥产品的样品及其卫生学检验报告;⑦标签及说明书(送审样);⑧国内外有关资料;⑨根据有关规定或产品特性应提交的其他材料。

第三章 保健食品的生产经营,共 7 条。对申请保健食品生产,保健食品配方、生产工艺、生产过程、生产条件,保健食品包装,保健食品经营者采购保健食品作了规定。申请生产保健食品时,必须提交的资料有:①有直接管辖权的卫生行政部门发放的有效《食品生产经营卫生许可证》;②《保健食品批准证书》正本或副本;③生产企业制订的保健食品企业标准、生产企业卫生规范及制订说明;④技术转让或合作生产的,应提交与《保健食品批准证书》的持有者签订的技术转让或合作生产的有效合同书；⑤生产条件、生产技术人员、质量保证体系的情况介绍；⑥三批产品的质量与卫生检验报告。

第四章　保健食品标签、说明书及广告宣传，共5条。对保健食品标签、说明书及广告宣传作了规定。保健食品标签和说明书必须符合国家有关标准和要求，并标明以下内容：①保健作用和适宜人群；②食用方法和适宜的食用量；③贮藏方法；④功效成分的名称及含量。因在现有技术条件下，不能明确功效成分的，则须标明与保健功能有关的原料名称；⑤保健食品批准文号；⑥保健食品标志；⑦有关标准或要求所规定的其他标签内容。

第五章　保健食品的监督管理，共3条。

（五）进出口食品的卫生管理

随着世界贸易的快速发展，进出口食品的数量与品种不断增加，但进出口食品因卫生质量不符合要求而造成索赔、退货等问题时有发生。因此，为了维护国家的信誉和消费者的利益，就必须加强进出口食品的卫生管理。我国对进出口食品的管理主要是以《食品安全法》、《进出口动植物检疫法》、《进出口商品检验法》和《出入境口岸食品卫生监督管理规定》等法律法规为基础。

1. 进口食品卫生管理

目前，我国进口食品近20000种，分22大类。由国家出入境检验检疫局负责进口食品卫生、质量的检验、监督和管理工作。为了做好进口食品卫生管理工作，在我国卫生法规、条例及食品卫生管理办法中，对此进行了明确的规定，主要内容如下。

① 进口的食品、食品添加剂、食品容器、包装材料和食品用工具及设备（以下统称食品），必须符合国家卫生标准和卫生管理办法的规定。

② 进口部门和单位订货时，必须按照我国规定的食品卫生标准和卫生要求签订合同。进口单位在申报检验时，应当提供输出国（地区）所使用的农药、添加剂、熏蒸剂等有关资料和检验报告。这是为了防止输出国使用我国规定以外的各种化学物质或超剂量使用等，而对人体健康可能产生的危害。

③ 需要进口我国尚无卫生标准或卫生要求的食品时，进口部门须将输出国食品卫生标准书面合同报经卫生部门同意后再签订合同。如无输出国标准，则应由卫生部门会同外贸部门提出标准后再签订合同。

④ 进口食品到达国境口岸前，由收货人或其代理人填写"报验单"，向口岸食品卫生检验所报验。海关凭国境食品卫生监督检验机构的证书放行。

⑤ 进口食品必须由各口岸食品卫生检验所采样检验，食品经营部门接到该批食品卫生检验合格的报告后，方可出售和供作食用。

⑥ 进口食品如不符合我国食品卫生标准或卫生要求，应由口岸食品卫生检验所出具《卫生检验证书》，连同处理意见通知收货人或其代理人。对不符合我国食品卫生标准和卫生要求的食品，应根据其污染情况和危害程度，实行销毁、改作他用，或经无害化处理后供食用。

⑦ 普通进口预包装食品的中文标签必须符合 GB 7718—2004（《预包装食品标签通则》），进口预包装饮料酒类，其中文标签还需符合 GB 10344—2005（《预包装饮料酒标签通则》）；进口预包装特殊膳食用食品，其中文标签还需符合 GB 13432—2004（《预包装特殊膳食用食品标签通则》）；进口保健（功能）食品，其中文标签还需符合 GB 16740—1997（《保健（功能）食品通用标准》）。

2. 出口食品卫生管理

我国出口食品主要有粮谷、肉类、罐头、水产品、酒类、蜂蜜、水果、蔬菜、干果、干菜等，其中不少是我国独特产品，在国际市场上享有很高的声誉。由于世界各国对食品污染日益重视，许多国家都制定了各种食品卫生法令、条例，加强了对进口食品的检验和管理，对我国的出口食品提出了严格的卫生要求。我国对出口食品卫生管理的主要内容如下。

① 生产出口食品的厂（库）应在国家商品检验机构注册，达到"出口食品厂（库）最低卫生要求"，获得注册证书和批准编号后方可生产。向美国出口低酸性罐头食品的厂家，还应预先向美国食品与药品管理局（FDA）申请注册登记。

② 出口食品由国家进出商品检验部门进行监督、检验。出口食品应符合进口国的合同规定并进行检验。商检机构应严格把关，对不合格产品不出证、不放行。出口部门应加强对出口食品的进货验收和出口检验工作，切实做到对不合格产品不收购、不出口。

③ 商品检验部门应加强对出口食品厂（库）的卫生监督和对出口食品品质、卫生质量的检验工作。对已注册厂中的卫生条件下降或出口食品卫生质量不符合要求的，则应根据情况分别予以警告、限期改进或吊销注册证明和编号等处罚。

3. 出口转内销食品的卫生管理

出口转内销的食品的一般要求如下。

① 凡卫生质量不符合出口要求的食品，须转为内销时，应由提出转内销的主管部门将食品名称、数量、生产单、生产日期、批号及处理原因以书面报告报当地卫生部门。卫生部门按规定的卫生要求进行鉴定，并出具检验报告或提出鉴定意见。

② 经销出口转内销食品的主管部门，必须持有卫生部门的检验报告或鉴定意见。销售单位在销售过程中，应把好食品质量关。

③ 各种出口转内销食品经检验认为不符合卫生要求的，不得出售，也不得在企业内部食堂或职工中推销。应征求当地卫生部门的意见，区别情况妥善处理。

④ 因出口特殊要求而使用不符合国家规定的食品添加剂生产的食品，应做到有计划生产，争取全部出口。若其中部分产品须转内销时，应由当地卫生、外贸、轻工、商业部门共同研究处理。

⑤ 出口转内销食品应根据 GB 7718—2004《预包装食品标签通则》的有关规定，做好标签的再补充工作。如标签的全部或部分内容没有中文标识，不符合《预包装食品标签通则》的规定，则不得投放市场销售。

（六）与食品相关的法律制度

与食品相关的法律制度有《专利法》、《商标法》和《标准化法》等。《中华人民共和国专利法》（简称《专利法》）于 1984 年 3 月 12 日第六届全国人民代表大会常务委员会第四次会议通过，1985 年 4 月 11 日实施。1992 年 9 月 4 日第七届全国人民代表大会常务委员会第二十七次会议《关于修改〈中华人民共和国专利法〉的决定》第一次修正，2000 年 8 月 25 日第九届全国人民代表大会常务委员会第十七次会议《关于修改〈中华人民共和国专利法〉的决定》第二次修正，自 2001 年 7 月 1 日起施行。《中华人民共和国商标法》（简称《商标法》）于 1980 年 8 月 23 日第五届全国人民代表大会常务委员会第 24 次会议通过，次年 3 月 1 日正式实施。1998 年 1 月经国务院批准修订，同月国家工商行政管理局发布了《中华人民共和国商标法实施细则》。《中华人民共和国标准化法》（简称《标准化》）于 1988 年 12 月 29 日第七届全国人民代表大会常务委员会第五次会议通过，1989 年 4 月 1 日起施行。

二、国际食品法规

国际食品法律、法规是由国际政府组织或者民间组织制定的，被广大国家所接受承认的法律制定。

1. 国际食品法典委员会（CAC）

（1）国际食品法典委员会的建立和宗旨　全球经济一体化发展，以及人们对食品安全问题的日益重视，使得全世界食品生产者、安全管理者和消费者越来越认识到建立全球统一的食品标准是公平的食品贸易、各国制定和执行有关法规的基础，也是维护和增加消费者信任的重要保证。正是在这样的一个大的背景下，1963 年，联合国的两个组织：联合国粮食和农业组织（FAO）和联合国世界卫生组织（WHO）共同创建了 FAO/WHO 食品法典委员会（CAC），并使其成为一个促进消费者健康和维护消费者经济利益，以及鼓励公平的国际食品贸易的国际性组织。该组织的宗旨在于保护消费者健康，保证开展公正的食品贸易和协调所有食品标准的制定工作。

（2）国际食品法典委员会的组成　CAC 是由 FAO 及 WHO 总干事直接领导下设在罗马的 CAC 秘书处总体协调，每两年在罗马（FAO 所在地）或日内瓦（WHO 所在地）举行一次会议。自 2001 年起，大会开始采用阿拉伯语、汉语、英语、法语和西班牙语五种语言作为工作语言。

会议代表以国家为单位，代表团通常由会员国政府所任命的高级官员率领，代表团通常由工业、消费者组织和学术机构的代表组成，还没有成为委员会成员国的国家可派代表以观察员身份出席大会。

至目前，CAC 已拥有 173 个成员国以及众多政府间组织和来自国际科学团体、食品工业和贸易界及科技界以及消费者组织的观察员，其成员国覆盖了世界人口的 99%，并且发展中国家的数目已迅速增长并占绝大多数。

CAC 下设秘书处、执行委员会、6 个地区协调委员会、21 个专业委员会（10 个综合主题委员会、11 个商品委员会）和 1 个政府间特别工作组，组织机构如图 7-1 所示。

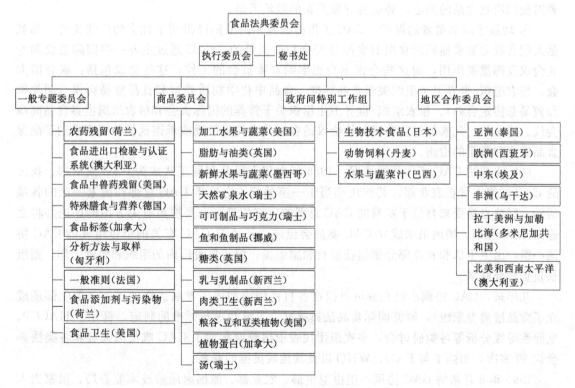

图 7-1　CAC 的组织机构

（3）食品法典委员会工作方式和程序

第一步：大会批准新的工作，成立制标小组。

第二步：制标小组拟订草案初稿。

第三步：送交有关政府征求意见。

第四步：委员会审议草案初稿和反馈意见。

第五步：大会采纳拟议的草案。

第六步：再次送交有关政府征求意见。

第七步：委员会再次审议草案和反馈意见。

第八步：大会批准，并以法典标准公布。

（4）食品法典取得的成效

① 成为唯一的国际参考标准　在建立食品法典的初始阶段，食品法典委员会作为主管和发展食品法典的机构，在食品质量和安全方面已引起世界的重视。在过去的四十多年中，所有与消费者健康保护和公平食品贸易相关的重要的食品情况，均受委员会的监督。FAO和 WHO 更是坚持不懈地致力于发展食品法典委员会所鼓励的食品相关科学技术的研究和讨论。正因为做了这些工作，国际社会对食品安全和相关事宜的认知已提升到了一个空前的高度，同时在相关食品标准方面，食品法典也因此成为唯一的最重要的国际参考标准。

② 得到了国际和各国政府的认知　在全球范围内，广大消费者和大多数政府对食品质量和安全问题的认识在不断提高。消费者普遍要求他们的政府通过立法来确保食品的质量和安全，只有这样的食品才能销售，消费者也同时要求政府制定食品中卫生危害因素的最低限量。总之，通过对法典标准的详述和所有相关决定的考虑，CAC 实质上已经使各国政府将食品的安全和质量问题纳入了政治议程。事实上，各国政府已经意识到，如果政府忽视消费者对他们所吃食品的关心，势必将导致严重的政治后果。

③ 增强了对消费者的保护　CAC 工作的最基本的准则已得到了社会的广泛支持，那就是人们有权力要求他们所食用的食品是安全和高质量的。CAC 通过主办一些国际会议和专业会议发挥重要作用，而这些会议本身也影响着委员会的工作，这些会议包括：联合国大会、粮农组织/世界卫生组织关于食品标准、食品中化学物质残留和食品贸易会议（同关税和贸易总协定合办）、粮农组织/世界卫生组织关于营养的国际大会和粮农组织世界食品高峰会议。近几年，凡参加过这些国际性会议的各国代表们都鼓励或承诺他们的国家采纳了确保食品安全和质量的措施。

（5）我国的 CAC 工作开展情况　1986 年中华人民共和国正式成为 CAC 成员国。我国的 CAC 联络点设在农业部，其作用相当于一座桥梁，它连接 CAC 总部和国家一级的各项活动。联络点接受来自位于罗马的 CAC 总部的所有信息，也要搜集有关方面的评论并将之返回 CAC 总部。国内虽未成立 CAC 委员会但成立了由与 CAC 有关的单位组成的 CAC 协调小组，由卫生部和农业部分别担任组长和副组长。组长负责国内的组织和协调工作，副组长负责对外联络。

几年来，CAC 协调小组和成员单位在各自范围内加强了食品法典的工作（卫生部还成立了食品法典专家组），研究国际食品法典标准，了解并参与标准的制定，召开了 HACCP、危险性等级分析等各类研讨会，多次组团代表中国政府参加了 CAC 成员国大会和各类法典会议 30 多次，加强了与 FAO、WHO 以及其他成员国的联系。

1999 年 6 月新的 CAC 协调小组由卫生部、农业部、原国家质量技术监督局、国家出入境检验检疫局、外经贸部、原国家石油和化学工业局、原国家轻工局、原国家内贸局、国家粮食储备局及全国供销总社 10 家成员单位组成。

在我国，目前还存在着对 CAC、WTO 与我国经济的关系了解欠缺；国内缺乏国家一级的

CAC委员会，有协调小组但组织相对松散；秘书处联络人员不足，日常工作及参会经费无保障；对与法典有关的调查或研究重视与投入不够等问题；存在着对食品法典的研究了解和评估不够的问题，缺乏法典专门人才；对CAC法典标准缺乏全面协调研究；对CAC法典与我国食品法规对比评估不够，有很多对我国有重要影响的法典标准没能参加起草。我国对食品法典的应用也不够，HACCP及危险性分析等在国内尚未广泛探讨和应用CAC力度不够。

针对目前我国食品法典工作中存在的问题，需要进一步提高认识，加强食品法典工作，完善我国食品法典协调组织，加强人员力量，逐步选拔形成一支食品法典专家队伍，解决资金问题，加大对食品法典有关调查和研究的投入。要抓紧对法典标准有计划地进行全面评估；更全面地参与CAC及下属委员会的活动，更多地采用国际法典标准准则及建议，加强各部门间的协调合作，加强食品法典领域的国际合作。

2. 国际标准化组织

国际标准化组织（international organization for standardization，简称ISO）是一个全球性的非政府组织，是国际标准化领域中一个十分重要的组织。ISO成立于1946年，当时来自25个国家的代表在伦敦召开会议，决定成立一个新的国际组织，以促进国际间的合作和工业标准的统一。于是，ISO这一新组织于1947年2月23日正式成立，总部设在瑞士的日内瓦。其宗旨是在世界范围内促进标准化工作的发展，以利于国际物资交流和互助，并扩大知识、科学、技术和经济方面的合作。主要任务是制定国际标准，协调世界范围内的标准化工作，与其他国际性组织合作研究有关标准化问题。

ISO组织结构如图7-2所示，包括ISO全体大会、主要官员、成员团体、通信成员、捐助成员、政策发展委员会、合格评定委员会（CASCO）、消费者政策委员会（COPOLCO）、发展中国家事务委员会（DEVCO）、特别咨询小组、技术管理局、技术委员会TC、理事会、中央秘书处等。

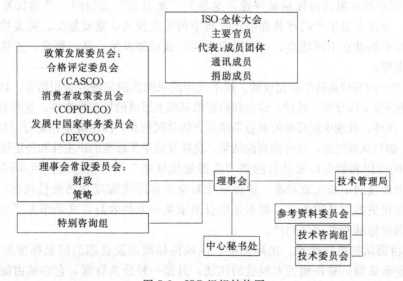

图7-2 ISO组织结构图

ISO的技术活动是制定并出版国际标准（international standards）。ISO的工作涉及除电工标准以外的各个技术领域的标准化活动。进入20世纪90年代以后，通信技术领域的标准化工作展现出快速的发展趋势，成为国际标准化活动的重要组成部分。ISO与国际电工委员会（IEC）和国际电信联盟（ITU）加强合作，相互协调，三大组织联合形成了全世界范围标准化工作的核心。ISO 与 IEC 共同制定了《ISO/IEC 技术工作导则》，该导则规定了从机构设置到人员任命以及各人职责的一系列细节，把 ISO 的技术工作从国际一级到国家（member body）一级再到技术委员会（technical committee，简称 TC）、分委员会（sub-committee，简称 SC），最后到工作组（working group，简称 WG）连成一个有机的整体，从而保证了这个具有 140 个成员国、2850 个技术委员会、分委员会及工作组和 30000 名专家参加的国际化庞大机构的有效运转。截至目前，ISO 已经发布近 14000 项国际标准、技术报告及相关指南，而且尚在不断增加之中。为制定这些标准，平均每个工作日有 15 个 ISO 会议在世界各地召开。

ISO 的工作引起了各国际组织的兴趣，现在 535 个国际组织与 ISO 的技术委员会和分委员会建立了联络关系。为沟通信息，ISO 建立了情报网（ISONET），现在已经有 82 个国家的标准信息中心向该网提供快速存取，网络已经收入 500000 件标准、技术法规和其他标准类出版物，有 10750 个国际标准和 2700 个国际标准草案的录入数据。

第二节　食品标准

一、标准与标准化的概念

1. 标准

我国国家标准 GB/T 2000.1—2002《标准化工作指南　第 1 部分：标准化和相关活动的通用词汇》中这样定义"标准"："为了在一定范围内获得最佳秩序，经协商一致制定并由公认机构批准，共同使用的或重复使用的一种规范性文件（注：标准应以科学、技术和经验的综合成果为基础，以促进最佳的共同效益为目的）"。此定义采用了 ISO/IEC 指南 2 中的标准术语的定义，包含了以下几方面的含义。

① 标准制定的对象的特征是重复性，这里的"重复性"是指同一事物反复多次出现的性质。例如，成批大量生产的产品在生产过程中的重复投入、重复加工、重复检验、重复出产；同一类技术活动在不同地点、不同对象上同时或相继发生；某一概念、方法、符号被许多人反复应用等。

② 标准产生的基础是科学研究成就、技术进步成果同实践先进经验相结合，即标准是在对科学、技术和经验加以分析、比较、综合和验证的基础上形成的规范性文件，这样自然赋予了标准的科学性。此外，标准中所反映的利益是相关方的共同利益，即标准是相关方（如用户、生产方、政府等）进行认真讨论，充分协商的结果，这样又赋予了标准的民主性和公正性。

③ 标准的作用和制定标准的目的是"获得最佳秩序"和"促进最佳的共同效益"。"最佳秩序"是指通过制定和实施标准，使标准化对象的有序化程度达到最佳状态；"最佳的共同效益"是指相关方的共同效益，而不是仅仅追求某一方的效益，这是作为"公共资源"的国际标准和国家标准所必须做到的。

④ 标准由公认的机构批准。国际标准、区域性标准以及各国的国家标准是社会生活和经济活动的重要依据，是各相关方利益的体现，且是一种公共资源，它必须由能代表各方利益，并为社会所公认的权威机构批准，方能为各方所接受。另外，标准文本有专门的格式，批准发布有一整套工作程序和审批制度。

⑤ 标准的本质是为公众提供一种可共同使用和反复使用的最佳选择，或为各种活动或其结果提供规则、导则、规定特性的文件（即公共物品）。

2. 标准化

国家标准 GB/T 2000.1—2002《标准化工作指南 第1部分：标准化和相关活动的通用词汇》中这样定义"标准化为在一定范围内获得最佳秩序，对现实问题或潜在问题制定共同使用和重复使用的条款的活动"。此定义采用了 ISO/IEC 指南 2 中的定义，包含了以下几方面的含义。

① 标准化的目的是获得最佳秩序。对于一个国家、一个行业、一个企业，甚至整个世界，开展标准化工作都是为了在相应的范围内获得最佳秩序，追求最佳社会效益。

② 标准化的活动领域相当广阔，不再仅仅局限于科学技术领域，而是已经扩展到经济管理、社会管理的各个人类活动领域。

③ 标准化实质上是一个活动过程，这个活动过程主要是制定标准、实施标准及修订标准的过程，且是一个不断循环、螺旋上升的运动过程，每完成一个循环，标准的水平就提高一步。

二、标准的分类

世界各国标准种类繁多，分类方法也各异。目前我国普遍使用的标准分类方法如下。

1. 按标准制定的主体或适用范围分类

按照标准制定的主体或适用范围，标准分为国际标准、区域标准、国家标准、行业标准、地方标准和企业标准。

国际标准是指国际标准化组织（ISO）、国际电工委员会（IEC）、和国际电信联盟（ITU）制定的标准，以及国际标准化组织确认并公布的其他国际组织制定的标准，包括 ISO 标准、IEC 标准、ITU 标准、CAC（国际食品法典委员会）标准、OIML（国际法制计量组织）标准等。

区域标准是指由区域标准化组织或区域标准组织通过并公开发布的标准，主要有欧洲标准化委员会（CEN）标准、欧洲电工标准化委员会（CEN-ELEC）标准、欧洲电信标准学会（ETSI）标准等。

国家标准是指由国家标准机构通过并公开发布的标准。我国的国家标准是指对在全国范围内需要统一的技术要求，由国务院标准化行政主管部门制定并在全国范围内实施的标准。国家标准的编号由国家标准代号，标准发布顺序号和发布年号组成。国家标准的代号由大写的汉语拼音字母组成，强制性标准的代号为"GB"；推荐性标准的代号为"GB/T"，如 GB 1534—1986。

行业标准是指由行业组织通过并公开发布的标准，我国的行业标准是指由国家有关行业行政主管部门公开发布的标准，行业标准由国务院有关行政主管部门制定。行业标准的编号由行业标准代号、标准顺序号和年号组成。行业标准代号由国务院标准化机构规定，不同行业的代号各不相同（表 7-1）。行业标准中同样分强制性标准和推荐性标准，如 SB/T 10068—1992。

地方标准是在国家的某个地区通过并公开发布的标准，我国的地方标准是指由省、自治区、直辖市标准化行政主管部门公开发布的标准，地方标准还需报国务院标准化机构和国务院有关行政主管部门备案。地方标准制定的对象是对没有国家标准和行业标准而又需要在省、自治区、直辖市范围统一的工业产品的安全、卫生要求。地方标准的编号由地方标准代号、标准顺序号和发布年号组成。地方标准的代号由汉语拼音字母"DB"加上省、自治区、直辖市行政区划代码前两位数字加斜线，组成强制性地方标准代号；若再加上"T"则组成推荐性地方标准代号，如 DB35/T 552—2004。

企业标准是由企业制定并由企业法人代表或其授权人批准、发布的标准。企业标准的编号由企业标准代号、标准顺序号和发布年号组成。企业标准代号由汉语拼音字母"Q"加斜线再加上企业代号组成。企业代号可用汉语拼音字母或用阿拉伯数字或两者兼用，具体办法由当地行政主管部门规定，如 Q/Z 015—2001。

表 7-1 我国的行业标准类别

序号	行业标准代号	行业标准类别	序号	行业标准代号	行业标准类别
1	JY	教育	30	JB	机械
2	YY	医药	31	QB	轻工
3	MT	煤炭	32	CB	船舶
4	CY	新闻出版	33	YD	通信
5	CH	测绘	34	JR	金融系统
6	DA	档案	35	LD	劳动和劳动安全
7	HY	海洋工作	36	WJ	兵工民品
8	YC	烟草	37	EJ	核工业
9	MZ	民政工作	38	TD	土地管理
10	DZ	地质矿产	39	XB	稀土
11	GA	公共安全	40	HJ	环境保护
12	QC	汽车	41	WH	文化
13	JC	建材	42	TY	体育
14	SH	石油化工	43	WB	物质管理
15	HG	化工	44	CJ	城镇建设
16	SY	石油天然气	45	JG	建筑工业
17	FZ	纺织	46	NY	农业
18	YS	有色金属	47	SC	水产
19	YB	黑色冶金	48	SL	水利
20	SJ	电子	49	DL	电力
21	GY	广播电影电视	50	HB	航空工业
22	TB	铁路运输	51	QJ	航天工业
23	MH	民用航空	52	ZY	中医药
24	LY	林业	53	SB	商业
25	JT	交通	54	BB	包装
26	DB	地震	55	HS	海关
27	LB	旅游	56	YZ	邮政
28	QX	气象	57	WM	外经贸
29	WS	卫生	58	SN	商检

2. 按标准实施的约束性分类

按照标准实施的约束性分类，我国标准分为"强制性标准"和"推荐性标准"。强制性标准的强制性是指应用方式的强制性，即利用国家法律强制实施，国家标准和行业标准中保障人体健康和人身、财产安全的标准以及法律、行政法规规定强制执行的标准都属于强制性标准；推荐性标准是倡导性、自愿性标准，但企业一旦采用了某推荐性标准作为产品标准或与顾客签订某推荐性标准作为合同条款，那么该标准的"推荐性"便转化为"强制性"了。

3. 按标准的性质分类

按照标准的性质分类，标准分为技术标准、管理标准和工作标准。技术标准是指对标准化领域中需要协调统一的技术事项所制定的标准，其形式可以是标准、技术规范、规程等文件，以及标准样品实物，主要有基础标准、产品标准、设计标准、工艺标准、检验和试验标准等；管理标准是指对标准化领域中需要协调统一的管理事项所制定的标准，主要包括技术管理、生产管理、经营管理和劳动组织管理等。工作标准也称工作质量标准，是对各部门、各类人员的基本职责、工作要求、考核方法所做的规定，是衡量工作质量的依据和准则。

4. 按标准的内容分类

按照标准的内容分类，标准分为基础标准、产品标准、卫生标准、方法标准、管理标准、环境保护标准等。

三、国际食品标准体系

（一）采用国际标准

ISO/IEC 技术工作指南 21 号《在国家标准中采用国际标准》中规定了"采用"国际标

准和"应用"国际标准的含义。

采用：国家标准的制定是以国际标准为依据，或认可国际标准享有与国家标准同等的地位。

应用：在生产、贸易等方面应用国际标准，不论是否有等效的国家标准。这是实际应用国际标准。

1. 采用国际标准的程度

我国对采用国际标准程度的划分与 ISO/IEC 的规定相同，分为 3 种情况。

（1）等同采用　指国家标准与国际标准在技术内容上完全相同，编写方法上完全对应，仅有或没有编辑性修改。

（2）等效采用　指国家标准与国际标准在技术内容上等效，在编写方法上不完全对应，仅有小的技术上的差异。

（3）不等效采用　指国家标准与国际标准之间有重大的技术差异，它又包括三种情况。

① 内容少：国家标准对国际标准的内容进行了选择或要求降低等。

② 内容多：国家标准增加了新内容或要求高。

③ 内容交错：部分内容完全等同或技术上等效，但国家标准与国际标准各自包含了对方没有的条款或内容。

在进行国际贸易中，等同采用不会造成贸易的障碍。等效采用在一般情况下也不造成贸易的障碍。但是，若进行交易的双方都采用此种等效程度，则叠加起来就有可能造成两国贸易中的不可接受性。所以，按此种等效程度采标时，需十分注意。而按不等效采用方式进行贸易时，都有造成贸易障碍的可能性。需要说明的是采用程度仅表示国家标准与国际标准之间的异同情况，并不表示技术水平的高低。

2. 采用程度的表示方法

（1）用文字叙述　一般用在标准的引言中，任何采用程度均可用此方法。

（2）双重编号法　只适用于等同采用，即在标准的封面和首页上同时标出国家标准的编号和采用的国际标准的编号。

（3）字母代号表示法　如表 7-2 所示。

表 7-2　采用程度的字母代号表示法

采 用 程 度	字 母 代 号	图 示 符 号
等同采用	idt 或 IDT	≡
等效采用	equ 或 EQU	=
不等效采用	neq 或 NEQ	≠

（二）国际标准的分类法

国际标准分类法是由国际标准化组织编制的，它主要用于国际标准、区域性标准和国家标准以及其他标准文献的分类。国际标准分类法的应用，有利于标准文献分类的协调统一，促进国际、区域和国家间标准文献的交流和传播。

国际标准分类法采用三级分类，第一级由 41 个大类组成，第二级为 387 个二级类目，第三级为 789 个类目（小类）。国际标准分类法采用数字编号。第一级采用两位阿拉伯数字，第二级采用三位阿拉伯数字，第三级采用两位阿拉伯数字表示，各级类目之间以下脚点相隔。

国际标准分类法在食品领域的分类如下：

67.020	食品工业加工过程
67.040	食品综合
67.050	食品试验和分析通用方法
67.060	谷类、豆类及其衍生物
67.080	水果、蔬菜，包括罐装、干制和速冻的水果和蔬菜
67.080.01	水果、蔬菜和衍生物综合
67.080.10	水果及其衍生制品（包括坚果）
67.080.20	蔬菜及其衍生制品
67.100	乳和乳制品
67.100.01	乳和乳制品
67.100.10	乳和加工乳制品
67.100.20	奶油
67.100.30	干酪
67.100.40	冰淇淋和冰淇淋糖果（包括果酒冰冰）
67.100.99	其他乳制品
67.120	肉、肉制品和其他畜产品
67.120.01	畜产品综合
67.120.10	肉和肉制品
67.120.30	鱼和水产品（包括水产软体动物和其他海产品）
67.120.99	其他畜产品
67.140	茶、咖啡、可可
67.140.10	茶
67.140.20	咖啡和咖啡代用品
67.140.30	可可
67.160	饮料
67.160.01	饮料综合
67.160.10	含醇饮料
67.160.20	无醇饮料（包括果汁，露，矿泉水，柠檬水，以黄樟油、冬青油为香料的无醇饮料，可乐饮料等）
67.180	糖、糖制品、淀粉
67.180.10	糖和糖制品（包括糖蜜、甜味剂、糖果、蜂蜜等）
67.180.20	淀粉及其衍生制品（包括葡萄糖浆）
67.190	巧克力
67.200	食用油脂，油菜籽
67.200.10	动植物油和脂肪
67.200.20	油菜籽
67.220	香辛料和调味品，食品添加剂
67.220.10	香辛料和调味品
67.220.20	食品添加剂（包括盐、醋、食品防腐剂等）
67.230	预包装食品和方便食品（包括婴儿食品）
67.240	感官分析
67.250	与食物接触的材料和制品（包括盛放食物的容器，与饮用水接触的材料

和制品）

67.260　　　　食品工厂和设备

07.100　　　　微生物

07.100.01　　微生物综合

07.100.30　　食品微生物（包括动物饲料微生物）

71.100.60　　精油

（三）国际食品标准

从事食品及相关产品标准化的国际组织主要有国际标准化组织（ISO）、联合国粮农组织（FAO）、世界卫生组织（WHO）、食品法典委员会（CAC）、国际乳制品联合会（IDF）、国际葡萄酒局（IWO）等。目前国际食品标准分属两大系统，即 ISO 系统的食品标准和 FAO/WHO 的 CAC 标准。但随着世界经济一体化的发展和食品法典委员会卓有成效的工作，食品法典标准已成为全球消费者、食品生产者和加工者、各国食品管理机构和国际食品贸易唯一的和最重要的基本参照标准。

1. 食品法典标准

CAC 制定并向各成员国推荐的食品产品标准、农药残留限量、卫生与技术规范、准则和指南等，通称为食品法典（Codex Alimentarius，Codex）。食品法典以统一形式提出并汇集了国际已采用的全部食品标准，CAC 标准共分 13 卷 314 项标准，具体见表 7-3。

表 7-3　CAC 食品法典

卷　　次	要　求　内　容
第一卷第一部分	一般要求
第一卷第二部分	一般要求（食品卫生）
第二卷第一部分	食品中的农药残留（一般描述）
第二卷第二部分	食品中的农药残留（最大限量值）
第三卷	食品中的兽药残留
第四卷	特殊膳食食品（包括婴幼儿食品）
第五卷第一部分	加工和速冻水果及蔬菜
第五卷第二部分	新鲜水果和蔬菜
第六卷	果汁及相关产品
第七卷	谷物、豆类及其制品和植物蛋白
第八卷	油脂及相关产品
第九卷	鱼和鱼制品
第十卷	肉和肉制品,包括浓肉汤和清肉汤
第十一卷	糖、可可制品、巧克力及其他制品
第十二卷	乳及乳制品
第十三卷	取样和分析方法

各卷都包括了一般准则、一般标准、定义、法（规）典、货物标准、分析方法和推荐性技术标准等内容。每卷所列内容都按一定顺序排列，以便于参考使用。食品法典的各卷标准分别用英文、法文和西班牙文出版。

2. 国际标准化组织食品标准

ISO 是专门从事国际标准化活动的组织，下设许多专门领域的技术委员会（TC），其中 TC34 为农产食品技术委员会。TC34 主要制定农产各领域的产品分析方法标准，为了避免重复，凡 ISO 制定的产品分析标准都被 CAC 直接采用。

四、我国的食品标准体系

我国的食品标准基本上是按照标准的内容进行分类并编辑出版的，包括食品工业基础及相关标准、食品产品标准、食品安全卫生标准、食品包装材料及容器标准、食品添加剂标准、食品检验方法标准、各类食品卫生管理办法等。

1. 食品基础标准

通用基础标准是指在一定范围内作为其他标准的基础普遍使用，并具有广泛指导意义的标准，它规定了各种标准中最基本的共同要求。

（1）名词术语、图形符号、代号类标准　名词术语标准 GB 15091—1995《食品工业基本术语》规定了食品工业常用的基本术语，适用于食品工业生产、科研、教学及相关领域；各类食品工业的名词术语标准有 GB/T 15070—1994《制盐工业术语》、GB/T 15109—1994《白酒工业术语》、SB/T 10252—1995《糖果术语》等；食品的图形符号、代号标准如 GB/T 13385—2004《包装图样要求》、GB/T 12029.1—1990《粮油工业图形符号、代号通用部分》等。

（2）食品分类标准　食品分类标准是对食品产品进行分类的标准，如 GB/T 10784—1989《罐头食品分类》、SB/T 10033—1992《中式糕点分类》等。

（3）食品包装与标签标准　此类标准是对食品包装材料、标签标示内容等提出要求的标准，如 GB 7718—2004《预包装食品标签通则》、QB/T 2461—1999《包装用降解聚乙烯薄膜》等。

（4）食品检验标准　食品检验标准是指对食品的质量要素进行测定、试验、定量所作的统一规定，包括感官检验、理化检验、微生物学检验等。食品理化检验包括食品中水分、蛋白质、脂肪、灰分、还原糖、蔗糖、淀粉、食品添加剂、重金属、有毒有害物质等的测定方法，我国现已颁布实施的食品卫生理化检验方法标准有 200 多个，标准的编号为 GB/T 5009.1—2003～ GB/T 5009.204—2005；食品卫生微生物学检验方法标准主要包括总则、菌落总数测定、大肠菌群测定、致病菌的检验、常见产毒霉菌的鉴定、各类食品检验、抗生素残留量检验、双歧杆菌检验等，已发布的部分标准的编号为 GB/T 4789.1—2003～GB/T 4789.35—2003；食品检验与评价方法标准涉及到食品试验、检验方法标准（如 GB/T 1445.2—1991《绵白糖试验方法》）、食品与农产品检验检疫标准（如 GB 19441—2004《进出境禽鸟及其产品高致病性禽流感检疫规范》）、食品中放射性物质检验标准、食品安全性毒理学评价程序与实验方法、转基因食品检测标准等。

2. 食品产品标准

产品标准是对产品结构、规格、质量、检验方法所做的技术规定。食品产品标准既是食品工业生产标准化过程中涉及最多的一类标准，也是食品生产加工领域的食品标准中的核心标准，它是为保证食品的食用价值，对食品必须达到的某些或全部要求所做的规定，主要内容包括产品分类、技术要求、试验方法、检验规则以及标签与标志、包装、贮存、运输等方面的要求。

我国食品加工产品及农副产品标准中，只有关系到国计民生的少数产品如：稻谷、小麦、大豆、玉米、小麦粉、食用动植物油类、食用盐、糖类、婴幼儿食品类、食用酒精、天然矿泉水、瓶装饮用纯净水、白兰地、运动饮料、保健（功能）食品通用标准等少数产品标准为强制性国家标准，绝大多数是行业标准，还有少部分是推荐性国家标准。

3. 食品安全卫生标准

食品安全不仅关系到人民群众的身体健康和生命，也关系到经济的发展和社会的稳定。建立健全食品安全标准体系，既是加强食品安全管理、遏制假冒伪劣行为、保证消费者权益的需要，也是满足经济和社会发展的需要。国家"十五"重大科技专项"食品安全关键技术"研究成果《主要食品安全标准的基础研究及技术措施》首次提出了一个完整统一、科学先进、符合我国国情的食品安全标准体系总体框架，建立了我国涵盖整个食品链全过程的食品安全标准体系表。

目前我国的食品安全卫生标准体系主要包括食品安全管理体系标准（如 GB/T 19080—

2003《食品和饮料行业 ISO 9001：2000 应用准则》）、食品安全生产控制标准（如 GB 14881—1994《食品企业通用卫生规范》）、食品中有毒有害物质限量标准、食品及食品原料安全卫生标准（如 GB 2712—2003《发酵性豆制品卫生标准》）、食物中毒及诊断标准（如 GB 14938—1994《食物中毒诊断标准及技术处理总则》）。

4. 食品添加剂和营养强化剂标准

营养强化剂是指为增强营养成分而加入食品中的天然的或者人工合成的属于天然营养素范围的食品添加剂。这表明，营养强化剂属于食品添加剂的一部分。

现行的有关食品添加剂国家标准达 140 多种，主要有《食品添加剂产品标准》、《食品添加剂食用卫生标准》、《食品添加剂检验方法标准》等。GB 2760—1996《食品添加剂使用卫生标准》明确规定了食品添加剂的品种、使用范围及最大使用量。对未列入《食品添加剂使用卫生标准》的其他食品添加剂如需要在生产中使用时，要按《食品添加剂新品种管理办法》规定的审批程序经批准后方可使用。凡是标准中未予规定的物质，均不得在食品生产加工过程中使用；凡标准规定了使用范围和使用量的物质，均不得超量和超范围使用。目前禁止使用的有毒添加剂共 20 种，主要有甲醛、硼酸、硼砂、β-萘酚、水杨酸、吊白块、硫酸铜、黄樟素、香豆素等。

5. 食品包装与标签标准

包装在原材料、辅料、工艺方面的安全性将直接影响食品质量，进而对人体的健康产生影响。

食品标签是指在食品包装容器上或附于食品包装容器上的一切附签、吊牌、文字、图形、符号说明物。最重要的食品标签标准有 GB 7718—2004《预包装食品标签通则》、GB 13432—2004《预包装特殊膳食食品标签通则》。

GB 7718—2004《预包装食品标签通则》是对 GB 7718—1988《食品标签通用标准》的第二次修订，2005 年 10 月 1 日起正式实施。预包装食品是指经预先定量包装，或装入（灌入）容器中，向消费者直接提供的食品。标准规定了所有预包装食品的食品标签的基本要求、强制性标示内容、强制性标注内容的免除、非强制性标示内容等。强制性要求所有预包装食品必须标示食品名称、配料表、净含量及固形物含量、制造者或经销者的名称和地址、生产日期和保质期、贮藏指南、产品标准号、特殊标示内容等，同时强制标示内容还包括辐照食品、转基因食品。

GB 13432—2004《预包装特殊膳食食品标签通则》不同于 GB 7718—2004 的是要求特殊膳食用食品（如婴幼儿食品、糖尿病患者食品）必须标示营养成分，即营养标签，同时鼓励一般食品成分标示营养成分。特殊膳食用食品是为满足某些特殊人群的生理需要，或某些疾病患者的营养需要，按特殊配方而专门加工的食品。这类食品的成分或成分含量应与可类比的普通食品有显著不同。

GB 13432—2004 强制标示的营养成分应依据产品实际存在的营养素，标示 7 个成分项：能量、蛋白质、脂肪、碳水化合物、膳食纤维、维生素、矿物质与微量元素，而添加了营养强化剂的预包装特殊膳食用食品，应标示所强化营养素的含量，所有预包装特殊膳食用食品还可以标示总糖含量。在食品标签上所标示的营养素种类及其含量是指在食品产品中实际存在的营养素，标示值是实际检测的数值。我国食品标签通常是以每 100g（mL）或每份计的含量，营养成分标示值即根据检测标准所得检测数据值，根据范围值、平均值和最低值要求进行食品标签的标示，如"每 100mL 灭菌纯牛乳中蛋白质的含量为 3.0%～3.5%"，"每 100mL 灭菌纯牛乳中蛋白质的含量平均为 3.0g"，"每 100mL 灭菌纯牛乳中蛋白质的含量不低于 3.0g"。

GB 13432—2004 非强制性地要求了食品标签营养声称包括营养素含量水平声称、含量比较的声明/称。根据规定，能量、营养素含量水平的声称的标注词语包括如"无"、"低"、"非常低"、"减少了"、"增加了"、"少于（低于）"、"多于（大于、高于）"等。预包装特殊膳食用食品对能量、胆固醇、钠、脂肪和糖的含量水平声称要求，如"低能量"、"低脂肪"、"低胆固醇"、"无糖"、"低钠"。标准没有给出蛋白质、维生素、矿物质、膳食纤维和碳水化合物的声称。

对于所有预包装食品包括一般预包装食品和预包装特殊膳食用食品，我国已允许在食品标签上可以有营养素作用的声称（健康声明）：声称某种营养素对维持人体正常生长、发育的生理作用，但限制声称或暗示有治愈、治疗或防止疾病的作用，限制声称所示产品本身具有某种营养素的功能。

国家标准 GB 13432—2004 列举了 5 项声明：

①钙是构成骨骼和牙齿的主要成分，并维持骨骼密度；②蛋白质有助于构成或修复人体组织；③铁是血红细胞的形成因子；④维生素 E 保护人体组织内的脂肪免受氧化；⑤叶酸有助于胎儿正常发育。

5 种和 5 种以外的营养素作用的声称都必须符合国家标准 GB 13432—2004 对声称的条件要求，包括以下 3 条：

①被声称的营养素在所示产品中的含量与可类比的普通食品的相对差异不少于 25%；②被声称的营养素在所示产品中的含量显著；③被声称的营养素的作用有公认的科学依据。

6. 其他食品相关标准

食品相关标准还有绿色食品标准、有机食品标准、无公害食品标准、森林食品标准、超市食品标准、快餐食品标准、辐照食品标准等。

五、食品标准的制定

（一）国家标准制定程序

根据《国家标准制定程序的阶段划分及代码》（GB/T 16733—1997），我国国家标准制定程序阶段划分为 9 个阶段，即预阶段、立项阶段、起草阶段、征求意见阶段、审查阶段、批准阶段、出版阶段、复审阶段、废止阶段。

1. 预阶段

预阶段是标准计划项目建议的提出阶段，这一阶段自全国专业标准化技术委员会（以下简称技术委员会）或部门收到新工作项目建议提案起，至将新工作建议上报国务院标准化行政主管部门（国家标准化管理委员会）止。在这一阶段中，技术委员会应根据我国市场经济和社会发展的需要，对将要立项的新工作项目进行研究及必要的论证，并在此提出新工作项目建议，包括标准草案或标准大纲（如标准的范围、结构及与其他标准相互协调的关系等），这一阶段的任务为提出新工作项目建议。

2. 立项阶段

立项阶段自国务院标准化行政主管部门收到新工作项目建议起，至国务院标准化行政主管部门下达新工作项目计划止。国务院标准化行政主管部门对上报的国家标准新工作项目建议统一汇总、审查、协调、确认，直至下达《国家标准制修订计划项目》。立项阶段的时间周期一般不超过 3 个月，这一阶段的任务为提出新工作项目。

3. 起草阶段

起草阶段自技术委员会收到新工作项目计划起，落实计划，组织项目的实施，至标准起草工作组完成标准征求意见稿止。新工作项目由技术委员会组织落实，由承担任务的单位负责完成。起草阶段的时间周期一般不超过 10 个月，这一阶段的任务为完成标准征求意见稿。

4. 征求意见阶段

征求意见阶段自标准起草工作组将标准征求意见稿发往有关单位征求意见起，经过收集、整理回函意见，提出征求意见汇总处理表，至完成标准送审稿止。征求意见阶段的时间周期一般不超过2个月，这一阶段的任务为完成标准送审稿。

5. 审查阶段

审查阶段自技术委员会收到起草工作组完成的标准送审稿起，经过会审或函审，至工作组最终完成标准报批稿止。

采用会议方式审查的，应写出《会议纪要》，并附参加审查会议的代表名单；采用函审方式审查的，应写出《函审结论》，并附《函审单》。

起草工作组应根据会审或函审意见完成标准报批稿及其附件。若标准送审稿没有被通过，则应责成起草工作组完成标准送审稿（第二稿）并再次进行审查。此时，项目负责人应主动向有关部门提出延长或终止该项目计划的申请报告。这一阶段的任务为完成标准报批稿。

6. 批准阶段

批准阶段自国务院有关行政主管部门（或技术委员会）、国务院标准化行政主管部门收到标准报批稿起，至国务院标准化行政主管部门批准发布国家标准止。

国务院有关行政主管部门（或技术委员会）对标准报批稿及报批材料进行审核。对不符合报批要求的，一般应返回起草单位，限时解决问题后再行审核。

部门审核后，由国家标准技术审查机构对上报标准进行审查，并在此基础上对标准报批稿进行必要的协调和完善工作。时间周期不超过3个月。

经国家标准技术审查机构审核通过的国家标准报批稿，由国务院标准化主管部门批准发布，时间周期不超过1个月。

若报批稿中存在技术方面的问题或协调方面的问题，一般应退回部门或有关专业标准化技术委员会限时解决问题后再行报批。

批准阶段总的时间周期一般不超过6个月，这一阶段的任务为批准发布国家标准、提供标准出版稿。

7. 出版阶段

标准出版阶段自国家标准出版单位收到国家标准出版社稿起，至国家标准正式出版止。出版阶段的时间周期一般不超过3个月，这一阶段的任务为提供标准出版物。

8. 复审阶段

国家标准实施后，应根据科学技术的发展和经济建设的需要适时进行复审，复审周期一般不超过5年。国家标准复审后，对不需要修改的国家标准可确认其继续有效；对需作修改的国家标准可作为修订项目申报，列入国家标准修订计划。对已无存在必要的国家标准，由技术委员会或部门对该国家标准提议废止。

9. 废止阶段

已无存在必要的国家标准，由国务院标准化行政主管部门予以废止。

上述9个阶段为正常情况下国家标准制定程序的阶段划分。

食品卫生标准由国务院卫生主管部门审批，国务院标准化行政主管部门编号、发布。

（二）食品企业标准制定程序和备案

1. 食品企业标准的制定程序

（1）搜集和研究资料　制定一项企业标准需要搜集的资料，包括标准化对象的国内外（包括企业）现状与发展，有关的最新科技成果，顾客的要求与期望，生产（服务）过程及市场反馈的统计资料、技术数据，国际标准、国外先进标准、技术法规及国内外相关标准。

（2）起草标准草案　对搜集到的资料进行整理、分析、对比、选优，必要时进行试验对比和验证，然后编写标准草案。

（3）形成标准送审稿　将标准草案连同"编制说明"发至企业内有关部门，征求意见，对返回意见分析研究，编写出标准送审稿。

（4）审查标准　采取会审或函审。标准审查重点：标准送审稿以及相关各种标准化工作是否符合或达到预定的目的和要求，与有关法律、法规、强制性标准是否一致，技术内容是否符合国家方针政策和经济技术发展方向，技术指标与性能是否先进、安全可行，各种规定是否合理、完整和协调，与有关国际标准和国外先进标准是否协调，规定性技术要素内容的确定方法是否符合 GB/T 1.2—2002 的规定，标准编定格式参照 GB/T 1.1—2002。

（5）编制标准报批稿　经审查通过的标准送审稿，起草单位应根据审查意见修改，编写"标准报批稿"及相关文件"标准编制说明"、"审查会议纪要"、"意见汇总处理表"。

（6）批准与发布　企业标准由企业法定代表人或其授权的管理者批准、发布，由企业标准化机构编号、公布。

2. 食品企业标准的备案

企业产品标准应在发布后 30 天内，报当地政府标准化行政主管部门和有关行政主管部门备案，具何等备案要求按各省、自治区、直辖市人民政府标准化行政主管部门的规定办理。

此外，企业标准还应定期复审，复审周期一般不超过 3 年。复审工作由企业标准化机构负责组织。

六、食品标准的实施

标准的贯彻实施可以分为计划、准备、实施、检查验收、总结 5 个程序。

1. 计划

实施标准之前，各企业或单位应根据标准的性质和适用范围制定出实施的计划或方案。计划或方案的内容主要是贯彻实施标准的方式、内容、步骤、负责人员、起止时间、达到的要求和目标等。

2. 准备

准备工作是标准实施的重要环节。主要做好思想、组织、技术、物质四个方面的准备工作。

3. 实施

实施标准就是把标准规定的内容在生产、流通和使用等环节中加以执行，有完全实施、引用、选用、补充、配套、提高等方式。完全实施就是直接采用标准，全文照搬，毫无改动地贯彻实施，对于重要的国家和行业基础标准、方法标准、安全标准、卫生标准、环境保护标准等强制性标准必须完全实施；引用就是对于适用于企业的推荐性标准，采取直接引用的形式进行贯彻实施，并在产品、包装、或其说明上标注该项推荐性标准的标准编号；选用是选取标准中部分内容实施；补充是在不违背标准的基本原则的前提下，企业可以企业标准的形式对标准再作出一些必要的补充规定；配套是在贯彻某些标准时，地方或企业可制定这些标准的配套标准以及这些标准的使用方法等指导性技术文件，以更全面、更有效地贯彻标准；提高是企业在贯彻某一项国家或行业标准时，可以以国际标准或国内外先进水平为目标，提高、加强标准中一些性能指标，或者自行制定比该产品标准水平更高的企业标准，实施于生产中。

4. 检查验收

检查应包括实施阶段的全过程，通过检查验收，找出标准实施中存在的问题，采取相应措施，继续贯彻实施标准，如此反复进行几次，就可以促进标准的全面贯彻。

5. 总结

总结包括技术上和方法上的总结以及各种文件、资料的归类、整理、立卷归档工作，还应该对标准贯彻中发现的各种问题和意见进行整理、分析、归类工作，然后写出意见和建议，反馈给标准制定部门。

本 章 小 结

食品标准及法规是食品生产、运销和贮藏，食品新资源开发和利用，食品检测与监督管理，食品质量管理体系认证的行为准则，是设置和打破国际技术性贸易壁垒的基准，也是食品行业持续健康发展的根本保证。

食品法律、法规体系是以法律或政令形式颁布的，是对全社会有约束力的权威性规定，既包括法律规范，也包含以技术规范为基础所形成的各种食品法规。

我国与食品相关的法律和食品专门法律有《产品质量法》、《食品安全法》和《农产品质量安全法》等。《产品质量法》是调整产品的生产、流通和监督管理过程中，因产品质量而发生的各种经济关系的法律规范的总称；《食品安全法》调整国家与从事食品生产、经营的单位或个人之间，以及食品生产、经营者与消费者之间在有关食品安全与卫生管理、监督中所发生的社会关系，特别是经济利益关系；《农产品质量安全法》是调整因农业的初级产品、农产品的生产者、销售者、农产品质量安全管理者、相应的检测技术机构和人员以及各管理环节引起的各种食品安全问题的法律规范总和。食品法规有《保健食品管理办法》、《进出口食品的卫生管理》等。

国际食品法律、法规是由国际政府组织或者民间组织制定的，被广大国家所接受承认的法律制度。重要的组织有食品法典委员会，国际标准化组织、国际放射防护委员会等。

标准是指为了在一定范围内获得最佳秩序，经协商一致制定并由公认机构批准，共同使用的或重复使用的一种规范性文件。标准化是指为在一定范围内获得最佳秩序，对现实问题或潜在问题制定共同使用和重复使用的条款的活动。按照标准制定的主体或适用范围，标准分为国际标准、区域标准、国家标准、行业标准、地方标准和企业标准；按照标准实施的约束性分类，我国标准分为"强制性标准"和"推荐性标准"；按照标准的性质分类，标准分为技术标准、管理标准和工作标准；按照标准的内容分类，标准分为基础标准、产品标准、卫生标准、方法标准、管理标准、环境保护标准等。我国的食品标准基本上是按照标准的内容进行分类并编辑出版的，包括食品工业基础及相关标准、食品产品标准、食品安全卫生标准、食品包装材料及容器标准、食品添加剂标准、食品检验方法标准、各类食品卫生管理办法等。

国际标准是指国际标准化组织（ISO）、国际电工委员会（IEC）、国际电信联盟（ITU）制定的标准，以及国际标准化组织确认并公布的其他国际组织制定的标准。国际标准在世界范围内统一使用。重要的国际标准有食品法典标准和国际标准化组织标准。

思考与练习

1. 什么是食品法律、法规体系？我国食品法律、法规制定的原则和程序是什么？
2. 《食品卫生法》中食品卫生管理主要内容是什么？
3. 什么是标准和标准化？标准化有何作用？
4. 简述我国食品标准体系。
5. 如何贯彻实施食品标准？
6. CAC 和 ISO 分别是什么样的组织？它们的性质和地位有何不同？其制定的标准的作用有何区别？
7. 我国食品标准与国外标准存在哪些差距？有何建议？

参 考 文 献

[1] 汪东风. 食品质量与安全实验技术. 北京：中国轻工业出版社，2004.
[2] 杨洁彬，王晶，王柏琴等. 食品安全性. 北京：中国轻工业出版社，2005.
[3] 钱爱东. 食品微生物. 北京：中国农业出版社，2002.
[4] 陈宗道，刘金福，陈绍军等. 食品质量管理. 北京：中国农业出版社，2003.
[5] 史贤明. 食品安全与卫生学. 北京：中国农业出版社，2003.
[6] 赵文主编. 食品安全性评价. 北京：化学工业出版社，2006.
[7] 许牡丹，毛跟年等. 食品安全性与分析检测. 北京：化学工业出版社，2003.
[8] 杨晓泉. 食品毒理学. 北京：中国轻工业出版社，1999.
[9] 陈锡文，邓楠等. 中国食品安全战略研究. 北京：化学工业出版社，2004.
[10] 邓建平. 转基因食品食用安全性和营养质量评价及验证. 北京：人民卫生出版社，2003.
[11] 吴永宁. 现代食品安全科学. 北京：化学工业出版社，2003.
[12] 殷丽君，孔瑾，李再贵等. 转基因食品. 北京：化学工业出版社，2002.
[13] 李正明等. 安全食品的开发与质量管理. 北京：中国轻工业出版社，2004.
[14] 江汉湖. 食品安全与质量控制. 北京：中国轻工业出版社，2002.
[15] 臧大存. 食品质量与安全. 中国农业出版社，2005.
[16] 何计国等. 食品卫生学，北京：中国农业大学出版社，2002.
[17] 刘宁等. 食品毒理学，北京：中国轻工业出版社，2006.
[18] 张晓燕. 食品卫生与质量管理，北京：化学工业出版社，2006.
[19] 罗云等. 风险分析与安全评价，北京：化学工业出版社，2004.
[20] 曲径. 食品卫生与安全控制学. 北京：化学工业出版社，2006.
[21] 冯叙桥，赵静等. 食品质量管理学. 北京：中国轻工业出版社，1998.
[22] 陆兆新. 食品质量管理学. 北京：中国农业出版社，2004.
[23] 杨志坚等. 2000 新版 ISO 9000 食品行业实践指南. 北京：国防工业出版社，2004.
[24] 全国质量管理和质量保证标准化技术委员会秘书处. 2000 版质量管理体系国家标准理解与实施. 北京：中国标准出版社，2001.
[25] 中国标准研究院. GB/T 22000－2006《食品安全管理体系食品链中各类组织的要求》理解与实施. 北京：中国标准出版社，2007.
[26] 李在卿. GB/T 19001－2000 质量管理体系内审员培训教程. 北京：中国环境科学出版社，2005.
[27] 黄毅. 食品质量安全市场准入指南. 北京：中国轻工业出版社，2005.
[28] 赵晨霞. 安全食品标准与认证. 北京：中国环境科学出版社，2007.
[29] 顾绍平，李宏，王联珠等. 食品加工的卫生控制程序. 济南：济南出版社，2001.
[30] 国家出入境检验检疫局. 中国出口食品卫生注册管理指南. 北京：中国对外经济贸易出版社，2000.
[31] 李晓川等. 水产品标准化与质量保证. 北京：中国标准出版社，2000.
[32] 曾庆孝. 水品生产的危害分析与关键控制点（HACCP）原理与应用. 广州：华南理工大学出版社，2000.
[33] 马朝辉. HACCP 体系在三类产品中的应用现状. 中国食品卫生杂志，2002，14（4）：47.
[34] 樊永祥，李泰然，包大跃等. HACCP 国内外的应用管理现状. 中国食品卫生杂志，2001，13（5）：38.
[35] 李正明. 我国食品安全质量管理体系的思考与建议. 食品安全，2003，（7）.
[36] 桂林，史贤明等. HACCP 系统与加入 WTO 后的中国食品工业. 中国商办工业，2000，（7），38～40.
[37] 艾志录，鲁茂林. 食品标准与法规. 南京：东南大学出版社，2006.
[38] 曹斌. 食品质量管理. 北京：中国环境科学出版社，2006.
[39] 中华人民共和国产品质量法. 1993 年 2 月 22 日第七届全国人民代表大会常委会第三十次会议审议通过，1993 年 2 月 22 中华人民共和国主席令第 71 号颁布，2000 年 7 月 8 日第九届全国人民代表大会常务委员会第十六次会议修正.
[40] 中华人民共和国食品卫生法. 1995 年 10 月 30 日第八届全国人大常委会第十次会议审议通过，1995 年 10 月 30 日中华人民共和国主席令第五十九号颁布.
[41] 中华人民共和国农产品质量安全法. 2006 年 4 月 29 日第十届全国人民代表大会常务委员会第二十一次会议审议通过，2006 年 4 月 29 日中华人民共和国主席令第四十九号颁布.